实践数学系列丛书

胡列
闫海霞
樊海霞◎编著

科技应用实践数学

Applied Mathematics in Science and Technology

清华大学出版社
北京

图书在版编目（CIP）数据

科技应用实践数学 / 胡列, 闫海霞, 樊海霞编著. --北京 ：清华大学出版社, 2025. 9.
(实践数学系列丛书). -- ISBN 978-7-302-70230-6

Ⅰ. O29

中国国家版本馆 CIP 数据核字第 2025Q8U471 号

责任编辑：付潭蛟
封面设计：胡梅玲
责任校对：王荣静
责任印制：沈　露
出版发行：清华大学出版社
　　　　网　　　址：https://www.tup.com.cn，https://www.wqxuetang.com
　　　　地　　　址：北京清华大学学研大厦 A 座　　　　　　邮　　编：100084
　　　　社 总 机：010-83470000　　　　　　　　　　　邮　　购：010-62786544
　　　　投稿与读者服务：010-62776969，c-service@tup.tsinghua.edu.cn
　　　　质 量 反 馈：010-62772015，zhiliang@tup.tsinghua.edu.cn
印 装 者：三河市人民印务有限公司
经　　销：全国新华书店
开　　本：185mm×260mm　　　　　　印　张：18.25　　　字　　数：529 千字
版　　次：2025 年 9 月第 1 版　　　　　　　　　　　　印　　次：2025 年 9 月第 1 次印刷
定　　价：69.00 元

产品编号：106602-01

作 者 简 介

胡列，博士，教授，1963年出生，毕业于西北工业大学，1993年年初获工学博士学位，师从中国航空学会原理事长、著名教育家季文美大师。现任西安理工大学高科学院理事长、西安高新科技职业学院理事长。

胡列博士先后被中央电视台《东方之子》栏目特别报道，荣登《人民画报》封面，被评为"陕西省十大杰出青年""陕西省红旗人物""中国十大民办教育家""中国民办高校十大杰出人物""中国民办大学十大教育领袖""影响中国民办教育界十大领军人物""改革开放30年中国民办教育30名人""改革开放40年引领陕西教育改革发展功勋人物"等，被众多大型媒体誉为创新教育理念最杰出的教育家之一。

胡列博士先后发表上百篇论文和著作，近年分别在西安交通大学出版社、华中科技大学出版社、哈尔滨工业大学出版社、清华大学出版社、人民日报出版社、未来出版社等出版的专著和教材见下表。

复合人才培养系列丛书	概念力学系列丛书
高新科技中的高等数学	概念力学导论
高新科技中的计算机技术	概念机械力学
大学生专业知识与就业前景	概念建筑力学
制造新纪元：智能制造与数字化技术的前沿	概念流体力学
仿真技术全景：跨学科视角下的理论与实践创新	概念生物力学
艺术欣赏与现代科技	概念地球力学
科技驱动的行业革新：企业管理与财务的新视角	概念复合材料力学
实践与认证全解析：计算机—工程—财经	概念力学仿真
在线教育技术与创新	
完整大学生活实践与教育管理创新	**实践数学系列丛书**
大学生心理健康与全面发展	科技应用实践数学
科教探索系列丛书	土木工程实践数学
科技赋能大学的未来	机械制造工程实践数学
科技与思想的交融	信息科学与工程实践数学
未来科技与大学生学科知识演进	经济与管理工程实践数学
未来行业中的数据素养与职场决策支持	**大学生创新实践系列丛书**
跨学科驱动的技能创新与实践	大学生计算机与电子创新创业实践
大学生复杂问题分析与系统思维应用	大学生智能机械创新创业实践
古代觉醒：时空交汇与数字绘画的融合	大学物理应用与实践
思维永生	大学生现代土木工程创新创业实践
时空中的心灵体验	建筑信息化演变：CAD-BIM-PMS融合实践
新工科时代跨学科创新	创新思维与创造实践
智能时代教育理论体系创新	大学生人文素养与科技创新
创新成长链：从启蒙到卓越	我与女儿一同成长
传统专业AI赋能与职业新机遇	智能时代的数据科学实践

Author Biography

Dr. Hu Lie, born in 1963, is a professor who graduated from Northwestern Polytechnical University. He obtained his doctoral degree in Engineering in early 1993 under the guidance of Professor Ji Wenmei, the former Chairman of the Chinese Society of Astronautics and Astronautics and a renowned educator. Dr. Hu is currently the Chairman of the Board of Directors of The Hi-Tech College of Xi'an University of Technology and the Chairman of the Board of Directors of Xi'an High-Tech University. He has been featured in special reports by China Central Television as an "Eastern Son" and appeared on the cover of "People's Pictorial" magazine. He has been recognized as one of the "Top Ten Outstanding Young People in Shaanxi Province" "Red Flag Figures in Shaanxi Province" "Top Ten Private Educationists in China" "Top Ten Outstanding Figures in Private Universities in China" "Top Ten Education Leaders in China's Private Education Sector" "Top Ten Leading Figures in China's Private Education Field" "One of the 30 Prominent Figures in China's Private Education in the 30 Years of Reform and Opening Up" and "Contributor to the Educational Reform and Development in Shaanxi Province in the 40 Years of Reform and Opening Up" among others. He has been acclaimed by numerous major media outlets as one of the most outstanding educators with innovative educational concepts.

Dr. Hu Lie has published over a hundred papers and books. In recent years, his monographs and textbooks have been published by the following presses: Xi'an Jiaotong University Press, Huazhong University of Science and Technology Press, Harbin Institute of Technology Press, Tsinghua University Press, People's Daily Press, and Future Press. The details are listed in the table below.

Composite Talent Development Series	Conceptual Mechanics Series
Advanced Mathematics in High-Tech Science and Technology	*Introduction to Conceptual Mechanics*
Computer Technology in High-Tech Science and Technology	*Conceptual Mechanical Mechanics*
College Students' Professional Knowledge and Employment Prospects	*Conceptual Structural Mechanics*
The New Era of Manufacturing: Frontiers of Intelligent Manufacturing and Digital Technology	*Conceptual Fluid Mechanics*
Panorama of Simulation Technology: Theoretical and Practical Innovations from an Interdisciplinary Perspective	*Conceptual Biomechanics*
Appreciation of Art and Modern Technology	*Conceptual Geomechanics*
Technology-Driven Industry Innovation: New Perspectives on Enterprise Management and Finance	*Conceptual Composite Mechanics*
Practical and Accredited Analysis: Computing-Engineering-Finance	*Conceptual Mechanics Simulation*
Online Education Technology and Innovation	
Comprehensive University Life: Practice and Innovations in Educational Management	**Practical Mathematics Series**
College Student Mental Health and Holistic Development	*Applied Mathematics in Science and Technology*
Science and Education Exploration Series	*Applied Mathematics in Civil Engineering*
The Future of Universities Empowered by Technology	*Applied Mathematics in Mechanical Manufacturing Engineering*
The Integration of Technology and Thought	*Applied Mathematics in Information Science and Engineering*
Future Technology and the Evolution of University Student Disciplinary Knowledge	*Applied Mathematics in Economics and Management Engineering*
Data Literacy and Decision Support in Future Industries	**College Student Innovation and Practice Series**
Interdisciplinary-Driven Skill Innovation and Practice	*College Students' Innovation and Entrepreneurship Practice in Computer and Electronics*
Complex Problem Analysis and Applied Systems Thinking for University Students	*College Students' Innovation and Entrepreneurship Practice in Intelligent Mechanical Engineering*
Ancient Awakenings: The Convergence of Time, Space, and Digital Painting	*University Physics Application and Practice*
Mind Eternal	*College Students' Innovation and Entrepreneurship Practice in Modern Civil Engineering*
Mind Experiences Across Time and Space	*Evolution of Architectural Informationization: CAD-BIM-PMS Integration Practice*
Interdisciplinary Innovation in the Era of New Engineering	*Innovative Thinking and Creative Practice*
Innovative Educational Theories and Systems in the Intelligent Era	*Cultural Literacy and Technological Innovation for College Students*
The Innovation Growth Chain: From Enlightenment to Excellence	*Growing Up Together with My Daughter*
AI Empowerment of Traditional Majors and New Career Opportunities	*Data Science Practice in the Age of Intelligence*

丛 书 序 一

    数学，这个古老而宏伟的学科，一直都是人类认知世界的基石。在古典时代，它被用来解释天体的运动；在现代，它则成为各种领域的核心技能，从基础科研到日常应用，无处不在。"实践数学系列丛书"旨在将数学的深奥理论与现实生活中的应用紧密结合，使得读者不仅能够领略到数学的魅力，还能够将其应用于实际问题的解决。

    首先，《科技应用实践数学》为我们展示了数学在现代科技领域的广泛应用。微积分、线性代数和统计学等基础数学知识，不仅仅是理论研究的对象，更是工程师们日常工作的必备技能。

    其次，是关于机械制造工程的《机械制造工程实践数学》。数学在机械领域的应用既深入又广泛，从设计、建模到仿真测试，都离不开数学的支持。

    而对于土木工程这一传统领域，《土木工程实践数学》同样为我们提供了宝贵的资源。无论是在桥梁建设、地基处理，还是在结构设计中，数学都起到了至关重要的作用。

    进入数字化时代，《信息科学与工程实践数学》则关注了信息科学与工程领域中的数学应用。编程、数据分析、人工智能，这些现代科技的核心，都离不开数学的支持。

    最后，《经济与管理工程实践数学》则关注了经济与管理领域。在经济学、金融学和管理学中，数学都扮演着重要的角色。无论是经济模型的建立、金融市场的分析，还是商业决策的制定，都需要数学的帮助。

    此外，这一系列著作中的大量丰富实践应用案例，涵盖了从自然科学到社会科学的各个领域，使我们看到了数学的普遍性和多样性。不管是物理、工程、计算机科学、经济还是管理，数学都发挥着关键的作用，成为各个领域的共同语言。

    本系列作者胡列博士，一个拥有深厚数学和力学理论根基，以及丰富交叉学科知识的学者，他在这方面所作的努力为数学教育的革新提供了指导。他鼓励学生跨越学科界限，激发创新思维，力求将理论知识与实践经验紧密结合，让学生在学习中看到数学的现实价值。他通过三十年的科研和教学实践，不仅取得了一系列令人瞩目的学术和教育成就，更在中国的科技教育转型中，为应用型人才培养提供了宝贵的经验。

    "实践数学系列丛书"不仅仅是一套教材，更是一套实用的指南。每一本书都展现了"实践数学"的理念，不仅传授知识，更鼓励我们去实践、去创新。它将数学的深奥理论与实际生活中的问题紧密结合，使得读者能够在领略数学之美的同时，更好地应用数学知识，解决实际问题。这样的教育方法，让我们更容易理解和应用数学，也使我们更加珍惜数学的价值。我为有幸为这套丛书写序而感到骄傲，也为作者的杰出贡献表示由衷的敬意。

中国科学院院士：张国伟

2025 年 8 月 22 日

丛 书 序 二

数学不仅是抽象的符号与公式，它更是解决现实世界中复杂问题的有力工具。胡列博士撰写的"实践数学系列丛书"，正是将数学理论与实际应用紧密结合的典范之作。这套丛书涵盖了多个领域，深入探讨了数学在科学技术、工程实践、经济管理等方面的广泛应用，展示了数学如何从理论走向现实，为各类实际问题提供解决方案。

"实践数学系列丛书"中的每一部著作都体现了编著者对数学应用的深刻理解与丰富的教学经验。例如，《科技应用实践数学》为我们揭示了现代科技领域中数学的重要性。微积分、线性代数和统计学这些基础知识，虽然源自抽象的数学理论，但它们已成为现代工程师和科学家日常工作中不可或缺的工具。在《机械制造工程实践数学》一书中，编著者深入分析了数学在机械设计与制造中的应用，展示了如何通过数学模型与仿真技术提升机械制造的精度与效率。

同样，《土木工程实践数学》通过大量实际工程案例，探讨了数学在桥梁设计、建筑结构分析等方面的重要作用。而《信息科学与工程实践数学》则聚焦于信息科学领域，展示了数学在编程、数据分析、人工智能等前沿领域中的广泛应用。此外，作为一部面向社会科学的著作，《经济与管理工程实践数学》进一步揭示了数学在经济模型、金融市场分析以及管理决策中的核心地位。

这一系列丛书的另一大亮点在于其实践性。编著者不仅通过案例讲解数学的应用，还鼓励读者将数学知识转化为解决实际问题的工具。每本书都配备了丰富的实践案例，从自然科学到社会科学的多个领域，涵盖了现代社会中数学的广泛应用场景，充分展示了数学的普遍性和多样性。

胡列博士是一位致力于推动应用数学教育的先行者。他通过这套丛书，倡导理论与实践结合的教学理念，旨在培养学生解决实际问题的能力，激发他们的创新思维。这种实践导向的教育模式，正是当代科技转型背景下我们所迫切需要的。在他三十年的科研与教学实践中，胡列博士不仅取得了突出的学术成就，更为中国应用型人才的培养提供了宝贵的经验和指导。

"实践数学系列丛书"不仅是一套教材，更是一部为未来创新者提供启发的指南。它打破了传统数学教育的局限，鼓励读者通过实践理解数学的真正价值。我相信，这套丛书不仅会为数学学习者提供宝贵的知识，更将在各个领域的科研与实践中产生深远的影响。

中国工程院院士：周丰峻

2025 年 7 月 3 日

前　言

　　数学，这门深奥而美丽的学科，一直以来是我们理解和解释世界的重要工具。然而，理解数学并不仅限于对理论的领悟，更在于将其应用于实际问题的解决，这就是我们提出"实践数学"概念的初衷。"实践数学"强调数学的实际应用，倡导通过实践活动，将抽象的数学概念与具体的实际问题相结合，从而更好地理解数学，并利用数学解决实际问题。

　　《科技应用实践数学》是"实践数学系列丛书"的首作，该系列丛书还包括《土木工程实践数学》《机械制造工程实践数学》《信息科学与工程实践数学》和《经济与管理工程实践数学》。本系列书籍共同的目标是将数学的理论知识和实践应用相结合，以提供全面、深入且实用的数学教学资源。

　　在《科技应用实践数学》中，我们为读者提供了一本涵盖微积分、线性代数、复数与复变函数、概率论与统计学以及其他重要数学主题的全面教材。我们强调数学的实际应用，并将其与科技领域中的实际问题相结合。每一章都包含丰富的案例研究，每个案例都包括数学应用和简化数学模型实例及数值计算实践，每个案例都有可直观加深理解的可视化展示，旨在帮助读者将数学概念应用到实际问题的解决中。我们认为，这种从实践中学习数学、用数学解决实际问题的方法，将使数学学习变得更加生动和有意义。

　　从基础到高级，我们按照实际需要由浅入深地安排了各种数学主题。首先，我们介绍了微积分的基本概念与应用，包括极限与连续、导数与微分、微分中值定理与导数的应用等内容。其次，我们介绍了不定积分、定积分、微分方程、序列与级数、向量与向量空间、多元函数与偏导数、重积分与场论等内容。再次，我们探讨了更高级的数学主题，如概率论与统计学、线性代数等内容，并在最后一章深入讨论复数与复变函数的概念与性质。

　　在本书的创作过程中，任佳春验证了全部程序和二维码的转换，在此表示感谢！

　　我们希望《科技应用实践数学》以及整个"实践数学系列丛书"能帮助读者更好地理解和应用数学知识，使其在数学的世界中找到乐趣和收获成就感。

胡　列

2023 年 7 月

目 录

第 1 章　极限与连续

1.1　极限的概念与定义

极限是微积分的基础，其基本概念与定义具有至关重要的作用。一般来说，极限主要描述了一个数列或函数在某一点或无穷远处的趋向行为。具体定义如下。

数列极限：对于数列 $\{a_n\}$，如果存在实数 L，对于任意给定的正数 ε（无论多么小），总存在正整数 N，使得当 $n > N$ 时，$|a_n - L| < \varepsilon$，称 L 是数列 $\{a_n\}$ 的极限，记作 $\lim\limits_{n \to \infty} a_n = L$。

函数极限：设函数 $f(x)$ 在点 x_0 的某一去心邻域内有定义，A 为常数，如果对于任意给定的正数 ε，总存在 $\delta (>0)$，使得当 $0 < |x - x_0| < \delta$ 时，$|f(x) - A| < \varepsilon$，那么称 A 为函数 $f(x)$ 在 x_0 处的极限，记作 $\lim\limits_{x \to x_0} f(x) = A$。

无穷小量：如果一个数列或函数的极限等于 0，那么我们称这个数列或函数为无穷小量。

无穷小量的性质

无穷大量：如果一个数列或函数的绝对值的极限等于无穷大，那么我们称这个数列或函数为无穷大量。

极限的存在性是需要证明的，而且并非所有的数列或函数都有极限。此外，极限存在不代表函数在极限点处有定义。极限的概念帮助我们理解无限的概念，并为微积分中的许多其他重要概念提供了基础，例如连续性、微分和积分。

无穷小量与无穷大量的关系

在接下来的章节中，我们将详细讨论极限的性质以及极限与连续的关系，以深化读者对这一重要概念的理解。

1.2　极限的性质

极限的性质是处理极限问题的重要工具，也是微积分理论的基石。在了解极限的定义之后，我们可以研究极限的一些基本性质，这些性质将为求解具体的极限问题时提供帮助。以下是极限的一些基本性质。

唯一性：如果数列或函数在某一点的极限存在，那么这个极限是唯一的。换言之，不可能有两个不同的数都是同一个数列或函数的极限。

有界性：如果数列或函数在某一点有极限，那么在这一点的某个邻域内，数列或函数必定是有界的。

保序性：如果两个数列或函数在某一点的极限存在，并且在这一点的某个邻域内数列或函数保持某种序关系，那么这种序关系在极限处依然保持。

算术运算性质：极限可加、可减、可乘、可除。也就是说，如果两个数列或函数都在某一点有极限，那么它们的和、差、积、商（除数不为 0）在这一点的极限等于这两个极限的和、差、积、商。

夹逼定理：如果函数 $f(x)$、$g(x)$、$h(x)$ 满足 $g(x) \leqslant f(x) \leqslant h(x)$ 且 $\lim\limits_{x \to x_0} g(x) = \lim\limits_{x \to x_0} h(x) = a$，那么

$$\lim_{x \to x_0} f(x) = a。$$

以上只是极限的一些基本性质，实际上极限的性质还有很多，例如复合函数的极限性质、极限与无穷小量的关系等。了解这些性质能够帮助我们更好地理解和应用极限这一概念。

1.3   连续的概念与定义

在微积分中，连续性是一个重要的基本概念，它是描述函数在某点附近行为的方式。下面给出函数在某一点处连续的定义。

假设函数 $f(x)$ 定义在某区间 I 上，如果对于 I 上的一个点 c，$x = c$ 处的极限值等于函数在该点的函数值 $f(c)$，即

$$\lim_{x \to c} f(x) = f(c)$$

则称函数 $f(x)$ 在点 c 处连续。换句话说，函数在某点连续意味着函数在这一点的行为是可预测的，没有跳跃或突变。

更进一步，如果函数 f 在区间 I 的所有点上都连续，那么就说函数 f 在 I 上连续。

另一种直观的理解是，如果函数图像是一条不断的曲线，那么这个函数就是连续的。

这个概念在微积分中至关重要，因为许多微积分的基本理论（如中值定理、微分定理、积分定理等）都需要函数的连续性这个前提条件。

1.4   连续的性质

连续函数具有以下一些重要的性质，这些性质对连续函数的分析和处理非常有用。

介值定理：如果函数 f 在闭区间 $[a,b]$ 上连续，且对于某些 c，$f(a) < c < f(b)$，那么在区间 (a,b) 内存在某点 x，使得 $f(x) = c$。换句话说，连续函数能够取到其最大值和最小值之间的任何值。

最值定理：如果函数 f 在闭区间 $[a,b]$ 上连续，那么 f 在 $[a,b]$ 上必然可以取到最大值和最小值。这个定理说明，任何在闭区间上连续的函数其图像都是"封闭"的，不会"逃逸"到无穷大或无穷小。

运算法则：连续函数的和、差、积、商（除数不为 0）都是连续的。这意味着如果有两个连续函数，可以将它们相加、相减、相乘、相除（除数不为 0），其结果仍然是连续的。

复合函数的连续性：如果函数 g 在点 a 处连续，函数 f 在点 $g(a)$ 处连续，那么复合函数 $f(g(x))$ 在点 a 处连续。

反函数的连续性：如果函数 f 在闭区间 I 上单调连续，那么它的反函数在其值域上连续。

这些性质在高等数学中有着广泛的应用，特别是在微分学、积分学和微分方程等领域。

1.5   极限与连续的关系

极限与连续的概念是微积分的基础，并且它们之间存在密切的关系。这种关系在定义连续函数时就体现出来了。

定义连续：一个函数 $f(x)$ 在点 $x = x_0$ 上连续，如果满足以下条件：

（1）函数 $f(x)$ 在点 $x = x_0$ 处有定义；

（2）函数在点 $x = x_0$ 处的左极限和右极限都存在且相等；

（3）函数在点 $x = x_0$ 处的值等于该点的极限。

换句话说，一个函数在某一点连续，也就是当自变量无限接近这一点时，函数的值也无限接近于该点的函数值。这就是极限与连续性之间的基本关系。

此外，极限与连续还在以下几个重要的定理中展示了它们的关系。

介值定理：如果函数在闭区间 $[a,b]$ 上连续，并且 $f(a)$ 不等于 $f(b)$，那么对于任意介于 $f(a)$ 和 $f(b)$ 之间的数都有一个 c 属于 $[a,b]$，使得 $f(c)$ 等于该数。这个定理的证明依赖于连续函数的极限性质。

最值定理：一个在闭区间 $[a,b]$ 上连续的函数必定在该区间上有最大值和最小值。这个定理的证明也利用了极限的性质。

零点定理：如果闭区间 $[a,b]$ 上的连续函数 f 在两个端点上的函数值异号，即 $f(a)f(b)<0$，那么开区间 (a,b) 内至少存在一点 ξ，使得 $f(\xi)=0$。这个定理的证明依赖于连续函数的介值定理，而介值定理又与极限的概念密切相关。

在高等数学的许多领域中，极限与连续都起着重要的作用。理解它们的关系可以帮助我们更好地理解并应用这些概念。

1.6 铁人三项中的最佳体能分配简化模型和数值计算实践

铁人三项是一种极限体能挑战，由游泳、自行车骑行和跑步 3 个连续项目组成。对于参加者来说，最佳的体能分配对于取得优良成绩至关重要。如何使用极限的概念来解决这个问题呢？

首先，可以将铁人三项的每个项目都视为一个变量，我们要找的就是这 3 个变量的最佳组合，以达到整体完成时间的极限（也就是最小值）。为了找到这个组合，我们可以借助微积分中的极值理论。

具体来说，我们可以设定一个函数，该函数的输入是针对 3 个项目的体能分配，输出是预期的完成时间。这个函数会在某一体能分配下达到极小值。这个极小值的位置就是最佳的体能分配。

然而，这个函数非常复杂，涉及许多因素，比如参赛者的体能、天气、路线等。要找到这个函数的极小值，需要借助高级的优化算法，比如梯度下降法。

更具体的方法可能是通过训练和比赛的数据建立一个模型来预测不同体能分配下的完成时间，然后使用优化算法找到使完成时间最短的体能分配。这样的优化问题在实际生活中经常出现，解决这类问题的方法也是高等数学的一个重要应用。

通过这个案例，我们可以看到极限概念在实际问题中的应用，也可以看到高等数学在体育等领域的应用。

上述的数学表达

我们可以使用微积分中的最优化理论。设 $F(x,y,z)$ 是完成铁人三项的总时间，x、y、z 分别代表在游泳、自行车骑行和跑步上分配的体能比例。

我们的目标是找到一组体能分配组合 (x,y,z)，使得 $F(x,y,z)$ 达到最小。形式上，这是一个优化问题，可以用拉格朗日乘数法来解决，因为体能分配有一个限制条件：$x+y+z=1$。

拉格朗日函数为 $L(x,y,z,\lambda)=F(x,y,z)+\lambda(1-x-y-z)$。我们要找到使得 L 取得极小值的 x、y、z 和 λ。

为了找到最小值，我们需要找到满足以下条件的点 (x,y,z,λ)：L 对 x、y、z 和 λ 的偏导数等于 0。形式上，这组条件可以表示为

$$\begin{cases} \dfrac{\partial L}{\partial x}=\dfrac{\partial F}{\partial x}-\lambda=0 \\ \dfrac{\partial L}{\partial y}=\dfrac{\partial F}{\partial y}-\lambda=0 \\ \dfrac{\partial L}{\partial z}=\dfrac{\partial F}{\partial z}-\lambda=0 \\ \dfrac{\partial L}{\partial \lambda}=1-x-y-z=0 \end{cases}$$

在满足这 4 个条件的点处，L 有可能取得极小值。

数值计算实践

扫描下方二维码可查看代码。在这个 Python 示例代码中，通过优化模块找到最佳的体能分配方案，以最小化完成时间。使用 NumPy 和 SciPy 库定义了计算完成时间和优化函数。利用 SciPy 库的 minimize 函数，结合约束条件和初始条件，找到最佳的体能分配组合。程序输出了最佳的体能分配组合和对应的最短完成时间。最后使用 Matplotlib 绘制了柱状图，展示了体能在不同项目间的最佳分布，如图 1.1 所示。标题和标签提供了更好的可读性。

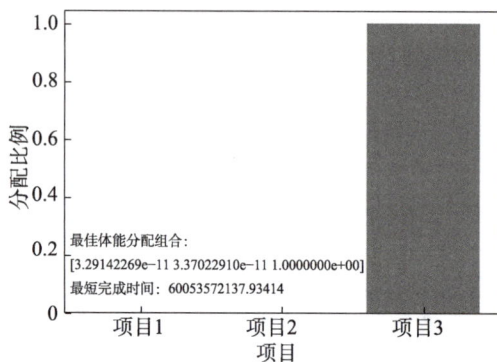

图 1.1　体能的最佳分配

示例代码

得出：

最佳体能分配组合：[3.29142269e−11 3.37022910e−11 1.00000000e+00]

最短完成时间：60053572137.93414

此图形展示了最佳体能分配中每个项目的比例。在代码中，我们需要将 res.x 替换为优化结果。

1.7　轰炸机的投弹轨迹简化模型和数值计算实践

轰炸机在飞行过程中投掷炸弹，投弹轨迹是受到重力和空气阻力等因素影响的复杂曲线。如何通过数学的方法得到这一曲线呢？

首先，需要建立一个模型来描述炸弹的飞行轨迹。在这个模型中，炸弹的速度、高度，以及受到的重力和风阻等都是变量。一种常见的方法是使用微分方程来描述这个过程，其中炸弹的加速度是关于重力和空气阻力等因素的函数。

然后，需要解这个微分方程。在理想情况下，如果忽略风阻等因素，这个微分方程可以直接解出，得到的解是一个抛物线，也就是说投弹轨迹是一条抛物线。然而，在实际情况下，空气阻力等因素不能忽略，这时微分方程的解往往需要通过数值方法求出。

一旦找到了这个轨迹，投弹时，就可以通过调整投掷的角度和速度使炸弹落在目标位置。这就涉及极值问题，也就是如何选择投掷的角度和速度，使得炸弹落到目标位置的概率达到极大。

通过这个案例，可以知晓微分方程和极值思想在军事技术中的应用，也可以得知数学与实际问题的紧密联系。

上述的数学表达

对于这个问题，首先需要理解两个主要的力对炸弹的作用。这两个力是重力和空气阻力。重力的方向是向下的，大小为 mg，其中 m 是炸弹的质量，g 是重力加速度。空气阻力通常会与炸弹的速度成正比或者与速度的平方成正比，大小为 cv 或者 cv^2，其中 c 是阻力系数，v 是速度。

考虑到这两个力的作用，我们可以得到描述炸弹飞行过程的微分方程。例如，如果我们假设空气阻力与速度成正比，那么得到的微分方程是

$$m\frac{\mathrm{d}v}{\mathrm{d}t} = mg - cv$$

这是一个一阶线性微分方程，我们可以用数学的方法来解出。

然后，我们需要找到满足特定条件（例如，炸弹落在目标位置）的解，这就需要我们解决一个极值问题。例如，我们可能需要找到一个角度 θ，在这个角度下投掷炸弹，炸弹的落点距离目标位置的距离最小。这可以通过解决下面的优化问题来实现：

$$\min f(\theta) = \left\| 投掷炸弹后的落点 - 目标点 \right\|$$

其中，f 是目标函数，我们需要找到最小化这个函数的 θ。这个问题可以通过优化算法来解决，例如梯度下降法。

最后，通过这种方式，我们可以找到一个最优的角度，使得炸弹能够准确地落在目标位置。这个过程显示了微分方程和优化问题在实际问题中的重要应用。

数值计算实践

实际编程环境中，模拟这样的问题可以涉及使用数值解法求解微分方程，比如欧拉方法或者 Runge-Kutta 方法。这里我们简化问题，假设空气阻力与速度成正比，而且仅在 2D 平面进行投掷。

扫描下方二维码可查看代码。在这个 Python 示例代码中，通过微分方程来模拟炸弹的飞行轨迹，并绘制出飞行路径。使用 NumPy 和 Matplotlib 库定义了物理常数和微分方程，其中微分方程描述了炸弹在空中的运动情况，考虑了重力和空气阻力。设置了初始条件，包括位置和速度，并生成时间向量。通过调用 odeint 函数求解微分方程，得到炸弹在不同时间点的位置和速度信息。最后，使用 Matplotlib 绘制飞行轨迹图，其中 x 轴表示水平位置，y 轴表示垂直位置，如图 1.2 所示。

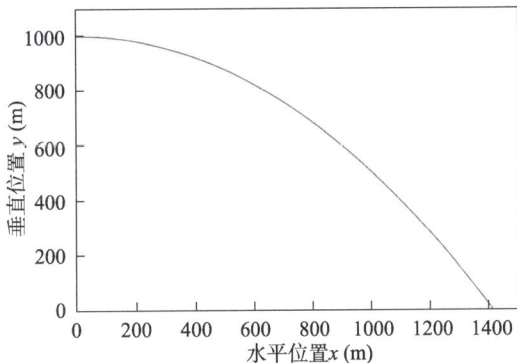

图 1.2　炸弹轨迹

示例代码

1.8　攀登山峰时的营地选择简化模型和数值计算实践

在登山过程中，如何选择营地是一个十分重要的问题，因为营地位置的选择不仅会影响登山者的安全，还会影响登山的进度和成功率。

我们可以使用高等数学中的极限和连续的概念来帮助我们选择营地。以攀登珠穆朗玛峰为例，首先，我们可以通过观测和测量，获取珠峰各个高度处的气温、风力、降雪量等数据，然后利用这些数据建立模型。这些模型通常会表现为一些函数，用以表示气温、风力、降雪量等与高度的关系。

我们可以利用极限的概念来考虑一些极端情况。例如，如果气温降到了极限低温，或者风力达到了极限大风，那么哪些位置会成为危险的营地。另外，我们也可以利用连续的概念来考虑气温、风力、降雪量等随着高度的连续变化，从而找出可能的安全营地。

这个案例展示了极限与连续在登山策略选择中的应用，也展示了高等数学与实际问题的紧密联系。

上述的数学表达

我们可以用函数 $T(h)$、$W(h)$ 和 $S(h)$ 来表示气温、风力和降雪量随高度 h 的变化。我们的目标

是找到一组高度 h，使得 $T(h)$、$W(h)$ 和 $S(h)$ 满足安全的条件。这是一个约束优化问题，可以用拉格朗日乘数法来解决。

设 $L(h, \lambda_1, \lambda_2, \lambda_3) = h + \lambda_1[T_0 - T(h)] + \lambda_2[W_0 - W(h)] + \lambda_3[S_0 - S(h)]$。其中，$T_0$、$W_0$ 和 S_0 是气温、风力和降雪量的安全阈值，λ_1、λ_2 和 λ_3 是拉格朗日乘数。

我们的目标是找到一组 h 和 λ，使得 L 达到最大。形式上，我们需要找到满足以下条件的点：

$$\begin{cases} \dfrac{\partial L}{\partial h} = 1 - \lambda_1 \dfrac{\mathrm{d}T(h)}{\mathrm{d}h} - \lambda_2 \dfrac{\mathrm{d}W(h)}{\mathrm{d}h} - \lambda_3 \dfrac{\mathrm{d}S(h)}{\mathrm{d}h} = 0 \\[2mm] \dfrac{\partial L}{\partial \lambda_1} = T_0 - T(h) = 0 \\[2mm] \dfrac{\partial L}{\partial \lambda_2} = W_0 - W(h) = 0 \\[2mm] \dfrac{\partial L}{\partial \lambda_3} = S_0 - S(h) = 0 \end{cases}$$

在满足这 4 个条件的点处，L 函数可能达到最大值，这就是可能的营地位置。

然而，真实的情况可能复杂得多，因为气温、风力和降雪量可能与时间和地点等其他因素有关，而且可能不是连续的。在这种情况下，我们需要借助更复杂的数学模型和算法，例如非线性优化或者模拟退火等。

数值计算实践

这个问题实际上非常复杂，并且可能涉及大量的环境数据和地形数据。在现实情况下，可能需要专门的地理信息系统（GIS）软件和复杂的数据分析方法来解决。然而，为了说明问题，我们可以使用一个简化的模型和方法。

假设我们有一份数据，记录了每个高度的风力和降雪量。我们的目标是找到一个最佳的营地，即在该营地，风力和降雪量都在可接受的范围内，并且尽可能高。

扫描下方二维码可查看 Python 示例代码。使用 NumPy 和 Matplotlib 来处理这个问题，这个脚本首先生成了一些假设的风力和降雪量数据，然后找出了所有可接受的营地，并从中选择了最高的一个。最后，它绘制了风力和降雪量随高度变化的图像以及最佳营地的位置，如图 1.3 所示。

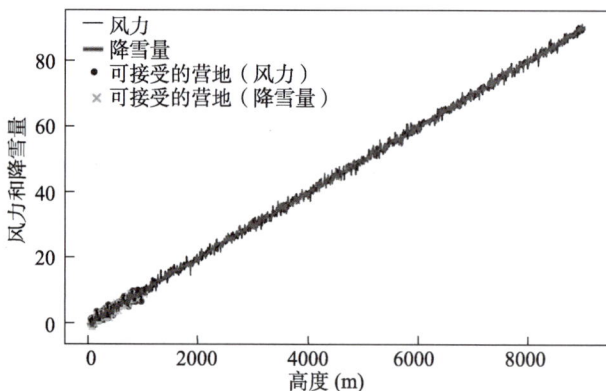

图 1.3   风力和降雪量随高度的变化及最佳营地位置

示例代码

1.9   极限在经济学中的应用简化模型和数值计算实践

经济学中有一个非常重要的概念，叫作边际效应。边际效应描述的是增加一单位的投入能够产生的效果或收益。边际效应往往随着投入的增加而递减，这也就是所谓的"边际递减效应"。

让我们以一个具体的例子来看看极限在经济学中的应用。假设一家公司生产和销售一种产品，公司需要确定生产和销售的产品数量。公司的目标是利润最大化，而利润等于收入减去成本。

公司的收入随着销售量的增加而增加，但是每增加一单位的销售量，增加的收入（边际收入）会逐渐减少，原因是当市场上的产品过多时，公司需要降低价格来吸引消费者。

同时，公司的成本也随着生产量的增加而增加。但是每增加一单位的生产量，增加的成本（边际成本）可能会增加，也可能会减少，这取决于生产规模的经济（生产规模越大，单位成本越低）和不经济（生产规模过大，单位成本反而会增加）。

至此，公司的利润最大化问题就变成了找到使边际收入和边际成本相等的生产和销售量的问题。这个问题可以使用极限的概念来解决。具体来说，我们可以定义边际收入和边际成本为函数，然后找到使这两个函数相等的点，这个点就是利润最大化的生产和销售量。

这个案例说明了极限概念在经济学中的重要性，也展示了高等数学在解决实际问题中的重要作用。

上述的数学表达

这个问题的数学表达可以描述为找到函数的极大值或极小值的问题。假设我们有收入函数 $R(q)$ 和成本函数 $C(q)$，其中 q 是生产和销售量。我们的目标是找到使最大化利润 $P(q) = R(q) - C(q)$ 实现的 q。

首先，我们需要找到收入函数 $R(q)$ 和成本函数 $C(q)$ 的导数，也就是边际收入 $\mathrm{MR}(q)$ 和边际成本 $\mathrm{MC}(q)$。边际收入和边际成本分别表示每增加一单位生产和销售的数量，收入和成本增加的数量。在微积分中，这被称为函数的导数。

$$\mathrm{MR}(q) = \frac{\mathrm{d}R(q)}{\mathrm{d}q}, \ \mathrm{MC}(q) = \frac{\mathrm{d}C(q)}{\mathrm{d}q}$$

为了利润最大化，我们需要找到使得边际收入等于边际成本的生产和销售的数量。这意味着我们需要找到满足以下条件的 q：

$$\mathrm{MR}(q) = \mathrm{MC}(q)$$

在实际中，我们还需要考虑收入和成本函数的形状，可能需要求解这个等式，找到满足条件的 q。如果这个等式不能直接求解，我们可能需要用数值方法，如牛顿法来求解。

这个过程就是极限和导数在经济学中的应用。通过找到使得边际收入等于边际成本的生产和销售的数量，从而使公司实现利润最大化。

数值计算实践

我们可以使用 Python 来模拟这个问题。首先，我们定义边际成本和边际收入的函数。然后，我们计算总收入和总成本，并找到最大利润点。

扫描右侧二维码可查看 Python 示例代码，这个代码首先定义了边际成本和边际收入的函数，其次计算了总成本和总收入，再次计算了利润，并找到了最大利润点，最后它绘制了总成本、总收入和利润随生产量变化的曲线，以及最大利润点的位置，如图 1.4 所示。

示例代码

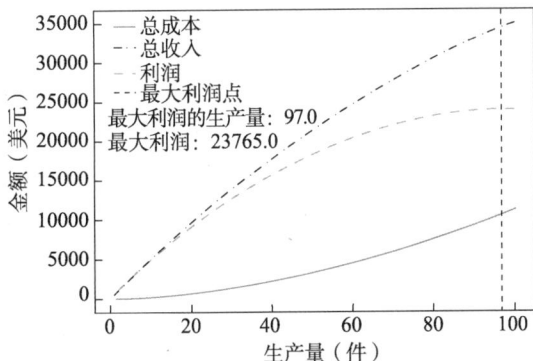

图 1.4　总成本、总收入与利润的变化曲线及最大利润点

这个例子展示了如何使用极限的概念来解决实际的经济问题。然而，这个例子非常简单，实际的经济问题可能会涉及更多的变量和更复杂的函数。

1.10　光纤传输数据的极限速度应用和简化模型及数值计算实践

光纤是现代通信网络一种重要的传输介质，它具有传输距离远、抗干扰能力强、传输速度快等优点。然而，光纤传输数据的速度并非是无限大的，其受到一些因素的限制，并有一定的极限值。接下来，我们将探讨这个极限是如何形成的以及影响它的主要因素。

在光纤中，光信号以光脉冲的形式传输数据。每一个光脉冲代表一个比特（bit），即 0 或 1。理论上，光脉冲的间隔越短，传输的数据量就越大。然而，由于光脉冲间过短的间隔会导致相互干扰，也就是所谓的串扰，因此光脉冲的间隔不能无限缩小。这就形成了光纤传输数据的一个极限。

设信号的频率为 f，光脉冲的频率为 $2f$。由于每个光脉冲代表 1 bit，因此数据传输速率 R（单位：bit/s）可以表示为

$$R = 2f$$

然而，在实际的光通信中，由于存在各种噪声和干扰，信号的质量并不能完全由光脉冲的频率来决定。这就需要考虑信噪比（SNR）。在光通信中，最常用的 SNR 衡量标准是比特错误率（bit error rate，BER）。

假设信道的信噪比为 SNR，光脉冲的能量为 E，噪声的单边功率谱密度为 N_0，那么数据传输速率的理论极限可以用香农公式表示为

$$R_{\max} = f \log_2(1 + \text{SNR})$$

其中，$\text{SNR} = E/N_0$。香农公式给出了在给定信噪比的情况下信道的最大数据传输速率，而不是实际的数据传输速率。实际的数据传输速率可能会受到各种因素的影响，如光源的稳定性、光纤的损耗、接收器的灵敏度等。

另一个影响光纤传输数据极限的因素是光纤中的衰减和色散。光在光纤中传播时会逐渐减弱，这就是光纤的衰减。而色散是指不同颜色（即不同波长）的光在光纤中的传播速度不同，导致光脉冲的形状和位置发生变化，从而影响数据的接收。为了避免衰减和色散的影响，必须定期设置光放大器和色散补偿器，但这会增加系统的复杂性和成本。

光纤传输数据的极限速度是一个由多种因素决定的极限问题。这个问题体现了极限在通信工程中的重要应用，也是一个需要运用高等数学工具解决的实际问题。深入研究这个问题可以提高光纤通信系统的性能，推动通信技术的进步。

数值计算实践

在此问题中，香农定理是关键，它告诉我们在给定信噪比的情况下信道的最大数据传输速率是多少。然而，由于这是一个理论上的极限，因此无法通过编程模拟来达到。也就是说，这个极限并不是通过调整某些参数就可以达到的，而是由物理法则决定的。实际上，当前光纤通信系统的数据传输速率还远远低于香农极限。

尽管如此，我们仍然可以使用编程和图像来直观地理解香农定理。扫描下方二维码可查看 Python 示例代码，用于绘制数据传输速率与信噪比的关系图像，在图 1.5 中，横轴表示信噪比（线性尺度），纵轴表示最大数据传输速率（单位：bit/s）。可以看到，随着信噪比的增加，最大数据传输速率也在增加，但是增加的速度逐渐变慢，最终趋向于一个极限值。这个极限值就是香农极限，它由信道的带宽和信噪比决定。

这个例子只是一个理论模型，实际的光纤通信系统可能会受到很多其他因素的影响，如光纤的损耗、设备的性能、环境的干扰等，因此实际的数据传输速率低于香农极限。

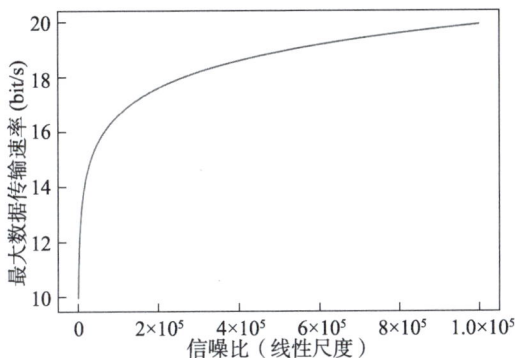

图 1.5 数据传输速率与信噪比的关系

示例代码

1.11 AI 深度学习中的极限问题应用和简化模型及数值计算实践

深度学习是人工智能（AI）领域的一项重要技术，它基于人工神经网络进行建模，通过对大量数据的学习和训练，实现了语音识别、图像识别、自然语言处理等多种任务。然而，深度学习模型的训练过程存在"梯度消失"的问题，这是一个典型的极限问题。

在深度学习模型的训练过程中，我们需要优化一个损失函数，以达到模型的最佳性能。优化的方法通常是通过计算损失函数关于模型参数的梯度（即偏导数），然后更新模型参数以减小损失函数的值。然而，在深度神经网络中，由于每一层的输出都是下一层输入的函数，因此梯度是所有层的偏导数的乘积。如果这些偏导数的绝对值都小于 1，那么随着层数的增加，梯度的值将趋于零，这就是梯度消失问题。

梯度消失问题导致深度神经网络的训练变得困难，因为当梯度接近 0 时，模型参数的更新将非常缓慢，甚至停止更新。为了解决这个问题，研究者提出了多种方法，如 ReLU 函数、初始化权重策略、正则化技术、优化器选择等。

我们以简单的全连接神经网络为例来说明梯度消失的问题。考虑一个全连接神经网络，它由 L 层组成，每一层都使用 sigmoid 函数作为激活函数，代价函数是均方误差。

设 L 为神经网络的某一层，a^L 代表该层的激活值，z^L 代表该层的输入值，w^L 和 b^L 分别代表该层的权重和偏置，a^{L+1} 和 z^{L+1} 则分别代表下一层的激活值和输入值。神经网络的前向传播可以表示为

$$z^{L+1} = w^L a^L + b^L a^{L+1} = \text{sigmoid}(z^{L+1})$$

其中，sigmoid 函数的表达式为

$$\text{sigmoid}(z) = \frac{1}{(1+e^{-z})}$$

sigmoid 函数的导数可以表示为

$$\text{sigmoid}'(z) = \text{sigmoid}(z) \times [1 - \text{sigmoid}(z)]$$

假设神经网络的代价函数为均方误差：

$$C = \frac{1}{2}(y - a^L)^2$$

其中，y 是真实值；a^L 是神经网络的输出值。

代价函数关于 z^L 的梯度为

$$\left(\frac{\partial C}{\partial z}\right)^{L} = a^{L} - y$$

代价函数关于 w^{L} 的梯度为

$$\left(\frac{\partial C}{\partial w}\right)^{L} = a^{L-1}\left(\frac{\partial C}{\partial z}\right)^{L}$$

代价函数关于 z^{L-1} 的梯度为

$$\left(\frac{\partial C}{\partial z}\right)^{L-1} = w^{L}\left(\frac{\partial C}{\partial z}\right)^{L} \text{sigmoid}\left(z^{L-1}\right)$$

可以看出，当我们计算更早层的梯度时，需要将下一层的梯度乘以权重和 sigmoid 函数的导数。如果权重和 sigmoid 函数的导数的绝对值都小于 1，那么梯度将会在反向传播的过程中迅速减小，造成梯度消失。

AI 深度学习中的梯度消失问题是一个极限问题，也是一个需要运用高等数学工具解决的实际问题。这个问题体现了极限概念在人工智能领域的重要应用，也是推动 AI 技术进步的重要问题。

数值计算实践

我们可以通过编程模拟一个多层神经网络的梯度传播过程来观察梯度消失现象。这里我们将创建一个深度全连接神经网络，并使用随机数据进行一次反向传播，然后观察每一层的梯度。

扫描下方二维码可查看代码。这个 Python 示例代码展示了在深度神经网络中出现的梯度消失问题。通过使用 NumPy 和 Matplotlib 库，我们定义了 sigmoid 函数及其导数，搭建了一个包含 10 层、每层 50 个节点的深度神经网络。利用随机初始化的权重和激活值进行前向传播和反向传播。反向传播过程存储了每一层的梯度。通过绘制图表，以对数缩放的方式展示不同层中的平均梯度值变化情况，从而呈现深度神经网络中梯度逐渐消失的现象。

在图 1.6 中，横轴表示网络的层数，纵轴表示梯度绝对值的均值。可以看到，从输出层到输入层，梯度的值迅速减小，表现出了梯度消失的现象。这是因为在每一层，梯度都与权重和 sigmoid 函数的导数相乘，而这两个因子的值都小于 1，因此梯度在反向传播过程中迅速减小。

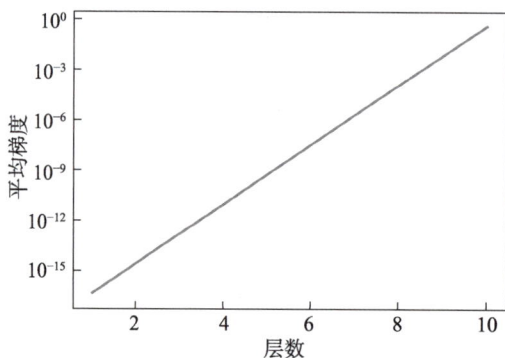

示例代码

图 1.6　深度神经网络中出现的梯度消失问题

1.12　移动通信中的信号衰减应用和简化模型及数值计算实践

移动通信技术在现代生活中扮演着重要的角色，它依赖无线电波来传输语音、文本、图片和视频等数据。然而，当无线电波在空气中传播时，其能量会随着距离的增加而逐渐减少，这种现象被称为信号衰减。

信号衰减的速率用数学模型来描述，这个模型通常包括一个或多个参数，如距离、频率和环境条件等。一般情况下，信号的功率密度会按照距离的平方的倒数进行衰减，这被称为自由空间路径损耗模型。然而，在实际的无线通信系统中，信号的衰减速度通常比这个模型预测的要快，这是因为有很多其他因素会导致额外的信号损耗，如建筑物、地形、大气和天气条件等。

信号衰减模型的一个重要应用是无线通信网络的设计和优化。例如，移动通信网络的基站布局需要考虑到信号的覆盖范围和衰减特性，以确保用户可以在网络覆盖区内获得满意的通信服务。此外，无线通信设备的功率控制也需要考虑信号的衰减特性，以达到有效的能源利用和降低干扰。

这个问题可以转化为一个优化问题。假设我们有 N 个可能的基站位置、M 个用户，我们的目标是最小化总的传播损失和建设成本，同时满足每个用户的服务需求。

假设 x_i 表示是否在第 i 个位置建立基站，它是一个二进制变量，如果在该位置建立基站则 $x_i = 1$，否则 $x_i = 0$。y_{ij} 表示第 i 个基站是否服务第 j 个用户，它也是一个二进制变量，如果第 i 个基站服务第 j 个用户则 $y_{ij} = 1$，否则 $y_{ij} = 0$。L_{ij} 表示第 i 个基站到第 j 个用户的信号传播损失，C_i 表示在第 i 个位置建立基站的成本。

我们的目标函数可以表示为

$$\min \sum_{i=1}^{N} C_i x_i + \sum_{i=1}^{N} \sum_{j=1}^{M} L_{ij} y_{ij}$$

其中

$$\sum_{i=1}^{N} y_{ij} \geqslant 1 (j = 1, \cdots, N)$$

这个问题是一个混合整数优化问题，可以通过现有的优化工具进行求解。

至于无线通信设备的功率控制问题，设 p_i 表示第 i 个基站的发送功率，g_{ij} 表示第 i 个基站到第 j 个用户的信号增益，n_j 表示第 j 个用户的噪声功率，我们的目标是使得所有用户的信噪比满足一定的阈值 T：

$$p_i \frac{g_{ij}}{n_j} \geqslant T (i = 1, \cdots, N, j = 1, \cdots, M)$$

这也是一个优化问题，可以通过调整每个基站的发送功率 p_i 来求解。

极限在信号衰减的描述和分析中起到了关键作用。当距离趋于无穷大时，信号的功率密度将趋于 0，这就是一个典型的极限问题。通过理解和应用极限的概念，我们可以更准确地描述和预测信号的衰减特性，从而优化无线通信网络的性能。

数值计算实践

以上所描述的问题都是优化问题。对于第一个问题，我们可以使用整数线性规划（Integer Linear Programming，ILP）进行求解。对于第二个问题，我们可以通过求解非线性规划问题来确定每个基站的功率。

由于这些问题都涉及求解优化问题，因此在实际的编程实践中，我们需要借助专门的优化库，如 Python 的 SciPy 库或 CVXPY 库。这些问题的求解都涉及复杂的数学运算，以及对优化理论的深入理解。

扫描下方二维码可查看代码。这个 Python 示例代码使用 CVXPY 库来解决基站位置优化问题。假设有一些可能的基站位置和用户，以及基站的建设成本和信号传播损失。通过二进制变量 x 表示是否在每个位置建立基站，二维二进制变量 y 表示每个基站是否服务每个用户。程序使用 CVXPY 库定义了目标函数、约束条件和求解问题。在绘图部分，实心圆圈表示可能的基站位置，而空心圆圈表示最佳的基站位置，如图 1.7 所示。程序输出了最优值，即最佳变量 x 和 y 的取值。

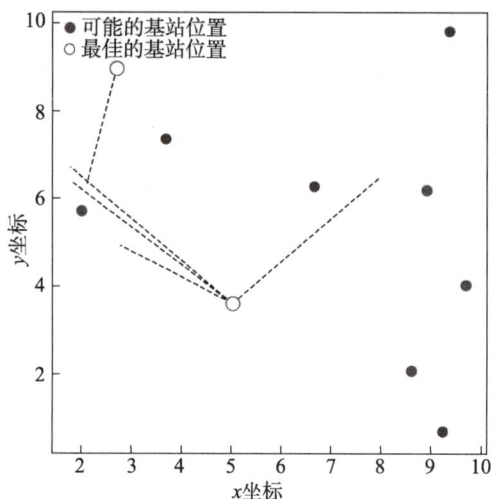

图 1.7   可能的基站位置及最佳的基站位置

示例代码

1.13   自动驾驶技术中传感器的感知范围应用和简化模型及数值计算实践

在自动驾驶技术中，传感器如雷达、激光雷达、摄像头等，是非常重要的组成部分。它们向车辆提供了对环境的感知能力，帮助车辆识别和跟踪周围的物体，如其他车辆、行人、路标等。传感器的感知范围，即传感器可以有效检测到物体的最大距离，是一个关键参数。在此背景下，我们可以提出一个典型的极限问题：当物体与传感器的距离越来越大时，传感器能否有效地检测到物体？

为了解决这个问题，我们需要了解传感器的工作原理。雷达和激光雷达都是通过发射电磁波或激光脉冲然后接收反射回来的信号来检测物体的。由于传播的信号会随着距离的增加而衰减，因此当物体与传感器的距离足够大时，反射回来的信号可能会低于传感器的检测阈值，导致无法有效地检测到物体。这就是一个典型的极限问题：当距离趋于传感器的最大感知范围时，反射回来的信号强度趋于传感器的检测阈值。

在实际的自动驾驶系统中，这个极限问题需要通过设计和优化传感器的参数以及处理反射信号的算法来解决。例如，提高传感器的发射功率可以增加反射回来的信号强度，从而增大感知范围；优化信号处理算法可以提高检测的灵敏度，从而在低信号强度下仍然能够有效地检测到物体。

设 d 是感知范围，P 是传感器的发射功率，A 是接收到的信号强度，我们需要找到最优的 P 使得 A 保持在一个可以接受的阈值 T 以上，从而确保感知范围 d 的最大化。

这个优化问题的数学形式为

$$\max d$$

$$\text{s.t.} \frac{P}{d^2} \geqslant T$$

这是一个约束优化问题，它反映了信号强度 A 随着距离 d 平方的增大反向减小的物理定律（称为反距离平方定律）。

此外，为了提高在低信号强度下的检测能力，我们可以考虑使用阈值函数（threshold function）。假设 x 是接收到的信号强度，我们可以定义一个阈值函数 $f(x)$，当 x 大于一个给定的阈值 T 时，$f(x)$ 返回 1，表示物体被检测到；当 x 小于 T 时，$f(x)$ 返回 0，表示物体没有被检测到。

$$f(x) = \begin{cases} 1, x \geqslant T \\ 0, 其他 \end{cases}$$

选择合适的阈值 T 是关键，它需要权衡检测率（即正常情况下物体被正确检测出的概率）和误报率（即没有物体但是被错误检测出的概率）。这可以通过 ROC 曲线（接受者操作特征曲线）来进行选择，ROC 曲线描述了检测率和误报率之间的关系。

数值计算实践

这是一个求解非线性规划问题的例子，可以使用 Python 的 SciPy 库进行求解。扫描下方二维码可查看代码。

首先，定义了一个目标函数和一个约束条件。目标是最大化目标函数，而约束条件则涉及目标函数中的参数。接着，使用 minimize 函数求解问题，并输出最优值以及最优变量。可视化部分绘制了目标函数和约束条件随参数变化的图形。图 1.8（a）显示了目标函数值随参数变化的趋势，并标出了最优解。图 1.8（b）显示了约束函数值与参数的关系，并在约束条件界限处标出了虚线。

得出：

最优值：3.1622776382067648

最优变量 d：[3.16227764]

这里，我们首先在 0.1 到 10 之间生成了一些 d 的值，然后计算了在这些 d 下目标函数和约束函数的值。最后，我们分别画出了目标函数和约束函数的变化趋势，并在图中标出了最优解，如图 1.8 所示。

示例代码

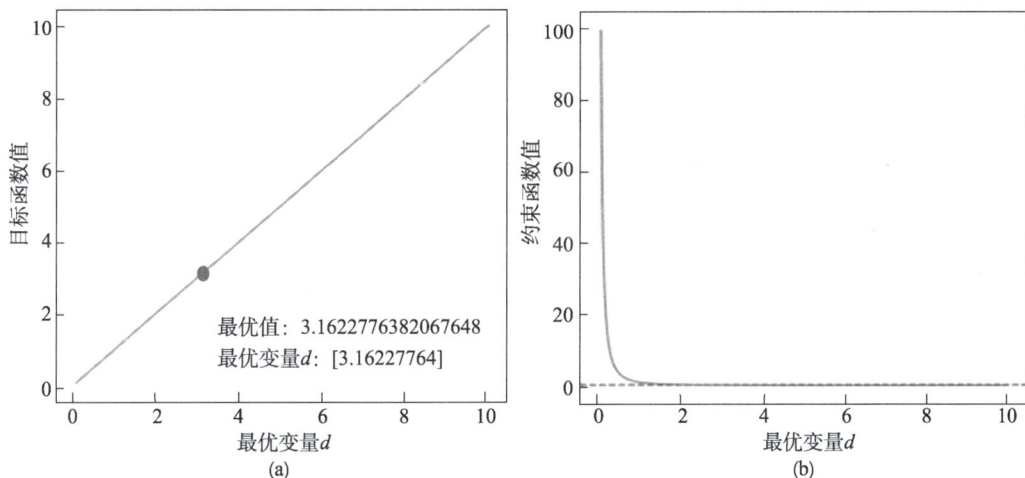

图 1.8 目标函数和约束条件的变化趋势与最优解

1.14 极限在化学反应速率中的应用和简化模型及数值计算实践

化学反应速率是反应过程中反应物质的消耗速度或产物的生成速度。在许多实际场景中，化学反应的速率可能会随着反应的进行而改变，这就涉及极限的概念。

一个常见的例子是一阶反应。一阶反应的反应速率与反应物的浓度成正比，随着反应的进行，反应物的浓度逐渐减小，反应速率也会逐渐降低。在这个过程中，我们可以定义一个极限情况，即当反应物的浓度趋近于 0 时，反应速率也会趋近于 0。

一阶反应的反应速率 v 被定义为

$$v = k[A]$$

其中，v 是反应速率；k 是反应速率常数；$[A]$ 是反应物 A 的浓度。

因此，反应速率与反应物 A 的浓度直接相关。

随着反应的进行，反应物 A 的浓度逐渐减小，所以反应速率也会逐渐降低。根据一阶反应的规律，反应物 A 的浓度以指数方式减小，可以用下面的公式表示：

$$[A] = [A_0]e^{-kt}$$

其中，$[A_0]$ 是反应开始时刻反应物 A 的浓度；t 是反应时间。

当反应进行到一定程度时，$[A]$ 会趋近于 0，根据反应速率公式，此时的反应速率 v 也会趋近于 0。这就是一阶反应的一个极限情况。

极限概念在这里的应用有两个方面：

（1）在实际应用中，我们可以通过这种方式预测反应的结束时间。当反应速率趋近于 0 时，我们可以认为反应已经基本完成。这在化学制药、材料合成等领域有重要应用。

（2）在理论研究中，这种极限分析的方法可以帮助我们理解反应机理，预测反应过程，并为优化反应条件、提高产率等提供理论依据。

这个案例展示了极限在化学反应研究和工程实践中的应用。

数值计算实践

这个问题主要涉及反应动力学，我们可以使用 Python 来模拟一阶反应过程并进行可视化展示。扫描下方二维码可查看代码。

在这个 Python 示例代码中，首先定义了一阶反应的参数，包括反应速率常数 k 和初始反应物浓度 A_0。其次，定义了反应进行的时间，从 0 到 20 单位时间。再次，根据一阶反应的公式计算了反应物的浓度 $[A]$ 和反应速率 v。最后，绘制了反应物浓度和反应速率随时间变化的图像，如图 1.9 所示。

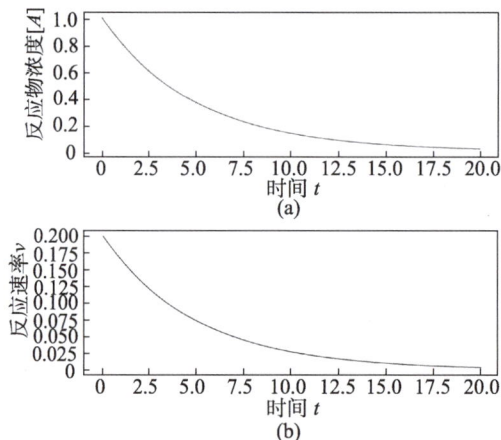

示例代码

图 1.9　反应物浓度与反应速率随着时间变化的曲线

可以看到，随着时间的推移，反应物的浓度逐渐降低，反应速率也逐渐降低，最终趋向于 0。这就是一阶反应中的极限情况。

1.15　极限在物理中的应用和简化模型及数值计算实践

在物理学中，极限概念的应用十分广泛，其中一个显著的例子就是在热力学中寻找绝对零度。绝对零度，定义为 0 K，是热力学温度的最低可能值，它代表着一个理论极限——在这个温度下，粒子的热运动几乎停止。

然而，实际上，绝对零度是一个不可能实现的极限。这涉及第三定律，也就是无法在有限的步骤内达到绝对零度的热力学定律。任何冷却过程都会使系统趋近于这个极限，但无论如何都无法完全达到。

物理学家使用各种冷却技术，例如激光冷却和稀有同位素稀释制冷等，可以将物质冷却到仅比绝对零度稍高的温度。这些冷却技术的目标就是尽可能接近这个极限。极限的概念在这里提供了一个理论框架，帮助科学家理解他们的实验结果和设计更有效的冷却策略。

激光冷却是一种使用激光的辐射压力来冷却原子或分子的技术，已经能够将气体冷却到接近绝对零度，其基于多普勒效应和辐射力的基本原理。

假设一个原子处于速度为 v 的运动状态，当它与一个频率为 ν 的、与其相向而行的光子相互作用时，由于多普勒效应，原子感受到的光子频率被"红移"到 $\nu' = \nu(1 + v/c)$，其中 c 是光速。如果 ν' 接近原子的共振频率 θ_0（即原子能量级间的跃迁频率），那么原子有可能吸收这个光子，并在吸收光子后获得一个反向的冲量。之后，原子以一定的概率通过自发辐射将能量释放，自发辐射的方向是随机的，因此在多次吸收和释放光子后，原子的总体动能减小，也就是说原子被冷却了下来。

具体的数学表达可以使用一维情形简化，假设原子在 x 轴上运动，辐射力 F 可以表示为

$$F = hk(\Gamma/2)\Delta/(\Delta^2 + \Gamma^2/4)$$

其中，h 是约化普朗克常数；k 是激光波数，与激光频率有关；Γ 是原子的自然线宽；$\Delta = kv - \nu_0 + \nu$ 是原子和激光之间的失调量。

当原子的速度增大时，失调量 Δ 增大，辐射力 F 减小，这使得原子速度减小，温度降低，这就是激光冷却的基本原理。

这个案例表明，极限不仅是数学中的基本概念，其在助力理解自然界的基本法则和探索科技前沿方面也起着关键的作用。

数值计算实践

在这个问题中，我们需要计算辐射力 F 对原子速度 v 的影响。在这里，我们假设激光的频率 ν 是固定的，而原子的速度 v 是变化的。以下是一个 Python 示例代码来绘制辐射力 F 随原子速度 v 变化的图像。扫描下方二维码可查看代码。

在这段 Python 示例代码中，我们首先定义了相关的物理常数，包括约化普朗克常数 h（或 h_{bar}）、激光波数 k、原子的自然线宽 γ、激光频率 c、原子的共振频率 θ_0。

接下来，我们定义了一个函数 radiation_force 来计算辐射力 F。这个函数接收一个参数，即原子的速度 v，然后计算辐射力 F。

然后，我们定义了一个原子速度的范围，$-10 \sim 10$，总共 1000 个点。

最后，我们计算了辐射力 F，并绘制了辐射力 F 随原子速度 v 变化的图像，如图 1.10 所示。

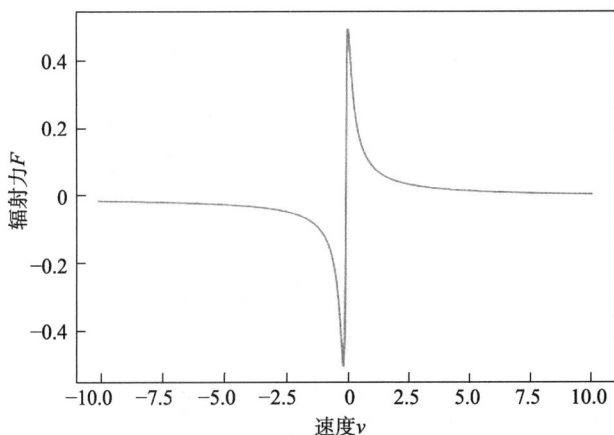

示例代码

图 1.10　辐射力随原子速度的变化曲线

这个图形可以帮助我们理解激光冷却的基本原理：当原子的速度增大时，辐射力 F 减小，从而使得原子速度 v 减小，实现冷却效果。

1.16　极限在生物学中的应用和简化模型及数值计算实践

在生物学中，极限的概念常被应用于种群动态的研究，尤其是种群增长模型。在理想的环境下，一个物种的数量可能会按照指数函数无限地增长。但实际上，环境资源和空间总是有限的，因此，真实的种群增长过程通常会受到一种或多种因素的限制，最终趋向于一个稳定的种群大小，这就是所谓的环境承载力。

一个常用的模型是逻辑增长模型（Logistic Growth Model），它考虑了环境承载力对种群增长的影响。在这个模型中，种群的增长速度随着种群大小的增加而减小，直到达到一个极限值，这个极限值就是环境承载力。在这个点上，种群的出生率和死亡率达到平衡，种群的规模不再增长。

该模型可以用微分方程来表示：

$$\frac{\mathrm{d}N}{\mathrm{d}t} = rN\left(1 - \frac{N}{K}\right)$$

其中，N 是种群规模，r 是种群的固有增长率，K 是环境承载力。可以看到，当 N 接近 K 时，种群的增长率 $\frac{\mathrm{d}N}{\mathrm{d}t}$ 接近 0，这就是一个典型的极限的例子。

这个案例显示了极限在生物学中的应用，帮助我们理解种群的动态和复杂性，并能为保护生物多样性和可持续发展提供理论支持。

数值计算实践

对于逻辑增长模型，我们可以使用 Python 的 SciPy 库中的 odeint 函数来解这个微分方程。扫描下方二维码可查看代码。下面的 Python 示例代码首先定义了微分方程 logistic_growth，这个函数接收当前的种群规模 N、当前时间 t、固有增长率 r 和环境承载力 K，返回种群的增长率。

接下来，使用 SciPy 库中的 odeint 函数求解微分方程。odeint 函数接收微分方程、初始条件和时间范围，返回微分方程的解。

最后，绘制了种群规模 N 随时间 t 变化的图像，如图 1.11 所示。从图中可以看到，随着时间的推移，种群规模逐渐增大，最终趋于一个稳定值，这个值就是环境承载力 K。

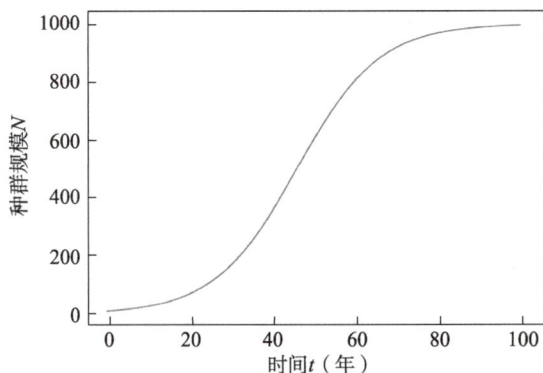

图 1.11　种群规模 N 随时间 t 变化的曲线

示例代码

这个图形可以帮助我们理解逻辑增长模型和极限在生物学中的应用。

1.17 极限在工程设计中的应用和简化模型及数值计算实践

在工程设计中，构造物的承重能力是极其重要的考量因素，大到桥梁、建筑、航空器，小到桌椅，这些物体的设计和建造都需要充分计算其极限承重。极限承重的概念可以被看作物体所能承受而不导致其破裂或失去功能的最大负荷。

考虑一座桥梁，桥梁的设计和建造都必须考虑其能承受的最大重量，这就涉及极限的概念。如果桥梁的承重超过了这个极限，桥梁就会损坏甚至崩塌，对人们的生命和财产安全构成威胁。

极限状态包括两种：

承载力极限状态：这是指结构不能承受超过设计荷载，否则会导致坍塌或者结构失效。例如，一座桥梁在设计时就会考虑最大的荷载（如车辆荷载、风荷载、地震荷载等），并确保桥梁在这些最大荷载下仍能保持稳定。

服役极限状态：这是指在正常使用荷载下，结构不能满足使用功能，例如过大的变形或振动等。

在数学上，我们可以根据荷载和材料强度等因素，使用静力学和材料力学的方程来计算和预测结构的极限状态。具体到桥梁设计上，一般会使用有限元分析或其他结构分析方法，结合材料的应力-应变关系，以及荷载和约束条件，建立相应的数学模型和方程组，来预测和设计桥梁的极限状态。

这个案例向我们展示了极限在工程设计中的应用，并强调了理解和使用极限概念在现代社会中的重要性。

数值计算实践

我们可以使用一个简化的例子来理解极限在结构工程中的应用。考虑一个简单的悬臂梁，其一端固定，另一端受到垂直荷载 P 的作用。梁的挠度（即梁的最大位移或弯曲）可以用以下公式来计算：

$$D = \frac{PL^3}{3EI}$$

其中，D 是梁的最大挠度；P 是作用在梁上的荷载；L 是梁的长度；E 是梁材料的弹性模量；I 是梁的面积惯性矩。

现在假设我们已经知道梁的长度、材料弹性模量、面积惯性矩以及梁的最大允许挠度。我们想要知道梁可以承受的最大荷载是多少。

这个问题可以通过解上述方程求得：

$$P = \frac{3DEI}{L^3}$$

首先我们可以创建一个函数来计算最大荷载 P，然后我们可以改变挠度 D 的值并且绘制出 P 随 D 变化的曲线。这里我们假设梁的长度 L、材料弹性模量 E 和面积惯性矩 I 是已知的。

在图 1.12 中，你可以看到挠度 D（即梁的最大位移或弯曲）与梁可以承受的最大荷载 P 之间的关系。当挠度 D 增大时，梁可以承受的最大荷载 P 也随之增大。扫描下方二维码可查看代码。

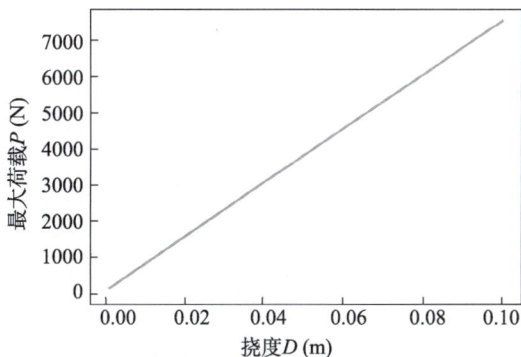

示例代码

图 1.12 荷载随挠度变化的曲线

这个例子虽然很简单，但它展示了如何使用极限的概念来进行结构设计和分析。在实际应用中，工程师会考虑更多的因素，比如梁的形状、材料的非线性行为、动态荷载等，这会使问题变得更复杂，但基本的思路是相同的。

1.18　大气压强与海拔高度关系的应用和简化模型及数值计算实践

大气压强与海拔高度之间的关系体现了极限概念的实际应用。海拔越高，大气压强越小，这是因为海拔高度增加，大气层的厚度减小，重叠的气体分子减少，因此大气压强降低。实际上，当海拔高度趋于无穷大时，大气压强将趋于 0，这就是极限的概念。

我们可以通过数学公式来描述这种关系。大气压强 P 与海拔高度 h 的关系可以通过下式表示：

$$P = P_0 \exp(-Mgh / RT)$$

其中，P_0 是海平面的大气压强；M 是空气的平均摩尔质量；g 是重力加速度；R 是理想气体常数；T 是温度。这个公式就描述了大气压强随着海拔高度增加而呈指数衰减的现象。

这种关系在许多领域都有重要应用，如气象学、航空、登山等。例如，在航空领域，飞机在飞行过程中需要考虑大气压强的变化，以确定最佳的飞行高度。在登山领域，登山者需要了解大气压强随着海拔高度的变化，以便预防高原反应。

通过这个案例，我们可以看到极限在自然科学中的实际应用，同时也可以了解到掌握极限的概念，帮助我们更好地理解和解决实际问题。

数值计算实践

这个模型假设温度 T 是常数，即不随海拔高度改变。在实际情况下，温度确实会随着海拔的升高而减小，但为了简化问题，我们这里假设它是恒定的。在进行更复杂的模型计算时，我们需要考虑这个因素。

现在，我们可以使用 Python 的 Matplotlib 库来创建一个简单的模型，来展示大气压强如何随海拔的变化而变化。

扫描下方二维码可查看代码。在这段 Python 示例代码中，首先定义了所需的各种常数，然后计算了海拔高度从 0~10000 m 时的大气压强，最后用图形展示了大气压强如何随着海拔高度的增加而减小，如图 1.13 所示。随着海拔高度的升高，大气压强确实在减小，并且在海拔高度非常高时，大气压强接近于 0，这就体现了极限的概念。

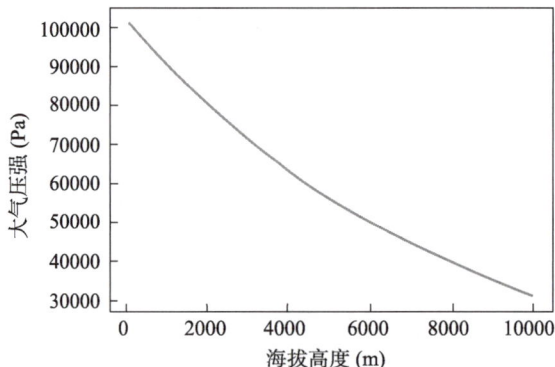

示例代码

图 1.13　大气压强随海拔高度变化的曲线

1.19　噪声信号过滤器的设计应用和简化模型及数值计算实践

在信号处理中，尤其是在通信系统、音频处理和图像处理等领域，噪声信号过滤是非常重要的。它的主要目标是从噪声中提取出我们想要的信号，这就需要一个噪声过滤器。在设计噪声过滤器时，我们需要考虑极限的概念。

过滤器的主要工作原理是通过调整频率响应来削弱或强化某些频率的信号。理想的过滤器会完全阻止不需要的频率，并且不会影响需要的频率。然而，现实中的过滤器无法做到这一点。它们有一定的转换带宽，在这个带宽内，信号的频率响应会逐渐从通频转变为阻频。

在设计过滤器时，我们通常会设置一个截止频率，这是过滤器开始显著衰减信号的频率。在这个频率之前，过滤器对信号的影响很小；在这个频率之后，过滤器对信号的衰减就会显著增加。实际上，当我们增加截止频率，信号的衰减程度将趋向于无穷大，这就体现了极限的概念。

通过这个案例，我们可以了解到极限的概念在信号处理中的实际应用，掌握极限的概念，可以帮助我们更好地设计和优化噪声过滤器。

数值计算实践

在信号处理中，最常用的过滤器是低通滤波器（LPF），它可以通过去除高频信号来削弱噪声。我们可以使用 Python 中的 SciPy 库来实现一个简单的数字低通滤波器。

在这个 Python 示例代码中，首先必要的 NumPy、SciPy 信号处理模块和 Matplotlib 库被导入，用于数值计算、滤波器设计、频率响应计算以及绘图。接着，定义 butter_lowpass 函数，根据给定截止频率、采样率和阶数来计算 Butterworth 低通滤波器的系数。然后，butter_lowpass_filter 函数用设计好的滤波器对输入信号进行滤波操作，通过 filter 函数进行实际的滤波。在设定参数阶段，设置滤波器的阶数、采样率和截止频率。接下来，使用 butter_lowpass 函数获取滤波器系数，再利用 freqz 函数计算频率响应的幅度和相位信息。频率响应图生成步骤中，Matplotlib 被用来绘制滤波器的增益幅度响应曲线，标记截止频率、增益的特定点，垂直线用于表示截止频率。最后，设定图表界限、标题和坐标轴标签，并添加网格等装饰，绘制得到的频率响应图被显示出来。扫描下方二维码可查看代码。

我们生成的低通滤波器频率响应如图 1.14 所示。可以看到，在截止频率之前，滤波器对信号的影响很小（即增益接近 1）；在截止频率之后，滤波器对信号的衰减就会显著增加（即增益迅速下降）。这就是过滤器极限性质的可视化表示。

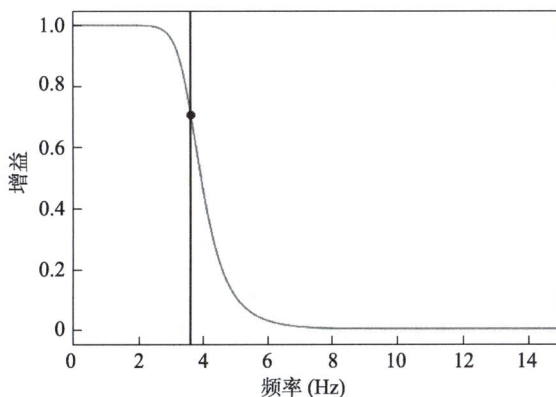

示例代码

图 1.14　低通滤波器的频率响应

1.20　极限在市场经济中的应用和简化模型及数值计算实践

在经济学中，"市场饱和"是一个经常被讨论的概念。当一个市场的所有潜在消费者都已经获得了某个产品或服务，或者他们对该产品或服务的需求已经被满足，我们就说这个市场已经"饱和"。在这种情况下，销售增长将会达到一个上限。

考虑一个新产品在市场上的推广。一开始可能只有少数消费者知道并购买了这个产品。随着产品的推广和消费者对产品认知度的提高，产品的销售量可能会急剧增加。然而，当所有可能的消费者都已经知道并尝试了这个产品后，产品的销售增长就可能会放缓，最终达到一个极限，这就是市场饱和。

这个过程可以通过数学模型来描述，其中最常用的是 S 曲线或逻辑函数。这个模型的数学形式为

$$S(t) = \frac{K}{1 + e^{-r(t-t_0)}}$$

其中，$S(t)$ 是销售量，t 是时间，K 是市场饱和度（即最大销售量），r 是增长速率，t_0 是增长的起始时间。在这个模型中，随着时间的推移，销售量 $S(t)$ 将趋向于极限 K。

通过这个案例，我们可以看到极限概念在市场经济中的实际应用，它不仅可以帮助我们理解市场饱和的过程，而且可以帮助我们制定未来的销售策略。

数值计算实践

这是一个实现 S 曲线或逻辑函数并进行可视化展示的 Python 示例代码,使用 NumPy 和 Matplotlib 库生成并绘制了一个 S 曲线函数。首先，定义 S 曲线函数，其中包含了参数 K（最大销售量）、r（增长速率）和 t_0（增长的起始时间）。接着，生成一个时间序列 t，在每个时间点计算对应的销售量，并将结果绘制为图形。扫描下方二维码可查看代码。

在这个 Python 示例代码中，我们定义了一个 S 曲线函数 s_curve，它表示销售量随时间的变化。我们设定了市场饱和度 $K = 100$、增长率 $r = 0.7$ 和增长的起始时间 $t_0 = 5$。然后我们生成了一个时间序列 t，并计算了每个时间点的销售量 sales。最后，我们绘制了销售量随时间变化的变化曲线，如图 1.15 所示。

从这个图中可以看到，随着时间的推移，销售量逐渐增加，最终趋于一个极限值 K，这就是市场饱和的过程。

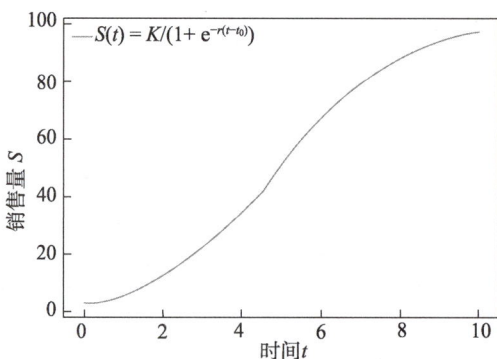

示例代码

图 1.15　销售量的变化曲线

1.21　极限在制药中的应用和简化模型及数值计算实践

在药物开发和生产中，药物的溶解速率是一个非常重要的参数，它决定了药物在人体内的吸收速率和效率。药物溶解速率的测量是药物生产中一个关键的步骤，它的极限状态，即药物溶解的

极限速率，是药品研发和质量控制的重要数据。

考虑一个典型的药物溶解实验。药物被放入一个含有溶解介质（例如水或某种溶剂）的容器中。随着时间的推移，药物会逐渐溶解，药物的浓度会逐渐增加，直到达到一个稳定值，这个稳定值就是药物溶解的极限速率。

这个过程可以用数学模型来描述，最常用的是 Noyes-Whitney 方程，它描述了药物溶解速率 $\dfrac{\mathrm{d}M}{\mathrm{d}t}$（$M$ 为溶解药物的质量）与药物表面积（A）、溶剂和药物之间的饱和溶液浓度差（$C_0 - C$），以及溶剂对药物的扩散系数（D）的关系：

$$\frac{\mathrm{d}M}{\mathrm{d}t} = DA\left(C_0 - C\right)/h$$

其中，h 是扩散层厚度。

通过上述公式我们可以看到，药物的溶解速率与药物的表面积、溶剂和药物之间的饱和溶液浓度差、溶剂对药物的扩散系数有关，这些都是药物溶解的重要参数。当药物全部溶解的那一刻，溶解速率达到一个极限值，这个极限值是药物溶解的最大速率。

极限在制药中的应用是非常广泛的，它可以帮助我们理解药物的溶解过程，并为药物的开发和生产提供重要的数据支持。

数值计算实践

在实际的制药和药物研究中，科研人员会使用专门的软件和工具，比如 MATLAB、Python 的 scipy.integrate 等库来求解这样的微分方程，并利用实验数据来验证和优化模型。

我们先用一个简化的模型来模拟药物溶解的过程。我们假设药物的溶解过程是一个指数递减的过程，即随着时间的增加，药物溶解的速率会逐渐减小。这可以用一个简单的指数函数来描述。扫描下方二维码可查看代码。

在这个 Python 示例代码中，使用 NumPy 和 Matplotlib 库来生成和绘制药物溶解速率随时间变化的曲线。首先，定义了药物溶解速率函数，其中包含参数 k，表示速率的系数。然后，生成一个时间序列 t，在每个时间点计算对应的药物溶解速率，并将结果绘制为图形，如图 1.16 所示。图中呈现了药物溶解速率随时间变化的趋势，横轴表示时间，纵轴表示药物溶解速率。

图 1.16 显示了随着时间的推移，药物溶解的速率逐渐减小，最终趋向于 0。这就是一个极限的概念。虽然这个模型很简单，但它可以带给我们一个关于药物溶解过程和极限概念的直观理解。

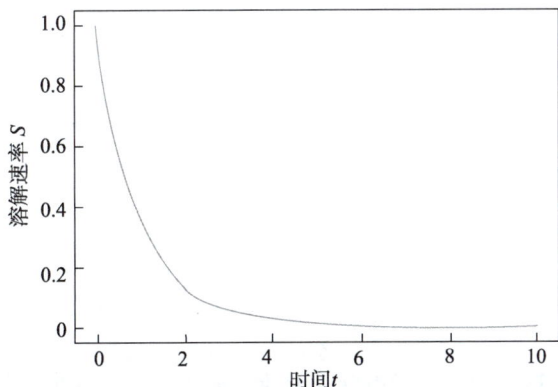

图 1.16　药物溶解速率的变化曲线

1.22　极限在气候模型中的应用和简化模型及数值计算实践

气候模型是一种复杂的数学模型，用于模拟和预测地球气候系统的行为。这些模型需要考虑许多因素，包括大气、海洋、陆地和冰川之间的相互作用，以及太阳辐射、地球的自转和倾斜等外部驱动因素。

在这些模型中，极限的概念经常出现。例如，考虑气候模型中的一个关键因素——全球温度。随着温室气体排放的增加，地球的平均温度正在上升。但是，地球温度的升高并不是无限的，它受到多种因素的制约，如地球表面反射太阳辐射的能力（被称为地球的反照率）以及大气中二氧化碳的吸收和释放过程等。

在这种情况下，我们可以考虑温度升高的极限状态，这是当温室气体排放持续增加并达到一个极高水平时的状态。在这个极限状态下，地球的温度会达到一个上限，超过这个上限，地球的气候系统将发生不可逆的变化，可能导致灾难性的后果。

此外，极限的概念还可以用来考虑气候模型的不确定性。由于气候系统的复杂性，气候模型通常包含许多不确定性。在这种情况下，极限可以帮助我们定义模型预测的最大和最小范围，从而更好地理解模型预测的不确定性。

模拟地球气候系统的主要方法是使用气候模型，这是一种复杂的数学模型，包括大量的微分方程，描述了大气、海洋、冰川和陆地等各个部分的物理过程。

为了模拟温度升高的极限状态，我们可以设定一种情况，即温室气体的排放持续以一定的速率增加。这可以用数学表达式来表示，例如 $E(t) = E_0(1+r)^t$，其中 $E(t)$ 是 t 时刻温室气体的排放量，E_0 是初始排放量，r 是排放增长率。

然后，我们将这个排放情况作为输入条件，代入气候模型进行模拟，计算出在这种情况下地球的平均温度随时间的变化。这个过程可以用一个高阶微分方程来表示，例如：

$$\frac{\mathrm{d}T}{\mathrm{d}t} = f(E(t), T(t), P)$$

其中，$T(t)$ 是 t 时刻地球的平均温度，P 表示其他影响气候的参数，如太阳辐射、地球的反照率等。

模型的解（即温度随时间的变化）将会显示一个极限状态。然后我们可以通过调整排放增长率 r 来探索如何避免这个极限状态，这就是所谓的减排目标。

因此，极限在气候模型中的应用是非常重要的，它可以帮助我们理解和预测地球气候系统的行为，并为应对全球气候变化提供重要的参考依据。

数值计算实践

我们可以使用一个简化的模型来模拟温室气体排放和地球温度之间的关系。我们可以假设温度的增加是与温室气体排放量是成正比的。这可以用下面的简单线性模型来描述。扫描下方二维码可查看代码。

在这个 Python 示例代码中，使用 NumPy 和 Matplotlib 库来模拟和绘制随时间变化的温室气体排放量和地球平均温度。首先，定义了温室气体排放量随时间变化的函数和地球平均温度随时间变化的函数，其中包括初始排放量、排放增长率和温度与排放量的比例系数。然后，生成一个时间序列 t，在每个时间点计算对应的温室气体排放量和地球平均温度，并将结果绘制为两个图形。第一个图形展示了温室气体排放量随时间的变化，横轴表示时间（t），纵轴表示排放量（E）。第二个图形展示了地球平均温度随时间的变化，横轴同样表示时间，纵轴表示地球平均温度（T）。两个图形分别展示了排放量和温度随时间变化的趋势，如图 1.17 所示。

示例代码

这个模型非常简单，无法反映真实气候系统的复杂性。但是，它可以给我们一个直观的理解，即如果温室气体的排放量持续增加，地球的平均温度也会持续上升。这是一种极限状态，如果不加以控制，可能会引发严重的气候问题。

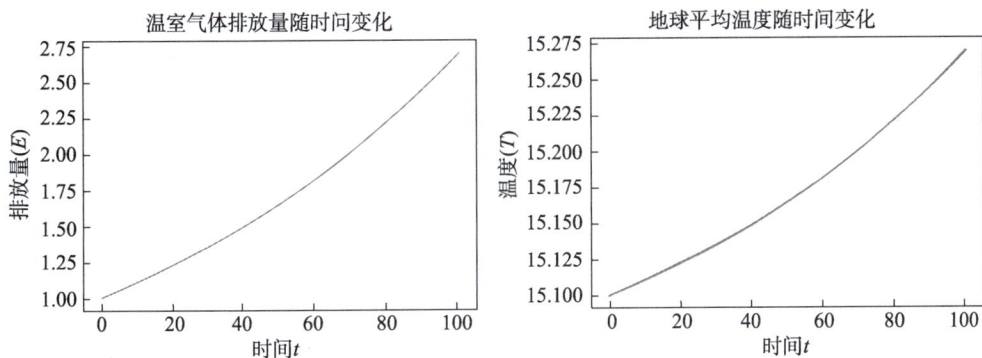

图 1.17 温室气体排放量与地球平均温度随时间的变化趋势

1.23 极限在飞机机翼设计中的应用和简化模型及数值计算实践

在飞机设计中，机翼是至关重要的部分。机翼的设计和制造必须满足多个条件和标准，其中之一就是承受力的极限。机翼不仅需要支撑飞机在空中飞行，还需要在各种极端环境下维持其性能，如强风、气流扰动等。这就涉及机翼材料的强度极限、机翼结构的承载极限以及机翼的空气动力性能极限。

首先，机翼材料的强度极限指的是材料在力的作用下，能够抵抗变形或破裂的极限。这个极限是由材料的本质（如硬度、韧性等）决定的，而且在设计时必须考虑到。

其次，机翼结构的承载极限涉及飞机翼的设计和制造过程。机翼需要经受住飞行中的各种压力和扭矩，这就需要设计者精确计算和优化机翼的结构，确保其在极限状态下也能保持稳定。

最后，机翼的空气动力性能极限主要与飞机的飞行性能有关。机翼的形状和大小会影响其升力和阻力，进而影响飞机的飞行速度和耗油量。因此，机翼设计必须考虑到其在不同飞行状态（如起飞、巡航、降落等）下的空气动力性能极限。

机翼设计主要涉及的数学模型是流体力学中的纳维–斯托克斯（Navier-Stokes）方程，该方程描述了流体运动的基本规律。空气可以被视为一种流体，机翼在飞行中与空气的相互作用（如升力和阻力）可以通过纳维–斯托克斯方程来计算和分析。

简化的纳维–斯托克斯方程如下：

$$\rho\left(\frac{\partial u}{\partial t} + u \cdot \nabla u\right) = -\nabla p + \mu \nabla^2 u + \rho g$$

其中，ρ 是流体密度；u 是流体速度；t 是时间；p 是压力；μ 是动力黏度；g 是重力加速度。

机翼设计需要考虑的极限包括：

最大升力：在起飞和降落阶段，飞机需要尽可能大的升力。翼型设计、翼展和攻角都会影响升力。

最小阻力：在巡航阶段，飞机需要尽可能小的阻力，以提高燃料效率。阻力主要来自形状阻力和摩擦阻力，翼型设计和表面处理都会影响阻力。

最大速度：飞机的最大速度受到空气阻力和发动机推力的限制。当阻力等于推力时，飞机达到最大速度。

以上极限条件可以通过纳维–斯托克斯方程模拟得出。在设计过程中，工程师会通过改变翼型、翼展等参数模拟飞机在各种飞行状态下的动力性能，以满足以上的极限条件。

综上，飞机翼设计中的极限问题是一个复杂而重要的课题，需要设计者充分理解和运用极限的概念，以确保飞机的安全和效率。

数值计算实践

可以使用一个简化的模型来帮助我们理解飞机翼的升力和阻力如何随速度变化。这种模型通常称为升阻曲线。

在这个模型中，飞机的升力系数和阻力系数会随着马赫数（飞机速度与声速之比）的增加而变化。当马赫数接近 1 时，升力会达到峰值，然后随着马赫数的进一步增加而下降；阻力则会在马赫数接近 1 时急剧增加，这是因为当飞机速度接近声速时会产生音爆，导致阻力大幅增加。扫描下方二维码可查看代码。

在这个 Python 示例代码中，使用 NumPy 和 Matplotlib 库来模拟和绘制马赫数序列下的升力系数和阻力系数。首先，生成了一个马赫数序列 M，然后使用简化的升力系数模型和阻力系数模型计算了相应的升力系数（CL）和阻力系数（CD）。接着，通过绘制图形，将马赫数（M）作为横轴，升力系数（CL）和阻力系数（CD）分别作为纵轴，展示了这两个系数随马赫数变化的趋势，如图 1.18 所示。图形展示了随着马赫数的增加，升力系数逐渐减小，而阻力系数逐渐增大。

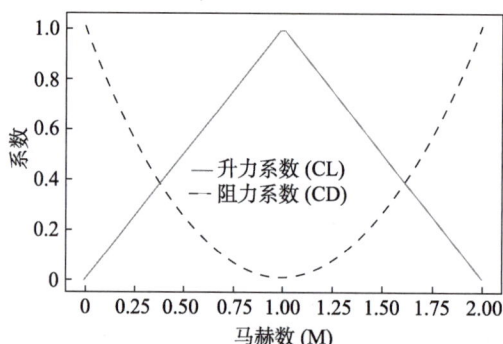

图 1.18　升力系数与阻力系数随马赫数的变化

示例代码

上面是一个简单的 Python 示例，模拟了这个过程并生成了相应的图表，这个模型非常简单，只是为了方便理解升力和阻力随速度的变化。实际的机翼设计需要考虑很多其他因素，如翼型、翼展、攻角等，需要使用更为复杂和精确的模型。

1.24　训练过程中的梯度消失问题应用和
简化模型及数值计算实践

深度学习中的梯度消失就是在训练神经网络时，参数的梯度值变得非常小，以至于在反向传播时，权重更新的速度极慢，使得学习过程变得非常低效，甚至无法收敛。

梯度消失主要原因在于深度神经网络的训练中使用的激活函数（如 Sigmoid、tanh 等）和乘法运算。这些激活函数在输入值的绝对值较大时，其导数接近于 0，这会导致在反向传播时梯度值会连续地乘以小于 1 的数，从而变得非常小。神经网络的层数增多，梯度消失的问题会变得更加严重。使用 ReLU 函数、预训练与微调、使用残差网络（ResNet）、批量归一化（Batch Normalization）等，都能在一定程度上缓解或避免梯度消失的问题。

例如，ReLU 函数在输入值大于 0 时，其导数为 1，这避免了反向传播过程中梯度的持续衰减。预训练与微调的方法是先使用无监督的方式预训练浅层网络，再进行整体的微调，这种分步训练的方式也能在一定程度上缓解梯度消失的问题。残差网络则通过引入跳跃连接，直接将输入信号传递到后面的层，从而避免了反向传播过程中梯度的衰减。批量归一化是一种改善网络训练效果的技术，它通过对每一层的输入进行归一化处理，使得每一层的输入都服从标准正态分布，从而在一定程度上缓解了梯度消失的问题。

ReLU 函数：ReLU 函数的表达式为 $f(x)=\max(0,x)$。它的导数在 $x>0$ 时为 1，在 $x<0$ 时为 0。这种特性使得 ReLU 函数在反向传播过程中，对于大于 0 的输入，梯度不会衰减。

预训练与微调：这种方法的数学表达比较复杂，一般不直接写出公式。简单来说，预训练是先在一个无监督任务（比如自编码器或预测下一个词）上训练神经网络的前几层，然后再在目标任务上进行微调。

残差网络：残差网络的关键是引入了跳跃连接（或称残差连接）。在数学上，如果一个普通的深度网络输出是 $y=F(x)$，那么引入残差连接后的网络输出就变成了 $y=x+F(x)$，这样在反向传播过程中至少有一部分梯度可以直接传递，避免了梯度消失的问题。

批量归一化：批量归一化的数学表达为 $\mathrm{BN}(x)=\dfrac{\gamma(x-\mu)}{\sigma}+\beta$，其中 μ 和 σ 是输入 x 的均值和标准差，γ 和 β 是可学习的参数。通过这种方式，每一层的输入都被归一化为均值为 0、方差为 1 的分布，从而在一定程度上缓解了梯度消失的问题。

通过深度理解极限的概念和特性，可以更好地理解和解决深度学习中的梯度消失问题，进一步提升深度学习的训练效率和模型性能。

数值计算实践

我们模拟 ReLU 函数的工作原理并绘图，因为 ReLU 函数有一个明显的"极限"：当输入小于 0 时，函数值始终为 0。扫描下方二维码可查看代码。

在这个 Python 示例代码中，使用 NumPy 和 Matplotlib 库来绘制修正线性单元（ReLU）函数的图像。首先，创建一个 –10~10 的输入数据的序列 x。然后，对输入数据应用 ReLU 函数，通过 np.maximum(0, x) 将所有负数变为零。最后，绘制图形，将输入数据（x）作为横轴，对应的 ReLU 输出（y）作为纵轴，展示 ReLU 函数的非线性特性：当输入为负数时，输出为 0；当输入为正数时，输出等于输入。

以下是一个简单 ReLU 函数的 Python 代码实现及其可视化展示。在图 1.19 中，ReLU 函数的输出在 x 小于 0 时一直为 0（这是一种形式的"极限"），而在 x 大于 0 时，输出与输入相同。

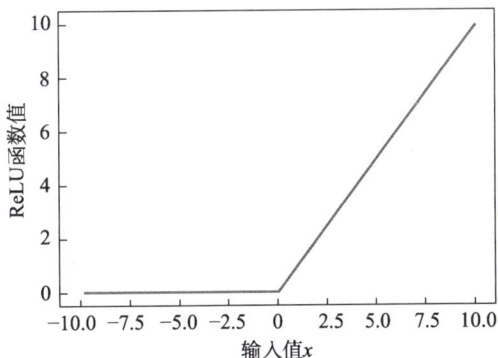

示例代码

图 1.19　ReLU 函数

1.25　习题、思考题、课程论文研究方向

习题：

1. 探索函数 $f(x)=\dfrac{\sin x}{x}$ 在 x 趋近于 0 时的极限值。

2. 计算极限 $\lim\limits_{x\to\infty}\left(1+\dfrac{1}{x}\right)^x$，并解释其与自然底数 e 的关系。

3. 研究函数 $f(x) = x^2 \sin\left(\dfrac{1}{x}\right)$ 在 x 趋近于 0 时的极限。

4. 判断函数 $g(x) = \dfrac{x-1}{x^3-1}$ 在 $x=1$ 处是否连续，并解释原因。

▶▶ 思考题：

1. 如何证明极限 $f(x) = L$，$\lim\limits_{x \to a} f(x) = L$ 的定义？

2. 探究极限与连续之间的关系，解释为什么一个函数在某点处连续意味着在该点存在极限。

3. 考虑函数 $h(x) = \begin{cases} x^2, & x \leqslant 1 \\ 2x-1, & x > 1 \end{cases}$，讨论 $h(x)$ 在 $x=1$ 处的极限与连续情况。

4. 分析函数 $f(x) = \begin{cases} \sin\dfrac{1}{x}, & x \neq 0 \\ 0, & x = 0 \end{cases}$ 的连续性和极限性质，给出证明或反例。

▶▶ 课程论文研究方向：

1. 探究极限与连续的概念在实际应用中的数学模型和算法的开发。
2. 研究在科学、工程、经济等领域中使用极限与连续的数学模型的有效性和适用性。
3. 分析不同类型函数的极限和连续性，并研究其在实际问题中的应用。
4. 深入探讨极限与连续的数学理论，如实数系统、序列极限、函数极限等，并与实际问题相联系。

第 2 章　导数与微分

2.1　导数的概念与定义

导数是微积分中的重要概念，用于描述函数在某一点处的变化率。

导数可以理解为函数的瞬时变化率。

给定函数 $f(x)$，其在某一点 $x=a$ 处的导数记作 $f'(a)$，可以通过以下定义来描述：

$$f'(a) = \lim_{h \to 0} \frac{f(a+h) - f(a)}{h}$$

两个经典引例

这里的 lim 表示当 h 趋近于 0 时的极限。上述定义可以解释为函数在点 a 处的导数等于函数值在点 a 附近微小增量 h 的极限值。

对于函数 $f(x)$，其在点 a 处的导数 $f'(a)$ 表示函数图像在点 $(a, f(a))$ 处的切线的斜率。切线的斜率描述了函数在该点附近的变化速率。

导数也可以表示为函数的微分，记作 $\dfrac{\mathrm{d}y}{\mathrm{d}x}$ 或 $\dfrac{\mathrm{d}f(x)}{\mathrm{d}x}$。它表示了函数 $y = f(x)$ 因变量 y 的微小变化与自变量 x 的微小变化之间的比率。

根据导数的概念与定义，进一步探讨导数的性质、导数的计算法则以及导数在实际问题中的应用等方面的内容。

2.2　导数的性质

导数具有许多重要的性质，这些性质有助于理解和应用导数的概念。以下是导数的一些主要性质。

线性性质：如果 $f(x)$ 和 $g(x)$ 都是可导函数，且 k 是一个常数，则有以下性质：

$(kf(x))' = kf'(x)$（常数倍的函数的导数等于函数导数的常数倍）；

$(f(x) \pm g(x))' = f'(x) \pm g'(x)$（函数的和或差的导数等于各自导数的和或差）。

乘积法则：如果 $f(x)$ 和 $g(x)$ 都是可导函数，则有以下性质：

$(f(x)g(x))' = f'(x)g(x) + f(x)g'(x)$（两个函数乘积的导数等于其中一个函数的导数乘以另一个函数，再加上另一个函数的导数乘以第一个函数）。

商法则：如果 $f(x)$ 和 $g(x)$ 都是可导函数且 $g(x) \neq 0$，则有以下性质：

$$\left(\frac{f(x)}{g(x)} \right)' = \frac{f'(x)g(x) - f(x)g'(x)}{g^2(x)}$$（两个函数的商的导数等于分子函数的导数乘以分母函数，减去分子函数乘以分母函数的导数，再除以分母函数的平方）。

链式法则：如果 $y = f(g(x))$ 是由两个函数组合而成的复合函数，且 $f(x)$ 和 $g(x)$ 都是可导函数，则有以下性质：

$$\frac{\mathrm{d}y}{\mathrm{d}x} = f'(g(x))g'(x)$$（复合函数的导数等于外层函数对内层函数的导数乘以内层函数的导数）。

常见函数的导数：

常数函数的导数为 0；

幂函数 $f(x) = x^n$ 的导数为 $f'(x) = nx^{n-1}$；

指数函数 $f(x) = a^x (a > 0, a \neq 1)$ 的导数为 $f'(x) = a^x \ln(a)$；

对数函数 $f(x) = \log_a^x (a > 0, a \neq 1)$ 的导数为 $f'(x) = \dfrac{1}{x \ln a}$。

三角函数和反三角函数的导数有特定的公式，如 $(\sin x)' = \cos x$，$(\cos x)' = -\sin x$，$(\tan x)' = \sec^2 x$，等等。

这些性质为我们计算和分析函数的导数提供了一些重要的规则和工具。通过了解这些性质，我们可以更好地理解导数的运算规则，并应用它们解决实际问题。

2.3 微分的概念与定义

微分是微积分中的重要概念，与导数密切相关。微分可以用来描述函数在某一点附近的局部线性近似，并提供了求取函数变化率和近似值的方法。

给定函数 $f(x)$，在某一点 $x = a$ 处的微分记作 $\mathrm{d}f(a)$ 或 $\mathrm{d}y\big|_{x=a}$，可以通过以下定义来描述：

$$\mathrm{d}f(a) = f'(a)\mathrm{d}x$$

这里的 $f'(a)$ 表示函数 $f(x)$ 在点 a 处的导数，$\mathrm{d}x$ 表示自变量 x 在点 a 处的微小增量。微分 $\mathrm{d}f(a)$ 可以理解为函数 $f(x)$ 在点 a 处的变化量，它表示函数值在点 a 附近的近似变化。

对于函数 $f(x)$，在点 $(a, f(a))$ 处的微分表示了函数图像在该点处的切线与 x 轴的截距 $\mathrm{d}y$, 它描述了函数在该点附近的局部线性近似。

函数的微分形式，记作 $\mathrm{d}y = f'(x)\mathrm{d}x$。它表示了因变量 y 相对于自变量 x 的微小变化与自变量的微小变化之间的关系。微分形式可以用于求取函数在某一点的变化率，或者用于近似计算函数值。

根据微分的概念与定义，可以进一步探讨微分的性质、微分的计算方法以及微分在实际问题中的应用等方面的内容。

2.4 微分的应用

微分在许多领域中都有广泛的应用。以下是一些微分在实际问题中的常见应用。

切线和切线近似： 通过求取函数的导数，可以得到函数在该点处的切线方程，从而了解函数在该点的变化情况。此外，微分也提供了一种近似计算函数值的方法，即通过使用微分形式进行近似计算。

极值和拐点： 通过求取函数的导数，可以确定函数的极值点和拐点。极值点包括函数的极大值和极小值，而拐点则表示函数曲线的转折点。通过分析导数的符号和变化情况，可以确定函数的极值和拐点，从而了解函数的局部特征。

最优化问题： 微分在最优化问题中有重要的应用。通过分析函数的导数，可以确定函数的最大值或最小值。这种方法在经济学、工程学、物理学等领域的最优化模型中经常被使用，用于确定最佳决策或优化资源分配。

变化率和速度： 微分可以用来计算函数的变化率和速度。例如，在物理学中，通过求取位置函数的导数，可以得到速度函数；再次求导可以得到加速度函数。这样可以通过微分来了解物体在不同时间点的运动状态和速度变化。

泰勒展开和函数逼近： 微分可以用来进行函数的泰勒展开和函数逼近。通过使用泰勒展开，可以将一个复杂的函数近似为一个多项式，从而简化计算或研究。函数逼近则是使用低阶多项式来近似原始函数，在数值计算和数值方法中经常使用。

除了上述应用外，微分还在微分方程、信号处理、图像处理、概率统计等领域中发挥着重要的作用。微分作为微积分的基础概念之一，为在实际问题中理解和应用数学提供了强大的工具和方法。

2.5　高阶导数和泰勒公式

高阶导数是指导数的导数，表示函数变化率的变化率。泰勒公式是一种用多项式来逼近函数的方法，使用高阶导数来展开函数的多项式级数。高阶导数和泰勒公式在微积分和数学分析中起着重要的作用。

高阶导数：高阶导数表示函数导数的导数，可以通过连续对函数进行求导来获得。对于函数 $f(x)$，其第 n 阶导数记作 $f^{(n)}(x)$ 或 $\dfrac{\mathrm{d}^{(n)} f(x)}{\mathrm{d}^{(n)} x}$。例如，$f''(x)$ 表示 $f(x)$ 的二阶导数，$f'''(x)$ 表示 $f(x)$ 的三阶导数，以此类推。

泰勒公式：泰勒公式是一种用多项式来逼近函数的方法，通过使用函数的高阶导数来展开函数的多项式级数。泰勒公式可以表示为

$$f(x) = f(a) + f'(a)(x-a) + \frac{1}{2!} f''(a)(x-a)^2 + \frac{1}{3!} f'''(a)(x-a)^3 + \cdots$$

其中，$f(a)$ 是函数 $f(x)$ 在点 a 处的函数值，$f'(a)$ 是 $f(x)$ 在点 a 处的一阶导数值，$f''(a)$ 是 $f(x)$ 在点 a 处的二阶导数值，以此类推。

泰勒公式使用函数在某一点的导数值来逼近函数在该点附近的近似值。通过考虑更多的导数项，可以获得更准确的逼近结果。当考虑无穷多个导数项时，泰勒级数变为函数的精确展开。

特别地，当选择 $a = 0$ 时，泰勒公式也被称为麦克劳林级数展开。在这种情况下，公式简化为

$$f(x) = f(0) + f'(0)x + \frac{1}{2!} f''(0)x^2 + \frac{1}{3!} f'''(0)x^3 + \cdots$$

麦克劳林级数展开通常用于计算函数在 $x = 0$ 处的近似值。

高阶导数和泰勒公式为我们提供了一种将复杂函数近似为多项式的方法，使得函数的分析和计算变得更加方便。通过适当选择展开点和考虑更多的导数项，可以获得更准确的逼近结果。这些概念在微积分、数值计算和物理学等领域中具有广泛的应用。

2.6　跳台滑雪的落点距离与速度简化模型和数值计算实践

假设有一位跳台滑雪运动员站在一个斜坡的起点上以一定的速度和角度跳下斜坡，在空中飞行一段时间后，最终着陆在坡道的终点处。我们可以利用导数和相关的物理原理来研究运动员的落点距离和速度。

在这个案例中，我们假设跳台滑雪运动员跳下斜坡的起点高度为 h，起始速度为 v_0，跳跃角度为 θ。我们希望计算他的落点距离和着陆时的速度。

首先，我们可以将运动员的速度分解为水平方向速度和竖直方向速度两个分量。水平方向速度的初始值为 $v_0\cos\theta$，竖直方向速度的初始值为 $v_0\sin\theta$。

其次，我们需要考虑重力对运动员的影响。在水平方向上，重力不会对运动员产生影响。但是在竖直方向上，重力会使运动员的竖直方向速度逐渐减小。

根据运动学的知识，竖直方向的速度随时间 t 的变化满足以下关系：

$$v(t) = v_0\sin\theta - gt$$

其中，g 是重力加速度（通常取 9.8 m/s^2）。

再次，我们可以计算运动员的落点距离。距离是速度与时间的乘积，因此水平方向上的落点距离为

$$d = v_0 \cos\theta t$$

最后，我们需要找到运动员的落点时间 t。落点时间可以通过求解以下方程获得：

$$v(t) = 0$$

将竖直方向速度的表达式代入，我们可以解得：

$$t = \frac{v_0 \sin\theta}{g}$$

将 t 的值代入水平方向距离的表达式，得到最终的落点距离公式：

$$d = \frac{v_0^2 \sin\theta \cos\theta}{g}$$

通过这个公式，我们可以计算在不同初始速度和角度下跳台滑雪运动员的落点距离。此外，通过求解落点距离关于初始速度和角度的导数，我们还可以研究不同参数对落点距离的影响。

这个案例展示了如何将导数和物理原理应用于实际问题中。通过使用微积分的概念和相关公式，我们可以获得对运动员跳台滑雪落点距离和速度的定量理解。

数值计算实践

扫描下方二维码可查看代码。在这个 Python 示例代码中，我们使用 NumPy 和 Matplotlib 库创建了一个等高线图，用于展示跳台滑雪运动员在不同初始速度和跳跃角度下的落点距离。首先，定义了一个落点距离的函数 compute_distance，该函数接收初始速度和跳跃角度作为输入，并使用投影运动公式计算距离。然后，创建初始速度范围和跳跃角度范围的数组，并使用嵌套的列表推导式计算每个组合的落点距离。最后，通过 plt.contourf 函数绘制等高线图，横轴表示初始速度，纵轴表示跳跃角度，颜色映射表示落点距离。

图 2.1 展示了不同的初始速度和跳跃角度如何影响跳台滑雪运动员的落点距离。颜色越亮，距离越远。可以看到，当初始速度增大或跳跃角度接近 45° 时，跳台滑雪运动员的落点距离会增大。

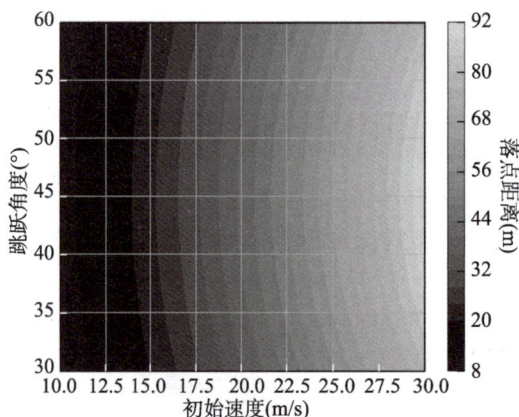

示例代码

图 2.1　不同初始速度和跳跃角度下跳台滑雪运动员落点距离

2.7　热气球升空过程中的相关变化率简化模型和数值计算实践

热气球是一种利用加热气体产生浮力的飞行器。当热气球被加热时，热气球内气体的温度和压力会发生变化，从而影响热气球的升力和升空速度。我们可以利用微积分中的导数来研究热气球升空过程中相关变化率的问题。

在这个案例中，假设热气球的升空高度为 h，气体的加热速率为 r。我们希望计算热气球升空高度和升空速率随时间的变化率。

首先，我们需要了解热气球升力和气体温度、压力之间的关系。根据物理定律，热气球的升力与气体的密度和体积有关。密度受气体温度和压力的影响，而体积则受受热气体的加热速率控制。

我们可以使用以下公式来描述热气球升力 L、气体密度 ρ 和体积 V 之间的关系：

$$L = \rho V g$$

其中，g 是重力加速度。

其次，我们需要考虑热气球升空高度和加热气体的体积变化之间的关系。根据热力学原理，气体的体积随温度的变化而变化，可以用理想气体状态方程来描述：

$$PV = nRT$$

其中，P 是气体的压力；n 是气体的摩尔数；R 是气体常数；T 是气体的温度。

通过对状态方程求偏导数，我们可以得到以下关系：

$$\frac{\mathrm{d}V}{\mathrm{d}T} = \frac{PV}{nR}$$

这个关系表明了热气球的体积变化率和气体温度的关系。

综合考虑升力和体积变化，我们可以计算热气球升空高度 h 随时间 t 的变化率 $\dfrac{\mathrm{d}h}{\mathrm{d}t}$。根据链式法则，得到

$$\frac{\mathrm{d}h}{\mathrm{d}t} = \frac{\mathrm{d}V}{\mathrm{d}t} \frac{\rho g}{A \rho V}$$

其中，A 是热气球的横截面积。

通过这个公式，我们可以计算热气球升空高度随时间的变化率，进而研究加热速率对升空过程的影响。

这个案例展示了如何利用导数和相关的物理原理来研究热气球升空过程中的相关变化率。通过微积分的应用，我们可以更好地理解和分析热气球的升空过程，并在实际应用中做出相应的调整和优化。

数值计算实践

在这个简化模型中，我们假设热气球的体积随时间线性增加，因此加热速率 r 可以理解为体积随时间的变化率。我们还假设热气球升高的速度正比于其体积。扫描下方二维码可查看代码。

在这个 Python 示例代码中，使用 NumPy 和 Matplotlib 库创建了两个子图分别展示了热气球体积和高度随时间的变化。首先，设定了加热速率 r、体积对升高速度的影响系数 k 和模拟的最大时间 $t_{\max}$。然后，通过 np.arange 生成时间数组 t，并根据加热速率计算体积数组 V。高度数组 h 则通过对体积数组进行累积得到。

接下来，通过 plt.subplot 创建一个包含两个子图的图形，如图 2.2 所示。其中图 2.2（a）绘制了体积随时间的变化，图 2.2（b）绘制了高度随时间的变化。使用 plt.plot 分别绘制体积、高度与时间的关系曲线。

在图 2.2 中，我们可以看到，由于我们设定了体积对升高速度的影响系数 k，所以热气球的升高速度会随着体积的增加而增加。

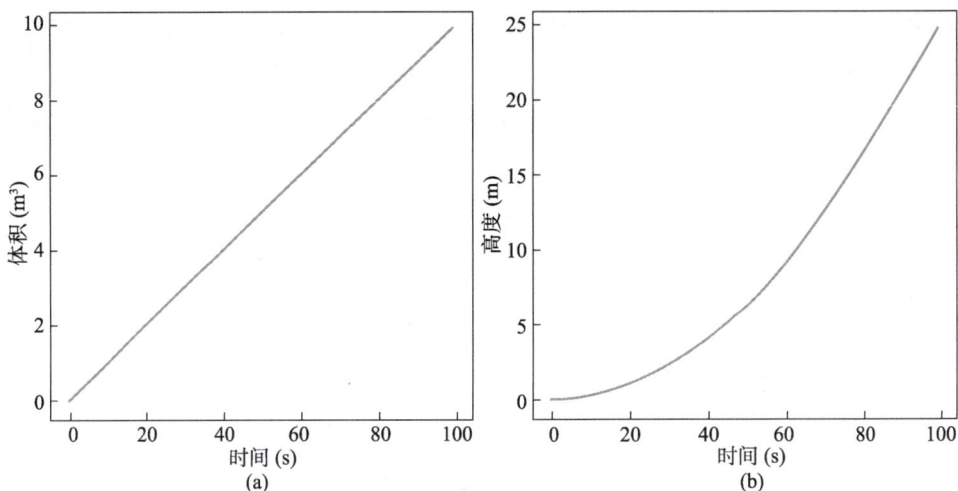

图 2.2 热气球体积及高度随时间的变化曲线

2.8 海底地震或火山喷发引发的海啸高度与 范围简化模型和数值计算实践

海底地震或火山喷发可能会引发海啸，这是一种巨大的水波，会对沿海地区造成严重破坏。我们可以使用微积分中的导数和相关物理原理来研究海啸的高度和范围，从而更好地了解和预测海啸的影响。

在这个案例中，假设海底地震或火山喷发产生的海啸以圆形波浪的形式向外传播。我们希望计算海啸的高度和范围随时间的变化率。

首先，我们可以使用海啸波的线性波浪理论来描述海啸的传播。根据这个理论，海啸的高度 h 随时间 t 的变化满足以下关系：

$$\frac{\mathrm{d}h}{\mathrm{d}t} = -c\sqrt{gh}$$

其中，c 是海啸波速度，g 是重力加速度。这个方程表明海啸的高度随时间的变化率与海啸的波速、重力加速度和当前高度有关。

其次，我们可以研究海啸的范围，即波浪的传播距离。根据波浪理论，波浪的传播范围与波速和时间有关。假设海啸的波速恒定不变，我们可以通过积分来计算海啸的传播距离 D：

$$D = \int c\mathrm{d}t$$

通过对时间的积分，我们可以得到海啸传播距离随时间的变化关系。

通过上述方程和积分，我们可以研究海啸的高度和范围随时间的变化率。这些关系将帮助我们了解海啸的演变过程、预测海啸对沿海地区的影响，并为采取相应的防护和应对措施提供依据。

这个案例展示了如何利用微积分中的导数和积分来研究海啸的高度和范围。通过应用相关的物理原理，我们可以更好地理解和预测海啸的特性，并采取必要的措施以保护沿海地区的安全。

数值计算实践

这是一个复杂的实例，实际中海啸的模型会涉及偏微分方程，这里我们简化处理，假设海啸的速度为常数，波高呈指数衰减。

以下是一个使用 Python 实现的例子，使用了 NumPy 和 Matplotlib 库创建了两个子图，展示了海啸传播距离和海啸高度随时间的变化。首先，设定了海啸波速 c、重力加速度 g、初始海啸高度 h_0、海啸高度衰减时间常数 τ 和模拟的最大时间 t_{max}。然后，通过 np.linspace 生成时间数组 t。

使用这些参数计算了海啸的传播距离数组 D（通过海啸速度乘以时间得到）和海啸的波高数组 h（通过指数衰减模型计算）。使用 plt.plot 分别绘制时间与海啸传播距离、海啸高度的关系曲线。

扫描右侧二维码可查看代码。这段代码会生成图 2.3。图 2.3（a）展示了海啸的传播距离随时间的变化，可以看到，由于我们设定了海啸的速度为常数，因此传播距离与时间呈线性关系。图 2.3（b）展示了海啸的波高随时间的变化，波高随时间呈指数衰减，模拟了海啸在传播过程中的能量损失。

示例代码

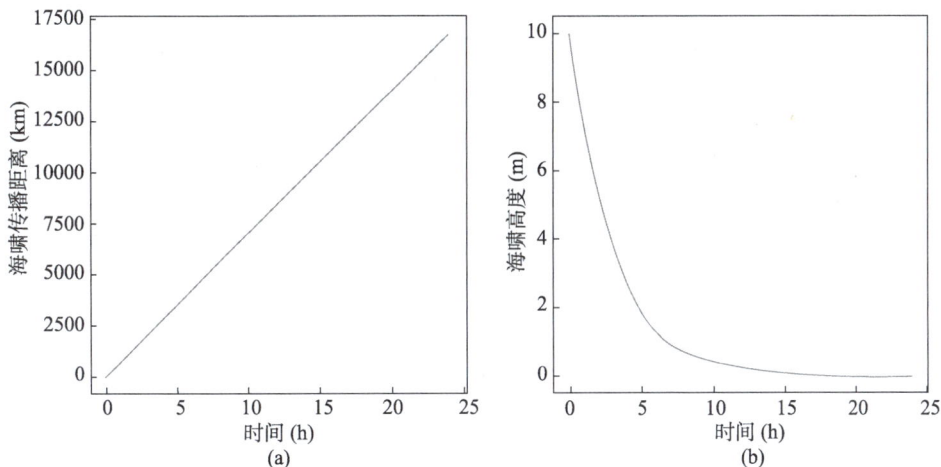

图 2.3　海啸传播距离及海啸高度随时间的变化曲线

2.9　利用 14C 同位素衰变测定"女娲遗骨"年代简化模型和数值计算实践

"女娲遗骨"是指一种古代人类化石，研究人员发现它具有重要的考古学和人类学价值。为了确定"女娲遗骨"的年代，科学家利用放射性同位素碳-14（14C）的衰变来进行测定。

14C 是一种放射性同位素，存在于地球上的大气中，并通过生物循环进入生物体体内。当生物体死亡后，它体内的 14C 开始以一定的速率衰变。根据放射性衰变定律，14C 的衰变速率可以用半衰期（$T_{1/2}$）来描述。半衰期是指在特定时间内，半数的 14C 同位素将衰变为氮-14（14N）。

研究人员可以通过测量"女娲遗骨"中 14C 的衰变程度来确定其年代。测量方法通常涉及采集样品中的有机物，并使用质谱仪等设备测量 14C 同位素的丰度。通过与已知年代的标准样本进行比较，科学家可以计算出"女娲遗骨"中 14C 同位素的衰变程度，从而推断其年代。

然而，14C 同位素的衰变速率是非常缓慢的，对于非常古老的化石会存在测量上的困难。因此，科学家通常需要结合其他的放射性同位素测定方法，如钾–氩（K-Ar）法或铀系列法，来提供更准确的年代估计。

这个案例展示了如何利用 14C 同位素的衰变来测定"女娲遗骨"的年代。通过测量样品中 14C 同位素的丰度，并结合放射性衰变定律，科学家可以推断出化石的年代。这种方法在考古学和地质学中有着广泛的应用，帮助我们了解古代人类和地球的历史。

这个问题的数学表达形式可以用放射性衰变定律来表示。放射性衰变定律描述了一种元素的同位素在一段时间内衰变的情况，这是一种一阶动力学过程，其表达式为

$$N(t) = N_0 e^{-\lambda t}$$

其中，$N(t)$ 是在时间 t 后剩余的放射性原子的数量；N_0 是初始的放射性原子的数量；λ 是衰变常数；t 是时间；e 是自然对数的底数。

14C 的半衰期大约是 5730 年。我们可以用这个半衰期来计算衰变常数 λ：

$$\lambda = \frac{\ln 2}{T_{1/2}}$$

然后我们可以将 λ 和测量到的 $N(t)$ 代入上述放射性衰变公式中来解出时间 t。因为我们是通过测量 14C 的衰变来推断年代的，所以 $N(t)$ 和 N_0 的比值是实际测量的数据。我们可以将这个比值代入公式中来解出时间 t，这就是"女娲遗骨"的年代。

这个过程就是使用放射性衰变定律来测定化石年代的方法。

数值计算实践

扫描下方二维码可查看代码。在这个 Python 示例代码中，使用 NumPy 和 Matplotlib 库绘制了一张图，展示了 14C 的衰变过程。首先，设定了 14C 的半衰期（$T_{1/2}$），并根据半衰期计算出衰变常数 lambda_。假设初始的 14C 数量为 1（N_0）。

使用 np.arange 生成时间数组 t，范围从 0 年至 50000 年，步长为 500 年。然后，使用指数衰减模型计算每个时间点上 14C 的数量 N。剩余数量计算公式为

$$N=N_0e^{\wedge}(-lambda\_\cdot t)$$

通过 plt.plot 绘制时间与 14C 剩余数量的关系曲线。

在图 2.4 中，14C 的数量随时间呈指数下降。随着时间的推移，14C 的数量逐渐接近于 0，但在任何有限的时间内，其都不会完全衰变完。这种模拟帮助我们理解放射性衰变的过程，并提供了一种可视化的方法来观察和理解这个过程。

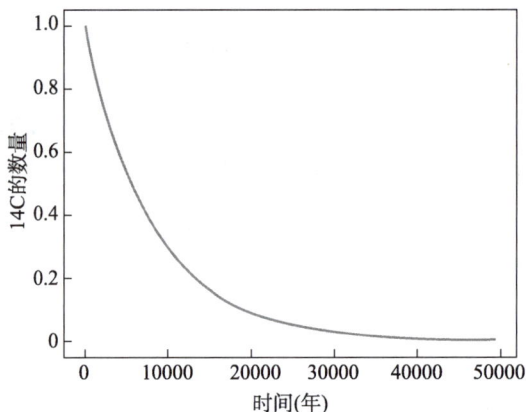

示例代码

图 2.4　14C 衰变过程模拟

2.10　水电站的大坝泄洪流速与水位下降速度简化模型和数值计算实践

在洪水期间，为了控制水位并保护大坝的安全，水电站会打开泄洪孔，将洪水释放到下游。泄洪流速与水位下降速度是两个重要的参数，用于衡量洪水的释放效率和大坝的防洪能力。

泄洪流速与水位下降速度之间的关系可以通过流体力学和连续介质力学的原理来描述。根据这些原理，我们可以得到以下关系：

$$Q = Av$$

其中，Q 是泄洪流量；A 是泄洪孔的截面积；v 是泄洪流速。这个公式表明，泄洪流量等于泄洪孔的截面积乘以泄洪流速。

另外，我们还可以研究水位下降速度与泄洪流速之间的关系。根据质量守恒定律，我们可以得

到以下关系:

$$\frac{\mathrm{d}h}{\mathrm{d}t} = -\frac{Q}{A}$$

其中,$\frac{\mathrm{d}h}{\mathrm{d}t}$ 是水位下降速度;Q 是泄洪流量;A 是泄洪孔的截面积。这个公式表明,水位下降速度等于泄洪流量除以泄洪孔截面积的负值。

通过这些关系,我们可以研究水电站的泄洪流速与水位下降速度之间的关系,并对洪水的控制和大坝的运行进行评估。这有助于水电站运营人员进行有效的洪水管理和决策,以保护下游地区的安全。

这个案例展示了如何利用流体力学和连续介质力学的原理来研究水电站的大坝泄洪流速与水位下降速度。通过建立相关的方程和关系,我们可以定量地描述水位下降过程中的洪水释放情况,并为水电站的运行提供指导。

数值计算实践

在这个案例中,我们将使用给定的公式来模拟水位随时间的变化。我们假设泄洪孔的截面积 A 和泄洪流速 v 是常数,这样我们可以计算出泄洪流量 Q。

下面是一个 Python 示例代码,使用 NumPy 和 Matplotlib 库绘制了一张图,模拟了水位下降的过程。首先,设置了泄洪孔的截面积 A 和泄洪流速 v,通过乘积计算得到泄洪流量 Q。

使用 np.linspace 创建时间数组 t,范围为 $0 \sim 100$ s,共 500 个时间点。然后,使用线性模型计算每个时间点的水位 h。水位的计算公式为

$$h = h_0 - Q/At$$

其中,h_0 为初始水位,Q/A 为单位时间内下降的水位。

通过 plt.plot 绘制时间与水位的关系曲线,如图 2.5 所示。扫描下方二维码可查看代码。

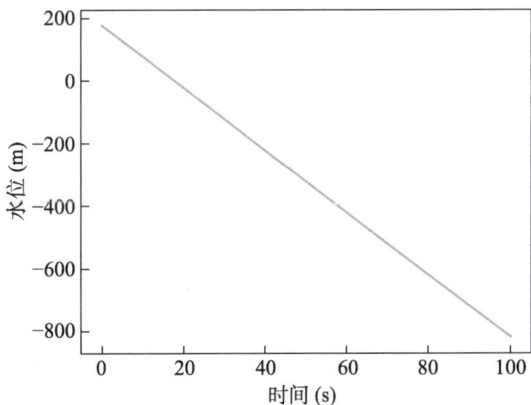

图 2.5　水位下降过程模拟

示例代码

这个模拟程序显示了一个随着时间线性下降的水位。在这个简化的模型中,我们假设泄洪流速和泄洪孔的截面积都是常数。在实际情况中,这两个参数可能会随着水位的变化而变化,这需要更复杂的模型来描述。

2.11　火炮发射轨迹与速度简化模型和数值计算实践

火炮是一种重要的军事武器,炮弹的轨迹和速度对于射击准确性和射程具有重要影响。这个案例将讨论火炮发射轨迹和速度问题,旨在研究如何优化火炮的设计和性能。

为了确定火炮发射轨迹和速度,我们需要考虑多个因素,包括发射角度、初始速度和重力加速

度等。我们将以简化的模型来探讨这个问题。

假设火炮在平面上发射，发射角度为 θ，初始速度为 v_0。我们的目标是确定火炮的最大射程和最大速度。

首先，我们可以将炮弹的运动分解为水平方向和竖直方向的运动。在水平方向上，炮弹的速度保持恒定。在竖直方向上，炮弹受到重力的影响。

根据运动学的原理，我们可以得到炮弹在竖直方向上的运动方程：

$$h(t) = v_0 \sin\theta t - \frac{1}{2}gt^2$$

其中，$h(t)$ 表示火炮的高度；t 表示时间；g 表示重力加速度。

通过解上述方程，我们可以确定炮弹的飞行时间和最大高度。最大飞行时间可以通过以下公式计算：

$$t_{\max} = \frac{2v_0 \sin\theta}{g}$$

最大高度则是在飞行时间的一半时达到，即

$$h_{\max} = \frac{v_0^2 \sin^2\theta}{2g}$$

最大射程可以通过以下公式计算：

$$R_{\max} = v_0^2 \cdot \frac{\sin(2\theta)}{g}$$

最大速度则是在水平方向上达到，即

$$v_{\max} = v_0 \cos\theta$$

通过上述计算，我们可以确定火炮在给定发射角度和初始速度下的最大射程和最大速度。

这个案例展示了如何利用运动学原理和相关的数学模型来研究火炮发射轨迹和速度。通过优化发射角度和初始速度，我们可以提高火炮的射程和速度，从而增强其作战能力和战场效果。这对于军事和防御系统的设计和优化具有重要意义。

数值计算实践

在下面的 Python 示例代码中，我们使用 NumPy 和 Matplotlib 库绘制了一张图，模拟了一个火炮的发射轨迹。首先，设置了初始速度 v_0、发射角度 θ 和重力加速度 g。通过 np.deg2rad 将角度转换为弧度，然后使用公式计算最大飞行时间 $t_{\max}$、最大高度 $h_{\max}$ 和最大射程 $R_{\max}$。

使用 np.linspace 创建时间数组 t，范围从 0 至最大飞行时间 $t_{\max}$，共 500 个时间点。计算每个时间点的高度 h 和射程 x。通过 plt.plot 绘制距离和高度的关系曲线。

最后，通过 print 输出最大高度和最大射程的结果。

这个程序将模拟火炮的发射轨迹，并在图形上显示，如图 2.6 所示。同时，它也将计算出最大高度和最大射程。在这个模型中，我们假设炮弹在空气中的阻力可以忽略不计，这是一个非常简化的假设。在现实中，空气阻力可能会对火炮发射轨迹和速度产生显著影响,需要更复杂的模型来描述。

示例代码

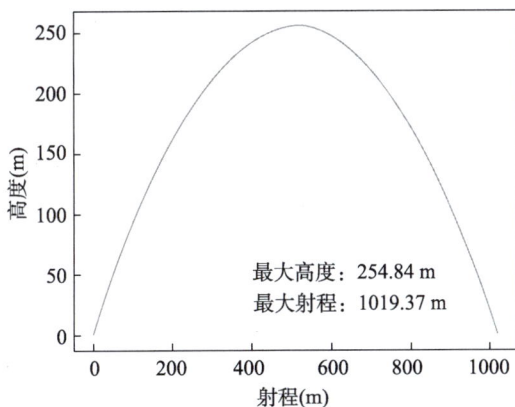

图 2.6 火炮轨迹模拟

2.12 航母位置变换的数学问题简化模型和数值计算实践

假设有两艘航母，分别为航母 A 和航母 B。我们希望研究航母编队在不同速度和方向下的位置变换问题。

首先，我们需要确定航母 A 和航母 B 的初始位置和速度。假设初始时刻航母 A 位于点 (x_1, y_1)，速度为 v_1；航母 B 位于点 (x_2, y_2)，速度为 v_2。

然后，我们可以使用运动学原理和向量运算来计算航母编队的位置变换。假设经过时间 t 后，航母 A 和航母 B 的位置分别为 (x_1', y_1') 和 (x_2', y_2')，则有

$$\begin{cases} x_1' = x_1 + v_1 t \cos\theta_1 \\ y_1' = y_1 + v_1 t \sin\theta_1 \end{cases}, \quad \begin{cases} x_2' = x_2 + v_2 t \cos\theta_2 \\ y_2' = y_2 + v_2 t \sin\theta_2 \end{cases}$$

其中，θ_1 和 θ_2 分别表示航母 A 和航母 B 的航向角度。

通过调整航母的速度和航向角度，我们可以模拟航母编队在战斗中的位置变换，以适应不同的战术需要和战场环境。

这个案例展示了如何使用向量运算和运动学原理来研究航母编队的位置变换问题。通过分析航母的速度和航向角度，我们可以预测航母在不同时间点上的位置，从而指导战术决策和作战行动。这对于战争模拟和军事战略的研究具有重要意义。

数值计算实践

我们可以通过 Python 代码来模拟两艘航母在不同时间下的位置。扫描二维码可查看代码。

首先，设置了航母 A 和航母 B 的初始位置、速度和航向角度。

通过 np.deg2rad 将角度转换为弧度，然后使用 np.linspace 创建时间数组 t，范围 0~2 小时，共 100 个时间点。

计算每个时间点航母 A 和航母 B 的位置，并将位置坐标存储在 x_1、y_1，x_2、y_2 数组中。

最后，通过 plt.plot 绘制航母 A 和航母 B 的位置变换曲线，设置了标签、标题、轴标签和网格，如图 2.7 所示。

这个程序将模拟两艘航母在给定速度和方向下的位置变化，并在图形上显示。我们假设海洋条件对航母的行动没有影响，因此这是一个非常简化的模型。在现实情况中，海洋环境（例如海流和风向）可能对航母的行动产生显著影响，需要更复杂的模型来描述。

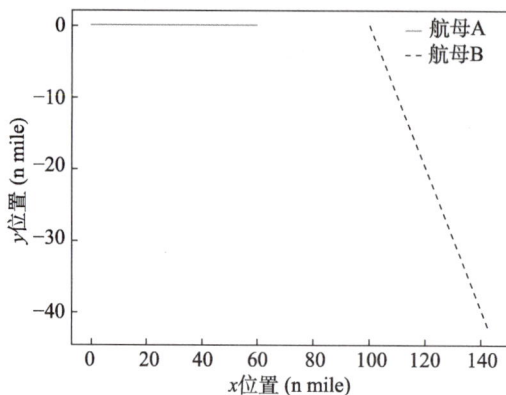

图 2.7   航母编队位置变换模拟

示例代码

2.13   舰载机降落航母的轨迹简化模型和数值计算实践

舰载机的成功降落是航母作战中的关键环节之一。在复杂的海上条件下，舰载机需要准确地降落在移动中的航母甲板上。这个案例将讨论舰载机降落航母的轨迹问题，以探索降落过程中的数学原理和曲线路径。

在降落过程中，舰载机需要从一定高度和距离开始，通过合适的航向角度和俯仰角度，降落到航母甲板上。这涉及对舰载机速度、高度和航向的控制。

为了描述舰载机的降落曲线，我们可以使用飞行力学中的相关原理和方程。假设舰载机的降落轨迹为一条二次曲线，我们可以使用二次函数来描述其轨迹。

一种常见的二次函数模型是抛物线曲线。该曲线形式为 $y = ax^2 + bx + c$ ，其中 a 、 b 和 c 是常数。通过适当选择这些常数，我们可以调整曲线的形状，以使舰载机在降落过程中适应航母甲板的位置和速度要求。

为提高舰载机的降落精度和安全性，在实际降落过程中，舰载机的速度、高度和航向需要根据具体的航母和舰载机型号进行调整和优化。这涉及飞行员的技术、自动控制系统以及舰载机的性能特点等因素。

这个案例展示了如何利用二次曲线模型和飞行力学原理来研究舰载机的降落轨迹问题。通过研究舰载机降落轨迹的数学原理和控制方法，我们可以更好地理解降落过程中的关键因素和挑战。通过优化降落曲线的形状和参数，我们可以提高舰载机的降落效率和精度，从而增强航母作战能力和飞行员的安全性，为海上作战提供更强大的支持。

数值计算实践

这个模拟问题使用 NumPy 和 Matplotlib 库绘制了一条舰载机降落曲线。首先，设置了抛物线的参数 a 、 b 和初始高度 c 。

通过 np.linspace 创建了一个包含 100 个点的 x 值数组 x ，表示飞行距离，单位为 m。然后，使用抛物线方程 $y = ax^2 + bx + c$ 计算出对应的 y 值数组 y 。

通过 plt.plot 绘制抛物线曲线。使用 plt.gca(). invert_yaxis()反转 y 轴，使高度随着飞行距离的增加而下降。

最终的图表展示了舰载机降落过程中的高度变化情况，呈现出一个典型的抛物线形状，如图 2.8 所示。扫描二维码可查看代码。

这个程序模拟舰载机的降落过程，并在图形上显示降落曲线。在这个模型中，我们假设舰载机以恒定的速度飞行，而且没有考虑风阻、重力等因素。在实际操作中，舰载机降落的过程会受到这些因素的影响，需要更复杂的模型来描述。

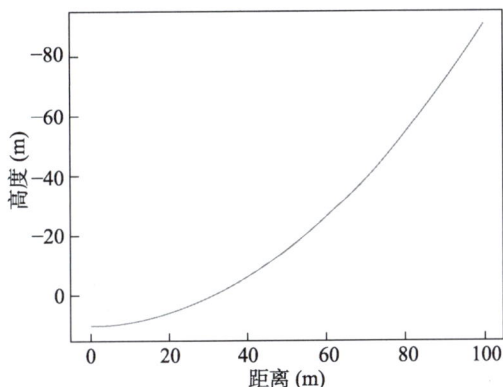

图 2.8　舰载机降落模拟

示例代码

2.14　电动汽车成本和利润与最佳生产批量简化模型和数值计算实践

在电动汽车制造过程中，成本和利润是重要的考虑因素。这个案例将探讨电动汽车成本和利润与最佳生产批量之间的关系，以分析生产过程中的经济效益。

在汽车制造中，成本包括直接成本（如零部件、劳动力成本）和间接成本（如设备折旧、管理费用）。在生产过程中需要平衡这些成本，确保产品的质量和可持续性，并实现盈利。

一种常见的经济原理是，随着生产批量的增加，单位成本会逐渐下降。这是由于规模经济效应的存在，大规模生产可以减少单位成本。因此，需要确定最佳的生产批量，以实现成本效益的最大化。

可以使用成本估算模型来计算不同生产批量下的成本和利润。该模型将考虑直接成本和间接成本，并结合销售价格和市场需求，计算出每个生产批量级别的成本和利润。

通过对不同生产批量的成本和利润进行比较，可以确定最佳生产批量，即能够实现最大利润的生产规模。

此外，还需要考虑其他因素，如市场需求、技术创新和竞争环境等，来制定合适的生产策略和经营决策。

这个案例展示了如何利用成本估算模型和经济原理来分析电动汽车成本和利润与最佳生产批量之间的关系。通过深入了解成本结构和市场需求，可以制定有效的生产策略，实现经济效益的最大化。这对于电动汽车行业的可持续发展具有重要意义。

上述的数学表达

在这个例子中，总成本（TC）可以表示为直接成本和间接成本的和，也就是

$$TC = DC + IC$$

其中，DC 是直接成本，如零部件和劳动力成本；IC 是间接成本，如设备折旧和管理费用。我们可以设 DC 和 IC 都是产量 Q 的函数，即 DC(Q) 和 IC(Q)。因此，我们有

$$TC(Q) = DC(Q) + IC(Q)$$

另外，总收入（TR）可以表示为销售价格 P 乘以产量 Q，即 $TR = PQ$。

利润（Π）可以表示为总收入减去总成本，即

$$\Pi(Q) = TR - TC(Q) = PQ - (DC(Q) + IC(Q))$$

目标是最大化利润，因此需要找到使 $\Pi(Q)$ 最大的产量 Q。

这个问题的解可以通过求导并令导数等于 0 来找到，即满足下面条件的 Q 就是能够使得利润最大的生产批量：

$$\frac{\mathrm{d}\Pi(Q)}{\mathrm{d}Q}=0$$

以上就是这个问题的数学表达方式。通过解这个优化问题，就可以找到最佳的生产批量，以实现最大的利润。

数值计算实践

让我们将这个问题简化一下，并用以下的假设来描述：

假设在生产量 Q 下，电动汽车的总成本（TC）由固定成本（FC）和变动成本（VC）组成，变动成本与生产量的二次方是正相关的，而单位成本（UC）等于总成本除以生产量，即

$$TC = FC + VC, VC = aQ + bQ^2, UC = \frac{TC}{Q}$$

其中，a 和 b 为常数。

在这个 Python 示例代码中，使用 NumPy 和 Matplotlib 库绘制了单位成本随着生产量变化的成本曲线。

首先，设定了固定成本 FC 和变动成本参数 a、b。

通过 np.linspace 创建了一个包含 500 个点的生产量数组 Q，表示不同的生产量。然后，根据给定的成本模型计算了对应的变动成本 VC、总成本 TC 和单位成本 UC。

使用 plt.plot 绘制了单位成本随生产量变化的曲线。

最终的图表呈现了单位成本随着生产量增加而变化的趋势，如图 2.9 所示。扫描右侧二维码可查看代码。

示例代码

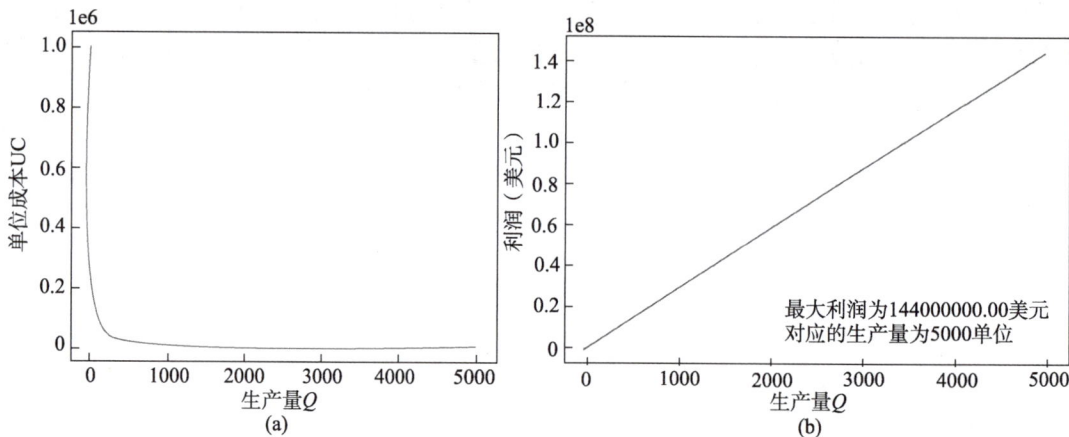

图 2.9   单位成本及利润与生产量的关系

这段代码生成一个单位成本随生产量变化的曲线图，随着生产量的增加，单位成本呈现先下降后上升的趋势，这就是经济学中的规模报酬递增和规模报酬递减的概念。电动汽车生产需要找到单位成本最低的生产量，以实现生产效率的最大化。

2.15   自动驾驶汽车的路径规划应用和简化模型及数值计算实践

自动驾驶汽车是未来交通领域的重要发展方向之一。在自动驾驶汽车的设计和开发中，路径规划是一个关键问题，它涉及如何选择最优路径以实现安全和高效的驾驶。

路径规划是指自动驾驶汽车在行驶过程中选择最佳路线的过程。它需要考虑到多个因素，如交通状况、道路限制、速度限制、乘客需求等。

为了解决路径规划问题，我们可以利用图论和优化算法等数学工具。通过将道路网络建模为图，用节点表示交叉口或关键地点，用边表示道路段，我们可以使用图算法找到最短路径或最优路径。

同时，路径规划还需要考虑到实时的交通信息和传感器数据。自动驾驶汽车可以通过车载传感器获取道路状况和周围环境信息，并将其纳入路径规划的决策过程中。

在路径规划的问题中，路径的优化往往涉及对路径的评估指标进行优化。这些评估指标可能包括路径长度、旅行时间、风险等多个因素，可以被表示为一个损失函数。

设路径 P 为参数向量 x 的函数，即 $P = P(x)$。损失函数 L 对应的是路径 P 的评估指标，即 $L = L(P(x))$。我们希望找到一个路径 P，使得损失函数 L 达到最小。

为了优化损失函数，我们需要找到损失函数的最小值。这可以通过计算损失函数的导数（也就是梯度）来实现。具体来说，我们可以初始化一个参数向量 x，然后通过迭代的方式更新 x，使得损失函数 L 逐渐减小。参数向量 x 的更新过程可以通过以下公式进行：

$$x_{\text{new}} = x_{\text{old}} - \alpha \nabla L$$

其中，α 是学习率，决定了参数更新的步长；∇L 是损失函数 L 关于参数向量 x 的梯度，指明了损失函数下降最快的方向。

在自动驾驶汽车的路径规划问题中，实时的交通信息和传感器数据可以实时更新损失函数，从而实时优化路径。这就需要对损失函数进行微分，以计算出梯度，进而更新路径参数，实现路径的优化。

除了最短路径，路径规划还需要考虑其他因素，如安全性、舒适度和节能性。这些因素可以通过引入成本函数或权重来进行综合考虑，以选择最优的路径。

自动驾驶汽车的路径规划还需要考虑到特殊情况，如避让行人、应对突发事件等。在这些情况下，路径规划需要具备实时响应和决策能力，确保驾驶的安全性和人性化。

下面这个案例展示了自动驾驶汽车的路径规划问题以及与之相关的数学工具和算法。通过合理的路径规划，自动驾驶汽车可以实现高效、安全和智能的行驶，为交通运输行业带来革命性的变化。

数值计算实践

定义梯度的计算方式，并对整个路径进行优化。

以下是一个可能的解决方案：初始化路径点。定义损失函数：路径的总长度。使用梯度下降法对每个路径点进行优化。

在这个 Python 示例代码中，使用 NumPy 和 Matplotlib 库来实现路径优化过程。

首先，通过随机生成的路径点创建一个包含起点和终点的路径。然后，定义计算路径长度的函数 path_length 和计算梯度的函数 compute_gradient。

在迭代优化过程中，程序循环遍历路径中的每个中间点（不改变起点和终点），并计算其对路径长度的梯度。使用学习率 lr 将路径点沿梯度的方向进行微调，以减小路径长度。通过多次迭代，逐步优化路径，使得路径长度最小化。

最后，使用 Matplotlib 绘制优化后的路径以及起点和终点。路径经过迭代优化后，呈现出更加良好的形状。

这段代码将生成一个二维图像，显示了优化后的路径，如图 2.10 所示。起点和终点固定，其他的路径点通过梯度下降法优化，以使路径长度最短。扫描下方二维码可查看代码。

这个例子的目标是寻找最短路径，实际的自动驾驶路径规划可能需要考虑更多的因素，如避免障碍物、考虑交通规则等。这些问题通常需要更复杂的算法和数据结构来解决。

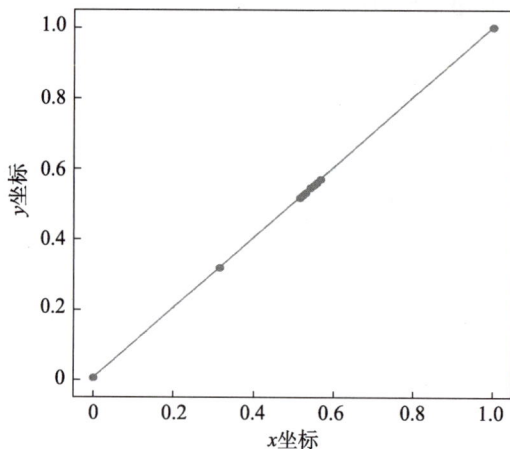

图 2.10   优化后的路径

2.16   机器人手臂的动力学分析应用和简化模型及数值计算实践

机器人手臂是现代工业和服务机器人中的重要组成部分，其动力学分析对于设计和控制机器人的运动具有重要意义。这个案例将探讨机器人手臂的动力学分析问题，以揭示机器人运动的数学原理和力学特性。

机器人手臂的动力学分析涉及机械臂的力和运动之间的关系。通过建立动力学模型和运动方程，我们可以预测机器人手臂在给定外部力和控制输入下的运动状态。

首先，我们需要对机器人手臂进行建模，包括关节、连杆和连接机构等组成部分。通过对机械结构的几何参数和质量分布进行建模，我们可以确定机器人手臂的惯性矩阵和质心位置。

然后，我们可以利用拉格朗日动力学原理来推导机器人手臂的运动方程。这些运动方程描述了机器人手臂的力和加速度之间的关系。通过求解运动方程，我们可以获得机器人手臂的关节角度、速度和加速度等运动信息。

假设一个简单的机器人手臂模型，它由两个刚体连杆和两个转动关节组成。每个连杆的质量分布是均匀的，并且忽略空气阻力和摩擦力。这样，我们可以对这个机器人手臂进行建模，得到以下的数学描述。

假设连杆 1 和连杆 2 的长度分别为 l_1 和 l_2，质量分别为 m_1 和 m_2，两个关节的角度分别为 θ_1 和 θ_2。

根据牛顿第二定律和拉格朗日方程，我们可以得到机器人手臂的运动方程如下：

$$\frac{\mathrm{d}}{\mathrm{d}t}\left(\frac{\partial L}{\partial \dot{\theta}_1}\right) - \frac{\partial L}{\partial \theta_1} = \tau_1$$

$$\frac{\mathrm{d}}{\mathrm{d}t}\left(\frac{\partial L}{\partial \dot{\theta}_2}\right) - \frac{\partial L}{\partial \theta_2} = \tau_2$$

其中，L 是拉格朗日量，定义为系统的动能 T 减去势能 V，即 $L = T - V$。在这个模型中，我们可以忽略势能，所以 $L = T$。T 可以通过以下公式进行计算：

$$T = \frac{1}{2}m_1 l_1^2 \dot{\theta}_1^2 + \frac{1}{2}m_2\left[\left(l_1\dot{\theta}_1\right)^2 + \left(l_2\dot{\theta}_2\right)^2 + 2l_1 l_2 \dot{\theta}_1 \dot{\theta}_2 \cos\left(\theta_1 - \theta_2\right)\right]$$

其中，τ_1 和 τ_2 是施加在两个关节上的力矩。

这两个运动方程是二阶非线性微分方程,描述了 θ_1 和 θ_2 随时间的变化。通过给定初始条件和力矩 τ_1、τ_2,我们可以求解这两个方程,得到关节角度 θ_1 和 θ_2 随时间变化的函数,从而得到机器人手臂的运动信息。

机器人手臂的动力学分析还可以用于路径规划和轨迹控制。通过分析机器人手臂的力学特性,我们可以优化机器人的运动轨迹,实现精确的位置控制和完成工作任务。

此外,动力学分析还可以帮助设计和优化机器人手臂的结构和驱动系统。通过分析力和力矩的分布,我们可以评估机器人手臂的负载能力和工作效率,以指导设计和改进。

这个案例展示了机器人手臂的动力学分析问题以及与之相关的数学原理和力学模型。通过深入研究机器人手臂的动力学特性,我们可以提高机器人的运动控制精度和工作性能,推动机器人技术在工业和服务领域的应用。

数值计算实践

虽然实现一个完整的机器人手臂的动力学模型需要复杂的数学和编程技术,我们可以简化模型并模拟一个两连杆系统的运动。以下的 Python 代码使用 Euler 方法进行数值积分,并模拟了一个两连杆系统的运动。扫描下方二维码可查看代码。

此代码模拟了没有外力矩作用的自由运动,因此每个关节角度会自然地摆动。

这段代码定义了系统参数,包括摆杆长度、质量、重力加速度、模拟结束时间以及时间步长等。编写了计算加速度的函数 acceleration,利用双摆系统的动力学方程计算了每个摆杆角度和角速度的二阶导数。初始化了双摆系统的关节角度和角速度。使用循环在一定时间范围内进行模拟。在每个时间步长中,通过计算加速度,更新了摆杆的角度和角速度,并将新的角度值添加到列表中。

使用 Matplotlib 绘制关节角度随时间变化的图表。分别显示两个关节角度随时间的变化,如图 2.11 所示。由于没有施加外力矩,两个关节的角度会自由摆动。

这是一个非常简化的模型,实际的机器人手臂有更复杂的动力学特性,需要考虑更多的因素,如关节的限位、摩擦力等。而且,用于控制机器人手臂的算法通常更复杂,可能包括 PID 控制、模糊逻辑控制、神经网络控制等。

示例代码

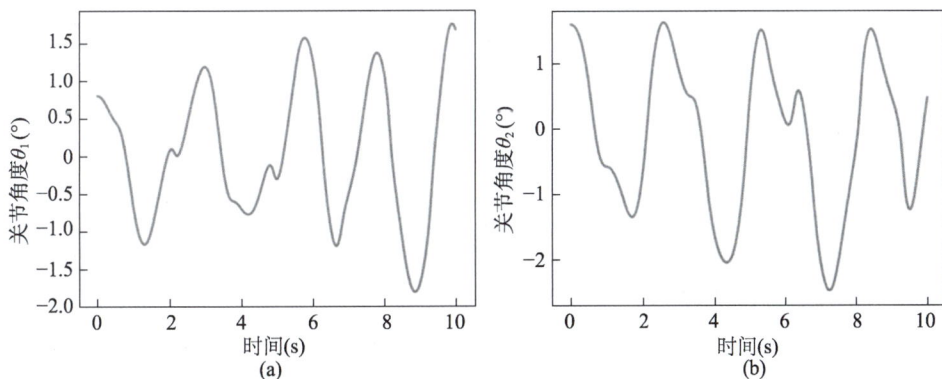

图 2.11　关节角度随时间的变化

2.17　利用导数优化音乐算法应用和简化模型及数值计算实践

音乐算法是将数学和计算机科学应用于音乐创作和音乐分析。在音乐算法中,优化算法可以利用导数来改进音乐生成和音乐处理的效果。这个案例将讨论利用导数优化音乐算法的应用,以探索在音乐创作和分析中的数学原理。

在音乐算法中，优化算法的目标是最大限度地提高音乐的质量和创造力。导数作为优化算法的重要工具，可以帮助优化音乐的特定属性，如和谐度、节奏感和情感表达等。

一种常见的应用是利用导数优化音乐的和声规则。和声规则是音乐中关于声部之间关系和音程选择的规则。通过建立数学模型和使用导数优化算法，我们可以自动生成符合和声规则的和弦进行和旋律。

此外，导数还可以应用于音乐分析和音乐处理中。例如，通过计算音频信号的导数，我们可以识别音乐中的音高变化和节奏变化，这有助于完成音频信号的分析、特征提取和音乐风格分类等任务。

音频信号可以看作是随时间变化的连续信号，我们可以通过计算这个信号的导数来得到它的变化率。音乐中的音高变化对应于音频信号的频率变化，而节奏变化对应于音频信号的振幅变化。

一般来说，音频信号可以表示为一个函数 $f(t)$，其中 t 表示时间。我们可以通过计算 $f(t)$ 的导数来得到音频信号的变化率。如果音频信号是离散的，那么我们可以使用差分代替导数。

音高变化的计算公式为

$$\frac{\Delta f(t)}{\Delta t} = \frac{f(t + \Delta t) - f(t)}{\Delta t}$$

这个公式表示的是在时间 t 和 $t + \Delta t$ 之间，音频信号 $f(t)$ 的变化率。变化率大于 0 表示音高在升高；变化率小于 0 表示音高在降低。

节奏变化的计算公式为

$$\frac{\Delta A(t)}{\Delta t} = \frac{A(t + \Delta t) - A(t)}{\Delta t}$$

其中，$A(t)$ 表示音频信号在时间 t 的振幅。这个公式表示的是在时间 t 和 $t + \Delta t$ 之间，音频信号振幅的变化率。变化率大于 0 表示节奏在加快；变化率小于 0 表示节奏在放慢。

通过分析音频信号的这两种变化率，我们可以得到音乐中的音高变化和节奏变化的信息，从而完成音频信号的分析、特征提取和音乐风格分类等任务。

另一个应用是基于导数的音乐自动化合成。通过分析和建模音乐中的音频特征和导数，我们可以开发自动化合成算法，以生成具有特定音乐风格和情感表达的音乐。

在音乐分析和合成中，我们常常关注音频信号的几个关键特征，包括音高（对应于频率）、音量（对应于振幅）、音色（对应于波形）等。我们可以用函数 $f(t)$ 表示音频信号，其中 t 代表时间。音高、音量和音色都可以通过分析 $f(t)$ 和它的导数得到。

音乐合成算法通常基于一个模型，该模型描述了音乐特征和风格/情感之间的关系。例如，一个简单的模型可能包括：①音高：用函数 $h(t)$ 表示，其中 $h(t)$ 是 $f(t)$ 的频率，它的导数 $\frac{dh}{dt}$ 表示音高的变化速度。②音量：用函数 $a(t)$ 表示，其中 $a(t)$ 是 $f(t)$ 的振幅，它的导数 $\frac{da}{dt}$ 表示音量的变化速度。

③音色：用函数 $r(t)$ 表示，其中 $r(t)$ 描述了 $f(t)$ 的波形，它的导数 $\frac{dr}{dt}$ 表示音色的变化速度。

然后，我们可以建立一个函数 $g\left(h, \frac{dh}{dt}, a, \frac{da}{dt}, r, \frac{dr}{dt}\right)$，它描述了音乐特征和风格/情感之间的关系。通过优化 g 的参数，我们可以找到一个音乐特征与风格/情感之间的最佳匹配。然后，我们可以用这个模型来生成新的音乐，使之具备特定的风格和情感。

例如，我们可能有一个合成算法，它产生具有悲伤情感的音乐。在这种情况下，我们可能会选择使音高变化慢、音量较低、音色深沉。我们将这些参数代入函数 g 中，然后生成符合这些条件的 $f(t)$。

这个案例展示了利用导数优化音乐算法的应用，以提高音乐生成和音乐处理的质量和效果。通过将数学原理和音乐相结合，我们可以推动音乐算法的发展，并创造出更加富有创意和个性化的音乐作品。

数值计算实践

首先，音高的计算需要对音频信号进行频谱分析以提取出主要频率。另外，音频信号通常会包含多个同时发生的音符，这会使得频率分析更加复杂。然后，音量（振幅）的变化并不直接对应于音乐中的节奏变化，因为音量的变化也可能是由于音色或动态范围的变化。

这里我们给出一个简单的音频信号的处理代码，它可以计算并绘制音频信号的振幅随时间的变化。这个例子使用了 Python 的 librosa 库来处理音频文件。扫描下方二维码可查看代码。

我们首先使用 librosa.example('brahms')加载了一个 brahms 的音频例子，然后计算了音频信号的振幅以及振幅的变化率，并绘制了它们的图像，如图 2.12 所示。由于没有提供真实的音频文件，所以这个例子可能无法准确反映实际应用中的情况，但它提供了一个在实际音频文件上使用这段代码的参考。

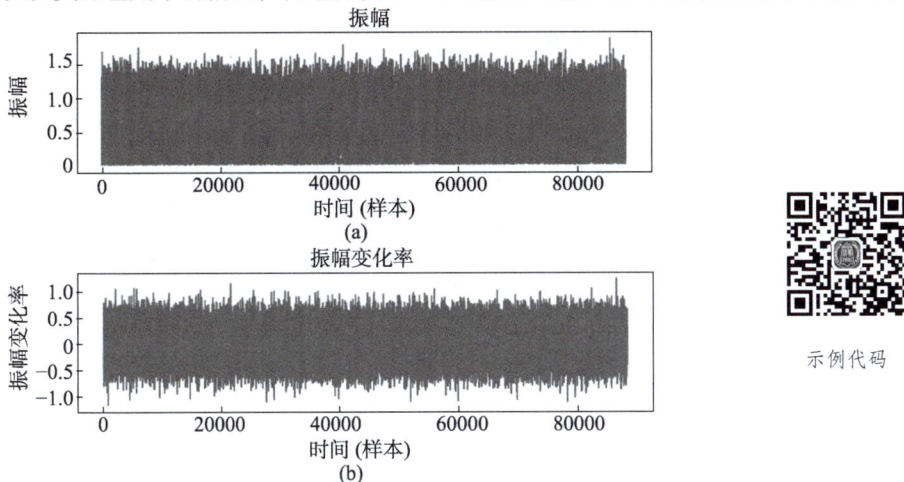

图 2.12　音频信号的振幅以及振幅变化率

另外使用 librosa.example('brahms')需要连接到互联网，并且在初次使用时加载音频文件。

实际应用中，读者可以将 librosa.load(filename)中的 filename 替换为自己的音频文件路径，用自己的音频文件进行分析。

这只是一个非常简单的音频处理例子，真正的音乐分析和音乐合成涉及更多的复杂技术，包括频率分析、谐波分析、音色提取、声音合成等。

2.18　弹跳力的最优化应用和简化模型及数值计算实践

弹跳是许多体育运动和工程应用中的重要物理现象。在某些情况下，我们希望通过调整弹跳物体的性质和环境条件来实现最优的弹跳力。这个案例将讨论弹跳力最优化的问题，以探索弹跳过程中的数学原理和优化方法。

弹跳力是指物体在接触表面后反弹的力量。在某些情况下，我们希望最大化或最小化弹跳力，以满足特定的需求和目标。

对于弹性物体，弹跳力与物体的质量、形状和弹性恢复系数等因素相关。通过调整这些因素，我们可以影响弹跳力的大小和性质。

在优化弹跳力的过程中，我们可以使用数学建模和优化算法来寻找最优解。例如，可以建立关于物体参数的数学模型，并使用数值优化算法，如梯度下降算法或遗传算法，来搜索最优的参数组合。

此外，还可以考虑环境条件对弹跳力的影响。例如，调整接触表面的硬度、倾斜度和摩擦力等因素，以实现最优的弹跳力。

弹跳力的最优化问题在许多领域中都有应用。例如，在运动训练中，优化运动员的弹跳力可以帮助他们在比赛中获得更好的表现。在工程设计中，优化弹跳力可以改进弹簧系统、减震装置和运动设备的性能。

在训练运动员的弹跳力时，我们需要考虑力量、速度、技术和灵活性等多个因素。每一个因素都可以通过特定的训练方法来提高，但是如何合理地安排和配合这些训练，以达到最大化的弹跳力，就需要使用优化方法。

我们可以用一个函数 $J(f, v, t, m)$ 来表示弹跳力，其中 f 是力量，v 是速度，t 是技术，m 是灵活性。我们的目标是找到最优的 f、v、t、m，使得 $J(f, v, t, m)$ 达到最大。

这可以通过梯度上升方法来实现。我们计算 J 对 f、v、t、m 的偏导数 $\dfrac{\partial J}{\partial f}$、$\dfrac{\partial J}{\partial v}$、$\dfrac{\partial J}{\partial t}$、$\dfrac{\partial J}{\partial m}$，然后按照导数的方向来更新 f、v、t、m 的值，以增大 J。

这个过程可以用下面的数学公式来表示：

$$J = f + \alpha v \frac{\partial J}{\partial f} = v + \alpha t \frac{\partial J}{\partial v} = t + \alpha m \frac{\partial J}{\partial t} = m + \alpha \frac{\partial J}{\partial m}$$

其中，α 是学习率，是一个正数，用于控制每一步更新的幅度。

这个过程需要反复进行，直到 J 达到一个局部最大值，或者达到预设的迭代次数。

在实际的训练过程中，我们可以通过监控运动员的训练数据和表现，不断调整训练方案，以达到最优的弹跳力。

这个案例展示了弹跳力的最优化问题以及与之相关的数学原理和优化方法。通过优化弹跳力，我们可以改善体育表现、优化工程设计和提高物体的性能，从而推动相关领域的发展和创新。

数值计算实践

该问题通常使用优化算法如梯度上升或下降来解决。然而，在实际的运动训练问题中，我们并不能轻易获得一个可以直接优化的函数 $J(f, v, t, m)$。这个函数需要能准确描述力量、速度、技术和灵活性这四个因素对弹跳力的影响，而这是一个非常复杂的问题，需要大量的实验和数据分析才能得到。

而且，就算我们有了这个函数，还需要能够计算出它的偏导数 $\dfrac{\partial J}{\partial f}$、$\dfrac{\partial J}{\partial v}$、$\dfrac{\partial J}{\partial t}$、$\dfrac{\partial J}{\partial m}$。在实际的训练环境中，这些偏导数难以获取。

假设我们有了一个理想的 J 函数和它的偏导数，我们可以使用如下的 Python 示例代码来模拟梯度上升过程，扫描下方二维码可查看代码。

在这个 Rython 代码中，我们创建了一个名为 J_values 的列表用于保存每次迭代后 J 函数的值，并在迭代完成后绘制了 J 函数的值随迭代次数的变化，如图 2.13 所示。随着迭代次数的增加，J 函数的值在减小，这说明梯度下降过程是在正确的方向上进行的。

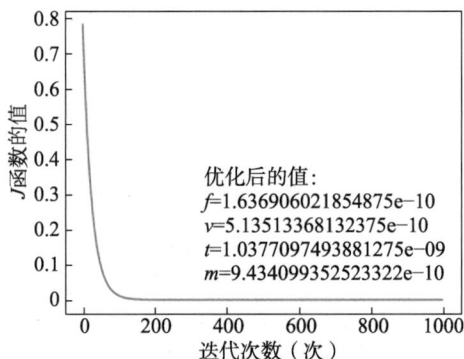

优化后的值：
f=1.636906021854875e−10
v=5.13513368132375e−10
t=1.0377097493881275e−09
m=9.434099352523322e−10

示例代码

图 2.13　J 函数的值随迭代次数的变化

实际上，运动训练优化通常涉及更复杂的生理、心理因素和训练条件，需要运用更复杂的模型和方法，如线性回归、神经网络等，并结合大量的训练数据进行优化。

2.19　股市预测模型中的微分应用和简化模型及数值计算实践

股市预测一直是投资者和金融机构关注的重要问题。微分学是一种数学工具，可以在股市预测模型中应用，以提供更准确的预测和决策支持。这个案例将讨论股市预测模型中微分学的应用，以探索金融领域的数学原理和分析方法。

股价的波动涉及许多因素，如市场需求、公司财务状况、宏观经济指标等。通过应用微分学的方法，我们可以分析和预测股市价格的变化趋势和波动性。

一种常见的应用是使用微分来计算股票价格的变化率，即价格的导数。通过分析导数，我们可以确定股票价格的上升或下降趋势，以辅助投资决策。

在微积分中，一个函数的导数代表了这个函数在某一点的切线斜率，也就是这个函数在这一点的变化率。对于股票价格，它的变化率就是价格增加或减少的速度，公式为

$$P(t) = \frac{\mathrm{d}P}{\mathrm{d}t}$$

式中，P 是股票价格；t 是时间。$\frac{\mathrm{d}P}{\mathrm{d}t}$ 就是股票价格 P 关于时间 t 的导数，表示股票价格的变化率。要计算 $\frac{\mathrm{d}P}{\mathrm{d}t}$ 的具体值，需要知道 $P(t)$ 的具体函数形式，然后使用微积分的技巧来求导。

实际上，在真实的股票市场中，通常不会有一个明确的函数 $P(t)$ 来描述股票价格的变化。然而，我们仍然可以通过计算价格在小时间隔内的变化来估计变化率，这就是所谓的离散微分。例如，如果我们有两个时刻 t_1 和 t_2（$t_2 > t_1$）的股票价格 $P(t_1)$ 和 $P(t_2)$，那么在 t_1 到 t_2 的时间间隔内，股票价格的平均变化率可以估计为

$$\frac{\Delta P}{\Delta t} = \frac{P(t_2) - P(t_1)}{t_2 - t_1}$$

这就是所谓的有限差分，是微分的离散形式。

此外，微分学还可以应用于股市的波动性分析。通过计算股票价格的二阶导数（即价格的变化率的变化率），我们可以评估股市的波动性和风险水平。这有助于投资者制定合适的风险管理策略和资产配置。

另一个应用是利用微分来构建股市预测模型。通过建立数学模型，包括价格方程和相关因素的影响，我们可以使用微分方程或差分方程来预测股票价格的未来走势。

股市预测模型中的微分应用不仅可以提供对股市价格和波动性的深入理解，还可以辅助投资决策和风险管理。通过结合微分学和金融领域的专业知识，我们可以提高股市预测的准确性和效果，为投资者提供更有价值的信息。

下面这个案例展示了股市预测模型中微分学的应用，以揭示金融领域的数学原理和分析方法。通过应用微分学，我们可以更好地理解股市的价格变化和波动性，从而提高投资决策的效果和风险管理的能力。

数值计算实践

这个案例是微积分在股票市场分析中的一个常见应用。下面是 Python 代码实例，展示了如何计算和可视化股票价格的变化率（即价格的一阶导数）。在这个例子中，我们假设已经有了一个包含股票价格的时间序列数据。我们用 NumPy 的 gradient 函数来计算价格的一阶导数，然后使用 Matplotlib 来绘制价格和价格的变化率。扫描右侧二维码可查看代码。

示例代码

本示例代码只为了说明如何在 Python 中进行数值微分和绘图，实际上，股票价格的预测和分析涉及更多复杂的因素和技术。

这个代码首先创建一个日期范围，然后生成一些随机的股票价格，并将它们放入一个 PandasDataFrame 中。最后，计算股票价格的变化率（视为价格的"导数"），并绘制股票价格和价格变化率的图，如图 2.14 所示。

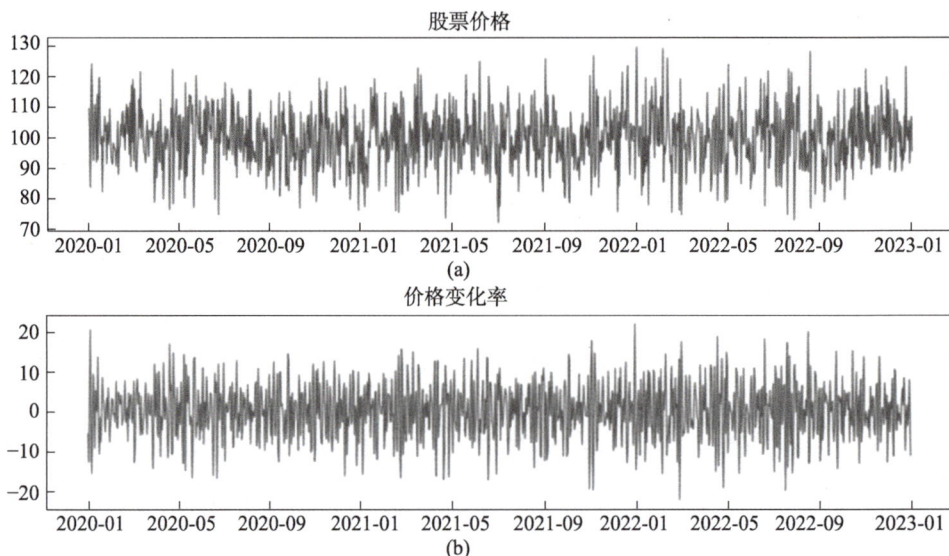

图 2.14   股票价格与价格变化率的曲线

2.20   体积和温度变化对气压的影响应用和简化模型及数值计算实践

气压是气体分子与容器壁之间碰撞的压力。在理想气体状态方程中，气压与气体的体积和温度有密切的关系。这个案例将讨论气体体积和温度变化对气压的影响，以揭示物理领域的数学原理和关联规律。

根据理想气体状态方程，气压与气体体积和温度之间存在以下关系：

$$P = nRT/V$$

其中，P 表示气压；n 表示气体的物质的量；R 表示气体常数；T 表示气体的绝对温度；V 表示气体的体积。

从这个方程中可以看出，当气体的体积发生变化时，其气压也会相应变化。当气体的体积减小时，其分子与容器壁碰撞的频率增加，从而增大了气压。反之，当气体的体积增加时，其分子与容器壁碰撞的频率减少，导致气压的下降。

类似地，当气体的温度发生变化时，其气压也会有所变化。根据理想气体状态方程，温度与气压成正比。当气体的温度升高时，气体分子的平均动能增加，分子与容器壁碰撞的力增大，导致气压的增大。反之，当气体的温度降低时，气体分子的平均动能减小，气压也会相应降低。

这个案例展示了气体体积和温度变化对气压的影响。通过理解气体的性质和理想气体状态方程，我们可以预测和解释气压的变化，并将其应用于气体的测量、控制和工程设计等领域。

数值计算实践

下面是一个简单的 Python 示例代码，演示如何根据理想气体状态方程模拟气压随体积和温度变化的情况。在这个例子中，我们将使用 Matplotlib 来创建 3D 图，扫描二维码可查看代码。

这段代码首先定义了理想气体常数和气体的物质的量，然后生成了体积和温度的值域。再根据理想气体状态方程计算了压力，并使用 3D 图形来可视化结果。

这个 3D 图形展示了当体积和温度变化时压力如何变化，如图 2.15 所示。可以看到，当体积增大或者温度减小时，压力降低；反之，当体积减小或者温度增加时，压力升高，这正是理想气体定律的预测。

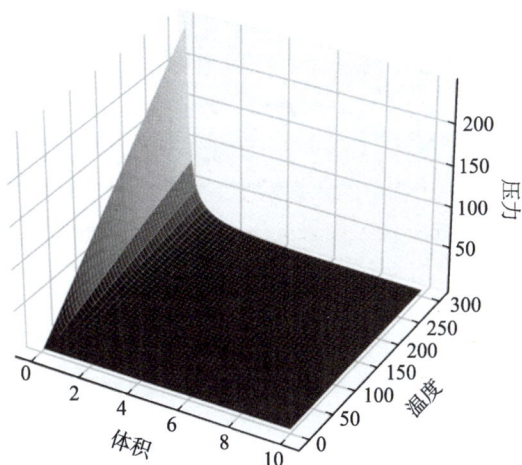

图 2.15　气压随体积与温度变化的 3D 图

这只是一个理想化的模型，实际的气体可能会由于各种因素（如分子间的相互作用）而偏离这个模型。不过，理想气体模型仍然是理解和描述气体行为的有用工具。

2.21　在生态学中研究物种数量的变化应用和简化模型及数值计算实践

生态学是研究生物与环境之间相互作用的学科，其中一个重要的研究方向是物种数量的变化和生态系统的稳定性。这个案例将讨论在生态学中研究物种数量变化的数学方法和应用，以探索物种多样性和生态系统的动态特征。

在生态学中，物种数量是一个重要的指标，用于评估生态系统的健康状况和稳定性。物种数量的变化受到许多因素的影响，包括环境因素、物种间相互作用和人类活动等。

数学模型在研究物种数量变化方面发挥着重要的作用。例如，常见的模型之一是种群动力学模型，用于描述物种数量随时间的变化趋势。这些模型基于不同的假设和方程，可以预测物种数量的增长、衰退和波动等。

另一个常用的方法是使用微分方程来建立物种数量变化的模型。通过将物种间相互作用和环境因素纳入微分方程中，可以研究物种数量随时间的变化趋势，并探索生态系统的稳定性和相互依赖关系。比如最基本的模型之一就是指数增长模型：

$$\frac{\mathrm{d}N}{\mathrm{d}t}=rN$$

其中，N 表示物种的数量；t 是时间；r 是固定的生育率或增长率，即单位时间内每个个体平均产生的后代数量。当物种的数量增长得非常快并且没有任何限制时，这个模型是比较理想的。

然而，现实中往往有各种环境因素会限制物种的增长，所以另一个常见的模型是逻辑增长模型：

$$\frac{\mathrm{d}N}{\mathrm{d}t}=rN\left(1-\frac{N}{K}\right)$$

其中，K 是环境承载能力，表示环境最多能容纳的物种数量。当物种数量 N 接近环境承载能力 K 时，物种的增长速度将开始减慢，直到稳定在承载能力 K。

这模型提供了量化理解和预测物种数量随时间变化的工具。

此外，数学方法还可以应用于物种多样性的评估和保护。例如，物种丰富度指数和物种均匀度指数等数学工具可以帮助量化生态系统中的物种多样性，并为保护措施提供科学依据。

下面这个案例展示了在生态学中研究物种数量变化的数学方法和应用。通过建立数学模型和使用数学工具，我们可以深入了解生态系统的动态特征和物种多样性的变化，从而为生态保护和可持续发展提供科学支持。

数值计算实践

在这个示例中，我们将模拟一个简单的生态系统，其中物种数量按照逻辑增长模型变化。我们将使用 Python 和 Matplotlib 库进行模拟并绘制结果。扫描下方二维码可查看代码。

这段代码首先定义了一个逻辑增长模型的函数，然后设定了初始物种数量、生育率、环境承载能力和时间序列。再次，使用 SciPy 的 odeint 函数求解了这个微分方程，并将结果存储在 N 中。最后，使用 Matplotlib 将物种数量随时间的变化绘制出来。

运行这段代码，你会看到一个 S 形曲线，这是逻辑增长模型的典型特征。开始时，物种数量迅速增加，随着物种数量接近环境承载能力，增长速度逐渐减慢，最终稳定在一个常数附近，如图 2.16 所示。

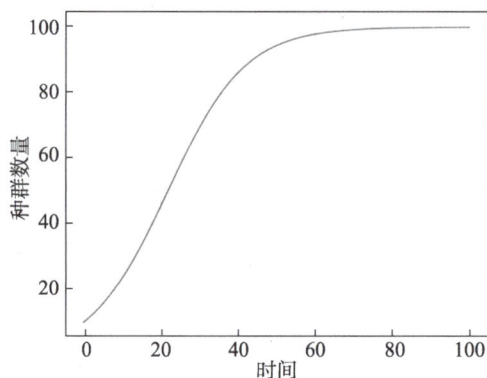

图 2.16　逻辑增长模型

这个模型为我们提供了一种理解和预测物种数量变化的方式。然而，这只是一个简化的模型，现实中生态系统的物种增长可能受到更多复杂因素的影响。

2.22　电路设计中电容器的充电与放电应用和简化模型及数值计算实践

电容器是电路中常见的元件之一，用于存储和释放电荷。在电路设计中，了解电容器的充电和放电过程是至关重要的。这个案例将讨论电路设计中电容器充电与放电的数学原理和应用。

当电容器与电源连接时，电荷开始在电容器的极板之间积累，电容器充电。电容器的充电过程可以通过数学模型来描述，其中电流与时间的关系被表示为电容充电曲线。该曲线可以用指数函数或其他数学函数来表示。

数学模型还可以帮助我们预测电容器的充电速度和充电时间。根据欧姆定律和电容器的特性，我们可以使用微分方程来描述充电过程，并通过求解微分方程来计算充电时间和充电速率。

电容器的充电过程可以用以下的微分方程来描述：

$$V(t) = V_0(1 - e^{-t/RC})$$

其中，$V(t)$ 是电容器 t 时刻的电压；V_0 是电源电压；R 是电阻；C 是电容；e 是自然底数。

这个方程描述了电容器充电时，电压 V 随时间 t 的变化情况。初始时刻（$t=0$），电容器的电压 V 为 0。随着时间的推移，电容器的电压逐渐增大，直到达到电源电压 V_0。RC 是时间常数，决定了充电过程的速度。时间常数 RC 越大，电容器充满电所需的时间就越长。

通过求解这个微分方程，我们可以得到电容器充电过程中的电压和电流，并据此预测充电的时间和速度。

类似地，当电容器与电路中的负载相连接时，电容器会释放存储的电荷，进行放电。放电过程也可以通过数学模型来描述，并使用微分方程求解放电时间和放电速率。

电容器的充放电过程在电子设备和电路设计中具有广泛的应用。了解电容器的充电和放电过程的数学原理可以帮助我们优化电路设计、预测电容器的响应时间，并确保电路的稳定性和性能。

这个案例展示了电路设计中电容器的充电与放电的数学原理和应用。通过数学模型和微分方程的应用，我们可以深入理解电容器的充电和放电过程，并在电子设备和电路设计中应用这些原理，以实现更高效、稳定和可靠的电路性能。

数值计算实践

在这个示例中，我们将使用 Python 的 Matplotlib 库模拟电容器的充电和放电过程，并绘制结果。我们将使用公式 $V(t)=V_0(1-e^{-t/RC})$ 来描述充电过程，放电过程则是该公式的逆过程，即 $V(t)=V_0 e^{-t/RC}$。扫描下方二维码可查看代码。

在这段代码中，我们首先定义了参数（电源电压、电阻、电容和时间），然后使用公式计算了电容器在充电和放电过程中的电压。最后，我们绘制了充电和放电过程中电压随时间的变化曲线。

运行这段代码得到图 2.17，其中实线表示充电过程，虚线表示放电过程。从图 2.17 可以看出，在充电过程中，电压随时间逐渐增大，最终接近电源电压；而在放电过程中，电压随时间逐渐减小，最终接近 0。

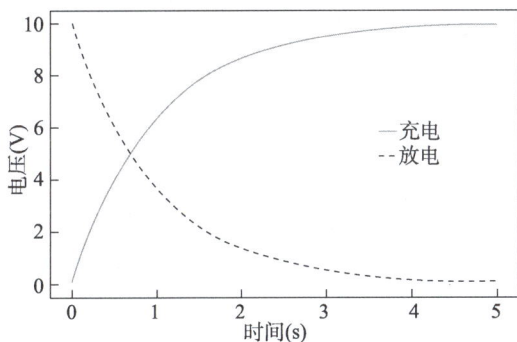

图 2.17　充电与放电过程中电压的变化曲线

这个模型可以帮助我们理解和预测电容器的充电和放电过程，为电路设计提供指导。

2.23　电池充电速率的优化应用和简化模型及数值计算实践

电池的充电速率是指将电池存储的能量重新恢复到额定容量所需的时间。在电池技术和应用中，优化电池的充电速率对于提高充电效率、延长电池寿命和满足高能量需求是非常重要的。本案例将讨论电池充电速率的优化问题，以揭示电池技术领域中的数学原理和优化方法。

电池的充电速率受到多种因素的影响，包括电池的化学性质、电流密度、温度和充电系统的设计等。为了优化电池的充电速率，我们需要综合考虑这些因素并进行适当的调整。

数学模型可以用来描述电池的充电过程，并帮助我们分析充电速率与电流密度、电压和温度之间的关系。通过数学建模，我们可以预测不同充电条件下的充电速率，并找到最佳的充电参数组合。

优化算法是电池充电速率优化中常用的工具。通过应用数学优化算法，如遗传算法、粒子群优化算法等，可以获取充电参数的最优解，以实现最快、最有效的充电速率。

优化电池充电速率的研究对于电动车、移动设备和可再生能源等领域非常重要。通过优化充电速率，我们可以提高电池的使用效率和充电性能，从而满足日益增长的能量需求，提高电池可持续利用。

这个案例展示了电池充电速率的优化问题以及与之相关的数学原理和优化方法。通过数学建模和优化算法的应用，我们可以实现电池充电速率的最优化，提高能量存储和利用效率，并推动电池技术的发展和应用。

数值计算实践

在这个案例中，实现一个完整的电池充电速率的优化模型比较复杂，因为这涉及对电化学过程和物理过程的模拟，而这些过程的数学模型通常包含许多微分方程和复杂的参数。但我们可以简化这个问题，通过一个简单的优化问题来说明如何优化充电速率。

假设我们知道电池的充电速率 r 与电流 I 和温度 T 之间的关系为 $r = aI - bT^2$，其中 a 和 b 为常数，我们的目标是找到使充电速率最大的电流和温度。

最优电流：2.0，最优温度：2.10319789849256e-06。

在这段代码中，我们首先定义了电池的充电速率与电流和温度的关系。然后，我们使用 SciPy 库的 minimize 函数来寻找使充电速率最大的电流和温度。

这个例子虽然简化，但仍然展示了如何使用优化方法来改善充电速率，这对于提高电池性能和耐久性有着重要的影响。在更复杂的实际情况下，需要更复杂的模型和优化方法，但基本原理是相同的。

如图 2.18 所示，这个等高线图可以帮助我们可视化电流和温度对充电速率的影响。红点表示最优的电流和温度组合。

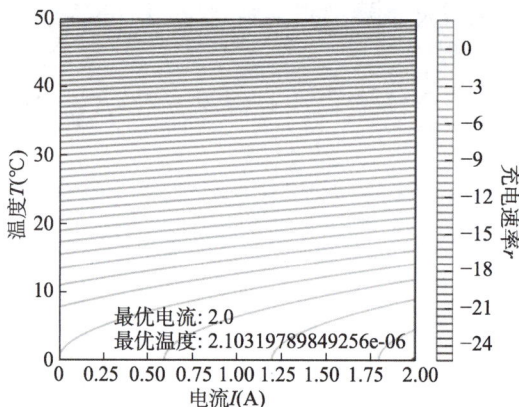

图 2.18   充电速率等高线图

2.24   网络流量的变化率应用和简化模型及数值计算实践

网络流量是指在计算机网络中传输的数据量。了解网络流量的变化率对于网络性能优化、容量规划和网络安全等方面具有重要意义。本案例讨论网络流量的变化率以及与之相关的数学原理和应用。

网络流量的变化率可以通过计算单位时间内的数据传输量来衡量。数学上，我们可以使用微分方程来描述网络流量随时间的变化趋势。网络流量的变化率可以表示为数据传输速率的导数。

假设我们使用 $F(t)$ 来表示 t 时刻的网络流量，那么网络流量的变化率就可以通过 $F'(t)$ 来描述，其中 $F'(t)$ 表示 $F(t)$ 对时间 t 的导数。这意味着在微小的时间间隔 dt 内，网络流量的变化量 $dF \approx F'(t)dt$。

如果我们知道网络流量随时间的函数关系，例如 $F(t) = at + b$，那么我们可以计算出网络流量的变化率 $F'(t) = a$，这个结果告诉我们网络流量每单位时间增加的数量。

然而，在实际情况下，我们可能不知道网络流量随时间的精确函数关系，但是我们可以通过收集一段时间内的网络流量数据，然后使用数值微分的方法来估计网络流量的变化率。例如，如果我们知道 t_1 和 t_2 两个时刻的网络流量分别为 F_1 和 F_2，那么 t_1 到 t_2 这段时间内的平均网络流量变化率可以估计为 $\dfrac{F_1 - F_2}{t_1 - t_2}$。

通过分析网络流量的变化率，我们可以了解网络负载的变化趋势，识别网络拥塞或异常行为，并采取相应的措施进行优化和管理。例如，当网络流量变化率超出设定的阈值时，可以触发警报或自动调整网络带宽，以确保网络的正常运行和性能。

此外，对网络流量变化率的分析还可以帮助进行网络容量规划。通过预测未来的网络流量变化率，我们可以合理规划网络资源和带宽需求，以满足日益增长的数据传输要求。

网络流量的变化率对于网络安全也有重要意义。异常的网络流量变化率可能表明网络攻击或恶意行为的存在。通过监测和分析网络流量的变化率，可以及时检测并应对潜在的网络安全威胁。

这个案例展示了网络流量的变化率以及与之相关的数学原理和应用。通过应用微分学的方法，我们可以对网络流量的变化趋势进行量化和分析，并应用于网络性能优化、容量规划和网络安全等方面，以提升网络的效率和可靠性。

数值计算实践

这个案例主要涉及时间序列数据的处理和趋势分析，我们可以用 Python 中的 NumPy 和 Matplotlib 库来实现。首先，我们可以模拟一些网络流量数据，然后计算网络流量的变化率并绘制图表。

扫描下方二维码可查看代码。在这个示例代码中，我们首先定义了一个时间序列 t 和相应的网络流量 $F(t)$。然后，我们使用 NumPy 的 gradient 函数来计算 $F(t)$ 关于 t 的导数，即网络流量的变化率。最后，我们用 Matplotlib 来绘制网络流量和其变化率的图像，如图 2.19 所示。

这个例子虽然简单，但仍然展示了如何用数学方法来分析网络流量的变化趋势，并通过可视化来理解这些变化。在实际应用中，需要处理更复杂的数据和更复杂的网络流量模型，但基本原理和方法是相同的。

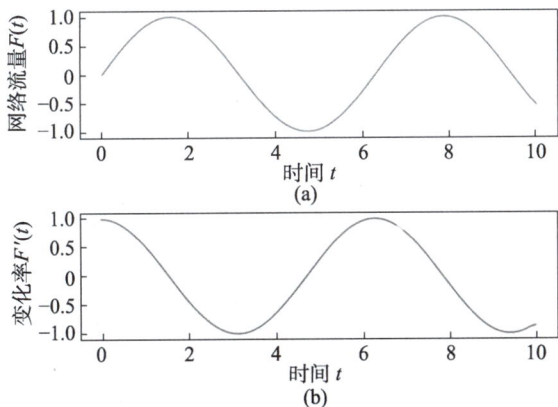

示例代码

图 2.19　网络流量和其变化率曲线

2.25　健身设备设计的优化应用和简化模型及数值计算实践

健身设备的设计优化对于提高用户体验、使用安全性和效果非常重要。本案例将讨论健身设备设计中的数学原理和优化方法，以实现最佳的设计参数和性能。

健身设备的设计需要考虑多个因素，如稳定性、人体力学、运动范围和阻力设置等。数学原理和优化方法可以帮助我们确定合适的设计参数，以提供最佳的运动效果和用户体验。

通过应用刚体力学原理，我们可以分析健身设备的稳定性和平衡性，并优化设备的结构和支撑点的位置，确保用户在运动过程中的安全和舒适性。

优化方法可以用于确定合适的阻力设置和运动范围。通过数学优化算法，我们可以搜索最佳的阻力曲线和运动轨迹，以实现用户期望的运动效果和肌肉训练效果。

假设我们有一个目标函数 J，它表示我们想要优化的量，例如运动效果和肌肉训练效果。假设我们的决策变量是阻力设置 x 和运动范围 y。

目标函数可能取决于很多因素，例如用户的身体状况、运动目标等。我们可以使用一个函数 $J(x, y)$ 来表示这个目标函数。我们的目标就是找到 x 和 y 的值使得 $J(x, y)$ 最大或最小。

这个问题可以用以下的形式来表示：

Maximize (or minimize) $J(x, y)$

subject to some constraints

这里的 constraints 表示一些约束条件，例如阻力设置和运动范围必须在一些特定的范围内。

然后我们可以使用各种优化算法，例如梯度下降法、牛顿法、模拟退火法、遗传算法等来求解这个优化问题。

此外，运动生物力学的原理也可以应用于健身设备的设计中。了解人体肌肉力量、关节运动范围和身体运动轨迹等因素，可以帮助我们优化健身设备的设计，使其符合人体生理特征，并最大限度地发挥肌肉的力量和功能。

这个案例展示了健身设备设计中的数学原理和优化方法。通过应用刚体力学、优化算法和运动生物力学的知识，我们可以优化健身设备的设计参数和性能，提供更好的用户体验和训练效果。这有助于制造商和设计师设计制造出更先进、高效和人性化的健身设备。

数值计算实践

以下是一个非常简化的例子，假设我们正在优化一个简单的健身设备，其阻力可以通过改变参数 x 来调整。我们希望找到最佳的 x，使得用户的健身效果最好。我们可以定义一个目标函数 $J(x)$，表示用户的健身效果，然后使用优化算法来找到最大化 $J(x)$ 的 x 值。

扫描下方二维码可查看代码。这段代码首先定义了一个目标函数 $J(x)$，表示用户的健身效果。然后，使用 SciPy 的 minimize 函数找到了最大化 $J(x)$ 的 x 值。最后，使用 Matplotlib 绘制了阻力设置和健身效果的关系图，如图 2.20 所示。

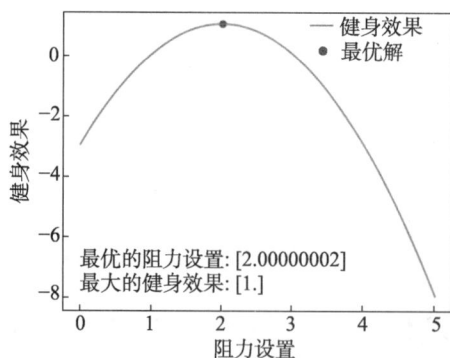

图 2.20　阻力设置与健身效果关系曲线

这只是一个非常简化的例子，实际问题会更复杂，需要考虑多个参数和约束条件，以及使用更复杂的优化算法。

2.26 城市交通流量模型应用和简化模型及数值计算实践

城市交通流量模型是研究城市交通拥堵和交通规划的重要工具。通过数学原理和模型，我们可以分析城市交通网络中车辆流动的特征和趋势，以优化交通系统的效率和可持续性。这个案例将探讨城市交通流量模型的数学原理和应用。

城市交通流量模型的目标是预测和优化城市道路网络上的交通流动。数学模型可以描述车辆在道路上的行驶速度、密度和流量之间的关系。常用的数学模型包括宏观交通流模型和微观交通流模型。

宏观交通流模型用于预测整个城市范围内的交通流量分布和拥堵情况。这些模型基于流体力学原理，将道路网络视为流体管道，并分析交通流量的变化和传播。通过数学模型，我们可以预测交通流量的峰值时段、道路瓶颈位置和拥堵程度，并提出交通规划和优化建议。

微观交通流模型更关注单个车辆在道路上的行驶行为。通过模拟和仿真单个车辆的运动，我们可以研究交通信号、车辆跟随、车道变换和拥堵解除等具体交通问题。微观模型通常基于车辆行为模型和驾驶人行为假设，通过数学模拟和计算方法来分析交通流动的细节和效果。

城市交通流量模型的应用涵盖交通规划、交通信号控制、道路设计和交通管理等方面。通过数学模型的应用，我们可以评估不同交通方案的效果、优化交通信号配时、规划交通设施和改进交通管理策略。

举一个简单的例子，假设我们有两个交叉路口 A 和 B，分别有红灯持续时间 t_1 和 t_2。我们的目标是优化 t_1 和 t_2，以便最大化车辆的流量或最小化车辆的等待时间。

我们可以建立一个目标函数 $J(t_1, t_2)$，表示车辆的总等待时间或负流量。然后我们可以构造以下优化问题：最小化 $J(t_1, t_2)$。其中，t_1 和 t_2 必须满足一些约束条件，例如，在每个信号周期内红灯和绿灯的持续时间之和必须等于一个固定值，红灯和绿灯的持续时间不能小于某些最小值等。

然后我们可以使用各种优化算法（如线性规划、非线性规划、遗传算法等）来求解这个优化问题，以获得最佳的信号配时。

这个案例展示了城市交通流量模型的数学原理和应用。通过数学模型的建立和应用，我们可以更好地理解城市交通系统的运行机制，并提出优化措施来改善交通拥堵和提高交通效率。这有助于决策者制定更有效的交通规划和管理策略，以满足城市交通需求和可持续发展的要求。

数值计算实践

在实际应用中，这个问题随着交通网络的复杂性而变化。在这里，我们提供一个非常简化的模型和一个相关的 Python 代码，假设 $J(t_1, t_2) = t_1^2 + t_2^2$，用于表示车辆的总等待时间。

首先导入所需的库：NumPy 用于数值计算，scipy.optimize 中的 minimize 函数用于优化，matplotlib.pyplot 用于绘图。定义目标函数 objective，该函数将最小化车辆的总等待时间，这里使用了简单的二次函数。定义约束条件，并假设 t_1 和 t_2 需要在 1 到 10 之间。调用 minimize 函数找到最佳解，提供初始猜测 initial_guess 和约束条件 bounds。

输出最优解，并使用 Matplotlib 绘制一个 3D 图，展示目标函数在 t_1 和 t_2 范围内的变化，并标注最优解，如图 2.21 所示。

扫描二维码可查看代码。这段代码求解最小的车辆总等待时间的红灯持续时间，并绘制出目标函数 $J(t_1, t_2)$ 的 3D 图。最优的 t_1 和 t_2 值用实心圆圈标记。

●最优解 t_1=1.0, t_2=1.0

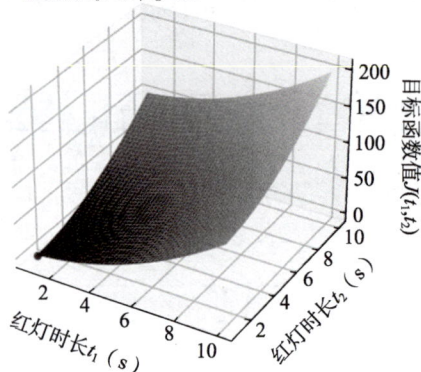

图 2.21   目标函数变化 3D 图及最优解

2.27   医疗设备设计中的微分应用和
简化模型及数值计算实践

医疗设备设计在现代医疗中起着重要作用，能够帮助医生进行诊断和治疗。微分学的数学原理和应用在医疗设备设计中也发挥着重要的作用。本案例将以心电图为例，讨论医疗设备设计中微分学的应用。

心电图用于检测和记录心脏的电活动。通过测量心脏电信号的变化，医生可以判断心脏的健康状态，并进行相应的诊断和治疗。

微分学在心电图的设计和解读中发挥着重要作用。心电图是通过测量心脏电信号随时间的变化获得的。微分学可以帮助我们分析心电图上的斜率和变化率，以确定心脏活动的特征和异常。

例如，心电图上的 Q、R、S 波形表示心室的除极和复极过程。通过计算 Q、R、S 波形的斜率和变化率，我们可以识别心脏异常，如心律失常、心肌缺血等。微分学还可以用于计算心脏电信号的频率和幅度变化，以评估心脏功能和心脏病变。

心脏电信号通常用心电图（ECG）进行表征，ECG 上的每个峰值都对应于心脏的一次收缩和舒张过程。我们可以通过计算这些峰值的位置和高度以及它们之间的间隔，来分析心脏电信号的频率和幅度变化。

假设 ECG 信号可以表示为函数 $E(t)$，其中 t 是时间。那么，我们可以计算函数的导数 $E'(t)$，得到信号的变化率。导数的峰值位置就对应于 ECG 信号的峰值位置，峰值的高度表示心跳得快慢，即心率。此外，我们还可以计算二阶导数 $E''(t)$，以评估心率的变化速度。

设 $E(t)$ 是心电图信号，那么心率可以通过计算导数 $E'(t)$ 的峰值位置来估计。心率变化可以通过计算二阶导数 $E''(t)$ 的峰值来评估。

微分学还可以应用于医疗设备设计的其他方面，如医学成像设备（如 CT 扫描和 MRI）的图像重建和滤波、血压测量设备的脉搏波形分析等。

这个案例展示了微分学在医疗设备设计中的应用。以心电图为例，通过应用微分学的数学原理，我们可以更好地理解和解释心电图上的电信号变化，从而提高诊断准确性。这对医疗设备制造商和医疗行业从业人员来说是非常重要的，因为它可以改善医疗设备的性能和精度，并为患者提供更好的诊疗体验。

数值计算实践

这是一个伪代码示例，我们将使用 Python 和一些科学计算库来演示。真实的 ECG 信号处理要比这个示例复杂得多，需要更复杂的算法和处理步骤。

导入所需的库：NumPy 用于数值计算，matplotlib.pyplot 用于绘图，scipy.signal 中的 find_peaks 函数用于寻找信号峰值。使用 NumPy 生成一个 1 秒的时间数组 t，并模拟一个简单的 ECG 信号 sig，其中包含 10Hz 和 20Hz 的频率成分。

计算信号的一阶导数（心率），即信号在时间上的变化率，计算信号导数的导数（心率变化），即心率的变化率。

使用 find_peaks 函数找到一阶导数中的峰值，这可以用来估计心率。

使用 Matplotlib 绘制 3 个子图，分别显示原始 ECG 信号、心率（一阶导数）以及心率变化（二阶导数），其中心率图中标注了峰值点，如图 2.22 所示。

扫描右侧二维码可查看代码。这个示例生成一个简单的 ECG 信号，然后通过一阶和二阶导数来估计心率和心率变化。我们使用 find_peaks 函数检测峰值，这些峰值可以被解释为心跳。实际的心电图信号会有很多噪声也更复杂，因此需要更复杂的峰值检测和信号处理技术。

示例代码

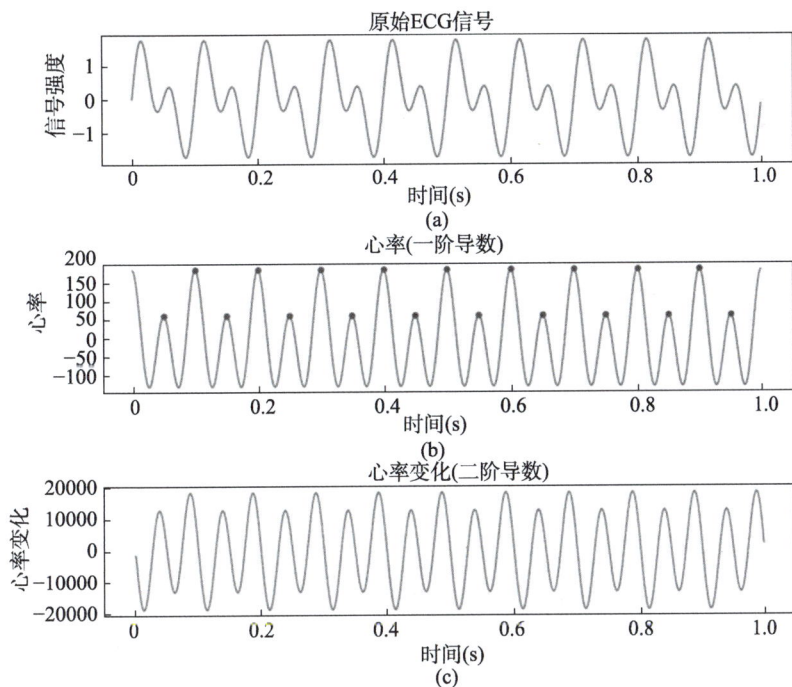

图 2.22 原始 ECG 信号以及一阶导数、二阶导数曲线

2.28 基因编辑技术中的微分应用和简化模型及数值计算实践

基因编辑技术是一种革命性的生物技术，被广泛应用于基因工程和生物医学领域。微分学的数学原理和应用在基因编辑技术中也发挥着重要的作用。这个案例将讨论微分学在基因编辑技术中的应用。

基因编辑技术旨在改变生物体的遗传信息，从而实现对基因组的精确编辑。其中最常用的技术是 CRISPR-Cas9 系统，它通过引导 RNA（sgRNA）和 Cas9 酶的配对作用，定向切割和修改 DNA 序列。

微分学在基因编辑技术中发挥着重要作用，特别是在 DNA 序列的修饰和重组过程中。微分学可以帮助我们理解 DNA 序列的变化率和修饰效果，从而优化基因编辑技术的设计和操作。

例如，在 CRISPR-Cas9 系统中，微分学可以用来描述 DNA 序列的剪切速率和修饰效率与反应时间、底物浓度和酶浓度之间的关系。通过微分学的分析，我们可以确定最佳的反应条件和操作参数，以实现高效和准确的基因编辑。

在这个反应中，Cas9 酶和引导 RNA 结合形成复合物，然后这个复合物识别并剪切目标 DNA 序列。

假设反应速率为 v，酶的浓度为 $[E]$，底物（即 DNA）的浓度为 $[S]$。我们可以假设这个反应遵循米氏动力学，其反应速率可以表示为

$$v = \text{kcat}[E][S] / (\text{Km} + [S])$$

其中，kcat 是催化速率常数；Km 是迈克利斯常数，代表半饱和浓度，即酶饱和半数的底物浓度。

反应速率对时间的导数表示反应速率的变化。如果我们设 x 为反应时间，那么反应速率的导数可以表示为

$$\frac{dv}{dx} = \frac{d\text{kcat}}{dx}\frac{[E][S]}{\text{Km}+[S]} + \text{kcat}\frac{d[E]}{dx}\frac{[S]}{\text{Km}+[S]} + \text{kcat}\frac{d[S]}{dx}\frac{[E]}{\text{Km}+[S]} - \text{kcat}\frac{d[S]}{dx}\frac{[E][S]}{(\text{Km}+[S])^2}$$

这个表达式描述了剪切速率和修饰效率随反应时间、底物浓度和酶浓度的变化。我们可以通过解这个微分方程，得到最佳的反应条件和操作参数。

此外，微分学还可以应用于基因表达调控和信号传导网络的建模。通过建立微分方程模型，我们可以描述基因调控网络中基因表达量的变化和动态过程，进一步研究基因功能和调控机制。

这个案例展示了微分学在基因编辑技术中的应用。通过应用微分学的数学原理，我们可以更好地理解和优化基因编辑技术的操作过程，提高基因编辑的效率和准确性。这对于基因工程和生物医学领域的研究人员和开发人员来说是非常重要的，因为它可以推动基因编辑技术的发展和应用，为生物医学研究和治疗带来更多的可能性。

数值计算实践

微分方程和反应动力学涉及的问题在实际情况中非常复杂，并需要专门的科学计算软件和工具来解决。以下提供一个简化的 Python 模拟，基于米氏动力学的假设进行基因剪切速度的计算。扫描下方二维码可查看代码。

在此 Python 脚本中，我们定义了一个函数来表示米氏动力学方程，然后使用此方程计算不同底物浓度下的反应速率。最后，我们将反应速率与底物浓度的关系绘制成图形。这个图形可以帮助我们理解在 CRISPR-Cas9 基因编辑中，反应速率如何随底物浓度的变化而变化，如图 2.23 所示。

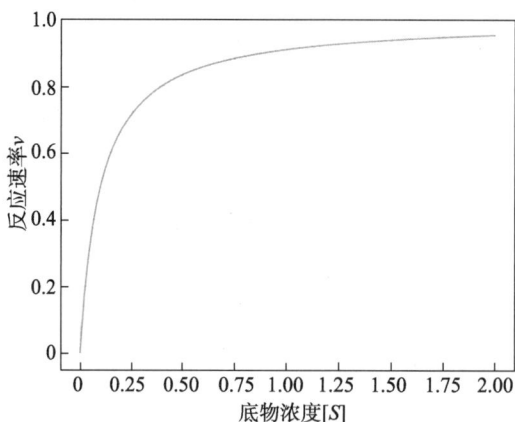

示例代码

图 2.23　CRISPR-Cas9 基因编辑中的反应速率与底物浓度的关系曲线

这只是一个简化的模型，真实的 CRISPR-Cas9 基因编辑过程会受到许多其他因素的影响，例如酶和底物的精确性质、反应条件等。在实际的科学研究中，需要使用更精细的模型和更复杂的计算方法来研究这些过程。

2.29 微分学在药物治疗中的应用和简化模型及数值计算实践

微分学在药物治疗中的应用可以帮助我们理解药物的吸收、分布、代谢和排泄等过程，从而优化药物的给药方案和治疗效果。这个案例将以药物吸收率为例，讨论微分学在药物治疗中的应用。

药物吸收率是指药物在体内被吸收的速度和程度。了解药物的吸收率对于确定合适的给药途径和剂量具有重要意义。微分学的数学原理和方法可以帮助我们描述和分析药物吸收的动力学过程。

药物吸收过程可以通过微分方程来描述。常见的描述药物吸收的微分方程包括一阶动力学模型和双室模型。通过求解这些微分方程，我们可以推导出药物在体内的浓度–时间曲线，进一步分析药物的吸收速率和吸收动力学参数。

药物吸收的动力学过程通常可以通过药物在体内的浓度随时间变化的规律来描述。这通常被表述为一阶动力学过程，即药物在体内的浓度随时间的减少速率与其当前浓度成正比。

设药物在体内的浓度为 C，时间为 t，k 为一阶动力学过程的常数，那么这个过程可以通过以下微分方程来描述：

$$dC / dt = -kC$$

解这个微分方程可以得到

$$C = C_0 \, e^{-kt}$$

其中，C_0 是初始时刻的药物浓度。

这个公式描述了药物在体内的浓度随时间的变化，这对于理解药物的吸收、分布、代谢和排泄过程非常重要。特别是它可以帮助我们确定药物的半衰期，即药物浓度降低到初始浓度一半所需要的时间，这对于药物剂量设计和给药频率的确定非常重要。

通过微分学的应用，我们可以确定药物吸收的速率常数、生物利用度和最大吸收速率等参数。这些参数对于药物治疗的设计和优化具有重要意义。通过调整给药途径、剂型和剂量，可以优化药物吸收率，以实现更好的治疗效果和最小的副作用。

此外，微分学还可以应用于药物分布、代谢和排泄的动力学模型。通过建立微分方程模型，我们可以描述药物在体内的分布和转化过程，进一步了解药物的药效学和药代动力学特征。

这个案例展示了微分学在药物治疗领域的应用，以药物吸收率为例。通过应用微分学的数学原理，我们可以更好地理解和优化药物吸收的动力学过程，从而提高药物治疗的效果和安全性。这对于药物研发人员、临床医生和药剂师来说是非常重要的，因为它可以推动药物治疗的个体化和精确化，提供更好的治疗方案。

数值计算实践

这个问题涉及解析一阶微分方程。我们将用 Python 来解这个方程，并通过 Matplotlib 来生成图形。这个例子将使用一个典型的药物清除过程，即浓度随时间呈指数减少。

在此 Python 脚本中，我们首先定义了初始药物浓度、一阶动力学过程的常数和时间范围。然后，我们定义了一个函数来计算给定时间点的药物浓度。最后，我们使用这个函数来计算和绘制药物浓度随时间变化的图形。扫描二维码可查看代码。

如图 2.24 所示，这个图形显示了药物浓度如何随时间按指数方式衰减，这是一阶药物动力学过程的典型特征。这个模型有助于理解药物的吸收、分布、代谢和排泄过程，也有助于设计和优化药物治疗策略。

这个模型假设药物清除是一个简单的一阶过程，实际的药物清除过程要复杂得多，受到许多因素的影响，例如药物的化学性质、人体的生理条件、其他药物的存在等。

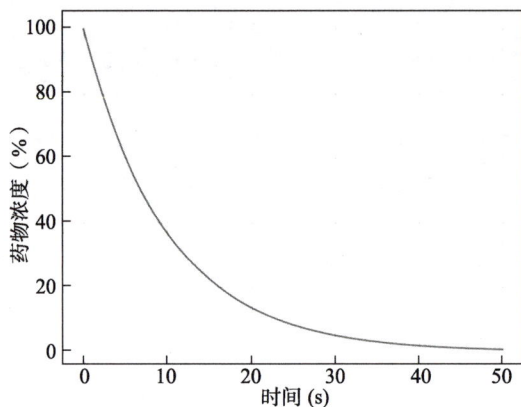

图 2.24   药物浓度随时间的变化曲线

2.30   习题、思考题、课程论文研究方向

▶▶ 习题：

1. 证明极限的唯一性和局部有界性。
2. 求函数的导数：$f(x) = 3x^2 - 2x + 1$。
3. 使用泰勒级数展开函数：$f(x) = \sin(x)$。
4. 探究函数的连续性与可导性之间的关系。
5. 计算极限：$\lim\limits_{x \to \infty} \dfrac{e^x + x^2}{e^x - x^2}$。

▶▶ 思考题：

1. 探索无穷小和无穷大的概念，并给出实例。
2. 讨论在实际问题中，极限的存在性和计算的挑战。
3. 阐述不同函数类型的导数特征，如多项式、三角函数和指数函数。
4. 探讨微分学在自然科学和社会科学中的应用，如物理、经济学和生态学。
5. 分析导数在优化问题中的应用，例如最小化成本、最大化利润等。

▶▶ 课程论文研究方向：

1. 分析微积分在生物医学领域的应用，如生物动力学模型和药物代谢动力学。
2. 研究微分方程在气候模型中的应用，如气候变化预测和环境影响评估。
3. 探索微分学在金融领域的应用，如期权定价模型和风险管理工具。
4. 研究微分几何在计算机图形学和机器人学中的应用，如曲线插值和路径规划。
5. 分析微分方程在电路设计和控制系统中的应用，如滤波器设计和反馈控制算法。

第 3 章　微分中值定理与导数的应用

3.1　微分中值定理的概念与定义

微分中值定理是微积分中的重要定理之一，它描述了函数在某个区间内的导数与函数在该区间内的平均变化率之间的关系。微分中值定理包括 3 个主要定理：罗尔中值定理、拉格朗日中值定理和柯西中值定理。

罗尔中值定理：罗尔中值定理是微分中值定理的基础，它适用于满足以下条件的函数：

在闭区间 $[a,b]$ 上连续；

在开区间 (a,b) 上可导；

函数在端点 a 和 b 处取相同的函数值；

根据罗尔中值定理，如果一个函数 f 满足上述条件，那么在开区间 (a,b) 内，至少存在一个点 c，使得 $f'(c)=0$。

拉格朗日中值定理：拉格朗日中值定理是微分中值定理的进一步推广，它适用于满足以下条件的函数：

在闭区间 $[a,b]$ 上连续；

在开区间 (a,b) 上可导；

根据拉格朗日中值定理，如果一个函数 f 满足上述条件，那么在开区间 (a,b) 内，至少存在一个点 c，使得 $f'(c)=\dfrac{f(b)-f(a)}{b-a}$。

柯西中值定理：柯西中值定理是微分中值定理的另一种推广形式，它适用于满足以下条件的函数：

在闭区间 $[a,b]$ 上连续；

在开区间 (a,b) 上可导；

第二个函数在开区间 (a,b) 上不为零；

根据柯西中值定理，如果两个函数 f 和 g 满足上述条件，那么在开区间 (a,b) 内，至少存在一个点 c，使得 $\dfrac{f'(c)}{g'(c)}=\dfrac{f(b)-f(a)}{g(b)-g(a)}$。

微分中值定理的重要性在于它提供了一种关于函数变化率和导数的定量描述，并有助于推导出一些重要的数学结论和应用。通过应用微分中值定理，可以证明其他微积分定理，解决最值问题，研究函数的单调性和凸凹性，以及进行函数逼近和误差估计，等等。

3.2　微分中值定理的应用

微分中值定理在微积分中具有广泛的应用，它提供了研究函数的性质和解决各种实际问题的有效工具。以下是微分中值定理的一些主要应用：

确定函数的临界点和极值：通过应用拉格朗日中值定理，可以找到函数在某个区间内的临界点（即导数为零或不存在的点），从而确定函数的极值。这有助于分析函数的局部最大值和最小值，以及确定函数的拐点。

证明函数的单调性和凹凸性：微分中值定理提供了证明函数单调性和凹凸性的工具。通过应用拉格朗日中值定理或柯西中值定理，可以推导出函数在某个区间内的导数的正负性和二阶导数的正负性，从而得出函数的单调性和凹凸性。

误差估计和函数逼近：微分中值定理在误差估计和函数逼近中起着重要作用。通过应用拉格朗日中值定理，可以估计函数的近似值与真实值之间的误差，并利用这个结果进行函数逼近。这在数值计算、数值积分和数值求解微分方程等领域中非常有用。

物理学中的应用：微分中值定理在物理学中也有广泛的应用。例如，在运动学中，利用拉格朗日中值定理推导出速度和加速度之间的关系。在热力学中，柯西中值定理可用于证明理想气体的压强和体积之间的关系。

经济学和金融学中的应用：微分中值定理在经济学和金融学中也具有应用价值。例如，在经济学中，利用拉格朗日中值定理来研究边际效用和总效用之间的关系。在金融学中，柯西中值定理可以用于推导无风险利率和风险溢价之间的关系。

这些是微分中值定理的一些主要应用领域。通过应用微分中值定理，能够深入研究函数的性质、解决实际问题，并推导出其他重要的数学结论。这使得微分中值定理成为微积分学习和应用中不可或缺的工具之一。

3.3 高铁速度选择与耗能最小优化
简化模型和数值计算实践

在现代交通运输中，高铁作为一种快速、高效的交通方式受到广泛应用。在设计高铁列车时，设计人员希望选择合适的速度，以便既能够满足行程时间要求，又能够降低能源消耗。微分中值定理可以帮助我们优化高铁速度，使耗能最小化。

假设高铁的耗能与列车速度成正比，我们可以建立一个函数来描述耗能与速度之间的关系。设耗能函数为 $E(v)$，其中 v 表示列车的速度。我们的目标是在给定行程距离的情况下，选择一个最优速度，使得耗能最小。

首先，使用微分中值定理来分析耗能函数的变化率。根据微分中值定理，对于耗能函数 $E(v)$，在速度 v_1 和 v_2 之间存在一个速度 v_0，使速度 v_0 的导数等于速度 v_1 和 v_2 之间的平均变化率。

通过对耗能函数的导数进行分析，可以确定速度 v_0 处的导数值。如果导数大于零，表示耗能函数在速度 v_0 附近是递增的；如果导数小于零，表示耗能函数在速度 v_0 附近是递减的。

通过比较不同速度下的导数值，可以确定哪个速度能够实现最小的耗能。当导数为零时，表示耗能函数取得极小值，即速度 v_0 为最优速度，可以使得耗能最小化。

可以通过微分中值定理对高铁速度选择进行优化，以实现最低耗能的目标。这有助于提高高铁运输的能源效率，减少能源消耗和对环境的影响。

以上只是一个简化的示例，实际的高铁速度选择与耗能最小化问题涉及更多的因素和限制条件，如列车的运行安全性、乘客的舒适度等。因此，在实际应用中需要综合考虑多个因素来进行全面的优化决策。

上述的数学表达

在这个例子中，可以假设耗能 E 和速度 v 之间的关系可以由一个函数 $E(v)$ 表示。由于假设高铁的耗能与列车速度成正比，因此可以设 $E(v) = kv$，其中 k 是比例系数。

我们想找到使耗能最小的速度 v，因此需要找到使 $E(v)$ 最小的 v。这可以通过求 $E(v)$ 的最小值来实现，也就是求解下面的优化问题：

$$\min vE(v)$$

由于 $E(v) = kv$ 是一个线性函数，其斜率为 k，所以这个函数在整个定义域上是单调增的。因此，如果没有其他限制条件，使 $E(v)$ 最小的速度应该是最低的速度。

然而，在实际情况中，列车速度不能任意低，通常会有一个最低速度限制。设这个最低速度为 $v_{\min}$，那么优化问题就变为

$$\min vE(v)$$
$$\text{s.t. } v \geqslant v_{\min}$$

这个问题的解就是 $v_{\min}$，即最低速度。

实际上，高铁的耗能不仅与速度有关，还与其他许多因素有关，如列车的质量、空气阻力等。因此，真实情况下的耗能函数 $E(v)$ 会更复杂，是一个非线性函数，需要使用更复杂的数学工具来求解。

数值计算实践

假设耗能与速度的关系满足一个简单的线性模型：$E(v) = kv$ ，其中 k 为正比例系数。对于此类函数，最小耗能速度可能取决于实际的限制条件（如有最大速度限制）。在实际情况中，耗能和速度的关系要复杂得多，但为了说明问题，我们使用这个简单的模型。

首先定义耗能函数及其导数，然后找到导数为零的点（在此例中，由于函数为线性函数，不存在导数为零的点）。

扫描下方二维码可查看代码。可用此代码绘制耗能函数及其导数。因为耗能函数是线性的，导数是一个恒定的值，无论速度多快，耗能都会呈线性增长。在这种情况下，实际最优速度需要考虑时间效率、安全性等因素。在实际情况中，耗能函数更为复杂，需要通过求导并找到导数为零的点来确定最佳速度，如图 3.1 所示。

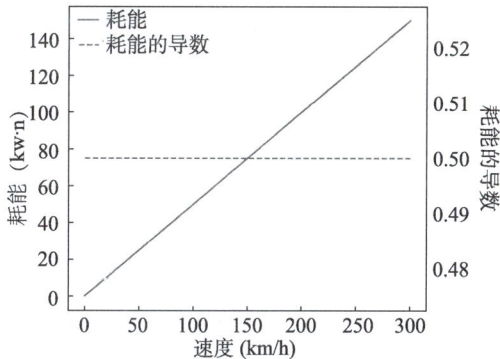

示例代码

图 3.1　耗能及其导数与速度的关系曲线

3.4　可回收火箭和航天飞机的成本最值
分析简化模型和数值计算实践

随着航天技术的发展，可回收火箭和航天飞机成为航天领域的重要研究方向。在设计和运营这些航天器时，我们希望能够找到成本最值的策略，以实现经济效益的最大化。微分中值定理可以帮助我们进行成本最值分析。

假设我们有两种方案：一种是可回收火箭方案，另一种是航天飞机方案。我们希望确定在给定的任务和要求下，哪种方案的成本最低。为此，我们建立一个成本函数 $C(x)$，其中 x 表示某个与任务相关的参数，如载荷质量、任务时间等。

我们的目标是找到一个最优的参数值 x_0，使得成本函数 $C(x)$ 在该点取得极小值。使用微分中值

定理，可以分析成本函数的变化率，找到成本函数在某个区间内的最小变化率。

首先，计算成本函数的导数 $C'(x)$，表示成本函数在参数 x 处的变化率。通过分析导数的正负性，可以确定成本函数在某个区间内是递增的还是递减的。

根据微分中值定理可知，在参数值 x_1 和 x_2 之间存在一个参数值 x_0，使得参数值 x_0 的导数等于参数值 x_1 和 x_2 之间的平均变化率。

通过比较不同参数值下的导数值，可以确定哪个参数值能够实现最低的成本。当导数为零时，表示成本函数取得极小值，即参数值 x_0 为成本的最优值，可以使得成本最低。

可以通过微分中值定理对可回收火箭和航天飞机的成本进行最值分析。通过找到成本函数的最小值点，可以确定哪种方案具有最低的成本，并为航天器设计和运营提供经济效益的最大化策略。

成本最值分析涉及多个因素和限制条件，如航天器的设计成本、运营成本、可靠性要求等。在实际应用中，需要综合考虑这些因素，并进行全面的成本效益分析，以做出最优的决策。

上述的数学表达

在这个例子中，假设有一个成本函数 $C(x)$，它表示某个与任务相关的参数 x（如载荷质量、任务时间）对成本的影响。我们希望找到一个最优的参数值 x_0，使得成本最低。

对于可回收火箭方案，假设其成本函数为 $C_1(x)$；而对于航天飞机方案，假设其成本函数为 $C_2(x)$。我们的目标是比较这两个方案，并找出使得成本最低的方案和对应的参数值。

根据微分中值定理，对于任意一种方案（如可回收火箭方案），在任意两个参数值 x_1 和 x_2 之间存在一个参数值 x_0，使得

$$C_1'(x_0) = \frac{C_1(x_2) - C_1(x_1)}{x_2 - x_1}$$

其中，$C_1'(x_0)$ 表示成本函数在 x_0 处的导数，它代表在 x_0 处的成本变化率。因此，可以通过计算导数，根据导数为零的点来找到成本函数的极小值点。

在实际中，需要针对每个方案建立不同的成本函数，根据实际情况和具体需求进行分析。例如，对于可回收火箭方案，需要考虑火箭的制造成本、运行成本、维修成本等；对于航天飞机方案，需要考虑飞机的制造成本、运行成本、燃料成本等。在具体的数学模型中，需要考虑更多的参数和复杂的函数关系。

数值计算实践

可以使用一个简单的二次函数来表示成本函数，这个函数在某个点达到最小值。设 x 表示载荷质量，$C(x)$ 表示成本。

扫描下方二维码可查看代码，在示例代码中，我们先定义了载荷质量的范围，然后定义了成本函数和它的导数。最后我们使用 Matplotlib 库画出成本函数和导数，如图 3.2 所示。

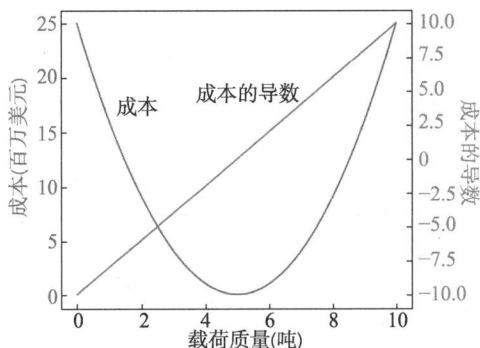

示例代码

图 3.2　成本及其导数和载荷质量的关系曲线

在这个简化模型中，成本函数有一个明确的最小值点，即当 $x = 5$ 时，这是导数等于零的地方。在实际情况中，需要使用更复杂的方法来求解成本函数的最小值点，如梯度下降法、牛顿法等优化算法。

3.5　飞船返回舱着陆过程发动机点火时机问题简化模型和数值计算实践

在飞船返回过程中，发动机的点火时机是一个重要的问题。正确选择点火时机可以确保飞船在预定的降落区域内安全着陆。微分中值定理可以帮助我们分析点火时机的最优选择。

假设我们希望选择一个最优的点火时机，使得飞船在返回过程中达到最佳的降落区域。我们可以建立一个与点火时机相关的函数 $T(t)$，其中，t 表示点火时刻。

我们的目标是找到一个最优的时刻 t_0，使得函数 $T(t)$ 在该点取得极小值。使用微分中值定理，可以分析函数 $T(t)$ 的变化率，找到函数在某个区间内的最小变化率。

首先，计算函数 $T(t)$ 的导数 $T'(t)$，表示函数在时刻 t 处的变化率。通过分析导数的正负性，确定函数 $T(t)$ 在某个区间内是递增还是递减的。

根据微分中值定理可知，在时刻 t_1 和 t_2 之间存在一个时刻 t_0，使得时刻 t_0 的导数等于时刻 t_1 和 t_2 之间的平均变化率。

通过比较不同时刻下的导数值，可以确定哪个时刻能够实现最小的函数值。当导数为零时，表示函数取得极小值，即时刻 t_0 为最优点火时机，可以使飞船在降落过程中达到最佳的降落区域。

可以通过微分中值定理对飞船返回舱着陆过程中的点火时机进行优化。通过找到函数的最小值点，可以确定最优的点火时机，以确保飞船在着陆过程中降落在预定的区域内，提高任务的成功率。

这只是一个简化的示例，实际的点火时机选择涉及更多的因素和限制条件，例如大气层的密度变化、着陆区域的地形条件等。在实际应用中需要综合考虑这些因素，并进行全面的优化分析，以做出最优的点火时机选择。

上述的数学表达

在这个例子中，假设有一个与点火时机相关的函数 $T(t)$，它表示点火时刻 t 对着陆区域的影响。我们希望找到一个最优的时刻 t_0，使得函数 $T(t)$ 在该点取得极小值。

根据微分中值定理，对于任意两个时刻 t_1 和 t_2，存在一个时刻 t_0，使得

$$T'(t_0) = \frac{T(t_2) - T(t_1)}{t_2 - t_1}$$

其中，$T'(t_0)$ 表示函数在 t_0 处的导数，它代表在 t_0 处的函数变化率。因此，可以通过计算导数并找出导数为零的点来找到函数的极小值点。

具体的数学表达需要根据实际情况和具体需求进行设定。假设点火时刻 t 对着陆区域的影响是线性的，那么函数 $T(t)$ 可以表示为 $T(t) = at + b$，其中 a 和 b 是常数。在这种情况下，函数的导数 $T'(t) = a$ 是一个常数，表示无论点火时刻如何，函数的变化率都是恒定的。

然而，在实际情况中，点火时刻 t 对着陆区域的影响是非线性的，那么函数 $T(t)$ 是一个更复杂的函数，例如 $T(t) = at^2 + bt + c$。在这种情况下，函数的导数 $T'(t) = 2at + b$ 表示点火时刻的选择对着陆区域的影响是变化的。

这只是一个简化的分析框架，实际的决策过程需要更复杂的数学模型和更全面的分析。例如，点火时机的选择还需要考虑大气层的密度变化、飞船的速度和角度等多种因素。

数值计算实践

在实际中，控制火箭的降落路径是一个非常复杂的问题，涉及的因素包括大气阻力、地球的旋

转、风向风速、火箭的质量、发动机的推力和很多其他因素。

对于这个示例，可以构造一个简化的问题，假设已经知道火箭的着陆区域只与火箭的点火时间有关，并且这个关系可以通过函数 $T(t)$ 来描述。设定 $T(t) = t^3 - 15t^2 + 60t$ 是一个简单的多项式函数，有一个明确的最小值，如图 3.3 所示，扫描下方二维码可查看代码。

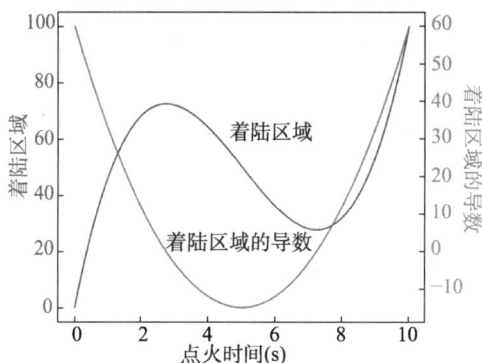

图 3.3   火箭着陆区域及其导数与点火时间的关系曲线

示例代码

在这个简化模型中，函数 $T(t)$ 有一个明确的最小值点，即当 $t = 5$ 时，这是导数等于零的地方。在实际情况中，我们需要使用更复杂的方法来找到函数的最小值点，例如梯度下降法、牛顿法等优化算法。

3.6   高铁转弯半径最值简化模型和数值计算实践

在高铁运行中，转弯半径是一个重要的设计参数。较小的转弯半径可以实现更大的曲线运行速度，但同时也增加了列车的侧向加速度和轨道的侧向压力。因此，设计一个合适的转弯半径是非常重要的。微分中值定理可以帮助我们分析高铁转弯半径的最优值。

假设我们希望选择一个最优的转弯半径，使高铁在转弯过程中能够实现最佳的运行效果。可以建立一个与转弯半径相关的性能指标函数 $R(r)$，其中 r 表示转弯半径。

我们的目标是找到一个最优的转弯半径 r_0，使函数 $R(r)$ 在该点取得极值。使用微分中值定理，可以分析函数 $R(r)$ 的变化率，找到函数在某个区间内的最小变化率。

首先，计算函数 $R(r)$ 的导数 $R'(r)$，表示函数在半径 r 处的变化率。通过分析导数的正负性，可以确定函数 $R(r)$ 在某个区间内是递增的还是递减的。

根据微分中值定理可知，在半径 r_1 和 r_2 之间存在一个半径 r_0，使得半径 r_0 的导数等于半径 r_1 和 r_2 之间的平均变化率。

通过比较不同半径下的导数值，可以确定哪个半径能够实现最小的函数值。当导数为零时，表示函数取得极值，即半径 r_0 为最优转弯半径，可以使高铁在转弯过程中达到最佳的运行效果。

可以通过微分中值定理对高铁转弯半径进行最优化。通过找到函数的最小值点，可以确定最优的转弯半径，实现高铁的平稳运行和乘客的舒适体验。

实际中的转弯半径选择受到多个因素的影响，如列车的最大侧向加速度限制、轨道的设计标准等。在实际应用中，需要综合考虑这些因素，并进行全面的优化分析，以选择最优的转弯半径。

上述的数学表达

在这个例子中，假设我们有一个与转弯半径相关的性能指标函数 $R(r)$，它描述了转弯半径 r 对高铁运行效果的影响。我们希望找到一个最优的转弯半径 r_0，使得函数 $R(r)$ 在该点取得极值。

根据微分中值定理，对于任意两个半径 r_1 和 r_2，存在一个半径 r_0，使得

$$R'(r_0) = \frac{R(r_2) - R(r_1)}{r_2 - r_1}$$

其中，$R'(r_0)$ 表示函数在 r_0 处的导数，它代表在 r_0 处的函数变化率。因此，我们可以通过计算导数并找出导数为零的点，进而找到函数的极值点。

具体的数学表达需要根据实际情况和具体需求进行设定。假设转弯半径 r 对高铁运行效果的影响是线性的，那么函数 $R(r)$ 可以表示为 $R(r) = ar + b$，其中 a 和 b 是常数。这种情况下，函数的导数 $R'(r) = a$ 是一个常数，表示无论转弯半径如何，函数的变化率都是恒定的。

然而，在实际情况中，转弯半径 r 对高铁运行效果的影响是非线性的，那么函数 $R(r)$ 可能是一个更复杂的函数，例如 $R(r) = ar^2 + br + c$。这种情况下，函数的导数 $R'(r) = 2ar + b$ 表示转弯半径的选择对高铁运行效果的影响是变化的。

这只是一个简化的分析框架，实际的决策过程需要更复杂的数学模型和更全面的分析。例如，转弯半径的选择还需要考虑高铁的速度、载客量、安全要求等多种因素。

数值计算实践

下面这个例子实际上涉及一些复杂的物理模型，如列车在弯道上的离心力、轨道对列车的支持力等。但我们假设转弯半径对列车的性能影响可以通过一个简单的函数来描述。例如，假设性能指标与转弯半径的二次方程关系：$R(r) = ar^2 + br + c$，其中 a、b、c 是常数，如图 3.4 所示，扫描下方二维码可查看代码。

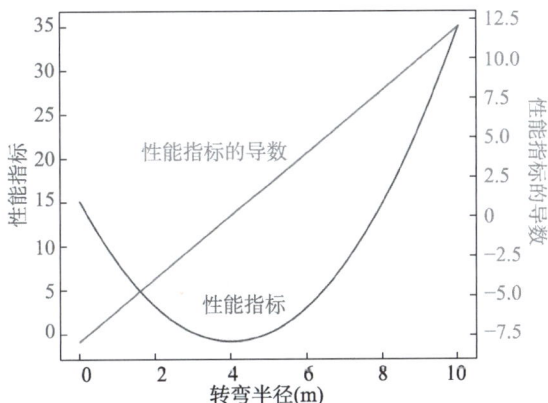

图 3.4　列车性能指标及其导数与列车转弯半径的关系曲线

在这个例子中，当 $r = -b/2a = 4$ 时，得到最小的性能指标，表明这是一个理想的转弯半径。在实际问题中，性能指标函数会更加复杂，并且需要考虑其他限制条件，例如安全性、列车速度等，因此需要使用更复杂的优化方法。

3.7　高铁运行速度最大时对铁路桥梁的压力简化模型和数值计算实践

在高铁高速运行中，铁路桥梁的设计和结构强度对于确保列车和乘客的安全至关重要。高铁的高速运行会对桥梁施加巨大的压力，因此需要确定一个适当的运行速度，以确保桥梁的结构安全。微分中值定理可以帮助我们分析高铁运行速度最大时对铁路桥梁的压力。

假设我们希望确定高铁的最大运行速度，使得桥梁受到的压力最小化。可以建立一个与运行速度相关的压力函数 $P(v)$，其中 v 表示高铁的速度。

我们的目标是找到一个最优的速度 v_0，使函数 $P(v)$ 在该点取得极小值。使用微分中值定理，可

以分析函数 $P(v)$ 的变化率，找到函数在某个区间内的最小变化率。

首先，我们计算函数 $P(v)$ 的导数 $P'(v)$，表示函数在速度 v 处的变化率。通过分析导数的正负性，可以确定函数 $P(v)$ 在某个区间内是递增的还是递减的。

根据微分中值定理可知，在速度 v_1 和 v_2 之间存在一个速度 v_0，使速度 v_0 的导数等于速度 v_1 和 v_2 之间的平均变化率。

通过比较不同速度下的导数值，可以确定哪个速度能够实现最小的函数值。当导数为零时，表示函数取得极小值，即速度 v_0 为最优运行速度，可以使桥梁受到的压力最小。

可以通过微分中值定理对高铁运行速度最大时对铁路桥梁的压力进行优化。通过找到函数的最小值点，可以确定最优的运行速度，确保桥梁在高铁高速运行时能够承受合理的压力，保证结构的安全性。

实际的桥梁设计和结构分析涉及多个因素和限制条件，如桥梁的材料强度、桥梁的结构形式、列车的最大加速度等。在实际应用中，需要综合考虑这些因素，并进行全面的优化分析，以选择最优的高铁运行速度，确保铁路桥梁的安全运行。

上述的数学表达

假设我们已知随着速度的增加，铁路桥梁受到的压力也会增加，并且这种关系可以通过一个二次函数来近似描述，如 $P(v) = av^2 + bv + c$，其中 v 是高铁的速度，$P(v)$ 是压力，a、b、c 是常数。

为了寻找这个函数的最小值，我们可以计算它的导数 $P'(v) = 2av + b$，然后找到使得这个导数为 0 的速度 v。

数值计算实践

这是一个非常简化的示例，实际情况会更加复杂。例如，压力与速度之间的关系可能会受到其他因素的影响，如风速、温度等。

扫描下方二维码可查看代码。这个示例代码中，通过绘制函数及其导数的图形演示了一个与高铁速度和桥梁压力有关的模型。使用 NumPy 生成一个包含 400 个速度值的数组 v，范围从 0 到 100。定义函数 $P(v) = av^2 + bv + c$，其中 a、b、c 是预先设定的系数。这个函数描述了火车速度与桥梁上的压力之间的关系。计算函数 $P(v)$ 的导数 $P'(v) = 2av + b$。这代表了压力关于速度的变化率。

使用 Matplotlib 创建一个图形，其中包含两个 y 轴。左侧 y 轴绘制函数 $P(v)$ 关于速度的图形，右侧 y 轴绘制导数 $P'(v)$ 关于速度的图形，如图 3.5 所示。

在这个例子中，当 $v = -b/2a = 25$ 时，得到最小的压力，表明这是一个理想的运行速度。在实际问题中，压力函数会更加复杂，并且需要考虑其他限制条件，例如列车的制动系统、轨道的设计标准等，因此需要使用更复杂的优化方法。

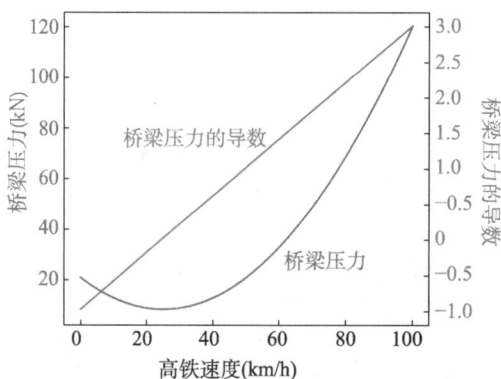

示例代码

图 3.5　桥梁压力及其导数与高铁速度的关系曲线

3.8　马拉松运动员跑步速率简化模型和数值计算实践

马拉松是一项具有挑战性的长跑比赛，对于马拉松运动员来说，合理控制跑步速率至关重要。在马拉松比赛中，运动员需要根据自身的体力和比赛策略选择适当的跑步速率，在限定的时间内完成比赛。微分中值定理可以帮助我们分析马拉松运动员的最佳跑步速率。

假设我们希望确定马拉松运动员的最佳跑步速率，使运动员在比赛中取得最好的成绩。我们可以建立一个与跑步速率相关的性能指标函数 $S(v)$，其中 v 表示运动员的速率。

我们的目标是找到一个最优的速率 v_0，使函数 $S(v)$ 在该点取得极值。使用微分中值定理分析函数 $S(v)$ 的变化率，找到函数在某个区间内的最小变化率。

首先，计算函数 $S(v)$ 的导数 $S'(v)$，表示函数在速率 v 处的变化率。通过分析导数的正负性，确定函数 $S(v)$ 在某个区间内是递增的还是递减的。

根据微分中值定理可知，在速率 v_1 和 v_2 之间存在一个速率 v_0，使速率 v_0 的导数等于速率 v_1 和 v_2 之间的平均变化率。

通过比较不同速率下的导数值，可以确定哪个速率能够实现最小的函数值。当导数为零时，表示函数取得极小值，即速率 v_0 为最佳跑步速率，可以使马拉松运动员在比赛中取得最佳成绩。

使用这种方法，我们可以通过微分中值定理对马拉松运动员的跑步速率进行优化。通过找到函数的最小值点，可以确定最佳的跑步速率，以实现最佳的比赛成绩。

实际的马拉松比赛涉及多个因素和策略，如比赛路线的地形、气候条件、运动员的体力状况等。在实际应用中，需要综合考虑这些因素并进行全面的优化分析，以选择最优的跑步速率，提高比赛成绩。

上述的数学表达

我们首先假设跑步速度与马拉松运动员的性能之间存在一个关系，该关系可以通过一个凹函数来描述：

$$S(v) = -v^2 + 20v$$

其中，v 是马拉松运动员的速率，$S(v)$ 是运动员的性能。这是一个非常简化的模型，真实的模型会更复杂。

数值计算实践

为了找到这个函数的最大值，可以计算导数 $S'(v) = -2v + 20$，然后找到这个导数等于零的速率 v。

扫描二维码可查看代码。在这个示例代码中，图中展示了一个关于速度和性能的简单模型生成速率范围。

使用 NumPy 和 Matplotlib 库来创建图表，通过 np.linspace 函数生成一个包含 400 个点的速度范围，定义一个函数 $S(v) = -v^2 + 20v$，表示性能随速率的变化关系。计算了函数 $S(v)$ 的导数 $S'(v) = -2v + 20$。使用 Matplotlib 创建图形，设置标签和样式，如图 3.6 所示。

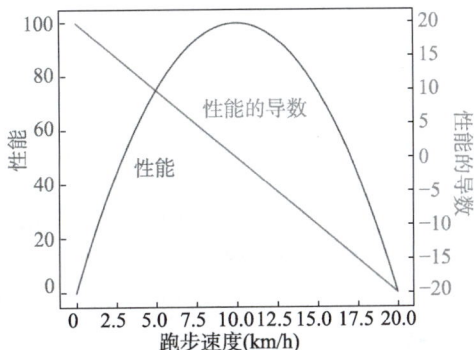

示例代码

图 3.6　性能指标及其导数与运动员跑步速度的关系曲线

在这个例子中，当速率 $v = 10$ 时，性能取得最大值。这意味着理想的跑步速度是 10 km/h。然而，这是一个非常简化的模型，真实的情况会受到许多其他因素的影响，例如运动员的耐力、比赛策略、天气状况等。

3.9　废水中微生物生长规律简化模型和数值计算实践

废水处理是一项重要的环保工作，其中微生物起着关键的作用。微生物在废水中进行生长和代谢，帮助分解有机物质和去除污染物。了解微生物生长规律对于优化废水处理过程至关重要。微分中值定理可以帮助我们分析废水中微生物的生长规律。

假设我们希望研究废水中某种微生物的生长规律，可以建立一个与微生物生物量相关的函数 $M(t)$，其中 t 表示时间。

我们的目标是找到一个最优的时间点 t_0，使函数 $M(t)$ 在该点取得极值。使用微分中值定理，可以分析函数 $M(t)$ 的变化率，找到函数在某个时间区间内的最小变化率。

首先，计算函数 $M(t)$ 的导数 $M'(t)$，表示函数在时间 t 处的变化率，即微生物生物量的增长速率。通过分析导数的正负，可以确定函数 $M(t)$ 在某个时间区间内是递增的还是递减的。

根据微分中值定理可知，在时间点 t_1 和 t_2 之间存在一个时间点 t_0，使时间点 t_0 的导数等于时间点 t_1 和 t_2 之间的平均变化率。

通过比较不同时间点下的导数值，可以确定哪个时间点能够实现最小的函数值。当导数为零时，表示函数取得极值，即时间点 t_0 为微生物生长的最佳时机，可以使废水中微生物的生长达到最优。

使用这种方法，我们可以通过微分中值定理对废水中微生物的生长规律进行优化。通过找到函数的最小值点，可以确定最佳的生长时机，以提高废水处理的效果，加快有机物质的降解速率，从而减少环境污染。

废水处理过程中涉及多个因素的综合作用，如废水的组成、温度、pH 等。在实际应用中，需要综合考虑这些因素并进行全面的优化分析，以选择最优的废水处理策略和操作条件，提高微生物生长的效率和废水处理的效果。

上述的数学表达

在实际应用中，微生物生长曲线通常被描述为对数增长，其函数可以表示为 $M(t) = M_0 e^{rt}$，其中，M_0 是初始生物量，r 是微生物的增长速率，t 是时间。对这个函数求导可以得到微生物的生长速率函数 $M'(t) = M_0 r e^{rt}$。

数值计算实践

在这个简化的模型中，我们可以通过求导数的零点找到生物量的最大增长速度，这对于决定最佳的废水处理时间有指导意义。

扫描二维码可查看代码。在这个示例代码中，利用 NumPy 和 Matplotlib 创建了一个图表，直观地展示了微生物生物量随时间的变化以及微生物生物量的生长速率，如图 3.7 所示。通过 np.linspace 函数生成了包含 400 个时间点的时间范围，从 0 到 10 小时。定义初始生物量和生长速率、计算生物量变化、计算生长速率、通过调用 fig.tight_layout() 调整图表布局，确保图表元素不会重叠。

在这个模型中，微生物的生长速率随着时间的推移而增加，也就是说，微生物生物量的生长速率在初始阶段较慢，然后逐渐加快。这与实际生态系统中的观察结果相符。这个信息对于废水处理操作来说非常重要，因为它可以帮助我们确定最佳的处理时间，以便以最快的速度降解有机物质，减少环境污染。然而，实际的微生物生长受到许多其他因素的影响，例如废水的化学成分、温度、氧气浓度等。

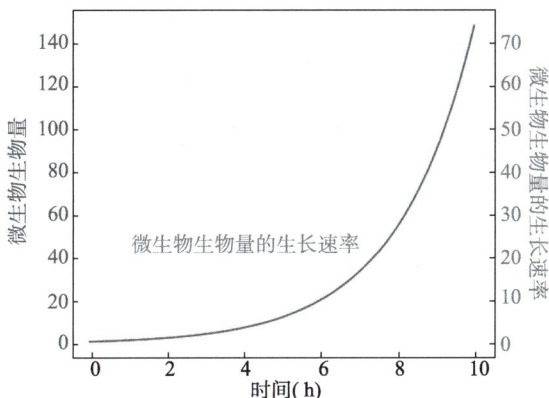

图 3.7　微生物生物量及其生长速率随时间的变化曲线

示例代码

3.10　侦探应用微分方程判断死亡时间简化模型和数值计算实践

　　在犯罪调查和侦破过程中，确定死亡时间对于重建案件的经过和找出凶手至关重要。基于尸体体温和周围环境的变化，微分方程可以用于推断死亡时间。以下是一个相关案例。

　　假设一名侦探接手了一起案件。尸体被发现时已死亡一段时间，侦探需要确定死亡时间以了解案件的时间线。

　　侦探建立了如下微分方程模型：

$$\frac{\mathrm{d}T}{\mathrm{d}t} = k(T - T_a)$$

　　其中，T 是尸体的体温；T_a 是环境的温度；k 是一个与尸体特性和环境条件有关的常数。

　　侦探开始测量尸体的体温，并观察环境温度的变化。他知道尸体体温的变化与时间的关系可以通过一个微分方程来描述。

　　这个微分方程描述了尸体体温变化的速率与尸体体温和环境温度之间的差异成正比。当尸体的体温接近环境温度时，体温变化的速率会逐渐减小。

　　侦探通过测量尸体体温和环境温度，并求解微分方程，可以得到尸体体温随时间的变化曲线。根据曲线的形状和趋势，侦探可以推断死亡时间的大致范围。

　　这个案例中使用的微分方程模型是一个简化的描述，实际情况会更加复杂，需要考虑更多的因素和环境条件。在实际应用中，侦探需要结合其他证据和专业知识进行综合分析，以确定死亡时间。

　　微分方程在推断死亡时间和犯罪调查中的应用是一项有挑战性的工作，它需要侦探具有专业知识和技能，以及对微分方程模型的合理使用和求解。这有助于提高案件的可靠性和准确性，为侦破案件提供重要线索。

数值计算实践

　　在这个案例中，尸体冷却的过程通常通过牛顿冷却定律来描述，这是一个一阶线性微分方程。该定律假设物体冷却速度与物体温度和环境温度的差成正比。

　　牛顿冷却定律可以用以下微分方程表示：

$$\frac{\mathrm{d}T}{\mathrm{d}t} = -\mathrm{k}(T - T_s)$$

　　其中，T 表示尸体的体温；T_s 表示环境温度；k 是冷却常数（这个值取决于许多因素，例如尸体的表面积和环境的热传递特性）。

这个微分方程的通解为

$$T(t) = T_s + (T_0 - T_s)e^{-kt}$$

其中，T_0 表示尸体的初始体温，通常假设为人的正常体温 37℃。

扫描下方二维码可查看代码。在这个示例代码中，使用 NumPy 和 Matplotlib 创建了一个图表，展示了模拟尸体冷却过程。通过 np.linspace 函数生成一个包含 400 个时间点的时间区间，从 0 到 24 小时，然后定义冷却常数，环境温度和初始体温及计算体温变化。

在图 3.8 中，随着时间的推移，尸体的体温逐渐降低，并接近环境温度。当尸体被发现时，可以通过测量尸体的体温，结合微分方程，来估计大致的死亡时间。

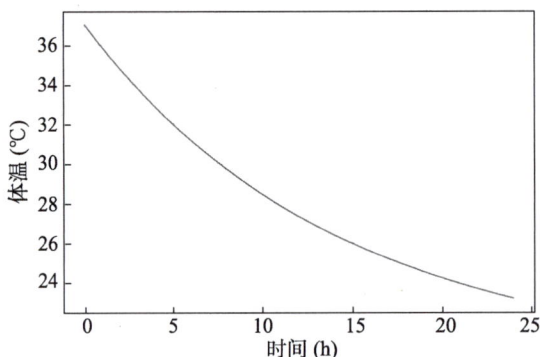

示例代码

图 3.8   基于牛顿冷却定律的尸体体温随时间的变化曲线

这个模型是一个简化的版本，现实生活中的情况可能会更复杂，需要考虑更多因素，例如环境的湿度、风速、尸体的衣物等。因此，这种方法只能给出大致的死亡时间，并且需要与其他证据相结合。

3.11   人在月球上能跳多高简化模型和数值计算实践

在分析人在月球上跳跃的高度时，我们可以利用基本的物理原理和微分方程来进行推导。

假设一个人在月球上跳跃，我们想知道他能够达到的最大高度。

首先，我们需要考虑的是人在跳跃时所受的重力。由于月球的重力较小，我们可以将月球的重力加速度设为 g_m，g 是地球的重力加速度。

接下来，我们可以利用运动学方程和微分方程来推导人在月球上跳跃的高度，根据运动学方程，物体在自由下落或上升的过程中，其高度与时间的关系可以用以下微分方程表示：$\dfrac{d^2 h}{dt^2} = -g_m$，其中，$h$ 是跳跃者的高度，t 是时间。

解这个微分方程可以得到高度 h 关于时间 t 的函数关系。通过求解微分方程，我们可以获得跳跃者在月球上跳跃时的高度变化曲线。

然后，我们可以观察这个高度变化曲线并确定跳跃者能够达到的最大高度。最大高度发生在跳跃者达到最高点的时刻，此时速度为零。通过求解微分方程并找到速度为零的时间点，可以确定最大高度。

这个案例中的推导基于简化的物理模型，我们假设了无阻力的情况。实际情况中还需要考虑其他因素，如空气阻力和人的身体特性等。这个案例可以帮助我们理解人在月球上跳跃的基本原理，并通过微分方程推导出最大高度的估计值。

通过运用微分方程分析人在月球上跳跃的高度，我们可以更好地理解月球重力对人类活动的影响，为探索太空提供一定的参考。

数值计算实践

在这个情景中，我们需要用到物理学中的二阶常微分方程来描述运动状态。具体而言，我们应用牛顿第二定律和万有引力定律，得到微分方程。

这个微分方程如下：

$$m\,h''(t) = -mg_m$$

其中，$h(t)$ 是跳跃者在时间 t 的高度；m 是跳跃者的质量；$h''(t)$ 是高度对时间的二阶导数（即加速度），g_m 是月球的重力加速度。负号表示重力的方向向下。

月球的重力加速度约为地球的 $1/6$，约为 $1.63 \ \text{m/s}^2$。跳跃者的初始速度可以根据他的力量和跳跃技巧进行估计，为了简单起见，我们假设为 $3 \ \text{m/s}$。

这个二阶微分方程可以转化为两个一阶微分方程：

$$h'(t) = v$$
$$v'(t) = -g_m$$

其中，v 是跳跃者的速度。

以下是一个使用 Python 的 SciPy 库的 odeint 函数解这个微分方程的示例代码，扫描下方二维码可查看代码。

在图 3.9 中，我们可以看到跳跃者的高度随时间的变化。最大高度发生在速度为零的时间点，也就是高度的峰值。

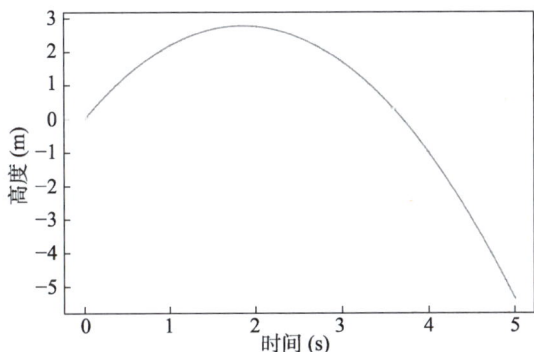

示例代码

图 3.9　月球上跳跃者的高度随时间的变化曲线

这个模型是一个简化的版本，实际情况更复杂，需要考虑更多的因素，例如跳跃者的体型和力量、跳跃的角度等。但是，这个模型提供了一个基本的框架，可以帮助我们理解和估计人在月球上跳跃的高度。

3.12　选举中的数学估计简化模型和数值计算实践

在选举中，数学方法可以被用来进行选民投票的估计和预测。下面用一个案例来说明数学在选举中的应用。

假设某个国家即将进行总统选举，有多个候选人参选。我们希望通过数学方法对选民投票的结果进行估计和预测。

首先，收集选民的样本数据。从选民中随机抽取一部分人进行调查，询问他们的选票意向，记录每个被调查选民的投票结果。

接下来，使用统计学方法，如概率和抽样理论，来对整个选民群体的投票结果进行估计。通过对样本数据进行分析和推理，可以推断整个选民群体中每个候选人的得票比例。

使用微分方程的方法，可以建立一个动态模型，以描述选民意向的变化。这个模型可以考虑各种因素，如候选人的竞选活动、媒体报道、选民之间的互动等。通过求解微分方程，可以预测选民意向的变化趋势，并基于这些预测进行选举结果的估计。

在实际应用中，可以使用统计软件或编程语言来进行数据分析和模型建立。通过不断更新数据和调整模型参数，逐步完善对选举结果的估计，提升预测的准确性。

选举是一个复杂的过程，受到众多因素的影响，包括候选人的政策、选民的偏好、选民投票行为等。数学方法只是其中的一种工具，用于辅助分析和预测选举结果。在实际应用中，还需要综合考虑其他因素，如社会和政治环境的变化以及选民行为的复杂性。

通过数学估计和预测，可以更好地理解选举过程中的趋势和动态，为决策者和选民提供重要的参考信息。然而，选举结果仍然受到各种不确定性的影响，因此，数学方法应该与其他领域的专业知识和实地调查相结合，以提供更全面和准确的选举分析。

上述的数学表达

为了简化，我们将只考虑两位候选人 A 和 B，并且只考虑两种选民类型：支持 A 的选民和支持 B 的选民。

在这个模型中，选民可能会由于各种原因（比如新闻事件、候选人的演讲等）改变他们的投票意向。因此，有一部分选民可能会从支持 A 变为支持 B，也有一部分选民可能会从支持 B 变为支持 A。

用微分方程来描述这个过程。设 $x(t)$ 为 t 时刻支持 A 的选民的比例，$y(t)$ 为 t 时刻支持 B 的选民的比例，假设 $x(t)$ 和 $y(t)$ 的变化率分别与 $x(t)$ 和 $y(t)$ 成正比。

这就得到了一个微分方程系统：

$$\frac{\mathrm{d}x}{\mathrm{d}t} = k_1 x(t) + l_1 y(t)$$

$$\frac{\mathrm{d}y}{\mathrm{d}t} = k_2 x(t) + l_2 y(t)$$

其中，k_1、k_2、l_1、l_2 是比例系数，代表选民转变支持的速度。

数值计算实践

为了演示这个模型，我们假设在开始时刻，有 70%的选民支持 A，30%的选民支持 B。同时假设 $k_1 = 0.05$、$k_2 = 0.03$。我们可以使用 Python 和 SciPy 的 odeint 函数来解这个微分方程系统，扫描下方二维码可查看代码。

在这个模型中，可以看到随着时间的推移，候选人 A 和 B 的支持率如何变化，如图 3.10 所示。这是一个非常简化的模型，实际上选民的行为会受到许多其他因素的影响，比如新的信息、选民的个人经历等。这个模型提供了一个理论框架，可以帮助我们理解选民的行为可能如何改变选举结果。

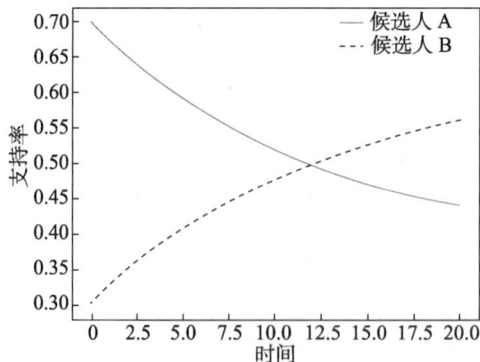

示例代码

图 3.10　候选人 A 和 B 的支持率随时间的变化曲线

3.13　垒球运动员的眼球转动速度简化模型和数值计算实践

在垒球比赛中，运动员需要迅速反应和准确判断投球的路径和速度。眼球转动速度在这个过程中起着重要的作用。下面这个案例说明眼球转动速度在垒球运动中的应用。

假设我们想研究垒球运动员的眼球转动速度，以了解他们在追踪投球路径时眼睛的反应速度。

首先，测量运动员的眼球转动速度。可以使用眼动追踪技术，通过追踪眼球运动的轨迹和时间，得到眼球转动的速度数据。

接下来，利用微分方程来分析眼球转动速度和时间的关系。我们可以建立一个微分方程模型，描述眼球转动速度与时间的变化。

假设眼球转动速度 $v(t)$ 与时间 t 相关，建立如下微分方程：

$$\frac{\mathrm{d}v}{\mathrm{d}t} = a$$

其中，a 是一个与眼球转动速度相关的常数。

通过求解这个微分方程，可以获得眼球转动速度随时间的变化曲线。通过分析曲线的形状和趋势，可以了解垒球运动员眼球转动速度的特点和变化规律。

这个案例帮助我们更好地理解垒球运动员在比赛中的视觉能力和反应速度。通过研究眼球转动速度，可以揭示垒球运动员的视觉处理过程和反应机制。

眼球转动速度受到多个因素的影响，如视觉刺激的性质、运动员的训练水平和个体差异等。在实际应用中，需要综合考虑这些因素，并结合其他相关数据和专业知识，以更准确地评估垒球运动员的视觉能力。

通过研究眼球转动速度，可以为垒球训练和技术改进提供重要的参考，以提高运动员的反应速度和击球能力。这也有助于更好地理解人类视觉系统在快速运动场景中的表现和适应性。

上述的数学表达

虽然在现实情况下，眼球转动速度取决于许多复杂因素，但在这个例子中，我们可以使用一个简化模型来模拟眼球跟踪一个移动物体的过程。假设眼球转动的角度是时间的函数，该函数可以通过一个简单的一阶微分方程来描述。

假设眼球在单位时间内转动的角度与眼球当前的位置和目标的位置的差距成正比，这可以描述为以下微分方程：

$$\frac{\mathrm{d}\theta}{\mathrm{d}t} = k(\theta_{\text{target}} - \theta(t))$$

其中，$\theta(t)$ 表示眼球在时间 t 的位置（以角度为单位）；θ_{target} 表示目标的位置；k 是一个正常数，表示眼球调整位置的速度。

数值计算实践

下面是一个用 Python 和 Matplotlib 实现的模拟，该模拟假设目标的位置是时间的线性函数，并使用欧拉方法解这个微分方程，扫描下方二维码可查看代码。

在这个模拟中，可以看到眼球的位置如何随时间变化以跟踪移动的目标，如图 3.11 所示。这只是一个非常简化的模型，真实的眼球运动会更加复杂，需要考虑更多的生物学和神经学因素。

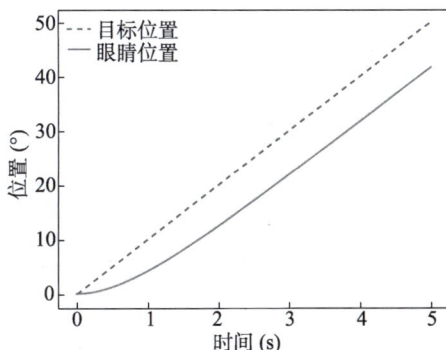

示例代码

图 3.11　眼球的位置及目标位置随时间的变化曲线

3.14   肺压力增加引发咳嗽导致的气管缩小作用简化模型和数值计算实践

在呼吸系统中，肺压力的增加可能引发咳嗽反应，进而导致气管的缩小作用。下面是一个案例，说明肺压力增加引发咳嗽导致的气管缩小作用。

假设我们想研究人体在受到刺激或炎症时，肺压力增加导致咳嗽，并进一步导致气管缩小作用的机制。

首先，了解肺压力增加和咳嗽之间的关系。肺压力增加可以通过微分方程来描述。我们可以建立一个模型来描述肺部内的压力变化，并研究不同刺激或炎症对肺压力的影响。

接下来，考虑咳嗽的机制和生理过程。咳嗽是一种自然的防御反应，通常是由于刺激物激活呼吸道的感受器，进而引发肌肉收缩和肺部排气。这个过程可以用微分方程来描述。

最后，研究咳嗽引起的气管缩小作用。咳嗽引起的肺部排气会增加气道的阻力，进而导致气管收缩。考虑气管的生理特征和肌肉的收缩机制，上述作用可以通过微分方程来描述。

通过分析和求解相关的微分方程，可以模拟肺压力增加、咳嗽和气管缩小作用之间的关系，并预测不同刺激和炎症条件下的呼吸系统的响应。

这个案例中的微分方程模型是基于简化的描述，实际情况更加复杂，需要考虑更多的生理特征和环境因素。在实际应用中，还需要结合其他实验数据和临床观察，以更准确地理解和预测肺压力增加引发咳嗽和气管缩小作用的机制。

通过研究肺压力增加引发咳嗽导致的气管缩小作用，我们可以更好地理解呼吸系统的调节和功能，并为相关的临床研究和治疗提供重要的参考。这有助于深入了解呼吸系统疾病的发生和发展机制，并提供新的治疗策略和预防措施。

上述的数学表达

在这个例子中，使用一阶微分方程来描述肺压力的（p）变化、气道阻力（r）的变化及气管宽度（w）的变化。

假设刺激的程度会影响肺压力的增加率 k，这可以表示为以下微分方程：

$$\frac{\mathrm{d}p}{\mathrm{d}t}=k$$

当肺压力达到一定阈值 p_{th} 时，人会产生咳嗽反应，从而增加气道阻力。这可以表示为以下微分方程：

$$\frac{\mathrm{d}r}{\mathrm{d}t}=h(p-p_{th})$$

气道阻力的增加会导致气管宽度的缩小。这可以表示为以下微分方程：

$$\frac{\mathrm{d}w}{\mathrm{d}t}=-m\,r$$

其中，以上公式中的 k、h、m 为模型参数。

数值计算实践

扫描下方二维码可查看代码。在这个示例代码中，使用了 NumPy 和 Matplotlib 库，模拟了与肺部生理相关的几个变量随时间的变化，如肺压力、气道阻力和气道宽度。通过函数 model 模拟了肺部生理过程，包括肺压力、气道阻力和气道宽度的变化。模型考虑了外部刺激或炎症的影响。设定了模拟过程所需的时间间隔 dt，模型参数 k、h、m 和阈值 threshold。通过调用 model 函数运行模拟，获得随时间变化的肺压力、气道阻力和气道宽度数据，如见 3.12 所示。

示例代码

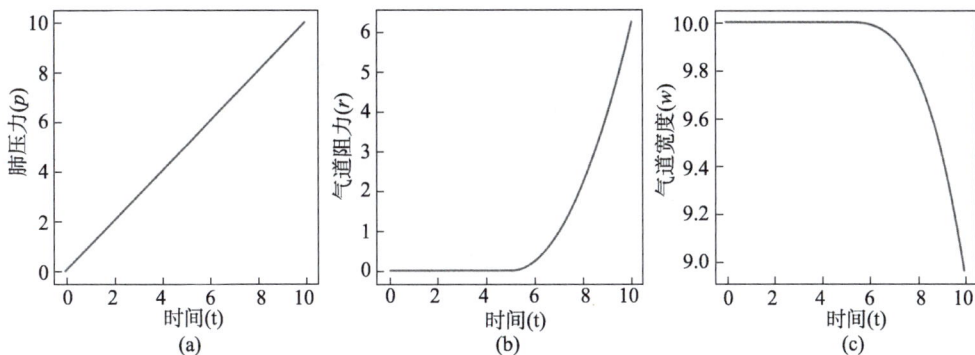

图 3.12　随时间变化的肺压力、气道阻力和气道宽度随时间变化曲线

在这个模拟中可以看到在刺激或炎症的情况下，肺压力的增加引发咳嗽反应，进一步导致气道阻力增加和气管宽度缩小。然而，这只是一个非常简化的模型，实际情况更复杂。

3.15　导航系统如何使用导数优化路径应用和简化模型及数值计算实践

现代导航系统利用导数优化路径是为了提供最佳的导航体验和最短的行驶距离。下面这个案例说明了导航系统如何使用导数来优化路径选择。

假设我们使用一辆汽车进行导航，需要从起点 A 到达终点 B，同时希望选择最短的行驶路径。我们可以利用导数的概念来优化路径。

首先，将整个路线分解成多个小段，例如将道路划分为小的线段或曲线段。对于每个小段，都可以使用导数来计算该段路线的斜率。斜率可以帮助我们确定路线的变化率和方向。

其次，利用导数的性质来找到路线上的极小值点。通过计算导数为零的点，找到可能的路径转折点或关键路口。

再次，使用函数的二阶导数来确定这些极小值点是局部最小值还是局部最大值。通过分析二阶导数的正负性，判断这些点是否对应于最短路径。

最后，基于这些分析结果，通过导航系统提供最佳的路径选择。导航系统可以结合实时的交通信息和道路条件，通过导数优化算法计算出最短路径，并向驾驶员提供相应的导航指引。

设行驶路径为 $y(x)$，x 表示汽车的位置，$y(x)$ 表示汽车在位置 x 的高度。行驶路径的长度 L 可以用以下积分公式表示：

$$L = \int_A^B \sqrt{1 + \left(\frac{\mathrm{d}y}{\mathrm{d}x}\right)^2}\,\mathrm{d}x$$

这个积分公式表示路径上每一点的微小长度 $\mathrm{d}s$ 的总和，其中：

$$\mathrm{d}s = \sqrt{\mathrm{d}x^2 + \mathrm{d}y^2} = \sqrt{1 + \left(\frac{\mathrm{d}y}{\mathrm{d}x}\right)^2}\,\mathrm{d}x$$

$\frac{\mathrm{d}y}{\mathrm{d}x}$ 是 $y(x)$ 关于 x 的导数，表示路径在位置 x 处的斜率。

为了最小化 L，需要找到使这个积分最小的路径 $y(x)$。这就需要用到微积分中的变分法，通过计算变分 $\delta L = \delta \int_A^B \sqrt{1 + \left(\frac{\mathrm{d}y}{\mathrm{d}x}\right)^2}\,\mathrm{d}x$，并设其等于零，可以得到最优路径 $y(x)$ 应满足的欧拉–拉格朗日方程。求解这个微分方程，就可以得到最优路径 $y(x)$。

实际上，这个问题在计算机科学和机器学习中也有广泛的应用，例如图像处理中的路径搜索、机器人路径规划等问题，都可以利用导数的概念来寻找最优解决方案。

通过使用导数优化路径选择，导航系统可以帮助驾驶员更高效地到达目的地，并节省行驶时间和燃料消耗。这个案例展示了导数在现代导航系统中的重要性和应用价值，以及数学方法在提供最佳路径选择方面的作用。

数值计算实践

问题涉及的是微分几何和变分法，这是在导航系统中找到最优路径的一种理论方法。然而，实际上实现这样的编程练习可能会非常复杂，并且需要使用特定的数值方法和算法库，例如梯度下降、牛顿法及特定的优化库。

要实现这个算法，首先需要定义一个表征路径的函数 $y(x)$，然后计算出这个函数的导数 $\dfrac{\mathrm{d}y}{\mathrm{d}x}$，并且在积分表达式中进行替换。最后，找到一个能够计算积分的库或算法，并且实现对这个积分表达式的优化。在 Python 中，可以使用 SciPy 库来进行这样的操作。

虽然这个任务在实践中可能有些复杂，但是以下代码提供了一种可能的方案，扫描下方二维码可查看代码。

得出：

最短路径长度为 1.0000000000710636

最优的 x 值为 5.9608609865491405e-06

在这段代码中，首先定义了计算路径长度的函数。然后定义了一个函数来计算总长度。再次定义了一个样例的道路函数 $y=x^2$。最后用 SciPy 的 minimize 函数找到这个函数的最优解。

这将生成一个 $y=x^2$ 的曲线图，最小路径长度对应的点为实心圆圈，如图 3.13 所示。

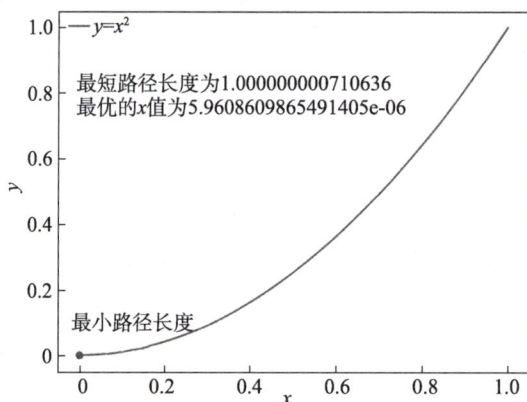

图 3.13　路径函数 $y=x^2$ 及最小路径长度

示例代码

3.16　用导数分析太阳能板的最优倾斜角度应用和简化模型及数值计算实践

在太阳能发电系统中，太阳能板的倾斜角度对能量收集效率起着重要作用。下面这个案例说明了如何使用导数分析太阳能板的最优倾斜角度。

假设我们要安装一个太阳能发电系统，其中包括多个太阳能板。我们希望确定太阳能板的最佳倾斜角度，使能量收集效率最大化。

假设太阳能板的倾斜角度为 θ（以水平面为基准），太阳能板的能量收集效率 E（单位时间内收集到的能量）与倾斜角度 θ 有关。我们的目标是找到使能量收集效率 E 最大化的倾斜角度 θ。

能量收集效率 E 可以表示为太阳辐射强度 I 与太阳能板的投影面积 A 之积的函数：

$$E = IA\cos\theta$$

其中，I 是太阳辐射强度（取决于太阳高度角和太阳方位角等因素）；A 是太阳能板的有效投影面积；θ 是太阳能板的倾斜角度。

要最大化能量收集效率 E，需要找到使 E 最大化的倾斜角度 θ。这可以通过对 E 关于 θ 求导数，并令导数等于零来实现，即

$$\frac{\mathrm{d}E}{\mathrm{d}\theta} = 0$$

然后解这个方程，可以得到使能量收集效率最大化的倾斜角度 θ。可能会有多个极值点，需要进一步验证得出最优解。

最终，通过求解这个优化问题，确定太阳能板的最佳倾斜角度，使能量收集效率最大化，从而提高太阳能发电系统的整体性能。

通过分析太阳能板的最优倾斜角度，可以优化太阳能发电系统的能量收集效率，并提高可持续能源利用的效果。这个案例展示了导数在太阳能发电系统设计中的重要性和应用价值，以及数学分析在优化能源系统中的作用。

数值计算实践

首先，对能量收集效率 E 对角度 θ 求导，并使其等于零，找到可能的最大值点。然后，确认这个点是不是最大值点。在实际情况中，太阳辐射强度 I 可能会因为时间、地点等因素而变化，但为了简化问题，假设它是一个常数。

我们用 Python 来进行简单的数值分析。为此，我们用 NumPy 和 scipy.optimize 库计算最优倾斜角度，扫描下方二维码可查看代码。

得出：

最优倾斜角度为[1.57079643]

在这个代码中，首先假设太阳辐射强度 I 是一个常数。其次，定义能量收集效率 E 对倾斜角度 θ 的函数，以及这个函数的导数。再次，用 scipy.optimize.minimize 函数来找到令导数等于零的 θ 值，这个值就是可能的最大值点。最后，输出这个最优倾斜角度，如图 3.14 所示。

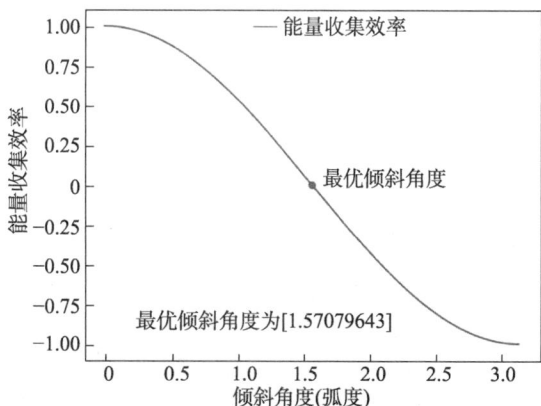

图 3.14　太阳能板能量收集效率与倾斜角度的关系曲线

这个解可能不是全局最优解，因为 minimize 函数可能只能找到局部最优解。为了找到全局最优解，需要尝试不同的初始猜测值。此外，这个模型是一个简化的模型，实际情况会更复杂。

3.17 微分在经济学中的应用和简化模型及数值计算实践

市场弹性是经济学中的一个重要概念，用于衡量商品或服务的需求对价格或其他因素变化的敏感程度。下面这个案例说明了微分在经济学中的应用，特别是市场弹性的分析。

假设我们研究某种商品的市场弹性，即该商品的价格每单位变化时，需求量的相对变化率。可以使用微分来表示价格和需求量之间的关系，并计算市场弹性。

假设该商品的价格为 P（单位价格为单位货币），需求量为 Q（单位为商品数量），则市场弹性 E 可以表示为价格 P 对需求量 Q 的导数与 Q 对 P 的导数之商，即

$$E = \frac{\mathrm{d}Q}{\mathrm{d}P} \frac{P}{Q}$$

其中，$\frac{\mathrm{d}Q}{\mathrm{d}P}$ 表示需求量 Q 关于价格 P 的导数，表示价格每单位变化时，需求量的相对变化率；$\frac{P}{Q}$ 表示需求量 Q 对价格 P 的弹性系数，表示需求量对价格的相对响应。

通过计算市场弹性 E 的值，可以了解该商品的需求对价格变化的敏感程度。当 E 为正值时，表示需求量对价格的弹性为正，即价格上升时需求量下降，价格下降时需求量上升，表现为正常商品。当 E 为负值时，表示需求量对价格的弹性为负，即价格上升时需求量上升，价格下降时需求量下降，表现为特殊商品。当 E 接近零时，表示需求量对价格的弹性接近零，即价格的变化对需求量影响不大，表现为必需品或无弹性商品。

市场弹性分析涉及更复杂的经济模型和实际数据的应用。在实际应用中，还需要考虑其他因素，如替代品的存在、消费者偏好的变化等。同时，还需要使用统计工具和实证研究方法来估计市场弹性的具体数值。

通过微分分析市场弹性，可以更好地了解商品需求与价格之间的关系，为经济决策提供科学依据，并预测市场的反应和潜在风险。这个案例展示了微分在经济学中的重要性和应用价值以及数学方法在经济分析中的作用。

数值计算实践

在这个问题中，要求解价格对需求量的弹性，因此需要对需求函数进行求导。然而，在没有给出需求函数的具体形式的情况下，无法准确求解。可以假设一个简单的线性需求函数，如 $Q = a - bP$，这里 a 和 b 是需求函数的参数，具体的值需要通过市场调查或统计分析来获得。

假设已经有了这样一个需求函数，接下来使用 Python 进行编程，扫描下方二维码可查看代码。

在这段代码中，首先定义了需求函数及其导数以及弹性函数。然后对一系列的价格计算了弹性，并绘制了价格和弹性函数之间的关系图，如图 3.15 所示。

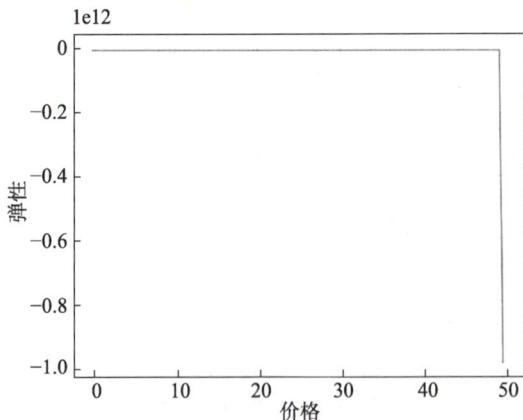

示例代码

图 3.15 价格和弹性之间的关系

这个案例只是一个简化的模型，实际的市场弹性会受到很多其他因素的影响。在实际的经济研究中，需要使用更复杂的模型和方法来分析市场弹性。

3.18　使用微分优化机器学习模型应用
和简化模型及数值计算实践

在机器学习领域，优化是一个关键的任务，目标是找到最优的模型参数以最大化预测性能或最小化误差。下面这个案例说明了如何使用微分优化机器学习模型。

假设要训练一个神经网络模型来进行图像分类任务。神经网络的参数需要在训练过程中调整，以最小化预测结果与实际标签之间的差异。

在机器学习中，通常使用梯度下降法来优化神经网络模型。梯度下降法利用微分的概念来找到损失函数的局部最小值，从而调整神经网络的参数，使得预测结果与实际标签的差异最小化。

假设有一个包含 N 个样本的训练数据集，每个样本的特征表示为向量 $\boldsymbol{x}$，对应的标签为 y。神经网络的预测函数为 $f(\boldsymbol{x};\theta)$，其中 θ 表示神经网络的参数。

损失函数被用来衡量预测结果与实际标签之间的差异，常用的损失函数有均方误差（MSE）、交叉熵等。损失函数可以表示为 $L(\theta) = \sum L(f(\boldsymbol{x};\theta), y)$，其中 L 为损失函数，$f(\boldsymbol{x};\theta)$ 为预测结果，y 为实际标签。

梯度下降法的目标是最小化损失函数 $L(\theta)$。为了实现这一目标，我们需要计算损失函数 $L(\theta)$ 对参数 θ 的梯度 $\nabla L(\theta)$。梯度表示损失函数在当前参数 θ 处的变化方向，我们希望在梯度的相反方向更新参数 θ，使损失函数逐渐减小。

梯度下降的更新规则可以表示为

$$\theta_{\text{new}} - \theta - \alpha \nabla L(\theta)$$

其中，θ_{new} 为更新后的参数值；α 为学习率，是一个超参数，用于控制更新步长；$\nabla L(\theta)$ 表示损失函数 $L(\theta)$ 对参数 θ 的梯度。

通过反向传播算法，可以高效地计算损失函数对所有参数的梯度，从而实现神经网络模型的优化。训练过程中，不断更新参数 θ，使损失函数逐渐减小，直到达到收敛或满足停止条件为止。这样，就能得到优化后的神经网络模型，用于进行图像分类任务。

微分优化机器学习模型涉及更复杂的算法和数学理论，如反向传播算法、优化算法的收敛性等。在实际应用中，还需要考虑数据集的特征和规模、模型的复杂性和训练时间等因素。

通过微分优化机器学习模型，可以提高模型的预测能力和泛化能力，从而应对更复杂的数据分析和预测任务。这个案例展示了微分在机器学习中的重要性和应用价值，以及数学方法在优化模型参数中的作用。

数值计算实践

要在实践中实现这个例子，需要定义一个模型、一个损失函数，然后使用梯度下降来优化模型的参数。这需要对神经网络和梯度下降有一定的理解。

在 Python 中，可以使用 PyTorch 库来实现神经网络模型和梯度下降优化。以下是一个简化的例子，显示如何训练一个简单的神经网络来进行二分类任务，扫描下方二维码可查看代码。

在这段代码中，首先定义了一个神经网络模型，然后定义了损失函数和优化器，最后在一个循环中进行前向传播和后向传播，更新模型的参数。

这个例子只是一个简单的模型，实际中的神经网络可能会更复杂，包含更多的层和参数。同样，可以使用更复杂的优化器（如 Adam、RMSProp）以及其他技巧来提高模型的性能。

图 3.16 显示了神经网络损失值如何随着训练周期数的增加而降低，这表明模型在学习训练数据并改进其预测结果。

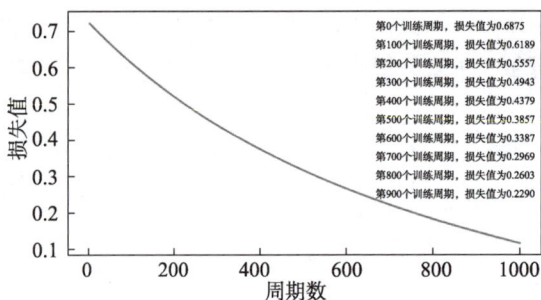

图 3.16　神经网络损失值随训练周期的变化曲线

3.19　分子生物学中的微分应用和简化模型及数值计算实践

蛋白质折叠是分子生物学中的一个重要问题，涉及蛋白质的三维结构形成过程。下面这个案例说明了微分在分子生物学中的应用，特别是蛋白质折叠的分析。

蛋白质折叠是指蛋白质通过特定的空间构型组织成稳定的三维结构。蛋白质的折叠过程涉及多个因素，如氨基酸序列、非共价相互作用等。

首先，将蛋白质折叠过程建模为一个动力学系统。这个系统可以用微分方程来描述，其中包括蛋白质的位置、速度和力的关系。

然后，通过求解微分方程，模拟和预测蛋白质折叠过程中的动态变化。微分方程的解可以提供关于蛋白质结构演化的信息，如折叠速度、稳定状态等。

上述的数学表达

在蛋白质折叠过程的建模中，可以使用牛顿运动定律来描述蛋白质的动力学行为。假设蛋白质的位置用向量 $\boldsymbol{r}(t)$ 表示，速度用向量 $\boldsymbol{v}(t)$ 表示，力用向量 $\boldsymbol{F}(t)$ 表示。

根据牛顿第二定律，质点的运动方程可以表示为

$$m\frac{\mathrm{d}\boldsymbol{v}}{\mathrm{d}t} = \boldsymbol{F}(t)$$

其中，m 是蛋白质的质量；$\dfrac{\mathrm{d}\boldsymbol{v}}{\mathrm{d}t}$ 是速度的变化率；$\boldsymbol{F}(t)$ 是作用在蛋白质上的外力。

在蛋白质折叠过程中，外力通常包括引力、电荷作用力、静电相互作用力等。这些力的计算涉及复杂的物理和化学模型，但在数学表达中可以用 $\boldsymbol{F}(t)$ 来表示总的外力。

蛋白质的速度与位置之间的关系可以表示为微分方程：

$$\frac{\mathrm{d}\boldsymbol{r}}{\mathrm{d}t} = \boldsymbol{v}(t)$$

结合以上两个微分方程，可以得到蛋白质折叠过程的动力学系统：

$$m\frac{\mathrm{d}\boldsymbol{v}}{\mathrm{d}t} = \boldsymbol{F}(t)$$

$$\frac{\mathrm{d}\boldsymbol{r}}{\mathrm{d}t} = \boldsymbol{v}(t)$$

这是一个关于速度 $\boldsymbol{v}(t)$ 和位置 $\boldsymbol{r}(t)$ 的一阶微分方程组。

通过微分方程的数值解算，可以模拟不同条件下蛋白质折叠的过程。通过分析解的特性，如稳定点、吸引子等，可以研究蛋白质折叠过程中的关键特征和转变机制。

此外，微分方程还可以与实验数据相结合，进行参数拟合和模型验证。通过与实验结果的比较，可以优化模型参数，提高对蛋白质折叠过程的预测能力。

蛋白质折叠是一个复杂的过程，涉及大量的物理和化学相互作用。微分方程模型是对这一过程的简化和理论化描述，仍然需要与实验结果和其他计算方法相结合，以全面了解蛋白质折叠的机制

和性质。

通过微分方程模型分析蛋白质折叠过程，可以深入研究分子生物学中的重要问题，加深对蛋白质结构和功能的理解，将其应用于药物设计和生物工程领域。这个案例展示了微分在分子生物学中的重要性和应用价值，以及数学方法在蛋白质折叠研究中的作用。

数值计算实践

由于蛋白质折叠过程涉及的物理和化学模型相当复杂，实际模拟需要大量的计算资源和专门的软件，如 GROMACS、NAMD 等，因此这里用一个简单的弹簧质点系统的例子来模拟类似的动态过程，扫描下方二维码可查看代码。

在这段代码中，dU_dx 函数用来定义微分方程的形式，odeint 函数用来求解微分方程，然后将结果绘制出来，如图 3.17 所示。这个例子模拟了一个简单的弹簧质点系统，它的运动方程与蛋白质折叠过程的动力学方程有类似的形式。

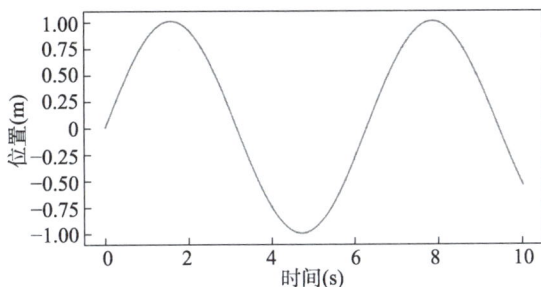

示例代码

图 3.17　蛋白质位置与时间的关系曲线

在实际研究中，蛋白质折叠过程的模拟需要考虑更多的物理和化学效应，如电荷相互作用、溶剂效应、温度效应等。同时，由于蛋白质包含大量的原子，所以它的动力学方程也包含大量的微分方程，需要使用高性能计算设备来求解。但是，基本的物理、化学原理和数学方法与上述例子是类似的，只是在计算复杂度和细节上有所不同。

3.20　在气象学中预测天气变化应用和简化模型及数值计算实践

气象学是研究大气的物理过程和天气现象的科学领域，而微分学在气象学中有广泛的应用，特别是在天气预报和气候模拟方面。下面这个案例说明微分在气象学中预测天气变化的应用。

天气预报是气象学中的重要任务，旨在预测未来一段时间内的天气状况。微分学在天气预报中发挥着重要作用，帮助我们理解大气的物理过程、建立数学模型，并进行天气变化的预测和分析。

首先，建立一系列物理方程来描述大气中的运动和变化。这些方程通常是偏微分方程，如连续性方程、动量方程、能量方程等。这些方程描述了大气中的质量、动量和能量的守恒关系。

连续性方程：连续性方程描述了大气中质量的守恒关系，可以用以下偏微分方程来表示：

$$\frac{\partial \rho}{\partial t} + \nabla(\rho \boldsymbol{u}) = 0$$

其中，ρ 是空气密度；t 是时间；$\boldsymbol{u}$ 是风速向量；∇ 是梯度算子。

动量方程：动量方程描述了大气中动量的守恒关系。在地球表面，通常将动量方程分为水平动量方程和垂直动量方程。

水平动量方程可以表示为

$$\frac{\partial \boldsymbol{u}}{\partial t} + \boldsymbol{u} \cdot \nabla \boldsymbol{u} = -\frac{1}{\rho} \nabla \rho + \boldsymbol{F} \quad \frac{\partial \boldsymbol{v}}{\partial t} + \boldsymbol{u} \cdot \nabla \boldsymbol{u} = -\frac{1}{\rho} \nabla \rho + \boldsymbol{F}$$

其中，$\boldsymbol{u}$ 和 $\boldsymbol{v}$ 分别是水平风速的东西向分量和南北向分量；$\boldsymbol{F}$ 是非平衡力（如科里奥利力）。

能量方程：能量方程描述了大气中能量的守恒关系，可以表示为

$$\frac{\partial T}{\partial t} + \boldsymbol{u} \cdot \nabla \boldsymbol{u} = Q + \boldsymbol{F}$$

其中，T 是温度；Q 是热源或热汇；$\boldsymbol{F}$ 是非平衡力。

这些方程组成了大气动力学的基本方程，它们描述了大气中质量、动量和能量的运动和传递过程。求解这些偏微分方程是大气科学的重要任务，它们提供了对大气现象的深入理解，包括气候变化、天气预报、风场模拟等方面。由于这些方程通常是复杂的非线性偏微分方程，因此求解时需要借助数值方法和高性能计算。

通过求解这些偏微分方程，可以模拟大气中的运动和变化。通过数值方法和计算模型，可以预测未来时间内的气压、风速、温度等参数的变化趋势。

通过微分方程的数值解算，可以使用当前的观测数据和历史数据来初始化和约束模型，以提高预测准确性。通过与实际观测数据的比较，可以评估模型的性能，并对未来天气进行预测。

此外，微分学还可以用于气候模拟和气候变化的研究。通过建立气候模型和求解相关的偏微分方程，可以模拟和预测长时间尺度上的气候变化，如季节性变化、年际变化和气候趋势。

天气预报和气候模拟是复杂的工作，涉及多个因素和尺度的相互作用。微分学只是其中的一种数学工具，还需要与观测数据、统计方法和其他计算模型相结合，以提高预测的准确性和可靠性。

通过微分学在气象学中预测天气变化，可以更好地理解大气的运动和变化，提供准确的天气预报和气候模拟，为人们的生活、农业、交通等提供重要的决策依据。这个案例展示了微分在气象学中的重要性和应用价值，以及数学方法在天气预测和气候研究中的作用。

数值计算实践

我们可以使用一个简化的模型，如洛伦兹吸引子，来展示类似于大气动力学系统的动态行为。洛伦兹吸引子是由爱德华·洛伦兹在 1963 年提出的，用于描述大气对流的行为。它是一个三维的动力学系统，由 3 个非线性常微分方程组成。

以下是一个 Python 代码的示例，模拟了洛伦兹吸引子的行为，扫描下方二维码可查看代码。

这段代码生成一个三维图像，显示在洛伦兹吸引子中的一个轨迹中，这个轨迹是由初始状态[1.0, 1.0, 1.0]在 40 个时间单位内演化而来的。

需要注意的是，在这个示例中须正确安装 NumPy、SciPy 以及 Matplotlib 这 3 个 Python 库，并且它们的版本是支持以上功能的。

在这段代码中，函数 lorenz 定义了洛伦兹吸引子的微分方程，odeint 函数用来解这个微分方程，并将结果绘制在三维空间中，如图 3.18 所示。虽然这个模型非常简化，但是它显示了大气动力学系统的一些重要特性，如对初始条件的敏感依赖和混沌行为。

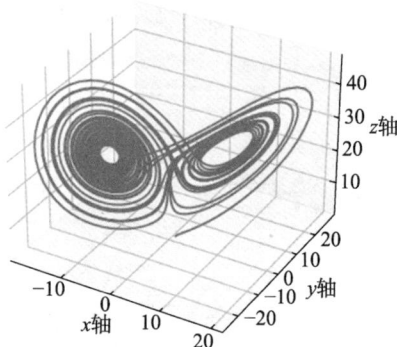

示例代码

图 3.18   洛伦兹吸引子的 3D 行为轨迹

在实际研究中，天气预报模型是基于地球大气、海洋、陆地等的全球模型，需要大量的计算资源和专门的软件，如 WRF 和 GFS。此外，这些模型需要大量的观测数据作为输入，如卫星数据、地面观测站数据等。

3.21　微分在环保工程中的应用和简化模型及数值计算实践

在环境保护工程中，了解和预测污染物的扩散过程是至关重要的。微分学在分析和建模污染物扩散方面具有广泛的应用。下面这个案例说明了微分在环保工程中应用于污染物扩散的情况。

假设研究一座城市中某个工业区域的空气污染情况，可以将空气中的污染物扩散建模为一个输运过程，其中包括污染物的浓度分布和空气流动的影响。

首先，建立一维或二维的扩散方程来描述污染物在空气中的传播。这个扩散方程通常是偏微分方程，其中包括污染物的浓度、时间和空间的关系。通过对方程进行求解，可以得到污染物的浓度随时间和空间的变化情况。

假设污染物的浓度为 $C(x,t)$，其中 x 表示空间坐标，t 表示时间，那么一维的扩散方程可以表示为

$$\frac{\partial C}{\partial t} = D \frac{\partial^2 C}{\partial x^2}$$

其中，D 是扩散系数，表示污染物在空气中的扩散速率。这个方程描述了污染物浓度随时间和空间的变化关系，即污染物的传播过程。

类似地，对于二维的情况，可以使用二维扩散方程表示：

$$\frac{\partial C}{\partial t} = D \left(\frac{\partial^2 C}{\partial x^2} + \frac{\partial^2 C}{\partial y^2} \right)$$

其中，x 和 y 分别表示空间的水平坐标，这个方程描述了污染物浓度在空间中的横向和纵向扩散。

这些扩散方程是偏微分方程，求解它们通常需要借助数值方法，如有限差分法、有限元法等。通过求解这些方程，可以模拟和预测污染物在空气中的传播和分布情况，从而帮助评估空气质量、制定环境管理措施和应对污染的策略。

微分方程的数值解法可用来模拟污染物的扩散过程，这涉及将连续的微分方程离散化，并使用数值方法进行求解。通过模拟和预测污染物的浓度分布，可以评估污染物对周围环境和人群健康的影响。

此外，微分方程还可以与观测数据相结合，进行参数拟合和模型验证。通过与实际监测数据的比较，可以调整模型参数，使模拟结果更准确，并对污染物扩散的行为和特征进行更深入的了解。

污染物扩散过程涉及多个因素，如风速、大气稳定度、地形等。微分方程模型只是对实际过程的简化和理论化描述，还需要结合实际监测数据和其他环境参数进行综合分析和评估。

将微分学应用于环保工程中的污染物扩散，可以更好地理解和预测污染物在空气中的传播过程，为环境保护决策提供科学依据。这个案例展示了微分在环保工程中的重要性和应用价值，以及数学方法在污染物扩散研究中的作用。

数值计算实践

偏微分方程，用于描述物质或热量如何通过扩散过程在介质中传播。以下是简化的例子，使用 Python 的 NumPy 和 Matplotlib 库来模拟一维扩散方程的解，以显示污染物如何随时间在一维空间中传播。我们会使用显式有限差分方法（一种常用的数值解法）来求解该扩散方程。扫描下方二维码可查看代码。

这个模型非常简化，并且没有考虑许多可能影响污染物扩散的因素，如风速、地形等。模型假定在初始时刻，所有的污染物都集中在空间的中心位置。然后随着时间的推移，污染物开始扩散到

周围的空间。

如图 3.19 所示，在生成的图像中，颜色越深的地方表示污染物浓度越高。从图中可以看到，随着时间的推移，污染物从初始位置开始扩散，浓度逐渐降低。

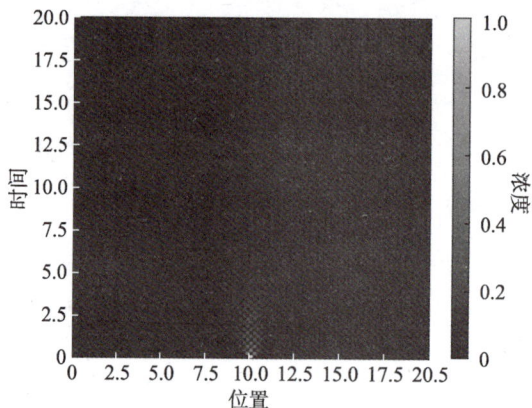

示例代码

图 3.19   污染物扩散随时间的变化

这个简单的模型忽略了许多实际情况下会影响扩散过程的因素，如风力、地形、温度等。在实际的环境科学研究中，需要使用更复杂的模型和更高级的数值方法来模拟污染物的扩散过程。

3.22   物流配送中的路径优化应用和简化模型及数值计算实践

在物流行业中，优化路径和减少行驶距离可以大大提高运输效率和降低成本。微分学在物流配送中的路径优化问题中有重要的应用。下面这个案例说明了微分学在物流配送中路径优化的应用。

假设要优化一家物流公司的货物配送路线，以最小化总行驶距离或最短配送时间。可以将问题建模为一个优化问题，其中目标函数是总行驶距离或配送时间，约束条件包括货物的数量、车辆的容量和配送时间窗口等。

通过微分学，可以使用导数来确定目标函数关于配送路线的梯度，即确定每个点上的斜率或变化率。这可以帮助我们找到最佳的路径或最优的配送策略。

首先，使用微分学中的最值理论，如极值定理和最优化方法，来确定整体配送路线的最优解。通过求解导数为零的方程或使用优化算法，可以找到使总行驶距离或配送时间最小化的最佳路线。

其次，利用微分学优化局部路径。在已知的路径上，可以通过微分学的方法来确定局部调整，以减少行驶距离或缩短配送时间。例如，通过导数来确定曲线上的切线方向，以优化路径的弯曲程度。

假设有 n 个配送点，其中每个配送点 i 的坐标为 (x_i, y_i)，货物数量为 q_i，配送点的时间窗口为 $[t_{i1}, t_{i2}]$，车辆的容量为 C。

首先，定义以下变量和参数：

d_{ij}：表示从配送点 i 到配送点 j 的距离，可以通过计算两点之间的欧氏距离得到。

然后，定义优化问题的目标函数和约束条件。

目标函数：最小化总行驶距离或最短配送时间为

$$\min \sum d_{ij} x_{ij}$$

其中，x_{ij} 是一个二进制变量，当车辆从配送点 i 行驶到配送点 j 时，取值为 1，否则为 0。

约束条件：

（1）每个配送点都必须且仅能被访问一次：

$$\sum x_{ij} = 1 \text{，对于每个 } i$$

（2）车辆的容量限制：

$$\sum q_j x_{ij} \leqslant C \text{，对于每个 } i$$

（3）车辆的出发和返回约束：

$$\sum x_{ij} = \sum x_{ji} = 1 \text{，对于每个 } i \text{（起点和终点）}$$

（4）配送点的时间窗口约束：

$$t_{i1} \leqslant \sum t_{ij} x_{ij} \leqslant t_{i2} \text{，对于每个 } i$$

（5）车辆路径的连通性：

$$u_j - u_i + N x_{ij} \leqslant N - 1 \text{，对于每个 } i \neq 1 \text{、} j \neq 1$$

其中，u_i 和 u_j 是车辆行驶到配送点 i 和 j 时的时间；N 是配送点的数量。

通过求解上述优化问题，可以得到最优的车辆配送路线，从而实现最小化总行驶距离或最短配送时间的目标。这种优化方法可以有效地优化物流配送过程，减少成本和提高配送效率。

物流配送中的路径优化是一个复杂的问题，涉及多个因素和约束条件。微分学只是其中的一种数学工具，还需要结合实际的物流数据和其他算法来进行综合分析和优化。

利用微分学在物流配送中进行路径优化，可以大大提高配送效率和降低成本。这个案例展示了微分在物流行业中的重要性和应用价值，以及数学方法在路径优化问题中的作用。

数值计算实践

这个案例只解决一个小规模的问题。对于大规模的问题，需要使用更复杂的方法，如启发式方法、元启发式方法等。

此外，这个案例假设了所有车辆都从一个中央仓库出发，并且所有车辆的容量都是相同的。在实际应用中，可能需要考虑更复杂的场景，例如，车辆的容量不同，车辆从不同的仓库出发，等等。扫描下方二维码可查看代码。

得出：

Status: Optimal
x_(0,_2) = 1.0；x_(1,_4) = 1.0
x_(2,_3) = 1.0；x_(3,_0) = 1.0
x_(4,_1) = 1.0

这段代码将会绘制出一个二维图，其中实心圆圈的点代表节点，实线代表求解路线中的边。在图上，数字标签表示对应的节点编号，如图 3.20 所示。

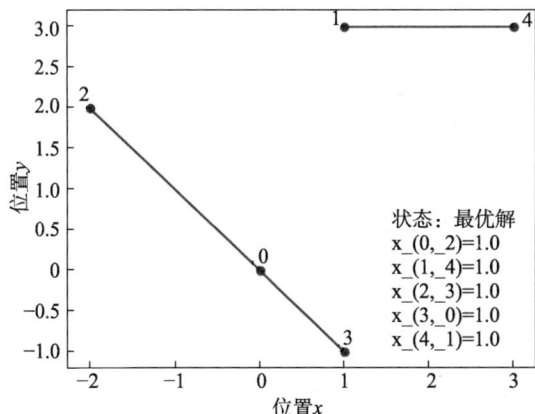

示例代码

图 3.20　车辆运行轨迹优化问题

3.23 微分在化学反应速率中的应用和 简化模型及数值计算实践

化学反应速率是研究化学反应进行的速度和变化率的重要参数。微分学在分析和描述化学反应速率方面具有广泛的应用。下面这个案例说明了微分在化学反应速率中的应用。

假设研究一种化学反应，其中反应物 A 转变为产物 B。我们感兴趣的是研究反应速率与反应物浓度的关系。微分学提供了一种量化和描述这种关系的数学工具。

首先，根据反应物 A 的浓度和时间的变化情况，建立一个反应速率的数学模型。通常，反应速率与反应物浓度的变化率成正比，即速率等于浓度的导数。

通过微分学中的导数概念，可以计算反应物 A 浓度关于时间的变化率。这可以通过实验数据和数值分析来实现，使用微分方程的数值解法或其他数学方法。

然后，利用微分方程和初始条件来求解反应速率方程，从而得到反应速率关于反应物浓度的函数表达式。这个函数描述了反应速率如何随着反应物浓度的变化而变化。

通过分析这个函数，可以研究反应速率随着反应物浓度的增加或减少而如何变化。这有助于我们理解反应动力学和确定反应条件，以调控反应速率和产物生成的效率。

通常，一个简单的一阶化学反应的速率与浓度关系可以用以下微分方程描述：

$$\frac{\mathrm{d}[A]}{\mathrm{d}t} = -k[A]$$

其中，$\frac{\mathrm{d}[A]}{\mathrm{d}t}$ 表示反应物 A 的浓度随时间的变化率；k 是反应速率常数，它是反应的一个特性常数，反映了反应的快慢；负号表示反应物 A 的浓度随时间的减少。

通过求解上述微分方程，可以获得反应物 A 的浓度随时间的变化情况。反应物 A 的浓度随时间的曲线可以展示反应速率与反应物浓度之间的关系，以及反应的动态过程。

化学反应速率涉及多个因素，如温度、反应物浓度、催化剂等。微分学只是其中的一种数学工具，还需要结合实验数据和其他化学原理进行综合分析和解释。

通过微分学在化学反应速率中的应用，可以帮助我们更深入地理解和研究化学反应的速率变化规律，为化学工程和催化剂设计提供重要的参考。这个案例展示了微分在化学反应速率研究中的重要性和应用价值，以及数学方法在化学领域的作用。

数值计算实践

以下是一个 Python 程序，使用欧拉方法来近似求解这个一阶化学反应的微分方程。我们将使用 Matplotlib 库来绘制反应物 A 的浓度随时间的变化情况。欧拉方法是一种常用的数值微分方程求解方法，它基于微分的定义和有限差分近似来求解微分方程。扫描下方二维码可查看代码。

这段代码将生成一个图形，展示了反应物 A 的浓度随时间的变化情况。这个图形清楚地显示了随着时间的推移，反应物 A 的浓度逐渐减少，这正是化学反应的基本规律，如图 3.21 所示。这种

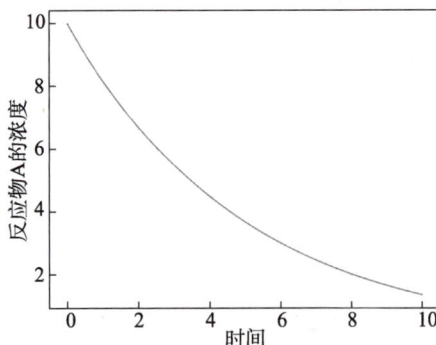

示例代码

图 3.21   反应物 A 的浓度随时间的变化曲线

图形对于理解和分析化学反应速率是非常有用的。

这是一个相对简单的数值微分方程求解方法，它的精度不高，但是对于许多问题的求解已经足够了。对于需要更高精度的问题，则需要使用更复杂的方法，如 Runge-Kutta 方法等。

3.24　建筑设计中的导数应用和简化模型及数值计算实践

在建筑设计中，声学优化是一个重要的考虑因素，特别是对于音乐厅、剧院、会议室等需要良好声学效果的场所。微分学在声学优化中具有重要的应用。下面这个案例说明微分在建筑设计中声学优化的应用。

假设设计一个音乐厅，希望在不同座位上都能获得良好的音质和声音传播效果。可以将音乐厅的声学问题建模为声波传播的问题，并使用微分学的方法进行优化。

首先，使用波动方程来描述声波在音乐厅中的传播。这是一个偏微分方程，其中包括声波的振幅、时间和空间的关系。通过求解波动方程，可以得到不同位置的声压和声音传播的情况。通常用以下公式表示：

$$\frac{\partial^2 u}{\partial t^2} = c^2 \nabla^2 u$$

其中，u 是声波的振幅；t 是时间；$\nabla^2 u$ 是声波的拉普拉斯算子，表示声波在空间中的扩散；c 是声速，是声波在介质中传播的速度。

波动方程描述了声波在音乐厅中的传播过程。通过求解这个方程，可以获得声波在不同位置和时间的振幅情况，从而了解声压和声音传播的情况。

然后，使用微分学的概念来优化音乐厅的声学效果。例如，利用导数来确定音乐厅内部的声音反射和吸收情况，以最大限度地减少声音的衰减和回音。

通过微分学的方法，优化音乐厅的声学设计，包括墙壁材料的选择、声学板的布置、吸音材料的使用等。通过优化声学特性，可以改善音乐厅中的音质、声场均匀性和音响效果，为人们提供更好的听觉体验。

声学优化涉及多个因素，如音频频率、声音的反射和吸收特性、听众位置等。微分学只是其中的一种数学工具，还需要结合实际的声学测量和其他建筑原理进行综合分析和优化。

通过微分学在建筑设计中进行声学优化，可以提高音乐厅和其他场所的声学性能，创造出更好的声效环境。这个案例展示了微分在建筑领域中声学优化中的重要性和应用价值，以及数学方法在声学研究中的作用。

数值计算实践

我们可以简化这个问题，使用一维的波动方程来模拟声波在一条线上的传播。以下是一个基本的 Python 程序，使用有限差分方法来求解一维波动方程。扫描下方二维码可查看代码。

这只是一个简化的模型，用于说明波动方程的求解过程。实际的音乐厅声学问题需要在三维空间中求解波动方程，并需要考虑复杂的边界条件和声学参数。

在这个简单的模型中，可以看到一个初始的高斯脉冲向两边传播，并在碰到边界后反射回来。这个图像可以帮助我们理解声波在音乐厅内部的传播和反射过程，如图 3.22 所示。真实的音乐厅声学问题会更复杂，需要考虑空间的三维性、不同材料的声学特性、吸收和散射效应等多种因素。

示例代码

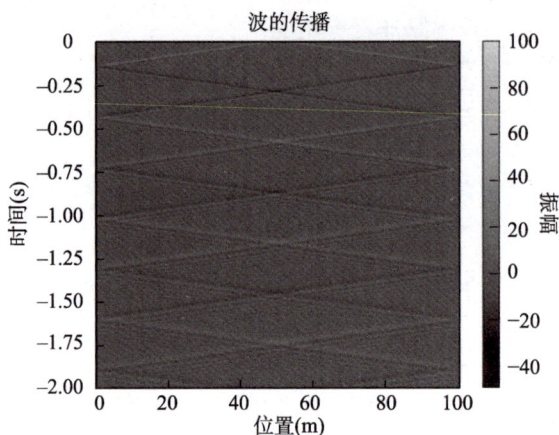

图 3.22   声波的传播

3.25   习题、思考题、课程论文研究方向

▶▶ 习题:

1. 对于函数 $f(x) = x^3 - 4x^2 + 2x + 1$,求其在区间 $[1,3]$ 上的极值点和极值。

2. 证明方程 $x^3 + 3x - 5 = 0$ 在区间 $[1,2]$ 上存在唯一的根。

3. 对于函数 $f(x) = \sin(x) + x^2$,证明在区间 $[0, \pi/2]$ 上存在一点 c,使得 $f'(c) = 2$。

4. 计算函数 $f(x) = \ln(x)$ 在点 $x = e$ 的切线方程。

5. 证明函数 $f(x) = x^3$ 在区间 $[-1,1]$ 上满足罗尔中值定理的条件。

▶▶ 思考题:

1. 如何证明拉格朗日中值定理?

2. 怎样使用微分中值定理解释牛顿法和割线法的收敛性?

3. 在实际应用中,微分中值定理有哪些局限性?如何克服这些局限性?

4. 如何将微分中值定理应用于求解优化问题或最优化算法中?

▶▶ 课程论文研究方向:

1. 研究微分中值定理在经济学或金融学中的应用,如价格变动、利率调整等方面的分析。

2. 探讨微分中值定理在生物医学工程中的应用,如心脏电信号分析、生物传感器设计等方面的研究。

3. 研究微分中值定理在环境科学中的应用,如空气质量监测、水污染分析等方面的探索。

4. 分析微分中值定理在机械工程或材料科学中的应用,如材料强度分析、结构优化等方面的研究。

第4章 不定积分

4.1 不定积分的概念与定义

不定积分是微积分中的重要概念之一，用于求解函数的原函数。不定积分可以将一个函数转化为另一个函数，描述函数的积分关系。以下是关于不定积分的概念与定义的介绍。

不定积分的定义：设函数 $f(x)$ 在区间 $[a,b]$ 上连续，若存在另一个函数 $F(x)$，在闭区间 $[a,b]$ 上可导且满足 $F'(x)=f(x)$，则称 $F(x)$ 为 $f(x)$ 的一个原函数，记作 $F(x)=\int f(x)\mathrm{d}x$。在这里，$\int$ 为积分符号，$f(x)$ 为被积函数，$\mathrm{d}x$ 为积分变量。

注意事项：

不定积分的结果是一个函数族，通常表示为 $F(x)+C$，其中 C 是任意常数。

不定积分是求解原函数的过程，通过不定积分可以还原出被积函数的一个原函数，而具体的值需要通过给定的初值条件进行确定。

不定积分与定积分是密切相关的，通过给定积分的上下限，可以得到定积分的值。

不定积分是微积分中重要的工具之一，它在求解曲线下面积、求解微分方程、计算物理量等方面具有广泛的应用。深入理解不定积分的概念和定义，可以更好地应用微积分解决实际问题。

4.2 不定积分的基本性质

不定积分具有一些基本性质，这些性质在计算和处理不定积分时非常有用。以下是不定积分的基本性质。

线性性质：$\int[af(x)+bg(x)]\mathrm{d}x=a\int f(x)\mathrm{d}x+b\int g(x)\mathrm{d}x$，其中 a、b 为常数，$f(x)$、$g(x)$ 为可积函数。

换元法则：如果 $u=g(x)$ 是一个可导函数的逆函数，则有 $\int f(g(x))g'(x)\mathrm{d}x=\int f(u)\mathrm{d}u$。

分部积分法则：$\int f(x)g'(x)\mathrm{d}x=f(x)g(x)-\int g(x)f'(x)\mathrm{d}x$，其中 $f(x)$ 和 $g(x)$ 是可导函数。

递推关系：如果函数 $F(x)$ 是 $f(x)$ 的一个原函数，那么 $F(x)+C$（其中 C 是常数）也是 $f(x)$ 的原函数。这意味着不定积分有一个递推关系。

这些基本性质对于计算和处理不定积分非常有用。通过应用这些性质，可以简化不定积分的计算过程，找到函数的原函数，并解决实际问题中的积分问题。

熟练掌握不定积分的基本性质，可以在求解积分时更加灵活和高效，同时也为后续学习更高级的积分技巧奠定了基础。

4.3 基本积分法则和技巧

在不定积分中，基本积分法则和技巧是常用的工具，用于求解常见函数的不定积分。以下是一些常用的基本积分法则和技巧。

（1）幂函数的积分：

$$\int x^n \mathrm{d}x = \frac{1}{n+1}x^{n+1}+C，其中 n \neq -1。$$

（2）指数函数的积分：

$$\int \mathrm{e}^x \mathrm{d}x = \mathrm{e}^x + C$$

（3）对数函数的积分：

$$\int \frac{1}{x}\mathrm{d}x = \ln|x|+C$$

（4）三角函数的积分：

$$\int \sin x \mathrm{d}x = -\cos x + C$$

$$\int \cos x \mathrm{d}x = \sin x + C$$

$$\int \tan x \mathrm{d}x = -\ln|\cos x|+C$$

（5）反三角函数的积分：

$$\int \frac{1}{\sqrt{1-x^2}}\mathrm{d}x = \arcsin x + C$$

$$\int \frac{1}{1+x^2}\mathrm{d}x = \arctan x + C$$

（6）分部积分法则：

$$\int u\,\mathrm{d}v = uv - \int v\mathrm{d}u，其中 u 和 v 是可导函数。$$

（7）特殊代换法则：

对于形如 $\int f(g(x))g'(x)\mathrm{d}x$ 的积分，通过选择适当的变量替换可以简化积分计算。

（8）分式分解法则：

对于形如 $\int \frac{R(x)}{S(x)}\mathrm{d}x$ 的有理函数的积分，通过分解为整式和部分分式可以求得积分的结果。

以上是常见的基本积分法则和技巧，但并不涵盖所有情况。在实际应用中，根据具体的函数形式和问题要求，采用更复杂的积分技巧和方法。

掌握基本积分法则和技巧对于求解常见函数的不定积分非常有帮助。在实践中，结合对问题的分析和理解，选取适当的积分法则和技巧可以简化积分计算过程，提高计算效率。

4.4　估算石油消耗总量简化模型和数值计算实践

石油是全球能源供应的重要来源之一，了解石油消耗总量对能源规划和可持续发展具有重要意义。通过积分的方法，可以估算石油消耗总量。以下是一个简化的案例，可以说明如何通过积分来估算石油消耗总量。

假设在某个国家或地区，石油消耗量随时间变化，用函数 $f(t)$ 表示，其中 t 表示时间。我们的目标是估算在一定时间范围内的石油消耗总量。

步骤如下：

（1）建立石油消耗量随时间变化的函数模型 $f(t)$。这可以通过收集和分析历史数据，或者使用合适的统计方法来获得。

（2）确定时间范围，假设从时间 $t=a$ 到时间 $t=b$。

（3）将时间范围分割为若干小区间，每个小区间的长度为 Δt。选择 Δt 的大小以适应具体情况。

（4）在每个小区间上，用矩形近似法或其他适当的方法来估算石油消耗量。可以通过将小区间分割为更小的子区间，然后在每个子区间上使用函数 $f(t)$ 的近似值来计算。

（5）对于每个小区间，计算石油消耗量的近似值，然后将这些近似值相加，得到总体的估算值。

（6）当 Δt 趋向于 0 时，将近似值的总和进行极限运算，得到石油消耗的准确估算。

这只是一个简化的案例，实际的石油消耗模型和计算过程更加复杂。此外，准确的石油消耗估算还需要考虑其他因素，如产量、进口和出口等。

通过应用积分的思想和方法，可以估算石油消耗总量，从而为能源规划和可持续发展提供参考。这种方法在实际应用中也可以用于估算其他资源的消耗量或其他与时间相关的累积量。

上述的数学表达

假设 $f(t)$ 是描述石油消耗量随时间变化的函数，其中 t 表示时间。我们的目标是在一定时间范围 $[a,b]$ 内估计石油消耗总量。

在此情况下，可以通过积分来达成目标。具体来说，从时间 $t=a$ 到时间 $t=b$ 的石油消耗总量可以通过对 $f(t)$ 在区间 $[a,b]$ 上的定积分得到

$$\int_a^b f(t)\mathrm{d}t$$

这个积分的数值表示在时间 a 到时间 b 期间的石油消耗总量。在实际情况中，由于可能没有 $f(t)$ 的解析表达式或解析表达式难以处理，因此需要使用数值积分方法（如辛普森规则、梯形规则等）来得到近似的积分值。

数值计算实践

首先，需要一个模拟石油消耗量随时间变化的函数模型。在这个例子中，设定一个模型：石油消耗量是一个与时间呈线性增长关系的函数。用积分来计算在一段时间内的石油消耗总量，扫描下方二维码可查看代码，这段代码就是这一过程的展示。

在这个示例中，首先使用了 SciPy 库的积分函数 quad 来进行数值积分。这个函数会返回积分的结果和误差的估计值。

然后，用 Matplotlib 绘制石油消耗量随时间的变化图，如图 4.1 所示。在图 4.1 中，横坐标代表时间，纵坐标代表石油消耗量，灰色的部分就是石油消耗总量，即积分的面积。

这只是一个简化的模型，实际的石油消耗量受到多种因素的影响，是一个非线性的、动态变化的过程。在这种情况下，我们需要使用更复杂的数学模型和数值方法来估算石油消耗总量。

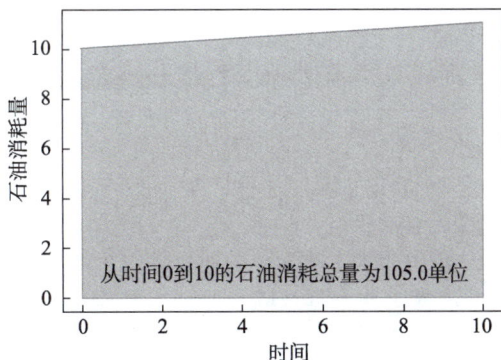

图 4.1　石油消耗量随时间的变化

4.5　复利计算简化模型和数值计算实践

假设小明在 2023 年 1 月 1 日用 10000 元人民币购买了某只基金，年化收益率为 10%。下面通过积分的方法来计算小明几年后的账户余额。

步骤如下：

（1）确定投资的初始金额和年化收益率。在此案例中，初始金额为 10000 元，年化收益率为 10%。

（2）确定投资的时间范围。假设计算 5 年后的账户余额。

（3）将时间范围分割为若干小区间，每个小区间的长度为 1 年。可以根据需要调整小区间的长度。

（4）在每个小区间上，根据初始金额和年化收益率来计算投资账户的增长。假设在每个小区间结束时，利息会自动再投资，实现复利增长。

（5）对于每个小区间，计算投资金额的增长，并将这些增长值相加，得到总体的估算值。

（6）当小区间数目趋向于无穷大时，将增长值的总和进行极限运算，得到 5 年后的账户余额。

此案例中的结果是根据初始条件和假设的收益率计算得出的估算值，实际情况可能会有所不同，因为投资涉及风险，并受到市场波动和利率变化的影响。

通过应用积分的思想和方法，可以估算在一定时间范围内投资账户的余额增长，从而了解投资的潜在效果。这种方法可以帮助个人投资者进行决策，并为长期投资规划提供参考。

下面通过复利公式计算基金的未来价值。复利公式为

$$A = P\left(1 + \frac{r}{n}\right)^{nt}$$

其中，A 是未来的金额；P 是本金（初始投资）；r 是年利率；n 是每年复利次数；t 是投资的年数。

数值计算实践

在这个案例中，假设每天都进行复利计算，所以 n 为 365。年利率 r 是 10% 或 0.1。扫描下方二维码可查看代码。这段代码会计算每天的余额并绘制出投资余额随时间的变化曲线，如图 4.2 所示。同时，通过它计算出 5 年后的账户余额。

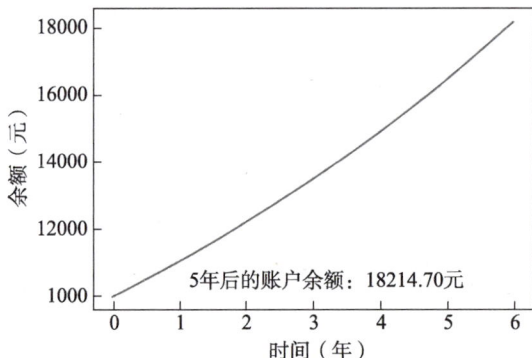

示例代码

图 4.2   投资余额随时间的变化曲线

这只是一个理论上的计算，实际的收益可能会受到许多因素的影响，如市场波动、利率变化等，因此，进行投资时应该考虑这些因素，并根据风险承受能力和投资目标来做出决策。

4.6   加速最快的跑车简化模型和数值计算实践

假设有一辆跑车，我们的目标是确定它在给定时间范围内能够实现最快加速的情况。通过积分的方法，可以找到跑车的加速度函数，并使用它来达到我们的目标。

步骤如下：

（1）建立跑车的加速度函数。假设跑车的加速度随时间变化，用函数 $a(t)$ 表示，其中 t 表示时间。

（2）确定时间范围，假设从时间 $t = a$ 到时间 $t = b$。

（3）将时间范围分割为若干小区间，每个小区间的长度为 Δt。可以选择 Δt 的大小以适应具体情况。

（4）在每个小区间上，用矩形近似法或其他适当的方法来估算跑车的加速度。这可以通过将小区间分割为更小的子区间，然后在每个子区间上使用函数 $a(t)$ 的近似值来计算。

（5）对于每个小区间，计算跑车在该时间段内的速度变化。可以通过将加速度与时间相乘来获得速度的增量。

（6）对于每个小区间，将速度增量相加，得到总体的估算值。

（7）当 Δt 趋向于零时，将速度增量的总和进行极限运算，得到跑车在给定时间范围内的最终速度。

这只是一个简化的案例，实际的加速度函数和计算过程更加复杂。此外，车辆的加速度受到多种因素的影响，如发动机功率、车辆质量、空气阻力等。

通过应用积分的思想和方法，可以找到跑车在给定时间范围内能够实现最快加速的情况。这种方法在实际应用中也可以用于分析和优化其他运动过程中的加速度和速度变化。

上述的数学表达

要模拟这个问题，需要设定一个加速度函数。为了简化，设定一个线性函数，但在实际情况中，加速度可能会受到各种因素的影响，并可能随时间变化。我们使用以下函数来模拟加速度：$a(t) = 10 - t$。这意味着在初始阶段，车辆将有较大的加速度，然后随着时间的推移，加速度将逐渐减小。

数值计算实践

我们需要计算 0～10s 的速度。根据加速度的定义，速度是加速度的积分，所以可以通过积分加速度函数来得到速度。

下面使用 Python 和 Matplotlib 进行这一计算并绘制速度曲线图，扫描下方二维码可查看代码。这段代码将计算出在每个时间点的速度，并绘制出速度随时间变化的图像，如图 4.3 所示。由图 4.3 可知，随着时间的推移，速度逐渐增加，但增加的速度越来越慢，这与加速度函数是一致的。

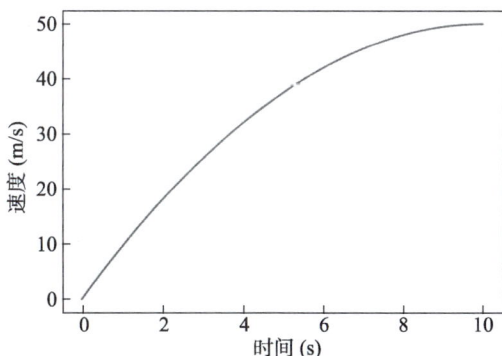

图 4.3　跑车速度随时间变化

这只是一个简化的模型，实际情况会更复杂，需要考虑更多的因素，如空气阻力、车辆的质量、发动机的功率等。

4.7　医学切片数学分析简化模型和数值计算实践

医学切片是医学影像中常用的一种展示方式，通过对患者进行断层扫描，可以获得多个切片图像，用于诊断和治疗。数学分析在医学切片的处理和解读中起着重要的作用。以下是一个关于医学切片的案例，展示了数学分析在医学图像处理中的应用。

假设有一组医学切片图像用于诊断某种疾病，我们的目标是通过数学分析方法提取有用的信息，帮助医生做出准确的诊断。

步骤如下：

（1）获取医学切片图像并进行预处理，如去噪、图像增强和边缘检测等操作，以提高图像质量和准确性。

（2）应用数学分析方法来提取感兴趣的特征，如形状分析、纹理分析、密度分析等。例如，可以通过计算图像中的区域面积、周长、灰度均值等特征来描述病变区域的形态和密度。

（3）根据提取的特征进行分类和诊断。可以利用机器学习、模式识别等技术来建立模型，将提取的特征与已知病例进行比对，并做出相应的诊断。

（4）验证和评估结果。通过与实际临床数据进行比对，评估所提取的特征和诊断结果的准确性、可靠性。

医学切片的数学分析是一个复杂而庞大的领域，涉及多个学科和技术。在实际应用中，还需要结合医学专业知识和临床经验，以确保分析结果的准确性和可靠性。

通过应用数学分析方法，我们可以从医学切片图像中提取有用的信息，为医生的诊断和治疗决策提供支持。这种方法在医学影像领域具有广泛的应用，并不断推动着医学诊断和研究的进步。

上述的数学表达

我们使用了数学分析和机器学习的概念，这些概念不仅可以用于描述和理解数据，也可以用于做出预测和决策。以下是这些概念的数学表达。

图像预处理：在预处理步骤中，通常会用到滤波器。例如，高斯滤波器用于去噪，它的数学表达为

$$g(x,y) = \frac{1}{2\pi\sigma^2} e^{-\frac{x^2+y^2}{2\sigma^2}}$$

其中，x 和 y 是距离滤波器中心的水平距离和垂直距离；σ 是标准偏差。

特征提取：在形状分析中，可能会用到的特征有面积和周长。这些特征的数学表达式如下。

面积：

$$A = \iint dxdy$$

周长：

$$P = \int ds$$

其中，积分符号表示对整个病变区域进行积分。

分类和诊断：在这个步骤中，可能会用到一些机器学习算法，如逻辑回归或支持向量机。这些算法的数学表达式很复杂。以逻辑回归为例，它的数学表达式为

$$h(x) = \frac{1}{1+e^{-(\theta_0+\theta_1 x_1+\theta_2 x_2+\cdots+\theta x)}}$$

其中，$h(x)$ 是预测结果；$x_1, x_2, \cdots, x$ 是特征；$\theta_0, \theta_1, \theta_2, \cdots, \theta$ 是模型参数。

数值计算实践

在这个示例代码中，使用了 NumPy、scikit-learn（sklearn）和 Matplotlib 库生成模拟数据，并利用逻辑回归模型绘制了数据的决策边界。扫描二维码可查看代码。这个示例生成了一个模拟的二分类数据集，训练了一个逻辑回归模型，并绘制了决策边界，如图 4.4 所示。真实世界的应用通常会涉及更复杂的数据预处理、特征提取和模型选择步骤。

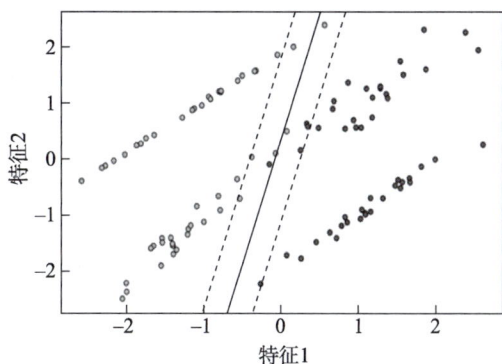

图 4.4　模拟的二分类数据集及其决策边界

4.8　赤道需要几颗卫星简化模型和数值计算实践

在通信和卫星导航系统中，卫星的位置和数量是至关重要的。一个常见的问题是确定赤道上的通信卫星数量，以确保全球范围内的覆盖和连续性。以下是一个关于赤道卫星数量的案例。

假设在赤道上建立一个通信卫星网络，以提供全球范围内的通信服务。我们的目标是确定最少需要几颗卫星才能满足通信需求。

步骤如下：

（1）确定通信覆盖区域和服务需求。这可以是全球范围内的覆盖，也可以是特定地区的覆盖。

（2）考虑卫星的轨道类型。通常使用地球同步轨道（GEO）卫星来实现全球覆盖。GEO 卫星的特点是在赤道上保持固定位置，与地球的自转保持同步。

（3）确定卫星之间的最小间隔角度。由于卫星在轨道上的位置需要相互分离，以避免信号干扰和碰撞，需要确定卫星之间的最小间隔角度。

（4）计算赤道上可容纳的最大卫星数量。根据最小间隔角度，将赤道的 360°分割按每个卫星所需的角度进行分割，得出最大可容纳的卫星数量。

实际的卫星网络设计涉及更多因素的考虑，如信号传输范围、功率分配、地理位置等。此案例提供了一个简化的模型，用于初步估算赤道卫星数量。

通过数学分析和几何原理，可以确定赤道上所需的最少卫星数量，以满足通信需求。这种方法在卫星通信系统的规划和设计中具有重要意义，可以帮助优化卫星资源的利用，并提供可靠的通信服务。

上述的数学表达

在这个案例中，主要使用了简单的几何原理和数学分析来估算卫星数量。以下是这些概念的数学表达。

赤道的全角度：赤道是一个完整的圆，所以它的全角度是 360°。

卫星间隔的角度：如果卫星之间应保持最小距离 d，那么这个距离对应的最小间隔角度 θ 可以通过下式计算：

$$\theta = 360 \frac{d}{2\pi R}$$

其中，R 是地球半径。

最大可容纳卫星数量：根据最小间隔角度，可以计算出赤道上最大可容纳的卫星数量 N。它应该是一个整数，并且满足以下公式：

$$N = \frac{360}{\theta}$$

需要注意的是，由于 θ 是一个固定的最小值，所以计算出的 N 可能是一个非整数。在这种情况下，应取 N 的整数部分。

以上只是一个简化的模型，实际的卫星网络设计需要考虑更多的因素，如信号覆盖范围、卫星的轨道稳定性、地球自转的影响等。

数值计算实践

首先，确定卫星的覆盖范围。假设每颗卫星可以覆盖一个固定的角度，称为覆盖角。其次，为了防止卫星之间的信号干扰，需要在每个卫星的覆盖范围之间设置一个安全间隔，称为间隔角。

下面的示例将显示如何计算所需的最少卫星数量。用360°除以每个卫星的总覆盖角（覆盖角+间隔角），然后向上取整。

```
import math

# 定义覆盖角和间隔角（单位：度）
coverage_angle = 120
gap_angle = 3

# 计算总覆盖角
total_angle = coverage_angle + gap_angle

# 计算所需的卫星数量
num_satellites = math.ceil(360 / total_angle)

print(f"Minimum number of satellites needed: {num_satellites}")
```

得出：
```
Minimum number of satellites needed: 3
```

在这个例子中，假设每颗卫星可以覆盖120°，而间隔角为3°。因此，总的覆盖角为123°。我们将360°（赤道的总角度）除以总的覆盖角，然后向上取整，得到所需的卫星数量。这里使用向上取整的原因是，如果结果不是一个整数，那么需要更多的卫星来覆盖剩余的角度。

这是一个非常基础的计算，实际的卫星网络设计会更加复杂，需要考虑其他因素，如卫星的信号覆盖范围、信号干扰、地球的形状和自转等。

我们需要确定每颗卫星覆盖的扇形的起始角度和结束角度，然后使用 patches 模块的 Wedge 函数来创建一个扇形，最后将这些扇形添加到图中。

这里，我们将角度转换为弧度，因为 Matplotlib 库中的函数使用弧度作为角度的单位。

扫描下方二维码可查看代码。这个程序会绘制一个环形的图像，每个扇形表示一个卫星覆盖的区域。使用 alpha 参数设置透明度，使重叠的部分可见，如图 4.5 所示。

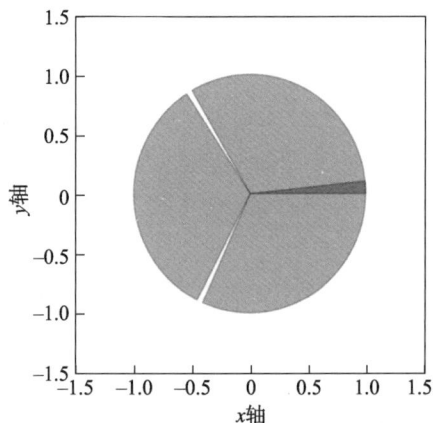

示例代码

图 4.5　用扇形表示的卫星覆盖的区域

4.9　地下水位的计算应用和简化模型及数值计算实践

地下水位的计算对于水资源管理和地下水资源的合理利用非常重要。以下是一个关于地下水位计算的案例。

假设估算一个特定地区地下水位的变化情况，以了解该地区地下水资源的状况和可持续利用的可能性。

步骤如下：

（1）收集地下水位的监测数据。这可以通过地下水位监测井或水文测站等设备收集。收集一段时间内的地下水位数据，以获得水位的变化趋势。

（2）分析收集到的地下水位数据。可以使用数学统计方法对数据进行处理和分析，如计算平均值、方差、趋势等。

（3）考虑地下水位的影响因素。地下水位受到多种因素的影响，如降雨量、地表水位、地质条件等。对这些因素进行分析和建模，以了解它们与地下水位的关系。

（4）建立地下水位变化的数学模型。可以使用数学模型来描述地下水位的变化趋势，并进行预测和模拟。常用的模型有水平线方程、线性回归模型、ARIMA 模型等。

可以使用不定积分来表示地下水位随时间的变化趋势。假设地下水位随时间 t 的变化由函数 $h(t)$ 描述，那么地下水位的变化率用 $h'(t)$ 表示，即地下水位的导数。这个导数表示地下水位随时间的变化速率。

我们可以得到以下微分方程，以此来描述地下水位的变化：

$$\frac{\mathrm{d}h}{\mathrm{d}t} = f(t)$$

其中，$f(t)$ 是描述地下水位变化的函数，可能与时间、降雨量、地下水补给等因素有关。为了求解这个微分方程，对等号两边同时进行不定积分：

$$\int \frac{\mathrm{d}h}{\mathrm{d}t} \mathrm{d}t = \int f(t)\mathrm{d}t$$

即

$$\int \mathrm{d}h = \int f(t)\mathrm{d}t$$

对等号左边进行积分，得到 $h(t)$ 的表达式：

$$\int \mathrm{d}h = h(t) + C_1$$

对等号右边进行积分，得到 $f(t)$ 的不定积分：

$$\int f(t)\mathrm{d}t = F(t) + C_2$$

其中，C_1 和 C_2 是常数。

综合以上结果，$h(t)$ 的数学表达式为

$$h(t) = F(t) + C$$

其中，$F(t)$ 是 $f(t)$ 的不定积分，$C = C_1 - C_2$ 是常数。该表达式描述了地下水位随时间的变化趋势，$F(t)$ 表示地下水位的累积变化，C 表示初始条件或常数项，可以根据实际情况来确定。

根据建立的数学模型和已有数据进行地下水位的计算和预测。根据不同的时间尺度和需求进行长期和短期的预测。

地下水位的计算是一个复杂的过程，需要考虑地区的特定地质和水文条件，以及其他环境和人为因素的影响。因此，在实际应用中，需要结合地质勘探、水文测量和数学分析等多种方法来获取准确的地下水位数据和进行可靠的计算。

通过数学分析和建立合适的模型，可以估算和预测地下水位的变化情况，为地下水资源管理和水资源合理利用提供支持。这种方法在水资源领域具有重要的应用价值，可以帮助决策者制定合理的水资源管理策略。

数值计算实践

在这个例子中，我们假设 $f(t)$ 是一个简单的正弦波，模拟地下水位的季节性变化。然后，用数值方法（如欧拉法）求解这个微分方程，并绘制地下水位随时间的变化。扫描下方二维码可查看 Python 代码。在这段代码中，首先定义一个代表地下水位变化的函数 $f(t)$。其次，设置了时间参数和地下水位的初始值。再次，使用欧拉方法（一种简单的数值积分方法）来求解这个微分方程。最后，绘制地下水位随时间的变化曲线，如图 4.6 所示。

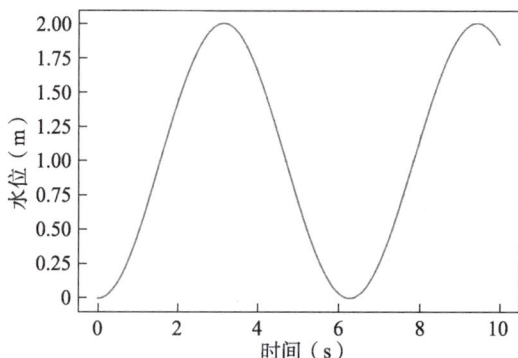

示例代码

图 4.6   地下水位随时间的变化曲线

这只是一个模拟的示例，实际上地下水位变化会受到很多其他因素的影响，如地表水补给、泵抽量、地表蒸发等。在更复杂的模型中需要考虑这些因素。

4.10   用积分分析传染病的扩散应用和简化模型及数值计算实践

传染病的扩散分析对于疾病预防和控制非常重要。积分分析是一种常用的方法，用于描述传染病在人群中的传播和扩散过程。以下是一个关于传染病扩散的积分分析案例。

假设研究一种传染病在人群中的传播过程，目标是通过积分分析来了解病毒的传播速度和扩散范围。

步骤如下：

（1）收集疾病传播数据。这些数据包括病例报告、感染人数统计、接触网络数据等。收集一段时间内的数据，以获得疾病传播过程的信息。

（2）建立传染病传播模型。根据已有数据和传染病的特点，建立传染病传播的数学模型。常用的模型有 SIR 模型（易感者–感染者–康复者模型）和 SEIR 模型（易感者–潜伏期感染者–感染者–康复者模型）等。

当传染病传播时，建立一个基本的 SIR 模型来描述感染者数量的变化。SIR 模型包括 3 个变量：$S(t)$ 表示易感者数量，$I(t)$ 表示感染者数量，$R(t)$ 表示康复者或免疫者数量。假设总人口为 N，则易感者数量、感染者数量和康复者数量的总和为 N，即 $S(t)+I(t)+R(t)=N$。

SIR 模型的微分方程为

$$\frac{\mathrm{d}S}{\mathrm{d}t}=-\beta SI \quad （易感者数量的变化率）$$

$$\frac{\mathrm{d}I}{\mathrm{d}t} = \beta SI - \gamma I \text{（感染者数量的变化率）}$$

$$\frac{\mathrm{d}R}{\mathrm{d}t} = \gamma I \text{（康复者数量的变化率）}$$

其中，β 是传染率，表示一个感染者每天传染给其他人的人数；γ 是康复率，表示每天有多少感染者康复。

为了求解这个微分方程组，可以使用不定积分。首先，将方程组进行分离变量：

$$\begin{cases} \dfrac{\mathrm{d}S}{\beta SI} = -\mathrm{d}t \\[2mm] \dfrac{\mathrm{d}I}{(\beta S - \gamma)I} = \mathrm{d}t \\[2mm] \dfrac{\mathrm{d}R}{\gamma I} = \mathrm{d}t \end{cases}$$

然后对 3 个方程同时进行不定积分：

$$\begin{cases} \displaystyle\int \dfrac{\mathrm{d}S}{\beta SI} = -\int \mathrm{d}t \\[3mm] \displaystyle\int \dfrac{\mathrm{d}I}{(\beta S - \gamma)I} = \int \mathrm{d}t \\[3mm] \displaystyle\int \dfrac{\mathrm{d}R}{\gamma I} = \int \mathrm{d}t \end{cases}$$

得到

$$\begin{cases} \ln|S| = -\beta It + C_1 \\ \ln|I| = (\beta S - \gamma)t + C_2 \\ R = \gamma It + C_3 \end{cases}$$

其中，C_1、C_2、C_3 是积分常数。

接下来，解出 $S(t)$、$I(t)$、$R(t)$：

$$S(t) = C_1 \mathrm{e}^{-\beta It}, \quad I(t) = C_2 \mathrm{e}^{(\beta S - \gamma)t}, \quad R(t) = \gamma It + C_3$$

这就是传染病传播的数学模型，其中 $S(t)$ 表示时间 t 处的易感者数量，$I(t)$ 表示感染者数量，$R(t)$ 表示康复者数量。通过不定积分，得到了传染病传播的解析解，可以用来预测在不同时间点上易感者、感染者和康复者的数量。

应用积分分析方法对传播模型进行求解。可以利用积分方程、微分方程和微分方程组来描述传染病的传播过程。通过对模型进行积分和求解，得到传染病在时间和空间上的传播速度和扩散范围。

分析和解释积分结果。根据积分结果，分析传染病的传播速度、传染性和扩散范围。可以通过计算传染病的基本再生数（R_0）来评估传染病的传播能力。

进行传染病的预测和控制策略制定。基于积分分析的结果，可以进行传染病的预测和模拟，帮助制定合理的防控策略，如疫苗接种、隔离措施和社交距离等。

传染病扩散的积分分析是一个复杂的过程，需要考虑人群特征、传播途径、感染率和治愈率等多个因素。在实际应用中，需要结合实际数据和传染病特点，采用合适的数学模型和积分分析方法。

通过积分分析传染病的扩散过程，可以了解传染病的传播速度和扩散范围，为疾病预防和控制提供科学依据。这种方法在公共卫生领域具有重要的应用价值，可以帮助决策者制定有效的传染病防控策略。

数值计算实践

为了模拟 SIR 模型，我们将使用欧拉法来求解微分方程组，然后绘制易感者（S）、感染者（I）

和康复者（R）的数量随时间的变化。扫描下方二维码可查看代码。在这个 Python 示例代码中，使用 Matplotlib 进行绘图模拟，首先，设定一些初始参数，如传染率、康复率、总人口数和初始感染者数量。然后，初始化 3 个表示 S、I 和 R 的数组，使用欧拉方法进行数值积分，最后将结果绘制出来，如图 4.7 所示。

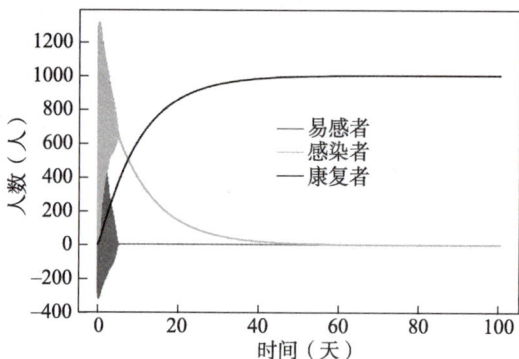

示例代码

图 4.7   易感者、感染者和康复者的数量随时间变化曲线

这只是一个简化的模型，实际中传播模型要考虑更多因素，如隔离、疫苗接种、社交距离措施等，对模型进行更复杂的修改。

4.11   积分在物理中的应用和简化模型及数值计算实践

在物理学中，质心和转动惯量是与物体的质量分布和几何形状相关的重要物理量。质心表示物体的平均位置，而转动惯量则描述了物体绕特定轴旋转时所具有的惯性。

质心的不定积分表达式：假设一个物体由一系列小质量元素 dm_i 组成，每个质量元素位于坐标 (x_i, y_i, z_i) 处，则物体的质心 (X, Y, Z) 的坐标可以通过以下积分求得：

$$X = \frac{1}{M}\int x \mathrm{d}m, \ Y = \frac{1}{M}\int y \mathrm{d}m, \ Z = \frac{1}{M}\int z \mathrm{d}m$$

其中，M 是整个物体的总质量，可以表示为 $M = \int \mathrm{d}m$。

转动惯量的不定积分表达式：转动惯量是描述物体绕特定轴旋转时的惯性，可以用不定积分表示。对于一个质量元素 $\mathrm{d}m_i$，距离轴的距离为 r_i，则关于该轴的转动惯量可以表示为

$$I = \int r^2 \mathrm{d}m$$

其中，积分范围覆盖整个物体，对所有质量元素进行积分。

这些不定积分表达式描述了质心和转动惯量的计算过程。在具体应用中，可以根据物体的几何形状和质量分布来确定具体的积分范围和质量元素的分布函数，从而计算出质心和转动惯量。

数值计算实践

我们使用数值积分方法计算一个简单对象（如一维均匀质量棒）的质心和转动惯量。首先确定质量元素的分布函数，然后进行积分计算。

Python 提供了强大的科学计算库。在这个示例代码中，使用 NumPy 和 SciPy 可以方便地进行数值计算和积分，然后使用 Matplotlib 绘制质量分布和质心位置的图形，如图 4.8 所示。扫描下方二维码可查看代码。

得出：

质心位置：5.0；转动惯量：8.333333333333332。

在图 4.8 中，实线表示质量分布，虚线表示质心位置。由于质量分布是均匀的，所以质心就在棒的中点。

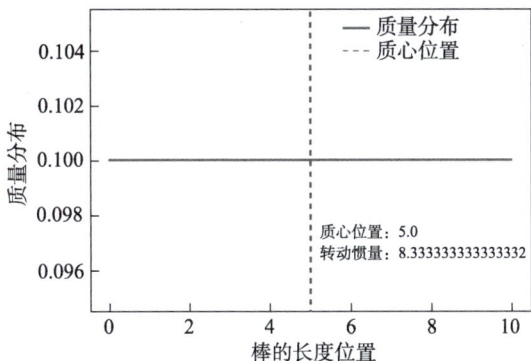

图 4.8　质量分布和质心位置

示例代码

4.12　利用积分来理解和计算电磁场应用和简化模型及数值计算实践

电磁场是物理学中一个重要的概念，积分在理解和计算电磁场方面具有广泛的应用。以下是一个关于利用积分来理解和计算电磁场的案例。

假设研究一个电荷分布所产生的电磁场，目标是通过积分分析来理解和计算电磁场的特性。

步骤如下：

（1）确定电荷分布和电磁场的情况。收集电荷分布的信息，如电荷的位置、电荷量和分布方式。了解电磁场的特性，如电场和磁场的强度和方向。

（2）建立电场和磁场与电荷之间的关系。根据库仑定律和洛伦兹力定律，建立电场和磁场与电荷之间的数学关系。利用电场和磁场的定义，推导出相应的积分表达式。

根据库仑定律，两个电荷之间的电场力 F_e 可以表示为

$$F_e = k_e q_1 q_2 r^{-2}$$

其中，k_e 是库仑常数；q_1 和 q_2 是两个电荷的电荷量；r 是两个电荷之间的距离。

根据洛伦兹力定律，一个带电粒子在电场和磁场中受到的洛伦兹力 F_L 可以表示为

$$F_L = q(E + v \times B)$$

其中，q 是粒子的电荷量；E 是电场强度；v 是粒子的速度；B 是磁场强度，"×"表示向量的叉乘运算。

利用电场和磁场的定义，可以得到电场强度 E 和磁场强度 B 的数学表达式。

电场强度 E 的定义是电场力对单位正电荷的作用，因此可以表示为

$$E = \frac{F_e}{q}$$

将库仑定律的 F_e 代入上式，得到

$$E = k_e \frac{q_2}{r^2}$$

磁场强度 B 的定义是洛伦兹力对运动带电粒子的作用，因此可以表示为

$$F_L = q(E + v \times B)$$

解出 B，得

$$B = \frac{F_L - qE}{qv}$$

其中，F_L 是粒子受到的洛伦兹力；E 是电场强度；v 是粒子的速度。

（3）利用上述电场和磁场的定义，可以推导出相应的积分表达式。例如，计算电场和磁场对一

个带电粒子的总作用力，可以通过对电场力和洛伦兹力进行积分得到

$$F_{\text{total}} = \int (F_e + F_L)\mathrm{d}t$$

其中，积分范围可以是时间 t 的区间。这个积分表达式表示了电场和磁场对带电粒子总作用力随时间的变化情况。

（4）进行积分计算电场和磁场。根据电场和磁场与电荷之间的关系，进行相应的积分计算，得到电场和磁场的数值或表达式。可以使用高斯定理、法拉第定律等积分工具进行计算。

（5）分析和解释积分结果。根据积分结果，分析电磁场的特性，如电场的强度和方向分布、磁场的磁感应强度和方向分布。可以计算电场能量和磁场能量，并了解电磁场的相互作用。

（6）应用结果进行电磁问题的解决。基于积分结果，可以解决涉及电磁场的物理问题，如电荷运动、电磁感应、电磁波传播等。

具体的积分表达式和求解方法根据电荷分布和电磁场的特点而有所不同。在应用积分分析电磁场时，需要考虑电荷分布的性质、空间的变化和电磁场的相互作用。

通过积分分析电磁场，可以理解和计算电荷分布所产生的电场和磁场的特性。这种方法在电磁学中具有重要的应用价值，可以帮助解决各种与电磁场相关的问题，如电场和磁场的分布、电磁感应和电磁波传播等。

数值计算实践

我们可以模拟一个点电荷分布，并使用积分来计算和可视化电场。

这个示例是非常基础的，只计算电场的大小，并绘制一维空间的电场强度。忽略磁场，并且假设电荷不动，这样就不需要考虑相对论效应了。

在 Python 中可以使用 NumPy 进行数值计算和使用 Matplotlib 进行可视化，扫描下方二维码可查看代码。这段代码首先定义了电荷分布，然后在一个线性空间上初始化电场，接着根据每个电荷更新电场的值，最后绘制电场的图像，如图 4.9 所示。

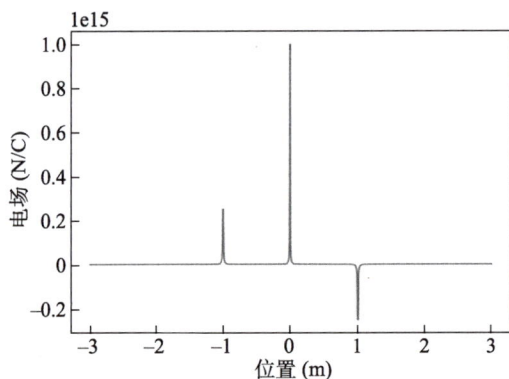

示例代码

图 4.9　电场强度曲线

注意：在这个例子中，没有考虑电场的方向。如果需要考虑电场的方向，可以用矢量代替标量来表示电荷的位置和电场。

这个例子还展示了如何使用 Python 进行基础的科学计算和可视化，但这仅仅是一种简单的模型，在更复杂的情况下，如电荷在空间中的分布或电荷的运动，需要使用更复杂的数学工具，如偏微分方程。

4.13　计算液体中溶质的扩散速率应用和简化模型及数值计算实践

在化学和物理领域中，液体中溶质的扩散是一个重要的过程，涉及溶质在液体中的传播和混合。

积分可以用于计算液体中溶质的扩散速率。以下是一个关于计算液体中溶质扩散速率的案例。

假设研究一种溶质在液体中的扩散过程,目标是通过积分计算溶质的扩散速率。

步骤如下:

(1)确定溶质和液体的特性。收集溶质和液体的信息,包括溶质的性质(如分子量、浓度梯度)和液体的性质(如黏度、温度)。

(2)建立扩散方程。根据弗里德曼第二扩散定律或其他适用的扩散方程,建立溶质在液体中的扩散方程。扩散方程描述了溶质浓度随时间和空间的演化。

假设研究的溶质在液体中的扩散过程可以用扩散方程来描述,扩散方程可以表示为

$$\frac{\partial C}{\partial t} = D\nabla^2 C$$

其中,C 是溶质的浓度;t 是时间;D 是扩散系数;∇^2 是拉普拉斯算子,表示二阶偏导数的梯度算子。

(3)计算溶质的扩散速率。扩散速率可以表示为溶质浓度梯度的负数,即

$$V = -\nabla C$$

将扩散方程中的 C 代入上式,得到扩散速率的表达式为

$$V = -D\nabla^2 C$$

(4)通过积分计算溶质的扩散速率。假设我们感兴趣的区域是 Ω,可以用积分来计算整个区域 Ω 上的溶质扩散速率。积分表达式为

$$\int_\Omega V \mathrm{d}V = -D \int_\Omega \nabla^2 C \mathrm{d}V$$

其中,$\int_\Omega V \mathrm{d}V$ 表示对整个区域 Ω 上的扩散速率进行积分;$\int_\Omega \nabla^2 C \mathrm{d}V$ 表示对整个区域 Ω 上的浓度梯度进行积分。

(5)通过求解这个积分,可以得到溶质在整个区域 Ω 上的扩散速率。这个扩散速率表达了溶质在液体中的扩散过程的变化情况。

(6)进行积分计算。根据扩散方程,进行相应的积分计算。将扩散方程转化为适当的积分表达式,对溶质浓度进行积分,得到溶质的扩散速率。

(7)分析和解释积分结果。根据积分结果,分析溶质在液体中的扩散速率。可以比较不同条件下的扩散速率,了解影响扩散的因素。

(8)应用结果进行液体扩散问题的解决。基于积分结果,可以解决涉及液体扩散的问题,如溶质的扩散距离、时间和速率等。

具体的积分表达式和求解方法会因溶质和液体的特性而有所不同。在应用积分计算液体中溶质的扩散速率时,需要考虑扩散方程的形式、初始和边界条件及液体的性质。

通过积分计算液体中溶质的扩散速率,可以理解和分析溶质在液体中的传播过程。这种方法在化学和物理学中具有重要的应用价值,可以帮助我们解决与液体扩散相关的问题,如溶质的传输、反应速率和混合过程等。

数值计算实践

下面是一个求解二维扩散方程的 Python 代码,使用 NumPy 和 Matplotlib 库模拟了在二维空间中的扩散过程,然后通过热图绘制一个在规定时间间隔后的浓度分布,如图 4.10 所示。

扫描下方二维码可查看代码。这个程序模拟了扩散方程的解在给定时间后的状态,并显示一个热图表示物质的浓度。在这个模型中,假设初始时刻有一个在空间中心的点源,随后物质开始向外扩散。

这是一个非常简化的模型,并且采用了一个显式的有限差分方法,这种方法在空间步长和时间步长选择不当时,可能会导致数值不稳定。在处理复杂问题时,可能需要使用更稳定和更精确的方法,如隐式方法或有限元方法。

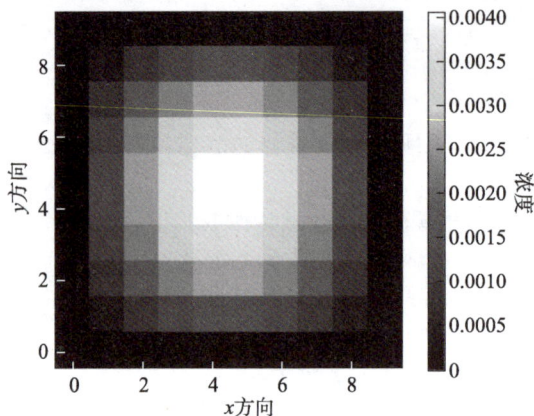

图 4.10　物质的浓度分布

4.14　音乐中频率和音调的关系应用和简化模型及数值计算实践

音乐中的音调是指音高的概念，而频率则是指声波的振动频率。在音乐理论中，频率和音调之间存在着密切的关系。下面是一个关于音乐中频率和音调关系的案例。

假设研究音乐中频率和音调的关系，目标是通过积分计算音调与频率之间的数学关系。

步骤如下：

（1）理解音调和频率的概念。音调是指声音频率的高低，可以通过乐谱中的音符来表示。频率是指声波振动的频率，以赫兹（Hz）为单位。

（2）建立音调和频率之间的关系。根据音乐理论，音调与频率之间存在着对应关系。一般来说，频率越高，音调就越高。下面通过积分分析音调与频率之间的数学关系。

在音乐中，音调和频率之间的数学关系可以用积分表达式来表示。假设用 T 来表示音调，用 f 来表示频率，那么音调与频率之间的数学关系可以表达为

$$T = \int f \, \mathrm{d} f$$

这个积分表达式表示了音调 T 是频率 f 的积分。这个积分是在音高频率范围内进行的，它可以帮助我们计算音调与频率之间的对应关系。

（3）进行积分计算。根据已知的音调与频率之间的关系，进行积分计算。根据音调的定义和积分表达式，计算音调对应的频率范围或具体的频率数值。

（4）分析和解释积分结果。根据积分结果，分析音调与频率之间的关系。了解音调随频率变化的趋势和规律。可以考虑不同音调与音乐的频率范围，探讨其对应的频率特点。

（5）应用结果进行音乐分析和创作。基于积分结果，可以进行音乐分析和创作。通过对音调与频率的关系的理解，可以在音乐创作中有意识地运用不同频率的声音来表达特定的音调和情感。

具体的积分表达式和音调与频率的关系会因音乐理论和音乐风格而有所不同。在应用积分计算音调与频率的关系时，需要考虑音调的定义、音阶的分布和音乐的特点。

通过积分计算音调与频率的关系，可以理解音乐中频率和音调的关系，进一步探索音乐中的音高特征和表达方式。这种方法在音乐理论和音乐创作中具有重要的应用价值，可以帮助我们解决与音调和频率相关的问题，如音乐的调性、和声和音乐表达等。

数值计算实践

在音乐中，音调与频率之间的关系常被表达为对数关系，而不是线性关系。这是因为人耳对音高的感知是对数的，即我们感知的音高变化与频率是相对变化（如倍数关系）关系而非绝对变化（如

增加一定的赫兹）有关。

在西方音乐中，一个八度的音程代表的频率比例是 2∶1。也就是说，如果一个音的频率是 f，那么比它高一个八度的音的频率是 $2f$。这是一个等比数列，对数函数是处理等比数列的一个好工具。

根据这个关系，可以得出以下计算式：其中的音调我们使用的是 MIDI note number，这是一种常见的音乐符号数字化方式，中央 C（C4）被定义为 60，每增加 1，音高提高半个音阶。

$$f = 440 \times 2 \times ((m - 69) / 12)$$

其中，f 是频率；m 是 MIDI 音符号。

假设我们感兴趣的是 MIDI 音符号范围从 60 到 72（也就是一个八度）的频率范围。可以通过 Python 代码来绘制 MIDI 音符号与频率的关系，扫描下方二维码可查看代码。

这段代码会生成一个图像，显示了从 C4 到 C5（MIDI 音符号从 60 到 72）的音符与频率的关系，如图 4.11 所示。

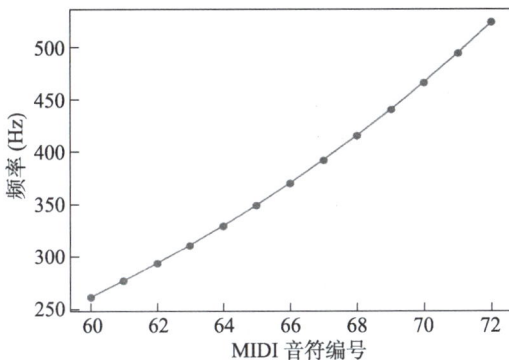

示例代码

图 4.11　音符与频率的关系

4.15　用积分模拟和预测气候变化应用和简化模型及数值计算实践

气候变化是当前全球面临的重大挑战之一。为了更好地理解和预测气候变化的趋势和影响，可以使用积分方法来模拟和预测气候变化。以下是一个关于用积分模拟和预测气候变化的案例。

假设研究气候变化的模拟和预测，目标是通过积分方法模拟和预测未来的气候变化趋势。

步骤如下：

（1）收集气候数据，如温度、降水量、风速等指标的时间序列数据。这些数据可以从气象观测站、卫星观测、气候模型等渠道获取。

（2）建立气候模型。根据收集的气候数据，建立气候模型，以描述气候系统的变化。可以使用微分方程或差分方程来建立气候模型，其中积分方法可以用于模拟气候变化的过程。

下面是简化的数学表达式，用于描述气候变化中的能量平衡和温室效应以及海洋环流。

能量平衡方程：

$$\frac{dQ}{dt} = F_{in} - F_{out}$$

其中，$\frac{dQ}{dt}$ 表示系统内能量的变化率；F_{in} 表示进入系统的能量流量；F_{out} 表示离开系统的能量流量。这个方程描述了能量在气候系统中的平衡与变化。

温室效应模型：

$$\frac{dC}{dt} = \text{Forcing} - \text{Feedbacks}$$

其中，$\frac{dC}{dt}$ 表示温室气体浓度的变化率；Forcing 表示外部驱动因素对温室气体浓度的影响；Feedbacks 表示气候反馈机制对温室气体浓度的影响。这个方程描述了温室气体在气候变化中的作用。

海洋环流模型：

$$\frac{\partial u}{\partial t} + u\frac{\partial u}{\partial x} + v\frac{\partial u}{\partial y} + w\frac{\partial u}{\partial z} = -\frac{1}{\rho}\frac{\partial P}{\partial x} + F_x$$

$$\frac{\partial v}{\partial t} + u\frac{\partial v}{\partial x} + v\frac{\partial v}{\partial y} + w\frac{\partial v}{\partial z} = -\frac{1}{\rho}\frac{\partial P}{\partial y} + F_y$$

$$\frac{\partial w}{\partial t} + u\frac{\partial w}{\partial x} + v\frac{\partial w}{\partial y} + w\frac{\partial w}{\partial z} = -\frac{1}{\rho}\frac{\partial P}{\partial z} + F_z$$

这是描述海洋中流体运动的三维纳维–斯托克斯（Navier-Stokes）方程，其中 u、v、w 分别表示流体速度在 3 个坐标方向上的分量；$\frac{\partial u}{\partial t}$、$\frac{\partial u}{\partial x}$、$\frac{\partial u}{\partial y}$、$\frac{\partial u}{\partial z}$ 分别表示时间和空间的偏导数；P 表示流体的压强；ρ 表示流体的密度；F_x、F_y、F_z 表示外部力对流体速度的影响。这个方程组描述了海洋环流的动态演化。

（3）进行积分模拟。根据建立的气候模型，运用积分方法进行模拟计算。通过对气候模型进行时间上的积分，可以模拟和预测气候变化的趋势和特征。

（4）分析和解释模拟结果。根据积分模拟的结果，分析和解释气候变化的趋势和影响。可以探讨不同因素对气候变化的影响程度，如温室气体排放、自然因素等。

（5）验证和调整模型。根据实际观测数据，验证和调整建立的气候模型。通过与观测数据的比较，检验模型的准确性和可靠性，并进行相应的调整和改进。

（6）应用模拟结果进行气候变化预测。基于积分模拟的结果，可以进行气候变化的预测和趋势分析。这对于制定气候变化适应策略和采取相应措施具有重要意义。

气候模型的建立和积分模拟的复杂程度会因具体研究目的和数据可用性而有所不同。在应用积分模拟和预测气候变化时，需要考虑模型的参数选择、初始条件和边界条件等。

通过积分模拟和预测气候变化，可以更好地理解和预测气候系统的变化，为应对气候变化提供科学依据和决策支持。这种方法在气候科学和气候变化研究中具有重要的应用价值，有助于我们对气候变化的影响和应对措施有更深入的认识。

数值计算实践

实际模拟和预测气候变化的过程包括多种复杂的气候反馈和相互作用，需要复杂的模型和大量的计算资源。然而，我们可以使用简化的模型和方法来演示这个过程。

例如，使用简化的能量平衡模型来模拟地球温度的变化。在这个模型中，假设地球是一个完美的黑体，吸收和发射的能量分别由太阳辐射和黑体辐射决定。

扫描下方二维码可查看代码。在这个模型中，我们使用了一个简化的假设，即地球的出射辐射与温度的四次方为常数。能量平衡模型下的温度变化曲线如图 4.12 所示。实际情况要复杂得多，包括大气的辐射效应、海洋和大气之间的能量交换、地球的反照率变化等。

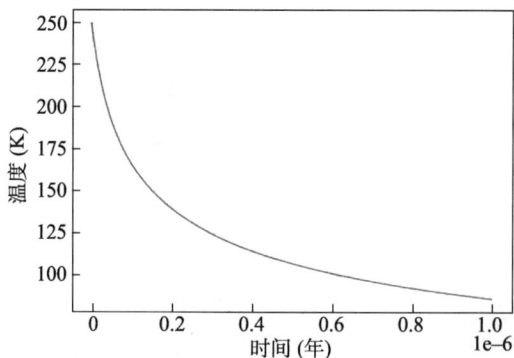

示例代码

图 4.12　能量平衡模型下的温度变化曲线

这个模型可以给我们一些基本的认识,例如,气候系统是如何通过调整温度来达到能量平衡的,以及增加入射辐射(例如,增加太阳辐射或温室气体浓度)会如何改变地球的温度等。然而,要准确预测未来的气候变化,需要使用更为复杂和精细的模型。

4.16 在计算经济总量时如何使用积分应用和简化模型及数值计算实践

在经济学中,常常需要计算经济总量,如国内生产总值(GDP)和总收入等。积分方法可以在经济学中应用于计算经济总量。以下是一个关于如何使用积分来计算经济总量的案例。

假设研究如何使用积分来计算经济总量,目标是通过积分方法计算 GDP。

步骤如下:

(1)定义经济指标。确定计算经济总量所需要的经济指标,如消费支出、投资支出、政府支出和净出口等。这些指标可以通过统计数据和经济调查来获取。

(2)建立经济模型。根据经济指标和经济关系,建立经济模型来描述经济活动和变化的过程。可以利用微分方程或差分方程建立经济模型,其中积分方法可以用于计算经济总量。

要通过积分方法计算国内生产总值(GDP),可以考虑使用支出法来估算 GDP。支出法是计算 GDP 的一种常用方法,它基于不同部门和个体的总支出。

假设有以下几个部门的支出:消费支出(C)、投资支出(I)、政府支出(G)、净出口(NX)。那么 GDP 可以表示为

$$GDP = C + I + G + NX$$

其中,净出口(NX)等于出口(X)减去进口(M),表示国家与外界的经济交易。

为了计算 GDP,可以使用积分方法来估算各个部门的总支出。假设每个部门的支出都是关于时间的函数,可以将各个部门的支出用函数的形式表示为

$$C(t) = C_0 + \int_{t_0}^{t} c(\tau) \mathrm{d}\tau$$

$$I(t) = I_0 + \int_{t_0}^{t} i(\tau) \mathrm{d}\tau$$

$$G(t) - G_0 + \int_{t_0}^{t} g(\tau) \mathrm{d}\tau$$

$$NX(t) = NX_0 + \int_{t_0}^{t} nx(\tau) \mathrm{d}\tau$$

其中,C_0、I_0、G_0、NX_0 是初始时刻的支出值;$c(t)$、$i(t)$、$g(t)$、$nx(t)$ 是各个部门支出随时间变化的函数;初始时刻 t_0 和当前时刻 t 分别是积分的下限和上限。

然后,将这些支出代入 GDP 的表达式,得到

$$GDP = \left(C_0 + \int_{t_0}^{t} c(\tau)\mathrm{d}\tau\right) + \left(I_0 + \int_{t_0}^{t} i(\tau)\mathrm{d}\tau\right) + \left(G_0 + \int_{t_0}^{t} g(\tau)\mathrm{d}\tau\right) + \left(NX_0 + \int_{t_0}^{t} nx(\tau)\mathrm{d}\tau\right)$$

最后,对上述表达式进行积分,计算出 GDP 在时间段 $[t_0, t]$ 内的值。

(3)进行积分计算。根据建立的经济模型,运用积分方法进行计算。通过对经济模型进行积分,可以计算各个经济指标的累积值,进而得到经济总量。

(4)分析和解释计算结果。根据积分计算的结果,分析和解释经济总量的数值和趋势。可以探讨不同经济指标对经济总量的贡献程度,分析经济增长的驱动因素。

(5)验证和调整模型。根据实际统计数据,验证和调整建立的经济模型。通过与实际经济数据的比较,检验模型的准确性和可靠性,并进行相应的调整和改进。

（6）应用计算结果进行经济分析和决策支持。基于积分计算的结果，可以进行经济分析和决策支持。对于政府、企业和投资者等，经济总量的准确计算和分析对于制定经济政策和投资决策具有重要意义。

经济模型的建立和积分计算的复杂程度会因具体研究目的和数据可用性而有所不同。在应用积分计算经济总量时，需要考虑模型的参数选择、初始条件和边界条件等。

通过积分计算经济总量，可以更好地理解和评估经济活动的规模和趋势，为经济政策制定和投资决策提供科学依据和决策支持。这种方法在经济学和宏观经济研究中具有重要的应用价值，有助于我们对经济发展和增长的理解和分析。

数值计算实践

以下是一个使用 Python 和积分方法来模拟 GDP 增长的基本示例。在这个示例中，假设每个部门的支出是一个随时间呈线性增长的函数，而实际情况可能会更复杂。扫描下方二维码可查看代码。

在这个示例中，首先使用 quad 函数进行积分计算。quad 函数接受一个函数和两个积分限（上下界）作为参数，返回积分值和估计误差。

然后，对每个部门的支出函数进行积分，从初始时刻（$t=0$）到当前时刻（t）。将这些积分结果加在一起，可得到 GDP 的值。

最后，使用 Matplotlib 绘制 GDP 随时间的变化图，如图 4.13 所示。

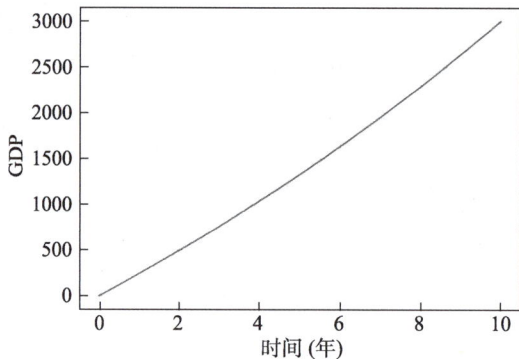

示例代码

图 4.13   GDP 随时间的变化曲线

这只是一个非常简化的模型，真实的经济系统会更为复杂。在实际应用中，需要考虑到很多因素，如货币政策、财政政策、经济周期、市场环境等。此外，数据的收集和处理也是一个重要的步骤，我们需要尽可能地收集和使用准确、完整和一致的数据。

4.17   积分在生物学中的应用和简化模型及数值计算实践

在生物学中，经常研究不同物种的种群动态，包括种群数量的变化和生物种群的生命周期。积分方法可以应用于生物学中的种群动态模型，帮助我们理解和预测种群的变化趋势。以下是一个关于积分在生物学中应用于种群动态的案例。

假设研究狼群的种群动态，并尝试利用积分方法来建立种群模型，预测狼群数量的变化。

步骤如下：

（1）确定种群增长模型。根据狼群的生命周期和繁殖方式，选择适当的种群增长模型。常用的种群增长模型包括指数增长模型、Logistic 增长模型等。

（2）建立微分方程。根据选定的种群增长模型，建立相应的微分方程来描述狼群数量随时间的变化。例如，可以使用 Logistic 增长模型来描述种群的增长和饱和过程。

$$\frac{\mathrm{d}N}{\mathrm{d}t} = rN\left(1 - \frac{N}{K}\right)$$

其中，$\frac{\mathrm{d}N}{\mathrm{d}t}$ 是种群数量 N 随时间的变化率，也就是种群的增长速率；r 是种群的固有增长率，表示在无限资源情况下种群数量每单位时间的增加；K 是环境的承载力，表示种群数量达到的最大值。

（3）求解微分方程。根据建立的微分方程，可以通过积分方法求解方程得到种群数量随时间的变化函数。通过数值积分或解析积分的方式，可以计算出不同时间点上的种群数量。

（4）分析和解释结果。根据求解得到的种群数量随时间的变化函数，进行结果分析和解释。可以探讨种群数量的增长速率、稳定性以及可能的波动情况。

（5）验证模型和预测。根据实际观测数据，验证建立的种群动态模型的准确性。比较模型预测结果与实际观测数据的一致性，并进行模型的修正和调整。

（6）探讨模型的应用和扩展。基于建立的种群动态模型，可以进一步探讨不同因素对种群数量变化的影响，如环境变化、食物供应等。还可以将模型扩展到多物种互动的生态系统中，研究物种之间的相互作用和影响。

通过在生物学中应用积分方法，可以更好地理解和预测物种的种群动态，揭示生物群落的演替过程和生态系统的稳定性。这种方法在生态学、保护生物学和自然资源管理等领域具有重要的应用价值，有助于我们更好地保护和管理生物多样性。

数值计算实践

下面用 Python 编程实现这个例子，使用一种被称为洛特卡–沃尔泰拉（Lotka-Volterra）模型，也称捕食者–猎物模型、食物链模型。

在这个模型中，我们考虑狼（捕食者）和兔（猎物）的种群动态。模型可以用以下两个微分方程表示：

$$\frac{\mathrm{d}a}{\mathrm{d}t} = ka - \alpha ab, \quad \frac{\mathrm{d}b}{\mathrm{d}t} = (l_{22} - l_{21})a - \beta ab$$

其中，t 是时间，a 是狼的数量，b 是兔的数量，α、β 是狼和兔之间的交互影响，k 是兔的自然死亡率，l_{21} 是狼的饥饿死亡率，l_{22} 是狼的繁殖率。

使用 Python 的 scipy.integrate.odeint 函数来求解这个微分方程系统。扫描下方二维码可查看代码。

在这个模型中，狼和兔的数量会随着时间周期性变化，形成一个稳定的捕食者–猎物关系，如图 4.14 所示。虽然这个模型非常简单，但它已经可以捕捉到一些生态系统中的基本动态，如种群数量的波动和捕食者–猎物关系的周期性。

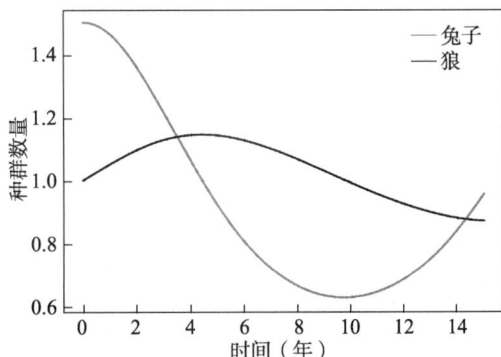

示例代码

图 4.14　狼和兔的数量随时间的变化曲线

这个模型仅仅是一种理想化的简化，真实的生态系统会受到许多其他因素的影响，如环境变化、种群迁移、疾病等。在应用这个模型时，需要考虑这些因素的影响，并根据实际情况进行调整。

4.18　计算市场供需曲线下的总消费应用和
简化模型及数值计算实践

在经济学中，供需曲线描述了商品市场中商品供给和商品需求的关系。通过计算供需曲线下的总消费，可以评估市场上的商品总需求和总交易量。以下是一个关于计算市场供需曲线下总消费的案例。

假设研究某种商品的市场供需关系，目标是计算在供需曲线所围成的区域下的总消费。

步骤如下：

（1）确定市场供给曲线和需求曲线。通过市场调研和数据分析，确定该商品的供给曲线和需求曲线。供给曲线表示不同价格下供应商愿意供应的商品数量，需求曲线表示不同价格下消费者愿意购买的商品数量。

（2）确定价格范围。根据供给曲线和需求曲线的交点，确定价格的取值范围，该范围将确定供需曲线所围成的区域。

（3）计算消费量。在确定的价格范围内，根据需求曲线和供给曲线，计算不同价格下的消费量。消费量可以通过需求曲线和供给曲线之间的价格差乘以数量来计算。

（4）对消费量进行积分。将不同价格下的消费量进行积分，得到供需曲线所围成的区域下的总消费。积分可以通过数值积分或解析积分的方式进行计算。

（5）分析和解释结果。根据计算得到的总消费结果，进行分析和解释。可以探讨不同价格水平下的总消费情况，分析市场需求和供给的弹性，以及价格对总消费的影响。

假设市场的供给曲线为 $Q_s = f(p)$，表示供给数量与商品价格之间的关系，其中 Q_s 表示供给数量，p 表示商品价格。市场的需求曲线为 $Q_d = g(p)$，表示需求数量与商品价格之间的关系，其中 Q_d 表示需求数量。

市场的总消费可以通过计算供给和需求曲线之间的交点来得到。在交点处，供给的数量等于需求的数量，即 $Q_s = Q_d$。因此，需要解方程 $f(p) = g(p)$ 来找到交点的价格 $p*$。一旦找到交点的价格 $p*$，就可以计算市场的总消费。市场的总消费等于交点处的供给或需求数量乘以价格，即

$$\text{Total Consumption} = p^* Q_{s(p*)} = p^* Q_{d(p*)}$$

注意：具体的供给和需求曲线函数 $f(p)$ 和 $g(p)$ 需要根据实际情况给定，并且可能是非线性的函数。求解方程 $f(p) = g(p)$ 可能需要使用数值方法，如牛顿法、二分法等。

通过计算市场供需曲线下的总消费，可以了解市场上商品的总需求情况，评估市场的活跃程度和潜在的商机。这种方法在市场调研、市场预测和经济政策制定中具有重要的应用价值，可以帮助我们更好地理解和分析市场的运行机制和特征。

数值计算实践

首先，定义供给和需求曲线。这里假设它们是线性函数，形式如下。

供给曲线：

$$Q_s = a + bP$$

需求曲线：

$$Q_d = c - dP$$

然后，找到这两个曲线的交点，即找到满足 $Q_s = Q_d$ 的价格 P。这将确定市场的均衡价格和数量。

最后，计算在这个价格下的总消费，即 PQ。

这里我们给定参数 a、b、c、d，然后使用 Python 来实现上述过程。扫描下方二维码可查看代码。在这个示例代码中，使用 NumPy、SciPy 和 Matplotlib 库模拟了市场上的供给和需求曲线，并绘制

了它们的图形。

运行这段代码后将会看到一个图形，显示了供给曲线和需求曲线以及它们的均衡点，如图 4.15 所示。交点代表市场均衡，即在这个价格和数量下，市场上的商品供应量等于需求量。这也是市场上的总消费量。

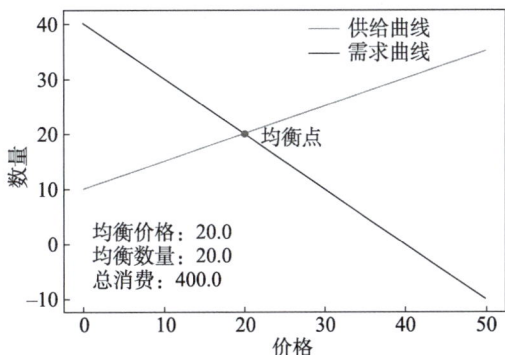

图 4.15 供给曲线和需求曲线以及它们的均衡点

4.19 利用积分理解和计算光的散射应用和简化模型及数值计算实践

在光学中，散射是光线与物质相互作用后改变传播方向的现象。利用积分可以更好地理解和计算光的散射过程。以下是一个关于利用积分理解和计算光的散射的案例。

假设研究光在某种介质中的散射现象，目标是利用积分来计算光的散射过程。

步骤如下：

（1）确定散射介质的性质。确定介质的折射率、散射因子等关键参数，这些参数会影响光的传播和散射行为。

（2）建立光传播模型。根据光在介质中的传播规律，建立相应的光传播模型。可以采用波动光学理论或几何光学模型，具体根据散射介质的特性选择适当的模型。

（3）推导散射方程。基于建立的光传播模型，推导出描述光的散射过程的微分方程或积分方程。这些方程可以描述光的传播、相位变化及散射方向等关键参数。

在光传播模型中，考虑光在介质中传播时的散射过程。假设光在介质中的传播遵循光传输方程（RTE），则可以得到描述光的散射过程的微分方程。

光传输方程描述了光在介质中的传播和散射过程，其中考虑了吸收、散射和发射等现象。该方程通常表示为

$$\frac{\mathrm{d}I(r,\Omega,\lambda)}{\mathrm{d}s} = -\sigma_t(r,\lambda)I(r,\Omega,\lambda) + \sigma_s(r,\lambda)\int_{4\pi} p(\Omega,\Omega')I(r,\Omega',\lambda)\mathrm{d}\Omega' + Q(r,\Omega,\lambda)$$

其中，$I(r,\Omega,\lambda)$ 是光在位置 r、方向 Ω、波长 λ 处的辐射强度；$\sigma_t(r,\lambda)$ 是总吸收截面；$\sigma_s(r,\lambda)$ 是散射截面；$p(\Omega,\Omega')$ 是散射相函数，描述光从方向 Ω' 散射到方向 Ω 的概率；$Q(r,\Omega,\lambda)$ 是外部源项，表示在位置 r、方向 Ω、波长 λ 处的光源强度。

光传输方程描述了光在介质中沿着方向 Ω 在波长 λ 处的传播和散射过程。通过求解该方程，可以获得光在介质中的传播和散射行为，进而了解光的传输特性。

（4）求解散射方程。根据推导得到的方程，可以通过数值积分或解析积分的方式进行求解，计算出光的散射行为。这涉及对散射方程进行积分操作，需要考虑光的传播路径和散射介质的影响。

（5）分析和解释结果。根据求解得到的散射结果，进行结果分析和解释。可以探讨光的散射角度分布、散射强度等特性，以及散射介质的影响因素。

利用积分方法来理解和计算光的散射过程，可以更好地研究和应用光学现象。这种方法在光学

研究、光学材料设计和光学器件开发等领域具有重要的应用价值，有助于我们更深入地理解光的传播特性和光与物质相互作用的机制。

数值计算实践

下面我们简化一下问题，考虑一维的情况，并假设散射是各向同性的，即散射相函数 p 是常数。这样，光传输方程可以简化为

$$\frac{dI}{dx} = -\sigma_t I + \sigma_s Q$$

这是一个一阶线性微分方程，其解析解为

$$I(x) = \frac{Q}{\sigma_t} + \left(I_0 - \frac{Q}{\sigma_t}\right)e^{-\sigma_t x}$$

其中，I_0 是光在 $x=0$ 处的强度；$\frac{Q}{\sigma_t}$ 是方程的稳态解，表示当光通过足够大的距离后，其强度会趋于一个常数值。

扫描下方二维码可查看代码。在这个 Python 示例代码中，使用 NumPy 和 Matplotlib 库模拟了在介质中的光散射过程，并绘制了光强度随位置的变化曲线，如图 4.16 所示。

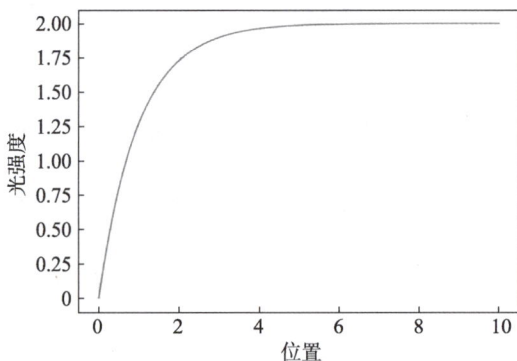

示例代码

图 4.16   光强度随位置的变化曲线

这个模型是一个简化版的光传输方程，虽然对于复杂的光散射现象可能无法给出准确的描述，但它可以用来理解光在吸收和散射作用下的传播行为。需要注意的是，具体的求解和模拟过程取决于问题的具体情况和所选用的物理模型。

4.20　物流中货物的最优装载应用和简化模型及数值计算实践

在物流运输中，货物的最优装载是一个重要的问题。运用积分方法，可以帮助我们确定如何最有效地将货物装载到运输工具中，以最大限度地减少运输成本和提高运输效率。以下是一个关于物流中货物的最优装载的案例。

假设需要将一批货物装载到一辆运输车辆中，以最大限利用车辆空间以减少运输成本。

步骤如下：

（1）确定货物属性和限制条件。了解货物的属性，如尺寸、质量、特殊要求等，并考虑运输工具的限制条件，如载重能力、体积限制等。

（2）建立装载模型。根据货物属性和限制条件，建立一个数学模型来描述货物的装载问题。可以使用坐标系来表示运输车辆的空间，考虑货物的位置、朝向和相对位置等信息。

（3）定义目标函数。根据具体的目标，如最大化装载容量、最小化运输成本等，定义一个适当

的目标函数。目标函数可以根据货物的位置和空间利用率等指标来进行优化。

（4）约束条件的建立。考虑装载过程中的约束条件，如货物之间的空隙要求、重力平衡等，以及运输工具的限制条件。将这些约束条件转化为数学表达式，加入装载模型中。

（5）进行优化计算。根据建立的装载模型、目标函数和约束条件，使用数值优化方法，如积分方法或优化算法，求解最优装载方案。这涉及对目标函数进行积分或优化计算，考虑货物位置和朝向的变化。

（6）分析和评估结果。根据求解得到的最优装载方案，进行结果分析和评估。考虑运输工具的空间利用率、货物摆放的合理性以及运输成本等指标，对结果进行综合评估。

假设有 n 个货物，每个货物的体积或质量分别为 $v_1, v_2, \cdots, v_n$，并且运输车辆的最大载重为 W。目标是找到一种装载方式，使装载的货物总量最大，同时不超过车辆的最大载重。

用一个函数 $f(x_1, x_2, \cdots, x_n)$ 表示装载的货物总量，其中 x_i 表示第 i 个货物的数量，则 $f(x_1, x_2, \cdots, x_n)$ 的表达式为

$$f(x_1, x_2, \cdots, x_n) = x_1 + x_2 + \cdots + x_n$$

其中，x_i 的取值范围为 $[0, m_i]$，m_i 表示第 i 个货物的可用数量。

现在，我们的目标是找到 x_i 的取值，使 $f(x_1, x_2, \cdots, x_n)$ 最大，同时满足以下约束条件。

载重约束：

$$x_1 v_1 + x_2 v_2 + \cdots + x_n v_n \leqslant W$$

货物数量约束：

$$0 \leqslant x_i \leqslant m_i \, (i = 1, 2, \cdots, n)$$

下面使用不定积分来求解这个问题。为了使用不定积分，引入一个辅助函数 $g(x_1, x_2, \cdots, x_n)$，其中 x_i 表示第 i 个货物的数量，$g(x_1, x_2, \cdots, x_n)$ 表示 x_i 和 m_i 之间的差值，即

$$g(x_1, x_2, \cdots, x_n) = \sum_{i=1}^{n} m_i - x_i$$

现在，将原始目标函数转化为一个无约束的函数 $F(x_1, x_2, \cdots, x_n)$，使 $F(x_1, x_2, \cdots, x_n) = f(x_1, x_2, \cdots, x_n) + \sum g(x_1, x_2, \cdots, x_n)$，即

$$F(x_1, x_2, \cdots, x_n) = x_1 + x_2 + \cdots + x_n + (m_1 - x_1) + (m_2 - x_2) + \cdots + (m_n - x_n)$$

接下来，对 $F(x_1, x_2, \cdots, x_n)$ 进行不定积分，求得它的原函数 $G(x_1, x_2, \cdots, x_n)$。然后，通过求解 $G(x_1, x_2, \cdots, x_n)$ 的驻点（导数为零的点），找到使 $F(x_1, x_2, \cdots, x_n)$ 最大的 x_i 的取值，即得到最优的货物装载方案。

通过应用积分方法来进行物流中货物的最优装载，可以帮助我们提高运输效率，降低运输成本，提升物流运输的效益和竞争力。这种方法在物流规划、货物装载优化和供应链管理等领域具有广泛的应用前景。

数值计算实践

在这个问题中，有一系列物品，每个物品都有一个价值和一个质量（或体积），我们希望找到一种方法，将尽可能多的价值装入背包，同时不超过背包的最大质量。在这个问题中，每个物品要么被完全包含在背包中，要么完全不包含在背包中。这就是该问题被称为"0-1 背包问题"的原因。

但是，这个问题实际上是一个离散优化问题，因此不能直接应用积分方法来求解。一般的求解方法是使用动态规划，特别是当物品的数量和背包的容量都比较大时。

以下是一个简单的 Python 示例，使用动态规划解决背包问题，并通过热图可视化动态规划表格。扫描下方二维码可查看代码。

在这个例子中，有 4 个物品，它们的质量分别为 2、3、4、5，价值分别为 3、4、5、6。背包的最大容量为 5。程序的输出表示，在不超过背包容量的情况下，可以装入的物品的最大价值为 7。

图 4.17 展示了背包的动态规则，颜色越深表示价值越大。

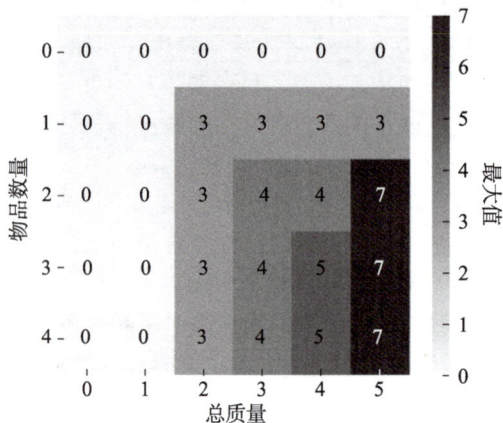

图 4.17　背包的动态规则

4.21　习题、思考题、课程论文研究方向

▶▶ 习题：

1. 求下列不定积分

（1）$\int \dfrac{1}{x^3}\mathrm{d}x$ 　　　（2）$\int \dfrac{\cos 2x}{\cos^2 x \sin^2 x}\mathrm{d}x$ 　　　（3）$\int \dfrac{x^4+9x^2+5}{x^2+2}\mathrm{d}x$

2. 求下列不定积分

（1）$\int 2x\sin x^2\mathrm{d}x$ 　　　（2）$\int \cos^3 x\mathrm{d}x$ 　　　（3）$\int \dfrac{x}{\sqrt{a^2-x^2}}\mathrm{d}x$

（4）$\int \dfrac{\arctan\sqrt{x}}{\sqrt{x}(1+x)}\mathrm{d}x$ 　　　（5）$\int x\ln^2 x\mathrm{d}x$ 　　　（6）$\int \dfrac{2x+3}{x^2-3x+2}\mathrm{d}x$

3. 求下列导数

（1）$F(x)=\displaystyle\int_1^{x^2} e^{-t^2}\mathrm{d}x$ 　　　（2）$F(x)=\displaystyle\int_{\sin x}^{x^2} \dfrac{1}{\sqrt{1+t^4}}\mathrm{d}x$

▶▶ 思考题：

1. 探讨不定积分与定积分的关系及其在求解面积和体积问题上的应用。
2. 阐述不定积分的计算方法，如换元法、分部积分法等，比较它们的适用性和计算效率。
3. 分析不定积分的存在性和唯一性条件，并给出相应的证明。

▶▶ 课程论文研究方向：

1. 不定积分的数值计算方法及其在科学计算中的应用。
2. 不定积分与微分方程的关系及其在物理、生物学等领域中的应用。
3. 基于不定积分的曲线拟合和数据插值方法的研究。
4. 不定积分在金融数学和经济学中的应用，如期权定价和投资组合优化等问题。
5. 不定积分在图像处理和计算机视觉中的应用，如图像分割和边缘检测等方面的研究。

第5章 定　积　分

5.1　定积分的概念与定义

定积分是微积分中的一个重要概念，用于计算曲线下面积、求解定积分方程和累积变化量等问题。下面是定积分的概念与定义。

定积分的定义：定积分是将函数在一个给定区间上的值进行累加，得到一个确定的数值结果。对于函数 $f(x)$ 在区间 $[a,b]$ 上的定积分，记作 $\int_a^b f(x)\mathrm{d}x$。

引例

区间的选择：定积分的计算需要确定积分的区间，通常表示为 $[a,b]$。这个区间应该包含于函数 $f(x)$ 的定义域。

微小区间的划分：将区间 $[a,b]$ 划分为 n 个微小区间，并在每个微小区间上选择一个代表点 x_i。

微小区间的面积：对于每个微小区间 $[a_i,a_{i+1}]$，计算 $f(x_i)$ 乘以微小区间的宽度 Δx_i，得到微小区间的面积 $\Delta A_i = f(x_i)\Delta x_i$。

近似和求和：将所有微小区间上的面积进行累加，即 $\sum \Delta A_i$，得到近似的曲线下面积。

极限的引入：当微小区间的数量 n 无限增加、微小区间的宽度 Δx_i 趋近于零时，得到定积分的精确值。

定积分的计算：可以通过多种方法进行定积分计算，如几何方法、黎曼–斯蒂尔杰斯积分等。具体的计算方法取决于函数的性质和所使用的技巧。

定积分的概念和定义提供了计算曲线下面积和解决其他与累积变化量相关问题的基础。它在物理学、经济学、工程学和其他科学领域中具有广泛的应用。

5.2　定积分的基本性质

定积分具有许多重要的基本性质，这些性质能够对函数的定积分进行计算和分析。下面是定积分的一些基本性质。

线性性质：若 $f(x)$ 和 $g(x)$ 是区间 $[a,b]$ 上的可积函数，c 和 d 是常数，则有

$$\int_a^b [cf(x)+dg(x)]\mathrm{d}x = c\int_a^b f(x)\mathrm{d}x + d\int_a^b g(x)\mathrm{d}x$$

区间可加性：若 $f(x)$ 是区间 $[a,b]$ 上的可积函数，且 $a<c<b$，则有

$$\int_a^b f(x)\mathrm{d}x = \int_a^c f(x)\mathrm{d}x + \int_c^b f(x)\mathrm{d}x$$

积分与函数值的关系：若 $f(x)$ 是区间 $[a,b]$ 上的连续函数，则存在 $c\in[a,b]$，则有

$$\int_a^b f(x)\mathrm{d}x = f(c)(b-a)$$

积分的保号性：

（1）若 $f(x) \geqslant 0$ 是区间 $[a,b]$ 上的连续函数，则有

$$\int_a^b f(x)\mathrm{d}x \geqslant 0$$

（2）若 $f(x)$ 和 $g(x)$ 是区间 $[a,b]$ 上的可积函数，并且 $f(x) \leqslant g(x)$ 对于所有 $x \in [a,b]$ 成立，则有

$$\int_a^b f(x)\mathrm{d}x \leqslant \int_a^b g(x)\mathrm{d}x$$

通过这些基本性质能够灵活地计算和推导定积分，同时也为定积分在数学和其他应用领域中的重要应用奠定了基础，为处理曲线下面积、求解累积变化量和分析函数性质等问题提供了有力的工具。

5.3　基本积分法则和技巧

在定积分的计算中，通过基本积分法则和技巧可以找到函数的原函数，并进行积分计算。下面是一些常用的基本积分法则和技巧。

牛顿-莱布尼茨公式：若 $F(x)$ 是 $f(x)$ 在区间 $[a,b]$ 上的一个原函数，即 $F'(x) = f(x)$，则有

积分上限函数介绍

$$\int_a^b f(x)\mathrm{d}x = F(b) - F(a)$$

牛顿-莱布尼茨公式巧妙地把定积分的计算问题与不定积分联系起来，为定积分的计算提供一个简便且有效的方法。

代换法（换元积分法）：通过引入新的变量进行代换，以简化积分表达式。常用的代换方法有三角代换、指数代换、倒数代换等。

部分分式分解法：对于有理函数的积分，可以将有理函数拆分为部分分式之和，再进行积分计算。

分部积分法：对于两个函数的乘积的积分，可以使用分部积分法，将积分转化为更简单的形式。分部积分法的公式为

$$\int_a^b u\,\mathrm{d}v = (uv)\Big|_a^b - \int_a^b v\,\mathrm{d}u$$

三角函数积分：对于三角函数的积分，可以使用三角恒等式、半角公式等公式进行化简和计算。

以上是常用的基本积分法则和技巧，在实际应用中，根据具体的积分表达式和函数性质，应选择合适的积分法则和技巧进行化简和计算，以获得准确的积分结果。

5.4　高尔夫球座的体积简化模型和数值计算实践

假设高尔夫球座的形状为一个旋转曲面，通过将曲线围绕 x 轴旋转而形成。可以使用定积分来计算高尔夫球座的体积。

设高尔夫球座的曲线由函数 $y = f(x)$ 描述，其中 $a \leqslant x \leqslant b$。要计算高尔夫球座的体积，可以按照以下步骤进行。

（1）将曲线绕 x 轴旋转，形成一个旋转曲面。

（2）将旋转曲面切割成无限小的圆环（或圆柱体）。

（3）计算每个无限小的圆环的体积，然后将其累加起来得到总体积。

对于一个无限小的圆环，其体积可以近似地表示为

$$\mathrm{d}V = \pi f(x)^2 \mathrm{d}x$$

其中，$\pi f(x)^2$ 是圆环的面积，$\mathrm{d}x$ 是圆环的厚度（无限小宽度）。

（4）通过对所有圆环的体积进行累加，可以得到高尔夫球座的体积：

$$V = \int_a^b \pi f(x)^2 \mathrm{d}x$$

根据具体的高尔夫球座曲线函数 $f(x)$，使用定积分的计算方法求解上述积分。选择适当的积分方法，如直接计算、换元积分法、分部积分法等，根据具体情况进行计算。

通过计算得到的积分结果，即高尔夫球座的体积。这个案例展示了如何利用定积分来计算旋转曲面的体积，为实际应用中的几何体积计算提供了方法和思路。

数值计算实践

在这个例子中，用一个简单的函数 $f(x)=\sqrt{R^2-x^2}$ 来模拟高尔夫球的一半，其中 R 是高尔夫球的半径。这个函数描述的是半圆的上半部分，它的有效定义域为 $[-R,R]$。可以围绕 x 轴旋转这个半圆，形成一个完整的球。

要计算球的体积，可以将旋转半圆后得到的球体分割成无数个细长的圆环，每个圆环的半径是 $f(x)$，宽度是 $\mathrm{d}x$，然后累加这些圆环的体积。因此，球的体积可以通过以下定积分来计算：

$$V = \iint_{-R}^{R} \pi f(x)^2 \, \mathrm{d}x$$

Python 提供了一个名为 scipy.integrate 的库，可以用来计算定积分。扫描下方二维码可获取使用 scipy.integrate 计算这个定积分的代码。下面通过图像展示球体的截面和被积函数来加深理解。

我们可以画出在三维空间中半径为 1 的球体的形状，还可以画出函数 $f(x)=\sqrt{1-x^2}$，这是一个半圆，使用 Matplotlib 的 mplot3d 模块来实现这个可视化的代码。

高尔夫球的体积为 4.1887902047863905 体积单位。

这段代码首先定义了半圆的函数 $f(x)$。其次定义了被积函数 integrand(x)，它是圆环体积的微元 $\mathrm{d}V$。再次使用 integrate.quad 函数来计算定积分。最后输出球的体积。

这段代码计算出来的体积应该接近 $\frac{4}{3}\pi R^3$，这是已知的球体体积公式。这说明，通过使用积分，可以计算出复杂形状的体积。

这段代码在左边画出球体，在右边画出函数 $f(x)$ 的图像，如图 5.1 所示。左边的图形并不完全像球体，这是因为它被画在了二维平面上。

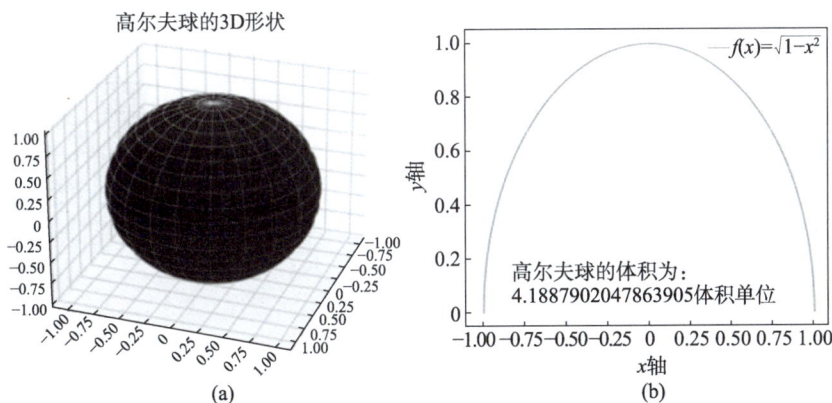

图 5.1 绘制的球体及函数 $f(x)$ 曲线

5.5 城市人口模型简化模型和数值计算实践

城市人口变化对历史、文化和社会发展具有重要意义。我们可以利用定积分来建立一个简化的城市人口模型，以探索一个城市的人口变化趋势。

假设这个城市的人口模型可以用函数 $P(t)$ 来描述，其中 t 表示时间。将时间区间 $[a,b]$ 分为若干个小时间段，并在每个小时间段内估计人口的变化。对于每个小时间段 $[t_i,t_{i+1}]$，都可以假设人口的

变化率是一个常数 r_i 。

根据这个假设，可以将城市人口模型表示为一个累加的过程：

$$P(t) = P(a) + \int_a^t r(x)\mathrm{d}x$$

其中，$P(a)$ 是起始时刻的人口数量；$r(x)$ 是时间 x 的人口变化率。定积分 $\int_a^t r(x)\mathrm{d}x$ 是从起始时刻 a 到当前时刻 t 之间的人口变化量。

为了具体建立人口模型，需要进行以下步骤。

（1）收集历史上关于这个城市的人口数据，尽可能获取不同时间段的人口数据。

（2）根据收集到的人口数据，拟合得到合适的人口变化率函数 $r(x)$ 。

（3）利用定积分公式计算人口模型 $P(t)$ ，其中 t 表示感兴趣的时间范围。

（4）分析人口模型的变化趋势，寻找人口增长或下降的关键时期，以及人口波动的原因和影响因素。

数值计算实践

以长安古城（现称西安）为例，在这个问题中，由于没有具体的数据或对人口变化率 $r(t)$ 的函数形式的假设，这里只能提供一个一般性的例子。

假设城市的人口增长率 $r(t)$ 是一个线性函数，如 $r(t) = at + b$ ，其中 a 和 b 是常数。因此，长安古城在任何时间 t 的人口 $P(t)$ 都可以通过以下定积分来计算：

$$P(t) = P(a) + \int_a^t r(x)\mathrm{d}x$$

其中，$P(a)$ 是起始时刻的人口数量，a 和 b 是基于历史数据估计的参数。

扫描下方二维码可查看相关代码。在这段代码中，首先定义了参数 a 、b 和 $P(a)$ 的值，然后定义了人口增长率函数 $r(t)$ 和人口函数 $P(t)$ 。其次，计算了在时间序列 t 中每个时间点的人口数，并将其保存在数组 P_t 中。最后，用 Matplotlib 库画出城市人口随时间的变化图，如图 5.2 所示。

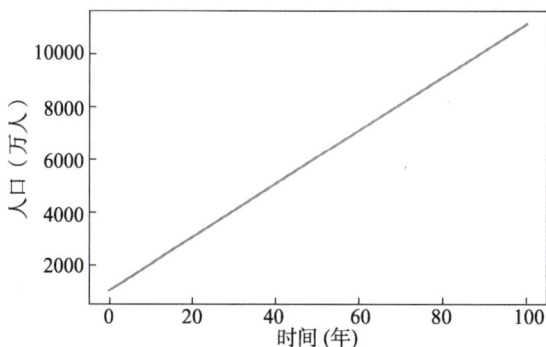

示例代码

图 5.2　城市人口随时间的变化

这个模型是一个简化模型，实际的人口增长模型可能会更复杂，需要考虑更多的因素，如生育率、死亡率、移民率等。而且，在古代，由于没有精确的人口记录，所以模型的参数估计也会有很大的不确定性。

5.6　血液动力学简化模型和数值计算实践

血液动力学研究人体血液在血管系统中的流动和压力变化，对于理解心血管系统的功能和疾病有着重要意义。可以利用定积分来分析血液动力学中的一些关键参数和现象。

假设有一段血管或动脉的长度为 L ，将其分为许多小段，每一小段的长度为 Δx 。在每一小段上，血液的流速用 $v(x)$ 表示，血管的横截面积用 $A(x)$ 表示。

根据流体力学的基本原理可知，单位时间内通过每一小段的血液体积可以表示为

$$\Delta V = A(x)v(x)\Delta x$$

如果将 ΔV 从起点到终点进行累加，即可得到整个血管或动脉上的血液体积：

$$V = \int_a^b A(x)v(x)\mathrm{d}x$$

这个定积分表示从起点 a 到终点 b 的血液体积。

血液动力学的研究还涉及血压的变化。血压通过血管内的压力 $P(x)$ 来表示。在每一小段上，血液的压强变化用 ΔP 表示。如果将 ΔP 从起点到终点进行累加，即可得到整个血管或动脉上的压力变化：

$$\Delta P_{\text{total}} = \int_a^b \Delta P(x)\mathrm{d}x$$

血液动力学的研究还涉及心脏的工作量、血管的阻力等参数和现象，这些都可以通过定积分来描述和分析。

血液动力学的研究是复杂而深入的领域，需要结合解剖学、生理学和流体力学等知识来综合分析和理解。定积分提供了一种数学工具，用于定量描述血液在血管系统中的流动和压力变化，从而帮助研究人员深入探索心血管系统的功能和疾病机制。

这个案例展示了如何利用定积分分析血液动力学中的一些关键参数和现象，为研究心血管系统提供了一种定量分析的方法。

数值计算实践

首先，需要横截面积 $A(x)$ 和流速 $v(x)$ 这两个函数作为输入。这两个函数可以基于实验数据通过插值、拟合或其他方法得到。然后，计算以下积分：

$$V = \int_a^b A(x)v(x)\mathrm{d}x$$

这个积分计算了血液从 a 到 b 这一段的总体积。这个积分可以通过数值积分方法如 Simpson 规则或梯形规则得到。

在 Python 中，可以使用 SciPy 的 integrate 函数来进行数值积分。

得出：

```
The total volume of blood is: 1.0
```

在这个代码中，$A(x)$ 和 $v(x)$ 是占位函数，需要根据实际情况来填充。volume(x) 是需要积分的函数，表示在 x 这个位置上单位时间内通过的血液体积。这里使用 integrate.quad 函数来进行数值积分，得到总的血液体积 V。

同样地，如果考虑血压的变化，则需要一个描述血压变化的函数，然后再进行积分。但是，血压的变化与血液流速、横截面积及血管的弹性等因素有关，这会使问题变得相当复杂。

扫描下方二维码可查看相关代码。这段代码将分别绘制 $A(x)$ 和 $v(x)$ 的函数图像，如图 5.3 所示，需要将 $A(x)$ 和 $v(x)$ 的定义替换为实际的函数形式。

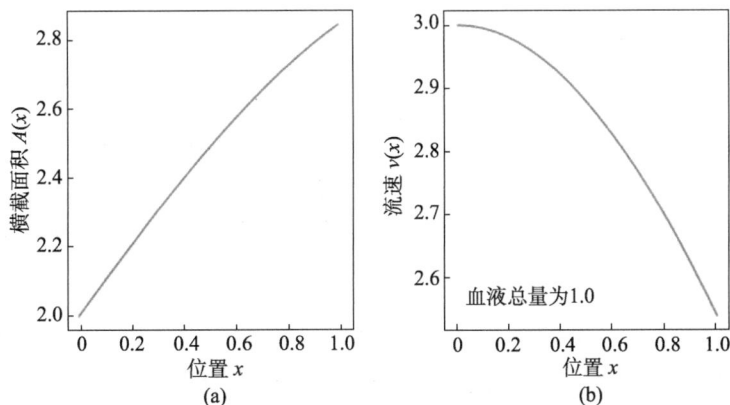

图 5.3　$A(x)$ 与 $v(x)$ 的函数曲线

5.7 桥梁中的微积分简化模型和数值计算实践

微积分在工程学中有广泛的应用，特别是在桥梁设计和分析中。这里通过一个案例来展示微积分在桥梁中的应用。

考虑一个简化的桥梁结构，如一座悬索桥或拱桥，分析桥梁在不同荷载条件下的弯曲和变形情况。

在桥梁设计中，需要考虑桥梁的弯矩和剪力。弯矩是指在桥梁跨度上不同位置处的曲率变化产生的力矩，而剪力是指垂直于桥梁轴线的切向力。

对于简化的桥梁结构，可以假设桥梁的截面形状是均匀的，并且在荷载作用下弯曲成一条曲线。可以使用微积分来分析桥梁中的弯矩和剪力分布。

假设桥梁的形状可以用一个函数 $y(x)$ 来表示，其中 x 表示桥梁跨度上的位置。计算弯矩 $M(x)$ 和剪力 $V(x)$ 的分布，对 $y(x)$ 进行两次微分。

弯矩可以用以下公式表示：

$$M(x) = -EI\frac{\mathrm{d}^2 y}{\mathrm{d}x^2}$$

其中，E 是桥梁材料的弹性模量；I 是桥梁截面惯性矩；$\frac{\mathrm{d}y}{\mathrm{d}x}$ 是 $y(x)$ 对 x 的一阶导数；$\frac{\mathrm{d}^2 y}{\mathrm{d}x^2}$ 是 $y(x)$ 对 x 的二阶导数。

剪力可以用以下公式表示：

$$V(x) = -EI\frac{\mathrm{d}^3 y}{\mathrm{d}x^3}$$

通过对桥梁截面形状进行微分运算，可以计算不同位置处的弯矩和剪力。这些力学参数被用于评估桥梁的强度和稳定性，帮助工程师进行桥梁设计和结构优化。

实际的桥梁设计和分析涉及更复杂的条件和约束，需要综合考虑材料的非线性性质、荷载的变化等因素。微积分提供了一种基础的数学工具，用于分析桥梁中的力学行为，并为工程师提供定量的设计和优化方法。

下面这个案例展示了微积分在桥梁设计和分析中的应用，通过对桥梁截面形状进行微分运算，计算出弯矩和剪力的分布情况，帮助工程师评估桥梁的结构强度和稳定性。

数值计算实践

实际的桥梁设计和工程物理分析涉及大量的专门知识，包括结构动力学、材料力学等，需要具体的场景和数据进行精确分析。

然而，为了了解如何将微积分应用到工程问题上，这里展示一个简化版的实例。假设桥梁结构的形状是一条线性函数：$y(x) = ax + b$。在这个假设下，弯矩 $M(x)$ 和剪力 $V(x)$ 的计算就变得简单了，因为这个函数的二阶和三阶导数都是零。扫描下方二维码可查看示例代码。

桥梁的剪力和弯矩可以通过以下公式计算。

剪力：

$$V(x) = -w(x)$$

其中，$w(x)$ 是单位长度上的荷载。

弯矩：

$$M(x) = -\int_x^L w(x)\mathrm{d}x$$

其中，L 是桥梁的长度。

由于假设单位长度上的荷载 $w(x)$ 是线性的，因此剪力和弯矩的计算就变得很简单了，桥梁的剪力与弯矩的曲线如图 5.4 所示。

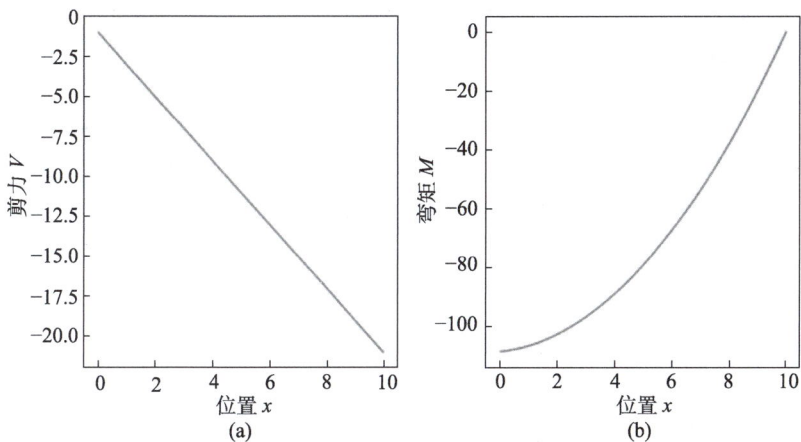

图 5.4　桥梁的剪力与弯矩的曲线

5.8　发动机活塞做功问题简化模型和数值计算实践

活塞式发动机的推进和动力系统需要考虑活塞的工作原理和功率输出。这里通过一个案例来探讨发动机活塞做功问题。活塞部分用于压缩和传递燃气，产生推力。这里仅关注活塞在压缩气体时所做的功。

假设活塞在一个循环过程中从点 A 移动到点 B，并将气体从初始状态压缩到最终状态。可以通过对活塞的力和位移进行积分来计算活塞在压缩过程中所做的功。

活塞在压缩过程中所做的功可以表示为

$$W - \int F \mathrm{d}x$$

其中，F 是活塞所受的力；$\mathrm{d}x$ 是活塞的位移。由于活塞的运动是一个循环过程，因此可以根据活塞位置的变化和气体状态方程来计算活塞所受的力。

在实际分析中，需要考虑气体的压力变化、活塞的几何形状和运动规律等因素。通过将力和位移进行积分，可以得到活塞在压缩过程中所做的总功。

这个案例展示了发动机活塞做功问题。通过对活塞所受力和位移进行积分，可以计算出活塞在压缩气体时所做的功。这对于评估发动机性能和推进系统的效率具有重要意义。实际的活塞工作过程涉及更复杂的条件和因素，需要综合考虑压力变化、活塞动力学和热力学等方面的影响。

数值计算实践

在活塞式发动机中，活塞运动是周期性的，并且工作介质通常是气体，所以需要在分析中使用气体状态方程。这是一个简化的情况，因此会忽略一些实际情况，如燃气的温度变化、燃气混合等。

假设活塞从位置 $x = A$ 移动到 $x = B$，其在 x 位置上的受力 F 可以表示为

$$F(x) = P(x)A$$

其中，$P(x)$ 是气体压力，A 是活塞面积。

为了进一步简化问题，假设 $P(x) = kx^n$，其中 k 和 n 是常数。这是一个描述理想气体行为的方程，其中 $n = 1$ 表示等温过程，$n = \gamma$（绝热指数，对于空气大约为 1.4）表示等熵过程。

接下来计算活塞从位置 $x = A$ 到 $x = B$ 所做的功，扫描下方二维码可查看示例代码。

这段代码首先定义了活塞在 x 位置上的受力 $F(x)$，然后计算了活塞在从位置 $x = A$ 移动到 $x = B$ 的过程中所做的功。最后，用图像展示了活塞受力随位置变化的情况，其中阴影部分表示活塞做功的区域，活塞从位置 A 到 B 所做的功为 $\dfrac{3}{2}$ J，如图 5.5 所示。

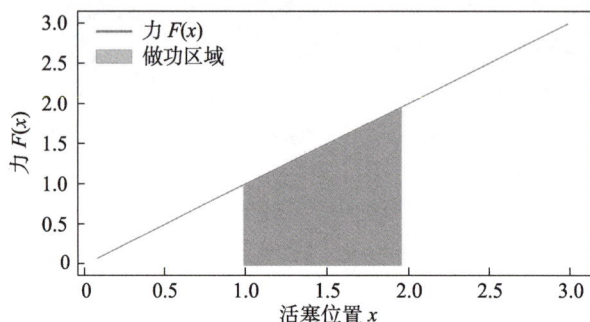

图 5.5　活塞受力随位置变化的曲线及活塞做功区域

5.9　上海中心大厦旋转结构设计简化模型和数值计算实践

上海中心大厦是一座具有旋转功能的超高层建筑，其旋转结构设计涉及定积分的应用。本案例通过上海中心大厦旋转结构设计来了解定积分在建筑设计中的应用。

上海中心大厦旋转结构设计旨在使建筑能够在不同方向上旋转，以适应不同的风向和视野需求。这要求建筑在旋转过程中保持平衡，并确保结构的稳定性。

为了实现这个旋转功能，工程师设计了一种称为转轴的结构部件。转轴负责承载建筑的重量，并允许建筑在其周围旋转。

在设计转轴时，工程师需要考虑转轴的稳定性和承载能力，因此使用了定积分来计算转轴的截面积，以评估其承载能力。

定积分可以用于计算复杂形状的截面积，包括转轴截面的非常规形状。将截面分割为无限小的小元素，并对每个小元素的面积进行积分，可以得到整个截面的面积。

在转轴设计中，工程师利用定积分来计算转轴的截面积，并进一步评估其承载能力。这有助于确保转轴结构的稳定性和安全性。

通过使用定积分来计算转轴的截面积，工程师可以评估转轴的承载能力，并确保建筑的旋转功能和结构稳定性。定积分在建筑设计中的应用不仅限于此，还可以用于计算建筑的体积、重心位置等问题。

数值计算实践

这里考虑一个简化的模型，其中转轴截面可以由函数 $y(x) = x^2$ 和 $y(x) = 0$ 之间的区域表示。可以通过计算该区域的面积来估算转轴的承载能力，扫描下方二维码可查看示例代码。这段代码首先定义了转轴截面的函数。然后使用 scipy.integrate.quad 函数来计算截面面积。最后用图像展示了转轴截面的形状，如图 5.6 所示，图中阴影部分表示计算面积的区域。

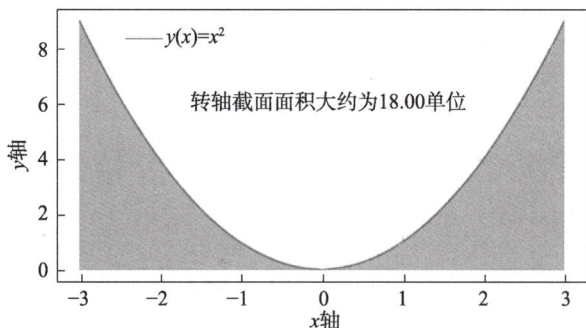

图 5.6　转轴截面的形状

5.10　火箭飞离地球简化模型和数值计算实践

在航天工程中，火箭的飞行轨迹和速度是关键的设计参数。本案例通过一个案例来探讨火箭飞离地球的问题，并使用定积分进行分析。

假设有一枚火箭，它以一个初始速度从地球表面垂直向上发射，计算火箭飞离地球所需的能量。

首先，需要考虑地球的引力。根据万有引力定律，地球对火箭施加一个向下的引力。当火箭飞行到一定高度时，引力会逐渐减弱。

可以通过定积分来计算火箭飞行过程中地球对火箭所做的功。这个定积分的积分变量是火箭从地球表面到达某一高度的位移。通过对位移和引力的乘积进行积分，可以得到地球对火箭所做的总功。

火箭飞离地球所需的能量计算涉及的能量公式为

$$E = \int_{r\_earth}^{\inf} \frac{GMm}{r^2} dx$$

其中，G 为万有引力常数；M 为地球的质量；m 为火箭的质量；r 为火箭离地球中心的距离；r_earth 为地球半径；$\inf$ 为无穷大，表示火箭需要飞到距离地球足够远的地方以克服地球的引力。

为了简化问题，可以考虑一个单位质量的火箭，这样就可以忽略火箭质量 m 的影响。因此，假设地球是一个完美的球体，其质量 M 均匀分布。

在火箭飞行过程中，除了地球引力，还需要考虑空气阻力、燃料消耗和推力变化等因素。这些因素会影响火箭的速度和能量消耗。

这个案例展示了火箭飞离地球的问题。通过使用定积分来计算地球对火箭所做的功，可以了解火箭飞行所需的能量。实际的火箭飞行过程涉及更复杂的动力学和燃料消耗模型，需要综合考虑多个因素来准确评估火箭飞行的能量需求。

数值计算实践

扫描下方二维码可查看示例代码。这段代码首先使用 SciPy 库来计算火箭离开地球所需的能量，定义了火箭所受引力的函数；然后，使用 scipy.integrate.quad 函数来计算地球对火箭所做的功；最后，绘制了能量随距离变化的图形，如图 5.7 所示。

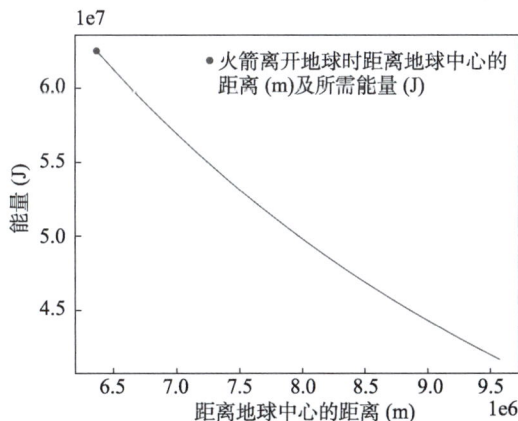

图 5.7　火箭离开地球所需的能量与距离地球中心的距离的关系曲线

得出：

火箭离开地球时距离地球中心的距离为 6.37×10^6，所需的能量约为 $6.26 \times 10^7 J$，这表示火箭要完全摆脱地球的引力，需要约 $6.26 \times 10^7 J$ 的能量。

这段代码给出的结果是火箭飞离地球所需的最小能量，这在理论上等于火箭需要克服的地球引力。然而，实际的火箭发射过程中还需要考虑其他因素，如大气阻力、燃料消耗、火箭推力的变化等，这些都会导致火箭需要更多的能量才能飞离地球。

5.11   定积分的经济应用简化模型和数值计算实践

定积分在经济学中有广泛的应用，可以帮助我们分析和解决各种经济问题。以下是一个展示定积分在经济学中的应用的案例。

假设要计算某个产品的总收益，该产品的价格随销售数量发生变化。可以建立一个价格函数，表示产品价格与销售数量的关系。假设该函数为 $P(x)$ ，x 表示销售数量。

为了计算总收益，可以使用定积分来求解销售数量范围内的价格函数的面积。具体而言，我们可以将销售数量范围分割成许多微小的销售单元，并计算每个销售单元的价格与销售数量的乘积，然后对这些乘积进行累加。通过定积分求解，可以得到销售数量范围内的总收益。

这个案例展示了定积分在经济学中的应用。通过使用定积分来计算价格函数的面积，可以计算出销售数量范围内的总收益。定积分在经济学中还可以用于计算生产成本、消费者剩余、市场供求曲线下的总消费等经济指标，为经济决策和政策制定提供重要的工具和信息。

数值计算实践

这里用一个函数 $P(x)$ 表示产品的价格，其中 x 是销售的数量。简单起见，可以假设 $P(x) = 100 - x$ ，表示当销售数量增加时，产品价格下降。计算在销售数量从 0 到 50 这一范围内的总收益。

在 Python 中，可以使用 SciPy 库的 integrate.quad 函数进行积分计算，并使用 Matplotlib 库进行可视化。扫描下方二维码可查看示例代码。

这段代码首先定义了价格函数 $P(x)$ ，然后计算了在销售数量从 0 到 50 这一范围内的总收益。价格函数和总收益的区域如图 5.8 所示。在图 5.8 中，可以看到总收益就是在数量范围内价格函数下的面积。

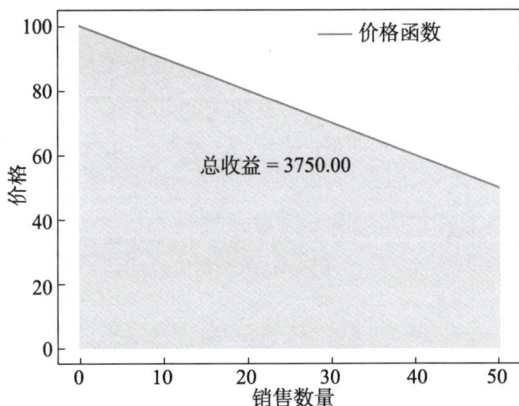

示例代码

图 5.8   价格函数曲线及总收益

5.12   使用定积分计算物体的质心应用和简化模型及数值计算实践

定积分在物理学中常被用于计算物体的质心，即物体的平衡点或重心位置。下面这个案例展示了如何使用定积分计算物体的质心。

假设有一个连续分布的物体，它的密度函数为 $\rho(x)$ ，其中 x 是物体的位置坐标。计算这个物体在某个方向上的质心位置。

设物体的质心位置在 x 轴上，质心位置的坐标为 x_c 。对于连续分布的物体，质心位置 x_c 可以通过定积分来计算。

首先，在 x 轴上选择一个参考点 x_0 ，计算每个位置 x 处的微元质量 $\mathrm{d}M$ ，并将它们加权求和，以得到质心位置 x_c 。

微元质量 dM 可以表示为密度函数 $\rho(x)$ 在位置 x 处的值乘以微小长度 dx，即 d$M = \rho(x)\mathrm{d}x$。
然后，用定积分来计算质心位置 x_c：

$$x_c = \frac{1}{M}\int x\mathrm{d}M$$

其中，M 是物体的总质量，表示整个物体在 x 轴上的质量分布的积分，即 $M = \int \rho(x)\mathrm{d}x$。

因此，质心位置 x_c 可以通过用密度函数 $\rho(x)$ 乘以 x 并进行定积分来计算。

通过使用定积分计算物体的质心，可以准确地确定物体的平衡点或重心位置。这在物体设计、力学分析和结构工程等领域中具有重要的应用价值。

数值计算实践

假设一个物体沿 x 轴线性地变化其密度，即 $\rho(x) = x$。我们想要找到这个物体在 $x = 0$ 到 $x = 10$ 区间的质心位置。按照质心的定义，可以使用定积分来计算。

在 Python 中，可以使用 SciPy 库的 integrate.quad 函数进行积分计算，并使用 Matplotlib 库进行可视化。扫描下方二维码可查看示例代码。

这段代码首先定义了密度函数 rho(x)，计算了在位置从 0 到 10 这一范围内的总质量。然后，定义了质心函数 x_rho(x) 并计算了质心位置 x_c。最后，计算出质心位置并绘制出密度函数和质心位置，如图 5.9 所示。从图 5.9 中可以看到，质心位置就是密度函数乘以 x 积分后的平均位置。

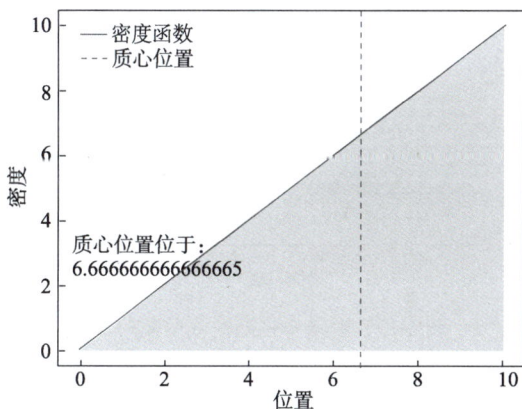

图 5.9　密度函数和质心位置

5.13　利用定积分模拟股票市场应用和简化模型及数值计算实践

定积分可以模拟股票市场的价格变化和投资收益。以下案例展示了如何利用定积分来模拟股票市场的走势。

要利用定积分来模拟股票市场的走势，可以使用定积分来计算一段时间内的股票价格变化和投资收益。

假设股票价格函数为 $P(t)$，其中 t 表示时间。定义一个投资收益函数 $R(t)$ 来表示从时间 t_0 到时间 t 的投资收益：

$$R(t) = \int_{t_0}^{t} P(t)\mathrm{d}t$$

这里的定积分表示从 t_0 到 t 时刻的股票价格 $P(t)$ 对时间 t 的积分。该定积分的值表示从时间 t_0 到时间 t 的投资收益。

另外，还可以计算一段时间内的股票价格变化。假设计算从时间 t_0 到时间 t 的股票价格变化量，可以定义一个股票价格变化函数 $\Delta P(t)$：

$$\Delta P(t) = P(t) - P(t_0)$$

其中，$\Delta P(t)$ 表示从时间 t_0 到时间 t 时刻的股票价格变化量，即时间段内股票价格的变化。

通过定积分来计算投资收益和股票价格变化，可以对股票市场的走势进行模拟和分析。股票市场是一个复杂的系统，受到多种因素的影响，包括经济情况、公司业绩、市场情绪等，因此定积分模拟的结果只是一个简化的近似，实际投资决策时还需要考虑更多的因素和风险。

数值计算实践

为了简化，这里假设有一只股票的价格 $P(t)$ 随时间线性上升，即 $P(t) = 2t + 10$，其中 t 代表时间（以天为单位）。目的是计算投资人从 $t = 1$ 天到 $t = 10$ 天期间的投资收益。

在 Python 中，可以使用 SciPy 库的 integrate.quad 函数进行积分计算，并使用 Matplotlib 库进行可视化。扫描下方二维码可查看示例代码。这段代码首先定义了股票价格函数 $P(t)$，然后计算了从时间 $t = 1$ 天到 $t = 10$ 天期间的投资收益和股票价格变化量。最后，计算出投资收益和股票价格变化量，并绘制出股票价格函数，如图 5.10 所示。在图 5.10 中，可以看到股票价格随时间的变化趋势。

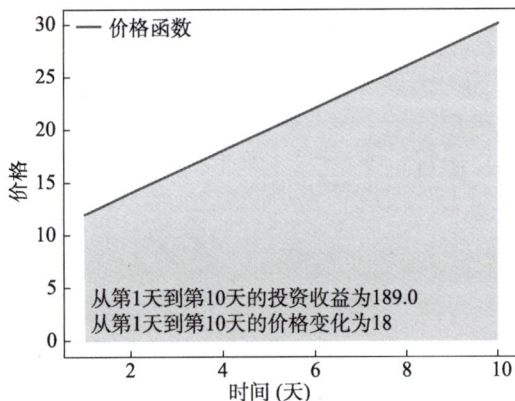

示例代码

图 5.10   股票价格随时间的变化曲线

5.14   定积分在疾病传播模型中的应用和简化模型及数值计算实践

定积分可以应用在疾病传播模型中，帮助人们理解疾病的传播趋势和控制策略。以下案例展示了定积分在疾病传播模型中的应用。

假设有一个基于 SIR（易感者-感染者-康复者）模型的疾病传播模型，其中有 3 个关键因素：易感人群的数量（S）、感染人群的数量（I）和康复人群的数量（R）。这些人群的数量随时间变化。

假设在时间段 $[t_0, t_1]$ 内，$S(t)$ 表示易感者的数量随时间 t 的变化，$I(t)$ 表示感染者的数量随时间 t 的变化，$R(t)$ 表示康复者的数量随时间 t 的变化。可以建立如下微分方程来描述 SIR 模型：

$$\frac{dS}{dt} = -\beta SI, \quad \frac{dI}{dt} = \beta SI - \gamma I, \quad \frac{dR}{dt} = \gamma I$$

其中，β 表示传染率；γ 表示康复率。

现在要计算时间段 $[t_0, t_1]$ 内的感染人数、易感人数和康复人数的变化情况，可以利用定积分实现。

首先，定义在时间段 $[t_0, t_1]$ 内感染人数、易感人数和康复人数的总变化量分别为 ΔI、ΔS 和 ΔR，即

$$\Delta I = \int_{t_0}^{t_1} (\beta SI - \gamma I)\mathrm{d}t, \ \Delta S = -\int_{t_0}^{t_1} \beta SI \mathrm{d}t, \ \Delta R = \int_{t_0}^{t_1} \gamma I \mathrm{d}t$$

这里的 3 个定积分分别表示在时间段 $[t_0, t_1]$ 内感染人数、易感人数和康复人数的变化情况。

通过计算这些定积分，可以得到在时间段 $[t_0, t_1]$ 内感染人数、易感人数和康复人数的总变化量，从而了解疾病传播模型在这段时间内的动态变化情况。这对于疾病传播的预测和控制具有重要的意义。需要注意的是，实际应用中还需要结合更多的数据和具体情况来建立更准确的模型和预测。

数值计算实践

为了模拟 SIR 模型，并计算在时间段 $[t_0, t_1]$ 内感染人数、易感人数和康复人数的变化情况，可以使用数值积分方法来近似计算定积分。

这里使用 Python 的 SciPy 库来进行数值积分，并使用 Matplotlib 库进行可视化。扫描下方二维码可查看示例代码。

在这段代码中，首先定义了 SIR 模型的微分方程 sir_model。然后，使用 SciPy 的 odeint 函数求解微分方程，并得到在时间范围内的易感者、感染者和康复者比例。再次，使用 trapz 函数对感染人数、易感人数和康复人数的变化率进行数值积分，从而得到在时间段 $[t_0, t_1]$ 内的感染人数、易感人数和康复人数的总变化量。最后，输出结果，并绘制出 SIR 模型的图形，以展示感染人数、易感人数和康复人数随时间的变化情况，如图 5.11 所示。

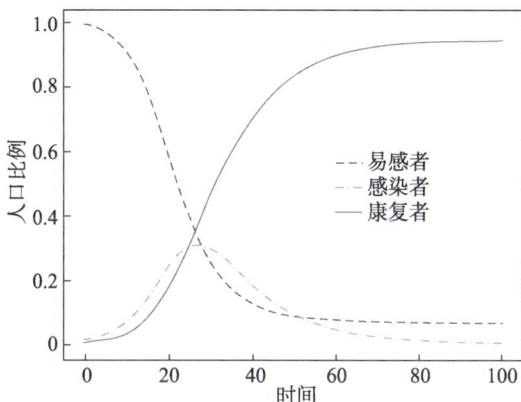

在时间段 $[t_0, t_1]$ 内感染人数的变化量为 -0.008449025343272784
在时间段 $[t_0, t_1]$ 内易感人数的变化量为 -0.9308688383003123
在时间段 $[t_0, t_1]$ 内康复人数的变化量为 0.9393178636435853

示例代码

图 5.11　感染人数、易感人数和康复人数随时间的变化曲线

5.15　利用定积分评估环境污染程度应用和简化模型及数值计算实践

定积分可以用来评估环境污染程度，特别是对于一些连续变化的污染源。以下案例展示了如何利用定积分来评估环境污染程度。

假设有一个环境污染源，如工厂排放的废气。目标是评估这个污染源对环境造成的污染程度。

假设污染源排放的废气中含有某种污染物，其浓度随时间 t 的变化可以用函数 $C(t)$ 来表示。建立微分方程来描述污染物的扩散和变化：

$$\frac{\mathrm{d}C}{\mathrm{d}t} = E(t) - kC$$

其中，$E(t)$ 表示污染源在时间 t 处的排放速率；k 表示污染物的衰减速率常数。这个微分方程描述了污染物浓度随时间的变化，其中污染源的排放导致浓度增加，而衰减导致浓度降低。

为了评估环境污染程度，可以计算在一定时间段 $[t_0, t_1]$ 内污染物累积浓度 C_{cum}，即

$$C_{\text{cum}} = \int_{t_0}^{t_1} C(t)\,\mathrm{d}t$$

这里的定积分表示在时间段 $[t_0, t_1]$ 内污染物浓度的累积。通过计算这个定积分，可以得到在该时间段内环境中污染物的累积浓度，从而评估污染源对环境造成的污染程度。

在实际应用中，评估环境污染程度涉及更多的因素和数据，包括污染源的位置、环境的扩散特性、风向风速等因素。因此，为了更准确地评估环境污染程度，应结合更复杂的模型和数据进行分析。

数值计算实践

为了模拟污染物浓度随时间的变化，并计算在时间段 $[t_0, t_1]$ 内污染物的累积浓度，可以使用数值积分方法来近似计算定积分。

这里使用 Python 的 SciPy 库来进行数值积分，并使用 Matplotlib 库进行可视化。扫描下方二维码可查看示例代码。

在这段代码中，首先定义了污染物浓度随时间变化的微分方程 pollutant_model，并定义了污染源排放速率函数 emission_rate 和衰减速率常数 k。然后，使用 SciPy 的 odeint 函数求解微分方程，并得到在时间范围内污染物浓度随时间的变化情况，如图 5.12 所示。再次，使用 quad 函数对污染源排放速率函数在时间段 $[t_0, t_1]$ 内进行数值积分，从而得到在该时间段内的污染物累积浓度。最后，输出结果，并绘制污染物浓度随时间的变化图形，展示污染物浓度随时间的动态变化情况。

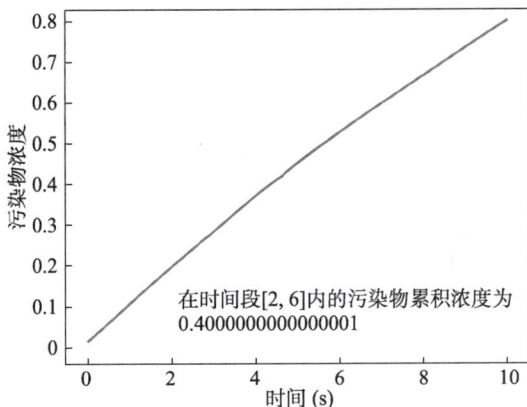

在时间段[2, 6]内的污染物累积浓度为
0.4000000000000001

示例代码

图 5.12　污染物浓度随时间的变化曲线

5.16　定积分在声音和噪声分析中的应用和简化模型及数值计算实践

定积分在声音和噪声分析中有广泛的应用，可以帮助我们理解声音信号的特性、测量噪声水平及评估噪声对人体和环境的影响。下面分别介绍这些应用。

声音信号的能量：声音信号的能量可以通过定积分来计算。假设声音信号函数为 $f(t)$，则声音信号在时间区间 $[a, b]$ 内的能量可以表示为

$$E = \int_a^b |f(t)|^2 \,\mathrm{d}t$$

这里的定积分表示声音信号在时间区间 $[a, b]$ 内的能量的累积。通过计算这个定积分，可以了解声音信号在该时间区间内的能量大小。

频率分析：声音信号可以通过傅里叶变换表示为频率域上的复数函数。通过定积分可以计算声音信号在某个频率范围内的频率成分。假设声音信号的傅里叶变换为 $F(\omega)$，其中 ω 表示频率，那

么声音信号在频率区间$[\omega_1, \omega_2]$内的频率成分可以表示为

$$频率成分 = \int_{\omega_1}^{\omega_2} |F(\omega)|^2 \, \mathrm{d}\omega$$

这里的定积分表示声音信号在频率区间$[\omega_1, \omega_2]$内的频率成分的累积。通过计算这个定积分，可以了解声音信号在该频率范围内的频率分布情况。

噪声水平：噪声可以被视为声音信号中的不规则成分或随机成分。在声音和噪声分析中，我们通常关注噪声的强度或噪声水平。噪声水平可以通过定积分来计算声音信号中噪声的能量。假设声音信号函数为$f(t)$，噪声的能量则可以表示为

$$E_{\mathrm{noise}} = \int_a^b |f(t) - S(t)|^2 \, \mathrm{d}t$$

这里的定积分表示声音信号与预期信号（可能是纯净声音）之间的差异，即噪声能量的累积。通过计算这个定积分，可以了解声音信号中噪声的强度或水平。

声音和噪声分析通常需要结合更多的信号处理和分析技术，如快速傅里叶变换、滤波等，以得到更详细和更准确的结果。同时，对于噪声分析，还需要考虑背景噪声水平和环境条件等因素。因此，在实际应用中，需要综合多种方法来对声音和噪声进行全面分析。

数值计算实践

为了进行声音信号的能量、频率分析和噪声水平的计算和可视化，可以使用 Python 的 SciPy 库进行数值积分和傅里叶变换，使用 Matplotlib 库进行可视化。

假设有一个声音信号的采样数据，要对其进行能量、频率分析和噪声水平的计算，扫描下方二维码可查看示例代码。绘制出的声音信号波形，如图 5.13 所示。

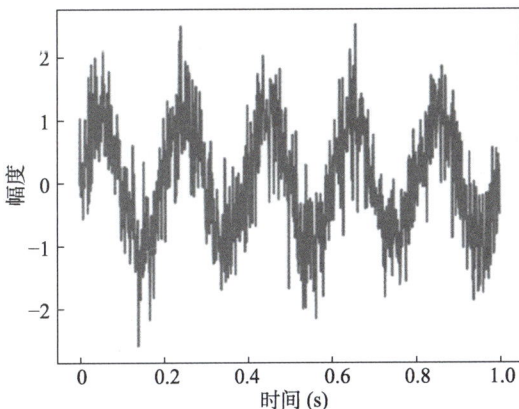

在时间区间[0.2, 0.8]内的声音信号能量为0.47538012176346583
在频率区间[1, 10]内的声音信号频率成分为798.5963093118133

示例代码

图 5.13　声音信号的波形

这是一个简化的示例，假设声音信号为一个简单的正弦波加噪声。在实际应用中，声音信号会更加复杂，因此在进行声音信号分析时，需要根据实际情况对信号进行预处理和处理，如滤波、傅里叶变换等，以得到更准确和更有意义的结果。同时，噪声水平的计算通常还需要考虑更多的背景噪声和环境条件等因素。

5.17　利用定积分分析水力发电的能量产出应用和简化模型及数值计算实践

定积分可以应用于分析水力发电过程中的能量产出，帮助我们了解水力发电站的发电效率和能量产量。以下案例展示了如何利用定积分分析水力发电的能量产出。

假设有一个水力发电站，水从高处流下，驱动涡轮发电。下面计算水力发电站在一段时间内所产生的总能量。

在水力发电站，水从高处流下，驱动涡轮发电的过程可以用流体力学的知识来描述。假设涡轮叶片受到水流推动而转动的速度为 $v(t)$，水的密度为 ρ，涡轮叶片的叶片面积为 A，涡轮转动的角速度为 $\omega(t)$。

涡轮叶片在 t 时刻所受到的水流动力可以表示为

$$F(t) = 0.5\rho A v(t)^2$$

涡轮转动的功率可以表示为

$$P(t) = F(t) \cdot v(t) = 0.5\rho A v(t)^3$$

涡轮在时间 t 到 $t + \mathrm{d}t$ 时间段内所产生的能量可以表示为

$$\mathrm{d}E(t) = P(t)\mathrm{d}t = 0.5\rho A v(t)^3 \mathrm{d}t$$

将上述能量微元相加得到一段时间内涡轮所产生的总能量：

$$E = \int_{t_1}^{t_2} 0.5\rho A v(t)^3 \mathrm{d}t$$

这里的定积分表示在时间区间 $[t_1, t_2]$ 内涡轮所产生的总能量。通过计算这个定积分，可以得到水力发电站在一段时间内所产生的总能量。

上述数学表达式是一个简化的模型，实际的水力发电过程受到许多其他因素的影响，如水流的变化、涡轮效率、发电机效率等。因此，在实际应用中，需要考虑更多的因素来对水力发电的能量产出进行准确的分析和计算。

数值计算实践

为了计算水力发电站在一段时间内所产生的总能量，可以使用 Python 进行数值积分。假设有水流速度函数 $v(t)$ 和时间区间 $[t_1, t_2]$，可以按照上述定积分的表达式计算总能量。扫描下方二维码可查看示例代码。

在示例代码中，首先定义了一个随时间周期性变化的水流速度函数，并使用该函数计算水力发电站在指定时间区间内所产生的总能量。其次，绘制了水流速度随时间变化的曲线，如图 5.14 所示。

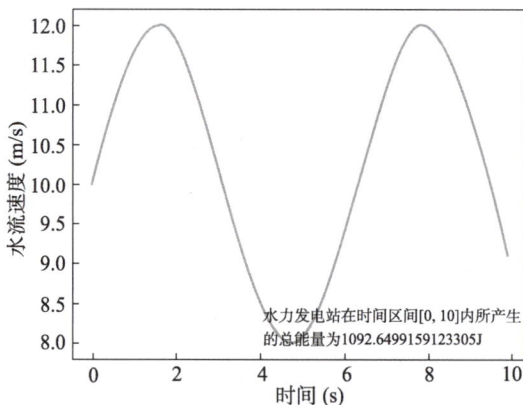

水力发电站在时间区间[0, 10]内所产生的总能量为1092.6499159123305J

示例代码

图 5.14　水流速度随时间变化的曲线

得出：
水力发电站在时间区间[0, 10]内所产生的总能量为 1092.6499159123305J。

5.18　计算天然气管道的最大流量应用和简化模型及数值计算实践

定积分可以应用于计算天然气管道的最大流量，帮助我们确定管道的设计和运行参数。以下案例展示了如何利用定积分计算天然气管道的最大流量。

假设有一个天然气管道，目标是确定管道能够承受的最大流量，即通过管道的最大天然气体积流量。

假设天然气在管道中的流速是 $v(x)$，其中 x 是沿管道长度的位置。

根据流体力学的基本原理，流经横截面面积为 $A(x)$ 的管道的体积流量可以表示为

$$dV(x) = A(x)v(x)dx$$

其中，dx 表示微小长度段。为了得到整个管道中的流量，需要对整个管道长度进行积分，从起始位置 $x=a$ 到结束位置 $x=b$，得到

$$V = \int_a^b A(x)v(x)dx$$

其中，V 表示天然气管道的总流量；$A(x)$ 表示在位置 x 处的横截面面积；$v(x)$ 表示在位置 x 处的流速。

为了确定管道能够承受的最大流量，可以对上述积分进行最大化。具体做法是找到使积分值最大的流速函数 $v(x)$，同时满足管道的流速限制和流量限制。这可能涉及一些约束条件和优化方法。

在实际应用中，还需要考虑管道的材料特性、压力限制、温度限制等因素，以确定管道的最大流量。因此，对于复杂的天然气管道系统，可能需要进行更加细致和复杂的分析和计算。

利用定积分计算天然气管道的最大流量可以帮助我们优化管道设计，调整操作参数，确保管道安全、高效地运行，并满足天然气供应的需求。这对于天然气行业的发展和能源供应具有重要意义。

数值计算实践

在上述示例中，我们希望计算天然气管道的最大流量，即通过管道的最大天然气体积流量。为了模拟这个过程，首先假设横截面面积函数 $A(x)$ 和流速函数 $v(x)$，然后利用定积分来计算总流量 V。扫描下方二维码可查看示例代码。

这只是一个简化的示例代码，假设横截面面积函数 $A(x)$ 和流速函数 $v(x)$ 在整个管道上是常数或线性函数，如图 5.15 所示。在实际应用中，横截面面积和流速可能是复杂的非线性函数，并且可能随着位置 x 的变化而变化。因此，在实际应用中，需要根据实际情况来定义横截面面积函数 $A(x)$ 和流速函数 $v(x)$。同时，还需要考虑管道的材料特性、压力限制、温度限制等因素，以确定管道的最大流量。

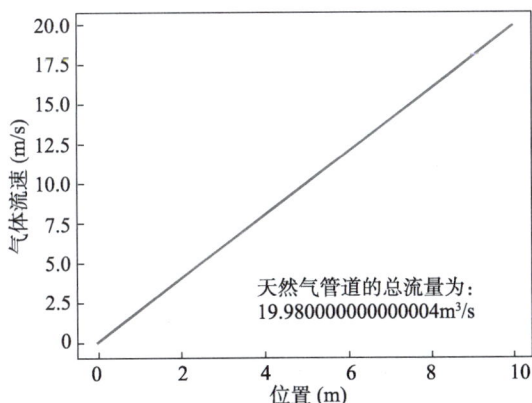

示例代码

图 5.15　流过管道的最大天然气流量

5.19　利用定积分在天文学中测量星体的亮度应用和简化模型及数值计算实践

定积分可以应用于天文学中测量星体的亮度，帮助我们了解和比较不同星体的亮度。以下案例

展示了如何利用定积分进行星体亮度的测量。

假设要测量一个星体的总亮度，即星体在所有波长范围内辐射的总能量。

可以使用定积分来测量星体的总亮度。假设星体在不同波长范围内辐射的亮度（辐射强度）为 $I(\lambda)$，其中 λ 表示波长。

根据辐射强度的定义，星体在波长范围 $[\lambda_1, \lambda_2]$ 内辐射的总能量可以表示为

$$E = \int_{\lambda_1}^{\lambda_2} I(\lambda) \mathrm{d}\lambda$$

其中，E 表示星体的总能量；λ_1 和 λ_2 表示波长范围的起始位置和结束位置。

为了得到星体的总亮度，需要对所有波长范围进行积分，从短波长 λ_1 到长波长 λ_n，得到

$$L = \int_{\lambda_1}^{\lambda_n} I(\lambda) \mathrm{d}\lambda$$

其中，L 表示星体的总亮度。

在实际测量中，可能需要使用光谱仪等仪器来测量不同波长范围内的辐射强度，然后通过定积分来计算总亮度。这样可以得到星体在所有波长范围内的总辐射能量，从而评估其总亮度。

星体的亮度在不同波长范围内有所不同，因此在测量过程中需要考虑全波段的辐射信息。同时，由于实际测量存在噪声和误差，需要进行合理的数据处理和校正，以获得较为准确的总亮度值。

数值计算实践

在上述示例中，我们希望计算星体的总亮度，即星体在所有波长范围内辐射的总能量。为了模拟这个过程，需要假设辐射强度函数 $I(\lambda)$ 并利用定积分来计算总亮度 L。扫描下方二维码可查看示例代码。

在这段代码中，首先定义了一个辐射强度函数，该函数表示为高斯分布；然后使用该函数计算了星体在指定波长范围内的总亮度；最后绘制了辐射强度随波长变化的图形，如图 5.16 所示。

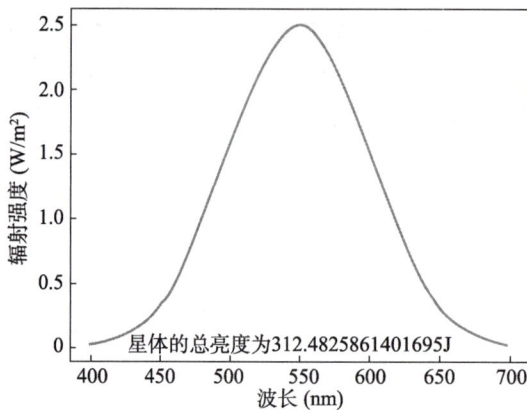

示例代码

图 5.16　辐射强度随波长变化的图形

得出：

星体的总亮度为 312.4826111853869J。

5.20　定积分在地球科学中的应用和简化模型及数值计算实践

定积分可以应用于地球科学中计算地壳的厚度变化，帮助我们了解地球内部的动态过程。以下案例展示了如何利用定积分计算地壳的厚度变化。

为了计算地壳的厚度变化，可以使用定积分来对厚度变化进行积分。假设地壳的厚度随着深度 z 和时间 t 变化，可以将地壳的厚度函数表示为 $h(z,t)$。

为了得到某个时间段内地壳的厚度变化，需要对时间 t 进行积分，从初始时间 t_1 到最终时间 t_2，得到

$$\Delta h = \int_{t_1}^{t_2} (z,t)\, \mathrm{d}t$$

其中，Δh 表示地壳厚度的变化量。

在实际研究中，首先需要通过地震观测、地质探测和其他地球物理学方法来获取地壳厚度随深度和时间的信息。然后，通过定积分来对厚度变化进行积分，以获得地壳厚度在指定时间段内的变化量。

地壳厚度变化受多种因素的影响，如地质构造、地震活动、板块运动等。因此，在进行定积分计算时，需要考虑这些因素的影响，并结合实际观测数据来得出地壳厚度变化的结果。

数值计算实践

在上述示例中，我们希望计算地壳在某个时间段内的厚度变化量。为了模拟这个过程，需要假设地壳厚度函数 $h(z,t)$ 并利用定积分来计算厚度变化量 Δh。扫描下方二维码可查看示例代码。

这段代码中，计算了地壳厚度随时间的变化，并绘制了地壳厚度随时间的变化曲线。需要注意的是，由于假设地壳厚度为常数，因此地壳厚度随时间的变化值为零，并且地壳厚度为常数。

在这段代码中，模拟了地壳厚度随时间变化的情况。首先，定义了地壳厚度函数 $h(t)$，它的基本厚度为 15 km，随着时间按正弦函数变化，变化范围为 ±0.5 km。然后，计算了在给定时间范围内地壳厚度的变化量，即使用定积分方法计算函数在时间范围内的总变化。最后，绘制地壳厚度随时间的变化曲线，如图 5.17 所示。

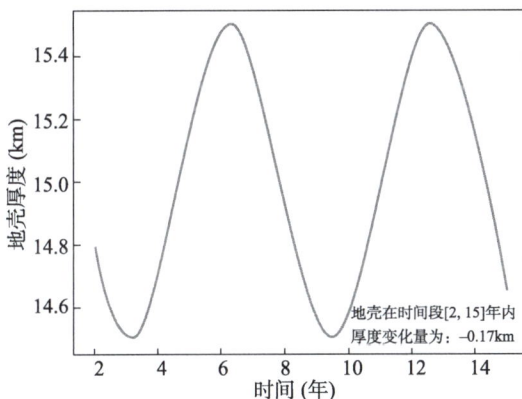

示例代码

图 5.17　地壳厚度随时间的变化曲线

地壳在时间段 [2,15] 年内的厚度变化量为：–0.17km。

5.21　定积分在计算飞行距离和飞行时间中的应用和简化模型及数值计算实践

定积分在航空领域中有广泛的应用，其中之一是计算飞行距离和飞行时间。以下案例展示了如何利用定积分来计算飞行距离和飞行时间。

假设飞机从起点 A 飞往终点 B，可以用参数方程来表示飞机在空中的运动轨迹。假设飞机的水平速度为 v（常数）且起点 A 的位置为 (x_0, y_0)，飞行的角度为 θ。那么，飞机在时间 t 的位置可以表示为

$$x(t) = x_0 + v\cos\theta,\ y(t) = y_0 + vt\sin\theta$$

飞机的飞行距离是从起点 A 到终点 B 的直线距离，可以通过计算飞机的位置在 $t=0$ 和 $t=T$ 时的

坐标来得到。其中，T 为飞行的总时间。

飞行距离 D 可以表示为

$$D = \sqrt{(x_T - x_0)^2 + (y_T - y_0)^2}$$

接下来，计算飞行时间 T。假设飞机从起点 A 飞行到终点 B 需要的时间为 T，那么飞机在时间 T 的位置应该位于终点 B 的位置 (x_B, y_B)。因此，可以得到以下方程组：

$$x(T) = x_B,\ y(T) = y_B$$

将上面的参数方程代入方程组中，并解得 T，即为飞行时间。

通过定积分来计算飞行距离和飞行时间也是可能的，但需要更多的信息，如速度随时间的变化等。以上方法适用于常速飞行的简单情况，如果需要考虑更复杂的因素，则需要使用更复杂的数学模型和方法。

数值计算实践

以下示例代码模拟了一架飞机在空中的运动轨迹。扫描下方二维码可查看示例代码。在这段代码中，首先定义了飞机的位置参数方程 plane_position，其中考虑了飞机的直线运动和上下的正弦波摆动。其次，定义了计算飞行距离和飞行时间的函数 flight_distance 和 flight_time，并设置了初始位置和目标位置。再次，设定了飞机的水平速度和飞行角度，并通过调用计算函数计算了飞行时间和飞行距离。最后，使用 Matplotlib 绘制了飞机在空中的运动轨迹图，包括飞机的起点和终点，如图 5.18 所示。

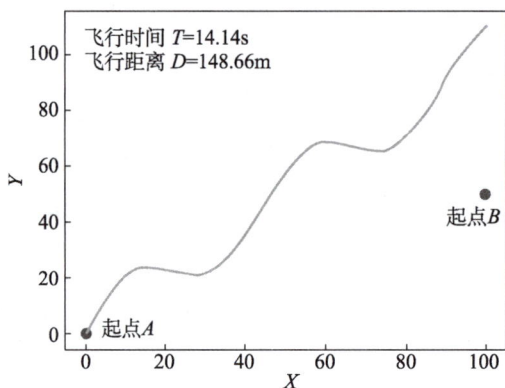

示例代码

图 5-18　飞机运动轨迹图

飞机的轨迹包含了一个正弦波摆动，这使得轨迹看起来更为真实。

5.22　习题、思考题、课程论文研究方向

▶ **习题：**

1. 计算定积分 $\int_a^b f(x)\,\mathrm{d}x$，其中 $f(x) = x^2 + 2x$，$[a,b]$ 是给定区间。

2. 求曲线 $y = \sin(x)$ 在区间 $[0,\pi]$ 上的定积分。

3. 计算定积分 $\int_1^3 (3x^2 + 2x - 1)\mathrm{d}x$。

4. 求函数 $f(x) = \mathrm{e}^x$ 在区间 $[-1,1]$ 上的定积分。

5. 给定函数 $f(x) = x^3 - 4x^2 + 3x + 1$，计算在区间 $[-2,2]$ 上的定积分。

▶ **思考题：**

1. 为什么定积分可以用来计算曲线下的面积？

2. 定积分有哪些几何和物理上的应用?

3. 定积分与不定积分有何区别? 它们之间有什么关系?

4. 定积分的意义是什么? 为什么它在数学和应用领域中如此重要?

5. 定积分的上限和下限对计算结果有什么影响? 为什么?

▶▶ 课程论文研究方向:

1. 定积分在金融领域的应用,如风险评估和投资组合优化。

2. 定积分在生物医学工程中的应用,如血流分析和医学图像处理。

3. 定积分在机器学习和数据分析中的应用,如特征提取和模式识别。

4. 定积分在物理学中的应用,如运动学和能量计算。

5. 定积分在环境科学和地球科学中的应用,如水资源管理和气候模拟。

第6章 微分方程

6.1 微分方程的概念与定义

微分方程是描述函数与其导数关系的方程。它涉及未知函数、未知函数的导数及独立变量三者之间的关系。一般而言，微分方程可以分为常微分方程和偏微分方程两类。

常微分方程（Ordinary Differential Equations，ODE）是只涉及一个自变量的微分方程，其中未知函数只依赖于一个变量。常微分方程可以进一步分为一阶和高阶两种形式。一阶常微分方程只包含一阶导数，高阶常微分方程除了包含一阶导数，还包含高阶导数。

偏微分方程（Partial Differential Equations，PDE）涉及多个自变量的微分方程。它包含未知函数的多个偏导数，描述了多个变量之间的关系。偏微分方程常用于描述物理学和工程学中的动态过程，如热传导、波动方程和扩散过程等。

微分方程的解是满足方程的函数或函数族。通过求解微分方程，可以得到函数的表达式，从而预测系统的行为、研究动力学过程或解决实际问题。

微分方程在科学和工程领域中有广泛的应用，如天体力学、流体力学、电路分析、生物学建模等。求解微分方程的方法有分离变量法、变量代换法、积分因子法、特征方程法、积分变换法等。

在学习微分方程时，重要的概念有初值问题（Initial Value Problem，IVP）、边值问题（Boundary Value Problem，BVP）、常系数和变系数微分方程、线性和非线性微分方程等。微分方程中的特殊函数有很多种，其中最常见的是指数函数与三角函数。微分方程还涉及很多其他特殊函数的应用，如贝塞尔函数、勒让德函数等。

通过理解微分方程的概念与定义，可以掌握微分方程的基本理论和求解方法，为进一步研究微分方程的应用奠定基础。

6.2 常见的微分方程解法

变量分离法：将微分方程中的变量分离到方程的两边，然后分别对两边进行积分。这种方法适用于可以将方程分解为两个独立变量的微分项。

变量代换法：通过引入新的变量代换，将原微分方程转化为一个更简单的形式。常见的变量代换有三角函数代换、指数函数代换、对数函数代换等。

积分因子法：一阶线性常微分方程，可以通过乘以一个适当的积分因子转化为可积的形式。积分因子的选择可以使微分方程的系数满足一定的条件，从而使方程可积。

特征方程法：适用于线性常系数微分方程。该方法通过假设解具有指数形式，将微分方程转化为特征方程，然后求解特征方程的根，得到解的形式。

积分变换法：通过引入适当的变换，将微分方程转化为更简单的形式。常见的变换包括拉普拉斯变换、傅里叶变换、微分变换等。拉普拉斯变换适用于求解线性微分方程的初值问题，其将微分方程转化为代数方程，然后利用其性质求微分方程的解。

幂级数法：适用于求微分方程的幂级数形式的解。该方法通过假设解具有

可分离变量微分方程的具体解法

幂级数展开形式，然后确定展开系数的递推关系，求微分方程的解。

数值方法：对于无法通过解析方法求解的微分方程，可以采用数值方法进行近似求解，如欧拉法、龙格−库塔法、有限元法等。

这些方法各有特点和适用范围，要根据具体的微分方程形式和求解目标，选择合适的解法进行求解。在实际应用中，常常需要结合数值计算和解析方法来求解微分方程，以获得更准确和更有效的结果。

二阶常系数线性
非齐次微分方程的
具体解法

6.3　微分方程的基本应用

微分方程在科学和工程领域中有广泛的应用，以下是微分方程的常见应用领域。

物理学：微分方程广泛应用于描述物理系统的运动、振动、电磁场等现象。例如，牛顿第二定律可以用二阶线性常微分方程描述物体的运动。

经济学：微分方程在经济学中用于建立经济模型，研究经济系统的变化和稳定性。宏观经济学中的经济增长模型、消费者行为模型等都涉及微分方程的应用。

生物学：微分方程可以用来描述和解释生物学中的许多现象，例如，用微分方程建立生物系统的动力学模型，描述种群的增长、化学反应的速率、神经元的兴奋传导等。

工程学：微分方程在工程学中广泛应用于电路分析、控制系统、传热、流体力学等领域。例如，电路中的电流和电压可以用微分方程描述，控制系统的稳定性和响应也可以用微分方程进行分析。

地球科学：微分方程在地球科学中用于描述大气、海洋、地壳等系统的变化和演化。气象学中的气象模型、地质学中的地壳运动模型等都涉及微分方程的应用。

计算机科学：微分方程在计算机图形学、计算机模拟和计算机视觉等领域有重要应用。例如，物体的运动轨迹可以通过微分方程进行模拟和仿真。

以上只是微分方程应用的一部分，实际上，微分方程在各个科学和工程领域都扮演着重要角色，它帮助人们理解和解释自然现象，并为问题的建模和解决提供数学工具。

6.4　减肥方程简化模型和数值计算实践

案例描述：假设某人正在实施减肥计划，目标是在一定的时间内减掉指定的体重。利用微分方程建立一个简化的减肥模型，可以帮助此人制订合理的饮食和锻炼计划，最终实现减肥目标。

模型假设：此人的体重减少速度与摄入的热量和消耗的热量之间存在线性关系。体重减少的速度与当前体重成正比，即体重越大，减肥速度越快。减肥过程中没有其他因素对体重产生影响。

建立微分方程：设体重减少的速度为 $\dfrac{\mathrm{d}y}{\mathrm{d}x}$，摄入的热量为 C_{in}，消耗的热量为 C_{out}，减肥过程中的体重为 $y(t)$。根据模型假设，可以建立以下微分方程：

$$\frac{\mathrm{d}y}{\mathrm{d}x} = k(C_{\mathrm{in}} - C_{\mathrm{out}})y(t)$$

其中，k 是一个正常数，代表体重减少的速度与体重的比例关系。

求解微分方程：通过求解上述微分方程，可以得到减肥过程中体重的变化规律。通过数值方法或解析方法，可以得到体重随时间的变化函数 $y(t)$。

应用与讨论：减肥方程模型可以帮助此人根据自己的摄入热量和消耗热量来制订合理的减肥计划。通过调整摄入热量和消耗热量的平衡，可以控制体重的减少速度，从而实现减肥的目标。

该模型还可以用于预测减肥过程中的体重变化，帮助个人了解减肥计划的效果，并进行调整和优化。

实际的减肥过程中还存在很多其他复杂因素，如代谢率的变化、饮食的组成、身体的适应性等。这些因素需要在模型中进一步考虑和扩展，使模型更加准确和实用。

数值计算实践

在上述减肥模型中，我们将使用数值方法来求解微分方程并模拟减肥过程中体重的变化，并使用欧拉法作为数值求解器。扫描下方二维码可查看示例代码。

在这个示例代码中，假设减肥过程持续 30 天，每天摄入 2500 卡（cal），消耗 3000 卡（cal），初始体重为 90 kg，减肥速率常数为 0.0001。使用欧拉法求解微分方程，并绘制体重随时间的变化曲线，如图 6.1 所示。

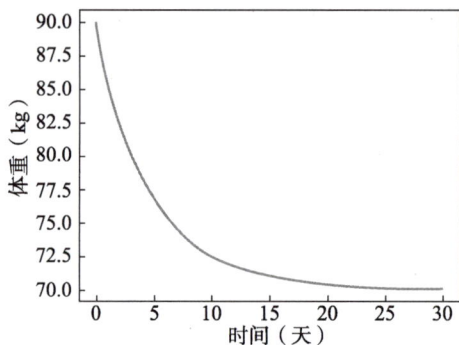

示例代码

图 6.1   减肥过程中体重的变化

这是一个简化的减肥模型示例，实际的减肥过程涉及很多其他复杂的因素和个体差异。在实际应用中，需要考虑更多的因素，并根据实际情况调整参数和模型，以获得更准确的减肥计划和效果预测。

6.5   微分方程在经济学中的应用简化模型和数值计算实践

案例描述：微分方程在经济学中有广泛的应用，特别是在经济增长模型中。经济增长模型研究经济系统中各要素（如资本、劳动力、技术进步等）的相互作用和变化，以预测经济的长期发展趋势。以下是一个简化的经济增长模型案例及其微分方程描述。

模型假设：

假设一个国家的经济增长主要受到资本积累和技术进步的影响。

假设资本积累的速率与投资率成正比，投资率表示每年用于投资的资金占国民总收入的比例。

假设技术进步的速率与国家的创新和研发水平成正比。

建立微分方程：设资本的积累速率为 $\dfrac{\mathrm{d}k}{\mathrm{d}t}$，技术进步的速率为 $\dfrac{\mathrm{d}A}{\mathrm{d}t}$，经济增长率为 $\dfrac{\mathrm{d}g}{\mathrm{d}t}$。根据模型假设，建立以下微分方程：

$$\frac{\mathrm{d}k}{\mathrm{d}t} = sY - \delta K \quad \frac{\mathrm{d}A}{\mathrm{d}t} = gA \quad \frac{\mathrm{d}g}{\mathrm{d}t} = (1-\alpha)g + \alpha A \frac{\mathrm{d}A}{\mathrm{d}t}$$

其中，s 表示投资率；Y 表示国民总收入；δ 表示资本折旧率；g 表示技术进步率；K 表示资本存量；A 表示技术水平；α 表示技术进步对经济增长的影响程度。

求解微分方程：通过求解上述微分方程，可以得到资本、技术进步和经济增长率随时间的变化规律。通过数值方法或解析方法，可以得到资本、技术进步和经济增长率随时间的函数形式。

应用与讨论：经济增长模型可以用于分析和预测一个国家的经济增长趋势。通过调整投资率、技术进步水平等因素，可以评估经济政策对经济增长的影响，优化经济增长策略。该模型还可以用于研究不同国家或地区之间的经济发展差异，探索经济增长的驱动因素，以及评估可持续发展的问题。

实际经济增长模型中还存在其他复杂因素和变量，如人力资本、自然资源等。这些因素可以在模型中进一步考虑和扩展，使模型更加准确和实用。此外，模型中的参数需要根据实际情况进行估计和调整，以提高模型的预测能力和可解释性。

数值计算实践

在这个经济增长模型中，我们将使用数值方法来求解微分方程并模拟经济增长的过程。我们使用欧拉法作为数值求解器。

扫描下方二维码可查看示例代码。在这个示例代码中，我们假设经济增长模型持续 50 个时间单位，设置初始资本存量为 1000，初始技术水平为 1，初始技术进步率为 0.01。使用欧拉法求解微分方程，并绘制资本存量、技术水平和经济增长率随时间的变化曲线，如图 6.2 所示。

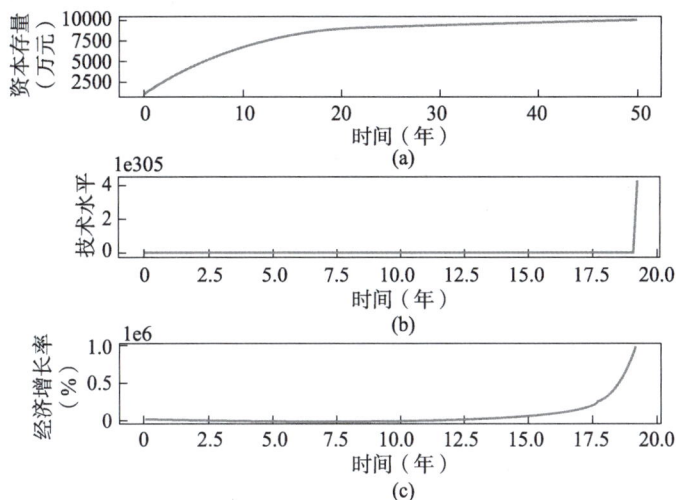

图 6.2　资本存量、技术水平和经济增长率随时间的变化曲线

这是一个简化的经济增长模型示例，实际的经济增长模型涉及很多更复杂的因素和变量，因此需要考虑更多的因素，并根据实际情况调整参数和模型，以获得更准确的经济增长预测和分析结果。

6.6　微分方程在医药学中的应用简化模型和数值计算实践

案例描述：微分方程在医药学中有广泛的应用，特别是在药物动力学模型中。药物动力学模型研究药物在生物体内的吸收、分布、代谢和排泄过程，以预测药物的药效和副作用。以下是一个简化的药物动力学模型案例及其微分方程描述。

模型假设：

假设体内的药物浓度随时间变化。

假设药物的吸收速率与给药剂量成正比。

假设药物的分布和代谢速率与药物浓度成正比。

假设药物的排泄速率与药物浓度成反比。

建立微分方程：设药物浓度为 C，时间为 t，给药剂量为 D，吸收速率为 k_1，分布和代谢速率为 k_2，排泄速率为 k_3。根据模型假设，可以建立以下微分方程：

$$\frac{\mathrm{d}C}{\mathrm{d}t} = k_1 D - (k_2 + k_3)C$$

求解微分方程：通过求解上述微分方程，可以得到药物浓度随时间的变化规律；通过数值方法或解析方法，可以得到药物浓度随时间的函数形式。

应用与讨论：药物动力学模型可以用于评估不同给药方案对药物浓度和药效的影响，优化药物剂量和给药频率。通过研究药物的吸收、分布、代谢和排泄过程，可以预测药物的药效持续时间、副作用发生风险等。

该模型还可以用于研究药物之间的相互作用、药物在不同人群中的药代动力学差异等问题，以指导个体化的药物治疗和药物研发。

在实际的药物动力学模型中，还需要考虑其他因素和变量，如药物的蛋白结合率、组织特异性等。这些因素可以在模型中进一步考虑和扩展，使模型更加准确和实用。此外，模型中的参数需要根据实际药物特性和临床数据进行估计和调整，以提高模型的预测能力和可解释性。

数值计算实践

在这个药物动力学模型中，我们使用数值方法来求解微分方程并模拟药物浓度随时间的变化，并使用欧拉法作为数值求解器。扫描下方二维码可查看示例代码。

在这个示例代码中，我们假设给药剂量为 100，吸收速率为 0.1，分布和代谢速率为 0.05，排泄速率为 0.02。使用欧拉法求解微分方程，并绘制药物浓度随时间的变化曲线，如图 6.3 所示。

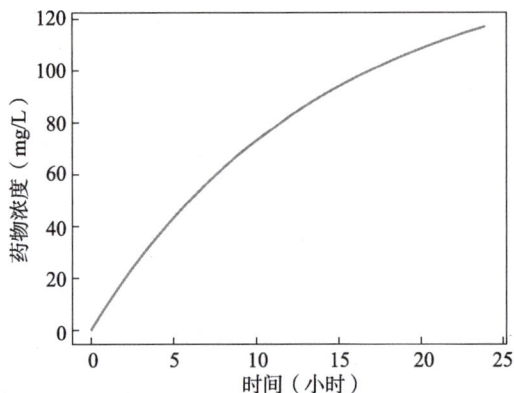

示例代码

图 6.3　药物浓度随时间的变化曲线

这是一个简化的药物动力学模型示例，实际的药物动力学模型涉及很多更复杂的因素和变量，因此需要考虑更多的因素，并根据实际情况调整参数和模型，以获得更准确的药物浓度预测和分析结果。

6.7　微分方程在航天科技中的应用简化模型和数值计算实践

案例描述：微分方程在航天科技中有广泛的应用，特别是在火箭发动机推力控制中。推力控制是航天器轨道调整、姿态控制和轨道转移等任务中至关重要的一环。以下是一个简化的火箭发动机推力控制案例及其微分方程描述。

模型假设：

假设火箭发动机的推力控制可以通过控制推力喷口的喷气速度实现。

假设推力喷口的喷气速度与推力喷口出口压力和流量成正比。

建立微分方程：设推力喷口的喷气速度为 v，时间为 t，推力喷口出口压力为 P，流量系数为 k。根据模型假设，可以建立以下微分方程：

$$\frac{\mathrm{d}v}{\mathrm{d}t} = kP$$

求解微分方程：通过求解上述微分方程，可以得到推力喷口喷气速度随时间的变化规律。通过数值方法或解析方法，可以得到喷气速度随时间的函数形式。

应用与讨论：推力控制是航天器姿态控制、轨道调整和轨道转移等任务中至关重要的一环。通过控制火箭发动机的推力喷口喷气速度，可以调整航天器的姿态、轨道和速度。微分方程模型可以用于优化推力控制策略，使航天器能够实现精确的姿态调整和轨道转移。

在实际应用中，还需要考虑推力喷口设计、燃料燃烧特性、发动机性能参数等因素。这些因素可以在模型中进一步考虑和扩展，以提高推力控制模型的精确性和可靠性。此外，模型中的参数需要根据实际发动机性能和控制要求进行估计和调整，以实现良好的推力控制效果。

数值计算实践

在这个火箭发动机推力控制案例中，我们将使用数值方法来求解微分方程，并模拟推力喷口喷气速度随时间的变化，如图 6.4 所示。扫描下方二维码可查看示例代码。

考虑以下非线性微分方程：

$$\frac{dv}{dt} = kP - \alpha v^2$$

其中，α 是一个小的非线性系数；kP 是原来的线性项；$-\alpha v^2$ 是一个非线性拖拽项，代表随着速度的增加，存在一个逐渐增强的阻力。

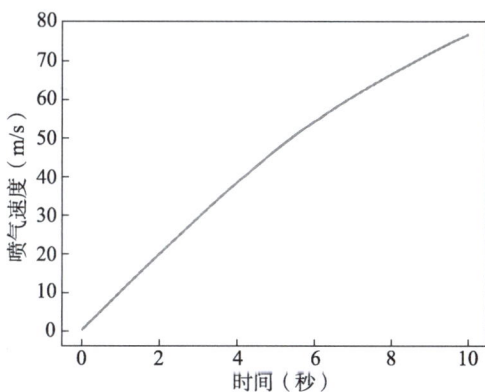

示例代码

图 6.4 推力喷口喷气速度随时间的变化曲线

6.8 微分几何在机器人中的应用简化模型和数值计算实践

案例描述：微分几何在机器人领域有着广泛的应用，特别是在机器人路径规划与运动控制中。以下这个机器人路径规划与运动控制的案例，利用微分几何的概念和方法来实现机器人的自主移动。

问题描述：假设有一个机器人需要从起始点 A 移动到目标点 B，并且要避开障碍物。机器人具有一定的运动能力和传感器，可以感知周围环境和障碍物的位置。目标是找到机器人的最优路径，使其能够快速、安全地到达目标点。

解决方案：

（1）构建环境模型：利用传感器获取周围环境的信息，包括障碍物的位置和形状。根据这些信息，建立环境的几何模型，如使用点云或网格表示障碍物。

（2）路径规划：利用微分几何的概念和方法，设计机器人的路径规划算法。根据起始点 A、目标点 B 和环境模型计算出机器人的最优路径。常见的路径规划算法包括 A*算法、Dijkstra 算法、RRT（Rapidly-exploring Random Tree）算法等。

（3）运动控制：根据路径规划得到的最优路径，设计机器人的运动控制策略。利用微分几何中的速度和加速度概念，控制机器人的运动，使其沿着规划的路径移动。运动控制涉及机器人的轨迹生成、速度控制、姿态调整等方面。

应用与讨论：微分几何在机器人路径规划和运动控制中发挥着关键作用。利用微分几何的概念和方法，可以实现机器人的自主移动和避障功能。这对于各种应用场景中的机器人，如无人车、无人机、工业机器人等都具有重要意义。

实际应用中的机器人路径规划和运动控制问题更加复杂，需要考虑机器人的动力学模型、传感器噪声、动态环境变化等因素。因此，设计高效的路径规划算法和运动控制策略是一个具有挑战性的问题，需要综合考虑多个因素，并进行合适的建模和优化。

上述的数学表达

对于这个问题，要使用几何、微分几何、最优化和图论等数学知识来进行路径规划和运动控制。以下是这些概念的数学表达：

环境模型：我们使用点云数据（一组在三维空间中的点）或者网格模型（一个由线段和点构成的集合）来表示环境和障碍物。这些模型可以通过数学函数来描述，例如，一个障碍物的几何形状可以被表示为一个函数 $f(x, y, z)$。

路径规划：对于路径规划，我们主要使用图论和最优化方法。图论方面，我们可以将环境看作是一个图，每个节点表示一个可能的机器人位置，边表示机器人可以从一个位置移动到另一个位置。最优化方面，我们可以定义一个目标函数，例如机器人移动的距离或者时间，然后寻找使得这个目标函数最小的路径。这可以通过各种搜索算法（例如 A*算法或者 Dijkstra 算法）或者随机抽样方法（例如 RRT 算法）来实现。

运动控制：运动控制主要涉及微分几何和动力学。对于机器人的运动，我们可以使用速度和加速度这两个参数来进行控制。例如，我们可以通过改变机器人的速度或者加速度，使得机器人沿着最优路径移动。这一过程可以被描述为一个优化问题，我们需要找到一组速度和加速度的值，使得机器人可以沿着最优路径移动，同时满足机器人的动力学约束。

上述步骤只是一个简化的描述，实际的机器人路径规划和运动控制问题需要考虑很多其他复杂的因素，例如机器人的动力学模型、环境的动态变化、传感器的噪声等。

数值计算实践

在这个机器人路径规划与运动控制的案例中，我们将使用 Python 编程，结合微分几何的概念和方法，来模拟机器人的自主移动和避障过程。由于路径规划和运动控制涉及较为复杂的算法和模型，这里我们将简化示例为一个二维平面的问题，假设机器人在二维平面上移动，目标是从起始点 A 到达目标点 B，同时避开障碍物。

为了简化示例，我们假设环境为一个矩形区域，机器人在其中自由移动，且只考虑直线移动。我们使用 A*算法进行路径规划，并使用简单的速度控制策略来控制机器人的运动。扫描下方二维码可查看示例代码。

这个版本的程序应该能正确地执行并生成路径。如果环境中有障碍物，A*算法将找到一条避开障碍物的路径。

在这个简化的示例中，我们通过 A*算法找到了机器人的最优路径，并使用简单的速度控制策略来控制机器人的运动。最后，我们绘制了机器人的路径和障碍物，如图 6.5 所示。

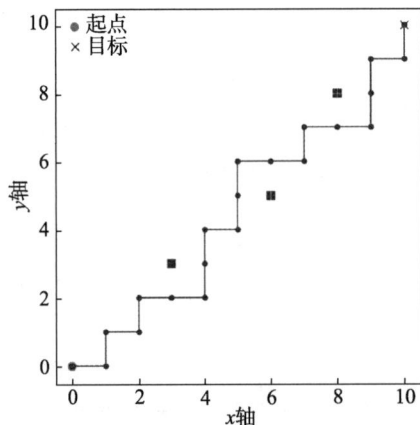

图 6.5　机器人的路径和障碍物

示例代码

实际的机器人路径规划和运动控制问题涉及更复杂的算法和模型，需要考虑机器人的动力学模型、传感器噪声、动态环境变化等因素。在实际应用中，需要根据具体情况选择合适的算法和控制策略，并进行细致的优化和实验。

6.9　微分方程在预测疾病的传播、控制中的应用和简化模型及数值计算实践

案例描述：微分方程在疾病传播和控制方面具有重要的应用。以下案例利用微分方程模型来预测疾病的传播过程，并研究不同控制措施对疾病传播的影响。

问题描述：假设某地区爆发了一种传染病，我们希望通过建立微分方程模型来预测该疾病的传播过程，并研究不同控制措施对疾病传播的影响。假设该地区的总人口为 N，初始感染者人数为 I_0，易感人群人数为 S_0，康复者人数为 R_0。

解决方案：

（1）建立传染病传播模型：根据疾病的传播特性，建立微分方程模型来描述感染者、易感人群和康复者之间的人口转移过程。常见的传染病模型包括 SIR 模型（易感者–感染者–康复者模型）、SEIR 模型（易感者–暴露者–感染者–康复者模型）等。

（2）参数估计与数据拟合：通过对已有的疫情数据进行统计分析和参数估计，确定模型中的参数值，如传染率、康复率和死亡率等。根据实际数据，拟合模型，调整参数值，使模型能够较好地反映实际疫情的传播情况。

（3）研究控制措施：在建立传染病传播模型的基础上，引入不同的控制措施，如隔离、疫苗接种、社交距离等。通过调整控制措施的参数，模拟不同的干预策略对疾病传播的影响，并评估其控制效果。

（4）预测与决策支持：利用建立的微分方程模型，进行疾病传播的预测和分析，提供决策支持。根据模型预测的结果，制定合理的防控策略，指导公共卫生政策和资源分配，以控制疾病的传播。

应用与讨论：微分方程在疾病传播和控制领域中具有广泛的应用。通过建立传染病传播模型和引入控制措施，可以预测疾病的传播趋势、评估不同干预策略的效果，并为决策提供科学依据。此外，微分方程模型还可以应用于疫苗接种策略的优化、传染病暴发的早期预警等方面。

我们可以使用著名的 SIR（易感者–感染者–康复者）模型来建立微分方程。SIR 模型是一种用来描述某种传染病在人群中传播的简单数学模型。

模型中的变量如下：

S：易感者人数；I：感染者人数；R：康复者人数；N：总人口数，$N=S+I+R$。

在这个模型中，我们假设每个人只能是 S、I 或 R 中的一种状态，且状态只能从 S 变为 I，然后变为 R。

我们用 β 表示每日传染率（即每个感染者每天传染易感者的人数），γ 表示每日康复率（即每个感染者每天康复的概率）。

因此，SIR 模型可以表示为以下一组微分方程：

$$\frac{\mathrm{d}S}{\mathrm{d}t} = -\beta SI$$

$$\frac{\mathrm{d}I}{\mathrm{d}t} = \beta SI - \gamma I$$

$$\frac{\mathrm{d}R}{\mathrm{d}t} = \gamma I$$

其中，$\dfrac{\mathrm{d}S}{\mathrm{d}t}$、$\dfrac{\mathrm{d}I}{\mathrm{d}t}$、$\dfrac{\mathrm{d}R}{\mathrm{d}t}$ 分别表示易感者、感染者、康复者人数随时间的变化速率。三个方程表示的含义分别为：

易感者人数的减少速度与当前易感者人数和感染者人数的乘积成正比。

感染者人数的增加速度由两部分组成：新增感染者（即当前易感者和感染者人数的乘积）和康复人数（即当前感染者人数与康复率的乘积）。

康复者人数的增加速度与当前感染者人数和康复率的乘积成正比。

初始条件为

$$S(0) = S_0, I(0) = I_0, R(0) = R_0, N = S_0 + I_0 + R_0$$

要研究不同控制措施对疾病传播的影响，可以调整 β（接触率）和 γ（康复率）的值，以模拟社会隔离（减少 β）、疫苗接种和治疗（增加 γ）等措施。

数值计算实践

在这个 SIR 模型的例子中，我们将使用 Python 编程来模拟感染病毒在人群中的传播过程，并绘制易感者、感染者和康复者随时间的变化曲线。扫描下方二维码可查看代码。

运行上述代码，可以得到易感者、感染者和康复者随时间变化的曲线图，如图 6.6 所示。在这个简化的 SIR 模型中，我们假设每日接触率和每日康复率为常数，通过调整这两个参数，可以模拟不同控制措施对疾病传播的影响。

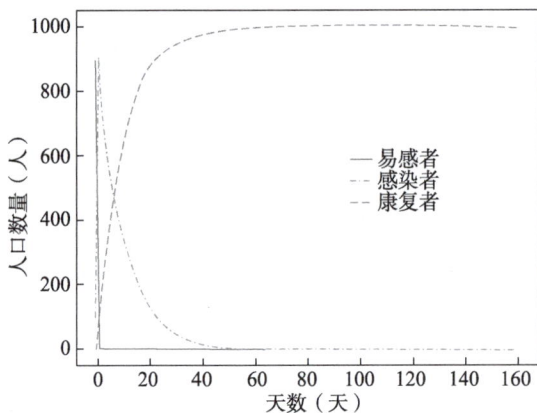

示例代码

图 6.6　易感者、感染者和康复者随时间变化的曲线

实际应用中的疾病传播和控制问题更加复杂，需要考虑人口迁移、随机因素、医疗资源分配等多个因素。因此，在建立微分方程模型时，需要结合实际情况进行合理的假设和参数设定，以提高模型的准确性和适用性。同时，要密切关注实际数据的变化，并及时进行模型的调整和优化，以更好地应对疾病传播的挑战。

6.10　使用微分方程模拟生态系统的应用和简化模型及数值计算实践

案例描述：微分方程在生态学中扮演着重要的角色，可以帮助模拟和分析生态系统中物种的数量变化、食物链的相互作用以及生态平衡的维持。以下案例利用微分方程模型来模拟生态系统中物种的数量变化，并探讨环境因素对生态系统的影响。

问题描述：某生态系统中存在多个物种，它们之间存在食物链关系。我们希望通过建立微分方程模型来模拟不同物种的数量变化，并研究环境因素对生态系统的影响。假设物种的数量变化受到食物供应、捕食关系以及自身增长和死亡率等因素的影响。

解决方案：

（1）建立生态系统微分方程模型：根据生态系统中物种的相互关系，建立微分方程模型来描述不同物种的数量变化。常见的模型包括 Lotka-Volterra 模型、Ricker 模型等，它们考虑了捕食关系、种群增长率和死亡率等因素。

（2）参数估计与模型验证：通过采集实际生态系统的数据，对模型中的参数进行估计，如物种的增长率、捕食率和死亡率等。利用野外观测数据和实验数据对模型进行验证，确保模型能够较好地拟合实际生态系统的数量变化。

（3）环境因素的影响分析：引入环境因素，如温度、湿度和资源供应等，对生态系统模型进行扩展。通过调整环境因素的参数，模拟不同的环境条件对生态系统中物种数量的影响，探讨环境变化对生态平衡的稳定性和物种多样性的影响。

模拟和预测：利用建立的微分方程模型，进行生态系统的模拟和预测。通过模型的模拟结果，可以预测不同物种的数量变化趋势，评估环境干扰对生态系统的影响，为生态保护和管理提供科学依据。

应用与讨论：微分方程在生态学中的应用广泛而重要。通过建立生态系统的微分方程模型，可以深入理解物种数量变化的动态过程，研究捕食关系、竞争关系以及环境因素对生态系统的影响。此外，利用微分方程模型进行预测和模拟，可以帮助制定科学的保护策略，优化资源利用，促进生态系统的可持续发展。

我们可以使用洛特卡-沃尔泰拉（Lotka-Volterra）模型来模拟生态系统中物种的数量变化。这是一组非线性微分方程，用于描述生态系统中两个物种（一个是捕食者，另一个是猎物）的数量动态。

考虑两个物种：一个是猎物（数量表示为 x），另一个是捕食者（数量表示为 y），Lotka-Volterra 方程可以表示为

$$\frac{\mathrm{d}x}{\mathrm{d}t} = \alpha x - \beta xy$$

$$\frac{\mathrm{d}y}{\mathrm{d}t} = \delta xy - \gamma y$$

其中，$\frac{\mathrm{d}x}{\mathrm{d}t}$ 和 $\frac{\mathrm{d}y}{\mathrm{d}t}$ 分别表示猎物和捕食者数量随时间的变化率；α 是猎物的自然增长率；β 是猎物被捕食导致的死亡率，这取决于猎物和捕食者的接触频率（即猎物和捕食者的数量的乘积）；δ 是捕食者因捕食猎物而增加的数量，也取决于猎物和捕食者的接触频率；γ 是捕食者的自然死亡率。

这个模型虽然很简单，但是可以帮助我们理解生态系统中物种数量的基本动态。例如，猎物在数量增加时，为捕食者提供了更多的食物供应，捕食者的数量也会增加；而当捕食者数量增加时，猎物数量会减少，从而导致捕食者数量减少，这又使得猎物的数量得以恢复。

为了研究环境因素对生态系统的影响，我们可以调整上述方程中的参数。具体来说，如果我们考虑到环境恶化可能导致食物供应减少，那么我们可以降低 α 值（猎物的自然增长率）。如果我们引入人类捕猎，那么我们可以增加 γ 值（捕食者的自然死亡率）。如果我们引入保护区，那么我们可以降低 β 值（猎物被捕食的死亡率）。

Lotka-Volterra 模型是一个相对简化的模型，实际中生态系统的动态会受到很多其他因素的影响，例如疾病、环境变化、生物入侵等。因此，为了更精确地模拟和预测生态系统的动态，需要引入更复杂的模型和更多的因素。

数值计算实践

在这个 Lotka-Volterra 模型的例子中，我们将使用 Python 编程来模拟猎物和捕食者在生态系统中的数量变化，并绘制它们随时间的变化曲线。扫描下方二维码可查看代码。

运行上述代码，我们可以得到猎物和捕食者数量随时间变化的曲线图，如图 6.7 所示。在这个 Lotka-Volterra 模型中，我们设置了初始猎物和捕食者数量，通过调整模型参数 α、β、δ 和 γ，可以模拟不同环境因素对生态系统的影响。

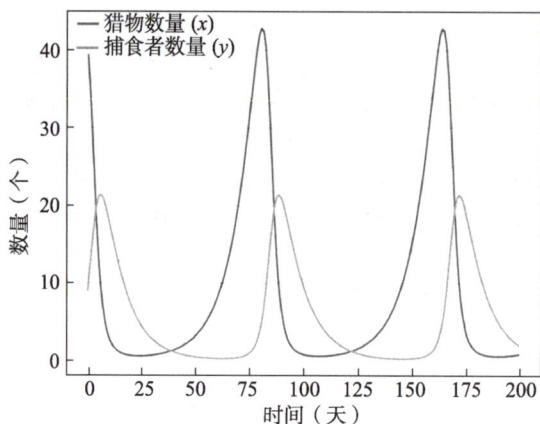

图 6.7   猎物数量和捕食者数量随时间变化的曲线

实际应用中的生态系统动态也会受到很多其他因素的影响，例如疾病、环境变化、生物入侵等。因此，为了更精确地模拟和预测生态系统的动态，需要引入更复杂的模型和更多的因素。这个简化的 Lotka-Volterra 模型只是为了演示基本的生态系统动态原理。

6.11   微分方程在模拟气候变化中的应用和简化模型及数值计算实践

案例描述：微分方程在气象学中扮演着重要的角色，可以用来模拟和预测气候变化的过程。以下案例展示如何利用微分方程模型来模拟气候系统的变化，并研究气候变化对地球的影响。

问题描述：我们希望通过建立微分方程模型来模拟气候系统的变化，并研究不同因素对气候变化的影响。假设气候系统受到大气循环、海洋循环、太阳辐射等多种因素的综合影响，我们想要了解这些因素如何相互作用，以及它们对气候变化的长期趋势产生何种影响。

解决方案：

（1）建立气候系统微分方程模型：根据气候系统的特征，建立微分方程模型来描述大气和海洋的运动、热量传递、水循环等过程。常见的模型包括大气环流模型、海洋环流模型以及气候系统模型等，它们考虑了能量守恒、质量守恒和动量守恒等基本原理。

（2）参数估计与模型验证：通过采集实际观测数据，对模型中的参数进行估计，如大气和海洋的温度、湿度、风速等。利用历史气象数据和实验数据对模型进行验证，确保模型能够较好地拟合实际气候系统的变化。

（3）气候变化的模拟和预测：利用建立的微分方程模型，进行气候变化的模拟和预测。通过改变初始条件和外部驱动因素（如太阳辐射、温室气体浓度等），模拟不同的气候变化情景，并预测未来气候的长期趋势和变化规律。

（4）影响因素的分析：利用模型模拟结果，分析不同因素对气候变化的影响。例如，研究温室气体浓度的增加对全球气温的影响，或者分析海洋循环的变化对气候系统的影响等。通过改变模型中的参数和初始条件，研究不同因素的相互作用和对气候变化的驱动机制。

（5）气候变化的影响评估：根据模拟结果，评估气候变化对地球的影响，如海平面上升、极端天气事件增加、生态系统变化等。利用模型结果提供科学依据，帮助制定应对气候变化的政策和策略，促进可持续发展。

应用与讨论：微分方程在气象学中的应用具有重要意义。通过建立气候系统的微分方程模型，可以模拟和预测气候变化的过程，深入理解气候系统中不同因素的相互作用和驱动机制。此外，利用模型对气候变化的影响进行评估，可以为应对和适应气候变化提供科学依据。

气候模型是一种复杂的数学模型，使用一组微分方程来模拟大气、海洋和陆地的物理过程，以及这些过程之间的相互作用。这些微分方程通常基于物理定律，例如动量守恒、能量守恒、物质守恒等。

一个简单的全球能量平衡模型可以描述太阳辐射和地球反射能量之间的平衡。在这个模型中，我们假设地球是一个完全黑体，其表面温度 T 由以下微分方程表示：

$$\frac{\mathrm{d}S}{\mathrm{d}t} = S_{\mathrm{in}} - S_{\mathrm{out}}$$

其中，S 是地球表面的能量存储；S_{in} 是太阳辐射输入；S_{out} 是地球反射的能量，它与地球的表面温度有关。具体来说，$S_{\mathrm{out}} = \sigma T^4$，其中 σ 是斯蒂芬–玻尔兹曼常数。

在这个模型中，气候变化可以通过调整太阳辐射输入（S_{in}）来模拟，例如，太阳活动的变化或地球轨道的变化都可以影响 S_{in} 的值。另外，人类活动产生的温室气体可以降低地球表面的能量反射（即降低 S_{out}），导致全球变暖。

更复杂的气候模型会包括大气和海洋循环、云层和冰雪的反射效应、地表类型对热量吸收和反射的影响、温室气体的排放和吸收等因素。这些模型通常需要在超级计算机上运行，并使用复杂的数值方法来求解微分方程。这些模型可以帮助我们理解气候变化的机理，预测未来的气候变化，并研究减缓气候变化的策略。

数值计算实践

在这个全球能量平衡模型中，我们将使用 Python 编程来模拟地球表面的能量平衡，并绘制地球表面温度随时间的变化曲线。扫描下方二维码可查看代码。

运行上述代码，我们可以得到地球表面温度随时间变化的曲线图，如图 6.8 所示。在这个简化的全球能量平衡模型中，我们设置了初始太阳辐射输入和初始温度，通过模拟能量平衡和能量反射，得到地球表面温度随时间的变化。

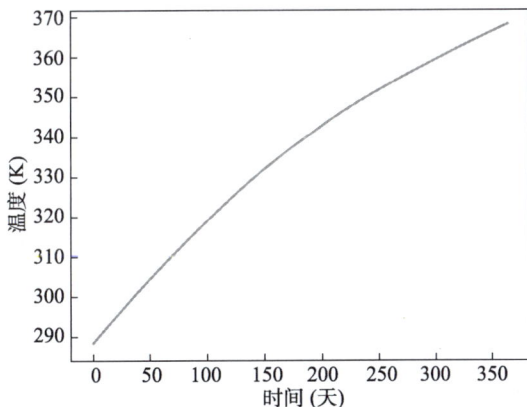

示例代码

图 6.8　地球表面温度随时间变化的曲线

这个模型是一个非常简化的全球能量平衡模型，没有考虑大气和海洋循环、云层和冰雪的反射效应、温室气体的排放和吸收等因素。实际生活中的气候变化是一个非常复杂的问题，需要考虑许多其他因素和影响。复杂的气候模型通常需要在超级计算机上运行，并使用复杂的数值方法来求解微分方程，以更准确地模拟和预测气候变化。这里的模拟只是为了演示基本的全球能量平衡原理。

6.12　利用微分方程优化物流、供应链管理的应用和简化模型及数值计算实践

案例描述：物流和供应链管理是现代商业中的重要环节，通过运用微分方程优化方法，可以提高物流和供应链的效率和效益。以下案例展示如何利用微分方程模型来优化物流和供应链管理，提

高运输效率和降低成本。

问题描述：假设一个公司需要管理其物流和供应链网络，包括货物的运输、仓储、库存管理等环节。我们希望通过建立微分方程模型来优化物流和供应链的各个环节，以实现以下目标：

提高运输效率：通过合理规划运输路线、优化车辆调度和运输时间，减少运输时间和成本，提高货物的及时性和交付效率。

降低库存成本：通过合理的库存管理策略，配合需求和供应的波动情况，优化库存水平，降低库存成本和资金占用成本。

减少运输风险：通过建立运输风险模型，考虑天气、交通状况等因素对运输过程的影响，制定相应的风险管理策略，减少运输风险和损失。

解决方案：

（1）建立微分方程模型：根据物流和供应链的特征，建立微分方程模型来描述货物的流动、库存的变化、供应和需求的匹配等过程。常见的模型包括库存模型、供需匹配模型以及运输网络模型等，它们考虑了物流节点之间的物流流动、库存水平的变化以及供应和需求的动态调整。

（2）参数估计与模型验证：通过采集实际物流和供应链数据，对模型中的参数进行估计，如运输时间、库存成本、供需量等。利用历史数据和实验数据对模型进行验证，确保模型能够较好地拟合实际物流和供应链的运作情况。

（3）优化算法与决策支持：利用微分方程模型结合优化算法，对物流和供应链的各个环节进行优化。例如，利用最优控制理论和动态规划方法，优化运输路线和车辆调度，使货物的运输成本最小化；利用库存模型和动态调整算法，优化库存管理策略，从而降低库存成本并确保供需平衡。

（4）效果评估与改进措施：根据优化结果，评估物流和供应链的效果和绩效指标，如运输时间、库存水平、供应的及时性等。根据评估结果，制定改进措施和策略，不断优化物流和供应链的管理。

应用与讨论：微分方程在物流和供应链管理中的应用可以提高运输效率、降低成本并减少风险，从而提高企业的竞争力和效益。建立微分方程模型，并结合优化算法和决策支持工具，可以帮助企业做出更合理的决策，优化物流和供应链的各个环节。此外，物流和供应链是复杂的系统，涉及多个参与方和环节，因此需要综合考虑各种因素的相互作用，并结合实际数据进行模型的估计和验证。

一个简单的微分方程库存模型可以用如下方式描述：

假设该公司的库存量为 $I(t)$，入库速率为 $r_{in}(t)$，出库速率为 $r_{out}(t)$。那么，库存的变化率可以用以下微分方程表示：

$$\frac{dI}{dt} = r_{in}(t) - r_{out}(t)$$

在这个模型中，我们希望最小化库存成本和缺货成本，这可以通过控制入库和出库速率来实现。具体来说，如果库存量过高，会导致库存成本增加（例如，更大的仓储空间、更高的保险费用等），那么此时，我们可以通过减少入库速率或增加出库速率来降低库存量。反之，如果库存量过低，可能会导致缺货成本增加（例如，失去销售机会、损害顾客满意度等），那么此时，我们可以通过增加入库速率或减少出库速率来提高库存量。

为了优化这个模型，我们可能需要设置一个目标函数，例如最小化总成本，然后使用优化算法（如梯度下降法、遗传算法等）来求解最优的入库和出库策略。

物流和供应链管理是一个动态的过程，受到外部环境和市场变化的影响较大。因此，在建立微分方程模型时，需要考虑很多不确定性和非线性因素，并根据实际情况进行模型的调整和改进。此外，加强与供应商、承运商等合作伙伴的协作，共同优化物流和供应链管理，可以实现更高效、可持续的物流运作。

数值计算实践

在这个简单的库存模型中，我们将使用 Python 编程来模拟库存量随时间的变化，并尝试通过控制入库和出库速率来优化库存成本和缺货成本。扫描下方二维码可查看代码。

运行上述代码，我们可以得到库存量随时间变化的曲线图，如图 6.9 所示。在这个简化的库存模型中，我们设置了初始库存量和每天的入库速率和出库速率，通过模拟库存变化，可以看到库存量随时间的变化情况。

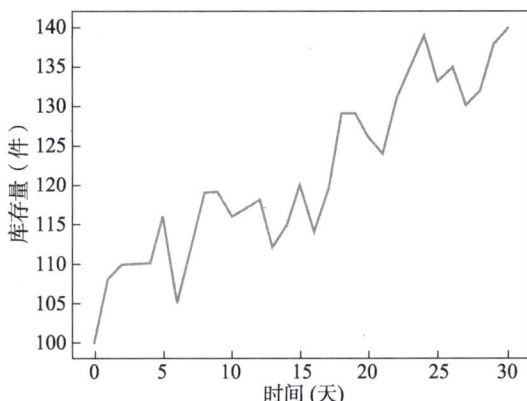

示例代码

图 6.9 库存量随时间变化的曲线

要优化库存成本和缺货成本，我们可以设置一个目标函数，例如最小化总成本或最大化利润，并使用优化算法来求解最优的入库和出库策略。在实际应用中，优化目标和算法的选择会更加复杂，并需要结合实际业务需求和约束条件来进行问题建模和求解。这里的模拟只是为了演示基本的库存模型。

6.13 微分方程在物理学中的应用和简化模型及数值计算实践

案例描述：微分方程在物理学中有广泛的应用，其中一个重要的领域是量子力学。量子力学描述了微观世界中粒子的行为，并通过微分方程模型来描述粒子的波函数演化和相互作用。以下案例展示了微分方程在量子力学中的应用。

问题描述：考虑一个自由粒子在一维空间中的运动。我们希望通过微分方程模型来描述粒子的波函数演化和能量特征，以解释其运动和性质。

解决方案：

（1）薛定谔方程：它是量子力学中描述粒子行为的基本方程，是一个含有波函数的复值微分方程。通过求解薛定谔方程，可以得到粒子的波函数随时间和空间的演化规律。

（2）边界条件和势能：在求解薛定谔方程时，需要考虑粒子的边界条件和势能情况。边界条件可以是波函数在特定位置的取值或导数的约束，而势能则影响薛定谔方程中的势能项。

（3）解析解和数值解：对于简单系统，薛定谔方程可能存在解析解，可以通过解析解得到粒子的波函数和能量特征。对于复杂系统，则通常需要借助数值方法，如有限差分法、有限元法等，来近似求解薛定谔方程。

（4）波函数的解释与物理量计算：薛定谔方程的解，可以解释粒子的波函数的物理意义，如概率密度、态矢量等。此外，通过波函数的性质，可以计算和预测一系列物理量，如能量谱、位置和动量分布等。

应用与讨论：微分方程是量子力学深入理解和研究微观世界的重要工具。通过建立和求解微分方程模型，可以描述和预测粒子的行为和性质，解释和解决一系列量子力学中的问题。例如，通过薛定谔方程求解原子和分子的波函数，可以研究原子的能级结构和化学键的形成。通过求解微分方程模型，可以研究量子力学中的量子隧穿、量子纠缠等基本现象。

在量子力学中，自由粒子的运动和性质可以通过薛定谔方程来描述。对于一维自由粒子（即没有外部势能作用的粒子），其时间依赖的薛定谔方程可以写为

$$i\hbar \frac{\partial \Psi}{\partial t} = -\frac{\hbar^2}{2m} \frac{\partial^2 \Psi}{\partial x^2}$$

其中，$\Psi(x,t)$ 是粒子的波函数，它描述了粒子的状态。在量子力学中，粒子的所有性质都可以从它的波函数得到；i 是虚数单位；$\hbar$ 是约化普朗克常数，是一个非常重要的物理常数，它在量子力学中扮演了关键的角色；t 是时间；m 是粒子的质量；x 是一维空间的坐标；$\dfrac{\partial}{\partial t}$ 和 $\dfrac{\partial^2}{\partial x^2}$ 分别是时间的一阶偏导数和空间的二阶偏导数。

上述薛定谔方程的左侧表示波函数随时间的演化，而右侧则表示了粒子的动能对波函数的影响。

量子力学的理论和概念与我们日常生活的直觉经验有所不同。在量子世界中，粒子的位置和速度不能同时精确测量（称为海森堡不确定性原理），而粒子的性质是以概率形式存在，这些都是通过薛定谔方程和波函数得以体现的。

数值计算实践

在编程实践中，我们将使用数值方法来模拟一维自由粒子的波函数随时间的演化。为了简化问题，我们将使用无量纲化的变量和参数，其中 $\hbar$ 和 m 的比值设置为 1（即 $\dfrac{\hbar^2}{m}=1$），这样方程可以写为

$$\mathrm{i}\frac{\partial \Psi}{\partial t}=\frac{\partial^2 \Psi}{\partial x^2}$$

为了求解这个偏微分方程，我们将使用有限差分法，将空间和时间进行离散化，然后使用数值迭代的方法来求解波函数的演化，扫描下方二维码可查看代码。

在上述代码中，我们使用高斯波包作为初始波函数，并通过数值迭代计算波函数随时间的演化。最终，我们得到了波函数在不同时间点的演化结果，并绘制了波函数的概率密度随空间的变化，如图 6.10 所示。

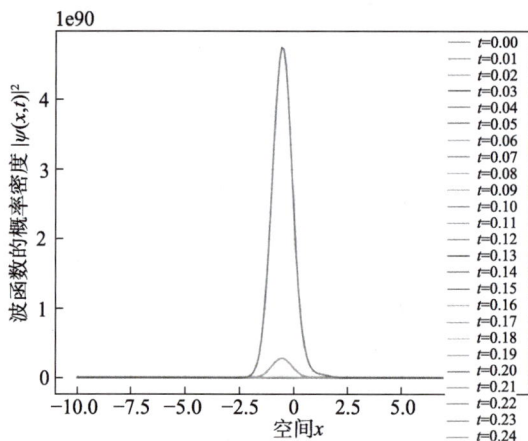

图 6.10　波函数的概率密度随空间的演化

这个示例是一个简化的模拟，实际的量子力学问题需要更复杂的数值方法和更精细的网格来获得更准确的结果。此外，量子力学涉及许多深奥的概念和数学工具，上述代码只是一个入门级的示例，用于演示波函数随时间的演化。

6.14　利用微分方程模拟电路的应用和简化模型及数值计算实践

案例描述：微分方程在电路分析和设计中有广泛的应用。通过建立电路的微分方程模型，可以

模拟电路中电流和电压的变化，预测电路的行为和性能。以下案例展示了微分方程在电路模拟中的应用。

问题描述：考虑一个简单的 RLC 电路，其中包含一个电阻 R、一个电感 L 和一个电容 C。我们希望通过微分方程模拟电路中电流和电压的变化，以分析电路的响应和特性。

解决方案：

（1）电路微分方程：根据基尔霍夫电压定律和欧姆定律，可以建立电路中电流和电压之间的微分方程。对于 RLC 电路，可以得到一个二阶微分方程，其中包含电流和电压的导数和二阶导数。

（2）初始条件和边界条件：在求解电路微分方程时，需要考虑电路的初始条件和边界条件。初始条件可以是电流和电压在特定时刻的初值，而边界条件可以是电流和电压在电路元件之间的关系。

（3）解析解和数值解：对于简单的 RLC 电路，微分方程可能存在解析解，可以通过解析解得到电流和电压的表达式。对于复杂的电路，则通常需要借助数值方法，如欧拉法、龙格–库塔法等，来近似求解微分方程。

（4）电路响应和特性分析：通过求解电路微分方程，可以得到电流和电压随时间的变化曲线。这些曲线可以用来分析电路的响应和特性，如阻尼振荡、共振频率、幅频特性等。

应用与讨论：微分方程是电路分析和设计用来理解和优化电路的重要工具。建立和求解微分方程模型，可以模拟和预测电路中电流和电压的变化，评估电路的稳定性和性能，并优化电路设计。微分方程在电路分析中的应用还涉及交流电路、滤波器设计、振荡电路、放大器设计等多个领域。

如果我们以电路中的电流 $I(t)$ 作为主要的变量，并假设电路接入的电源电压为 $V(t)$，那么，基于基尔霍夫电压定律，我们可以写出以下微分方程：

$$L\frac{\mathrm{d}^2 I}{\mathrm{d}t^2} + R\frac{\mathrm{d}I}{\mathrm{d}t} + \frac{1}{C}\int I(t)\mathrm{d}t = V(t)$$

这个方程表明，在任意时刻，电路中的电流、电流的一阶和二阶导数，以及电流的积分（即电荷）和电源电压之间存在关系。

这个方程也可以进一步改写。定义电荷 $Q(t) = \int I(t)\mathrm{d}t$ 为电容器上积累的电荷，则有

$$L\frac{\mathrm{d}^2 Q}{\mathrm{d}t^2} + R\frac{\mathrm{d}Q}{\mathrm{d}t} + \frac{Q}{C} = V(t)$$

这就是 RLC 电路的微分方程模型，通过求解这个方程，我们可以找到电流和电压随时间变化的规律，进而了解电路的动态行为，如谐振频率、阻尼等特性。

在应用微分方程模拟电路时，需要充分理解电路元件的特性和电路的工作原理，并熟练掌握微分方程的建立和求解方法。此外，电路模拟还需要考虑元件的非线性特性和实际电路中的各种损耗和不确定性因素。因此，综合考虑理论和实践，并结合实验和仿真分析，可以更准确地模拟和评估电路的行为和性能。

数值计算实践

在这个 RLC 电路的微分方程模型中，我们可以使用数值方法来求解电流随时间的变化规律。为了简化问题，我们将假设电阻（R）、电感（L）和电容（C）的值为常数，并且电源电压（$V(t)$）是一个简单的正弦函数。

扫描下方二维码可查看代码。在上述代码中，我们使用欧拉法来数值求解微分方程。该代码模拟了电流随时间的变化，其中电流受到电源电压、电阻、电感和电容的影响。如图 6.11 所示，由于电源电压是一个正弦函数，我们可以观察到电流也呈现出相应的正弦变化，这是典型的 RLC 电路谐振现象。

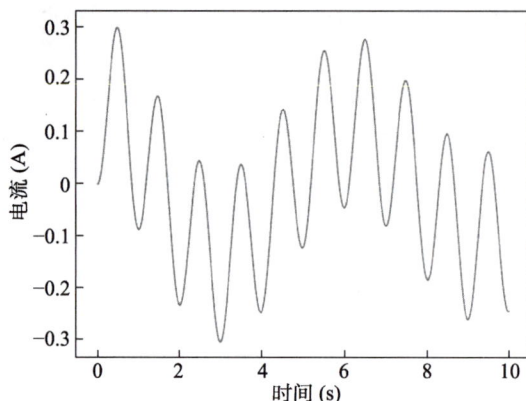

图 6.11　RLC 电路中的电流随时间变化曲线

　　这个示例是一个简化的模拟，实际的电路模拟需要考虑更多的因素，例如电源的实际波形、元件的非线性特性、电源频率和电路响应之间的相互影响等。此外，数值求解微分方程还需要谨慎选择时间步长和求解方法，以保证模拟结果的准确性和稳定性。

6.15　微分方程在酶动力学中的应用和简化模型及数值计算实践

　　案例描述：微分方程在生物化学领域扮演着重要的角色，尤其是在研究酶催化反应的动力学过程中。以下案例展示了微分方程在酶动力学中的应用。

　　问题描述：考虑一个酶催化的生物化学反应，其中底物 S 通过酶 E 催化转化为产物 P。我们希望通过微分方程模拟反应速率的变化，以了解酶动力学过程的特性和调控。

　　解决方案：

　　（1）酶动力学方程：酶动力学方程描述了底物浓度 S 和反应速率 V 之间的关系。其中，反应速率 V 是底物浓度 S 的函数，也受到酶浓度 E、反应速率常数 k 和其他影响因素的影响。

　　（2）饱和动力学模型：酶动力学方程可以基于饱和动力学模型建立。常见的饱和动力学模型包括迈克利斯–门顿（Michaelis-Menten）模型和希尔（Hill）方程等。这些模型描述了底物浓度与反应速率之间的非线性关系。

　　（3）初始条件和边界条件：在求解酶动力学方程时，需要考虑初始条件和边界条件。初始条件可以是反应开始时底物和酶的初始浓度，而边界条件可以是反应物质在反应容器中的浓度和温度的关系。

　　（4）数值求解：复杂的酶动力学方程，通常需要借助数值方法，如数值积分、龙格–库塔法等，来求解。这些方法可以近似计算反应速率随时间的变化。

　　应用与讨论：微分方程在酶动力学研究中的应用可以帮助我们理解酶催化反应的速率调控机制，揭示底物和酶之间的相互作用。通过模拟和求解酶动力学方程，可以预测反应速率随时间的变化，评估酶的催化效率和底物的浓度变化，并研究酶催化反应的饱和程度和反应速率常数等重要参数。

　　酶动力学的研究对于理解生物化学反应、药物代谢、代谢途径调控等方面具有重要意义。微分方程模拟和分析酶动力学过程可以为生物化学研究提供理论和实践上的指导，并在药物开发、生物工程、农业科学等领域中广泛应用。

　　在生物化学中，酶催化的反应速率通常可以通过迈克利斯–门顿方程来描述。它基于以下假设的：酶（E）和底物（S）相结合形成一个复合物（ES），然后这个复合物分解形成产物（P）和未改变的酶。

　　该过程可以写成如下的化学反应方程：

$$E + S \leftrightarrow [k_1][k_{-1}]ES \rightarrow [k_2]E + P$$

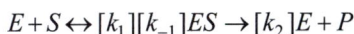

其中，k_1、k_{-1}、k_2 是反应的速率常数。

根据反应速率方程和质量守恒定律，我们可以建立以下的微分方程模型来描述反应的动态过程：

$$d[S]/dt = -k_1 ES + k_{-1} ES$$
$$d[ES]/dt = k_1 ES - (k_{-1} + k_2)ES$$
$$d[P]/dt = k_2 ES$$

这 3 个微分方程描述了底物 S、酶底物复合物 ES 和产物 P 的浓度随时间的变化。通过求解这个微分方程组，我们可以了解反应的动态过程和特性，如反应速率、半饱和常数等。

迈克利斯–门顿模型通常假设酶的总浓度（ $E_0 = E + ES$ ）是恒定的，这使得模型变得更简单，但在某些情况下，这个假设可能并不成立。

在应用微分方程研究酶动力学时，需要充分理解反应机制和底物–酶–产物的相互作用，并结合实验数据进行模型参数的估计和验证。此外，酶动力学方程还需要考虑反应条件、酶浓度变化、温度和 pH 值等因素对反应速率的影响，以建立更准确的模型并解释实验结果。因此，综合考虑理论和实验，在酶动力学研究中应用微分方程可以更深入地探索生物化学反应的机理和调控。

数值计算实践

为了模拟酶催化反应的动态过程，我们可以使用数值方法来求解上述微分方程组。在这个示例中，我们将使用 SciPy 库来求解微分方程，并使用 Matplotlib 库绘制底物、酶底物复合物和产物的浓度随时间的变化。扫描下方二维码可查看代码。

在上述代码中，我们定义了酶动力学的微分方程组并使用 SciPy 的 odeint 函数来数值求解这个微分方程组。然后，我们绘制了底物、酶底物复合物和产物的浓度随时间的变化图，如图 6.12 所示。该示例只是一个简单的模拟，实际的酶动力学研究可能需要更多的参数和实验数据来精确描述反应的动态过程。

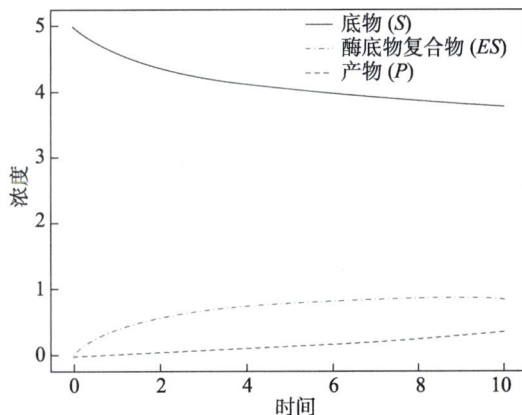

图 6.12　底物、酶底物复合物和产物的浓度随时间的变化

6.16　在地震学中使用微分方程模拟地震波的应用和简化模型及数值计算实践

案例描述：地震波是地震事件的主要传播方式，了解地震波的特性对于地震灾害的预测和防范具有重要意义。微分方程在地震学中被广泛应用于地震波传播过程的模拟，以下案例展示了微分方程在地震学中的应用。

问题描述：考虑一个地震事件，我们希望使用微分方程来模拟其地震波的传播过程，并分析该地震波在地下介质中的传播速度、振幅衰减和相位变化。

解决方案：

（1）波动方程：地震波的传播过程可以用波动方程来描述。波动方程是一个二阶偏微分方程，描述了地震波的传播速度和振幅随时间和空间的变化。它涉及介质的弹性性质和边界条件。

（2）初始条件和边界条件：在求解波动方程时，需要考虑初始条件和边界条件。初始条件可以是地震源的能量释放情况和波的初始振幅，而边界条件可以是介质边界上的反射、折射或吸收等现象。

（3）数值求解：由于波动方程的复杂性，通常需要借助数值方法，如有限差分法、有限元法等，来近似求解微分方程。这些方法可以将连续的时间和空间离散化，以便于计算地震波的传播和变化。

（4）地震波模拟：通过求解波动方程，可以模拟地震波在地下介质中的传播过程。这可以帮助我们了解地震波的传播速度、振幅衰减、相位差等特性，以及地震波与地下结构的相互作用。

应用与讨论： 微分方程在地震学研究中的应用可以帮助我们模拟和预测地震波的传播过程，并评估地震对建筑物、地下结构和人类活动的影响。通过数值求解波动方程，可以得到地震波的传播速度、振幅和频率谱等信息，进而评估地震的强度和震害程度。

地震波模拟对于地震灾害预防、工程结构设计、地下资源勘探等方面具有重要意义。它可以帮助我们理解地震波的传播机制，预测地震波在不同介质中的传播路径和衰减规律，评估地震对不同地区和建筑物的影响，并制定相应的安全措施和应急预案。

对于地震波，我们通常关注的是地震波在地下介质中的传播。

假设地震波的振幅为 $u(x,t)$，那么，波动方程可以写为

$$\frac{\partial^2 u}{\partial t^2} = c^2 \nabla^2 u$$

其中，t 是时间；x 是空间坐标；c 是波速，对于地震波来说，这个速度取决于地下介质的性质，如密度和弹性模量；$\frac{\partial}{\partial t}$ 和 ∇^2 分别是时间的一阶偏导数和空间的拉普拉斯算子（也就是二阶偏导数）。

上述方程描述了在给定的介质中，地震波振幅的变化是如何受到时间和空间的影响的。通过求解这个方程，我们可以得到地震波在地下介质中的传播过程，包括传播速度、振幅的衰减和相位的变化等信息。这对于理解地震机制和预测地震影响具有重要的价值。

在应用微分方程模拟地震波传播时，需要充分考虑地下介质的复杂性、地震波的频谱特性、地震源的能量释放等因素，并结合实际地震数据进行模型参数的估计和验证。此外，地震波模拟还需要考虑地震波与不同类型地下结构的相互作用，以更准确地评估地震对工程和人类活动的影响。

综合考虑理论和实验，在地震学研究中应用微分方程可以帮助我们深入理解地震波的传播机制，提供地震灾害预防和应对的科学依据。这对于保障人类生命财产安全、促进地震科学的发展和地震灾害防治能力的提升具有重要意义。

数值计算实践

在这个示例中，我们将使用 Python 的 NumPy 和 Matplotlib 库来模拟地震波在地下介质中的传播过程，并绘制地震波的传播图像。扫描下方二维码可查看代码。

在这段代码中，我们通过有限差分法对地震波的传播进行了数值模拟。使用有限差分法可以将偏导数转化为差分形式，从而将偏微分方程转化为差分方程，进而通过迭代来求解地震波在地下介质中的传播过程，如图 6.13 所示。

此示例仅展示了一个简化的地震波传播模拟，并没有考虑复杂的地下介质结构和地震源的能量释放。在实际应用中，地震波传播模拟需要结合更多的地质和地震学数据，并使用更复杂的数值方法和模型来提高模拟的准确性。

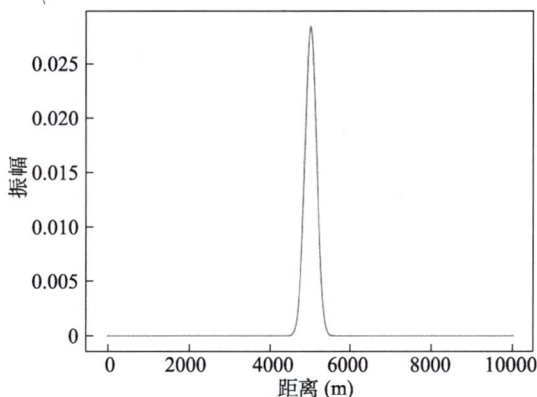

图 6.13　地震波的传播

6.17　利用微分方程研究股票、金融市场的应用和简化模型及数值计算实践

案例描述：股票市场和金融市场的波动性和不确定性使得其研究具有挑战性。微分方程是一种有效的工具，可以用来描述和分析股票价格和金融市场的变动。以下是一个利用微分方程研究股票和金融市场的案例。

问题描述：考虑一个股票市场或金融市场，我们希望使用微分方程来建立其数学模型，以揭示股票价格或金融市场的变动规律，并进行预测和分析。

解决方案：

（1）随机微分方程：股票价格和金融市场的变动通常受到多种因素的影响，包括市场供求关系、宏观经济指标、政策变化等。这些因素往往是随机的，因此可以采用随机微分方程来描述股票价格和金融市场的变动过程。

（2）布朗运动模型：布朗运动是一种常用的随机过程，可以用来描述股票价格和金融市场的波动。布朗运动模型基于随机微分方程，可以模拟股票价格或金融市场指数的随机变动，并计算其均值、方差和相关性等统计特征。

（3）美国期权定价模型：美国期权定价模型是一种基于偏微分方程的金融模型，用于计算期权的合理价格。它考虑了期权的行权时间、标的资产价格、波动率等因素，并通过求解偏微分方程来确定期权价格。

（4）数值求解：股票价格和金融市场的变动通常是复杂和非线性的，需要借助数值方法，如有限差分法、蒙特卡罗模拟等，来近似求解微分方程并估计模型参数。

应用与讨论：利用微分方程研究股票和金融市场可以帮助我们理解价格变动的规律、预测市场趋势，并进行风险管理和投资决策。通过构建合适的微分方程模型，可以分析股票价格和金融市场指数的波动、振幅和相关性，研究市场行为和投资策略的有效性。

微分方程模型在金融市场的应用领域非常广泛，例如期权定价、投资组合优化、风险管理、资产定价等。通过模拟和分析微分方程模型，可以对市场风险进行量化评估、制定合理的投资策略，并为金融机构和投资者提供决策依据。

在金融学中，最常见的微分方程可能是布莱克–舒尔斯（Black-Scholes）方程。这是一个偏微分方程，用于建立衍生品（如欧式期权）的定价模型。

在 Black-Scholes 模型中，一个资产（如股票）的价格 S 满足以下随机微分方程（又称几何布朗运动）：

$$dS = \mu S \, dt + \sigma S \, dW$$

其中，μ 是资产的预期回报率；σ 是资产的波动率；W 是一个标准布朗运动。

这个方程将股票价格随时间的变动描述为一个随机过程，该过程取决于股票本身的回报率和波动性以及一个随机噪声项。

基于这个假设，Black-Scholes 模型进一步推导出一个偏微分方程来描述欧式期权的价格 $V(S,t)$：

$$\frac{\partial V}{\partial t} + 0.5\sigma^2 S^2 \frac{\partial^2 V}{\partial S^2} + rS \frac{\partial V}{\partial S} - rV = 0$$

其中，r 是无风险利率。

通过求解这个偏微分方程，我们可以得到期权的价格。虽然这个模型的假设在实际中可能并不总是成立，但它提供了一个基础的框架来理解金融市场中的衍生品定价。

股票和金融市场的变动受到多种因素的影响，包括宏观经济状况、政策变化、市场情绪等，因此建立合理的微分方程模型需要充分考虑这些因素，并结合实际市场数据进行参数估计和模型验证。

综合考虑理论和实证分析，在股票和金融市场研究中应用微分方程可以帮助我们揭示市场的内在规律和动态特征，为投资者、金融机构和政策制定者提供科学依据，促进金融市场的稳定和可持续发展。

数值计算实践

在这个示例中，我们将使用 Python 的 SciPy 库来求解 Black-Scholes 模型中的偏微分方程，并绘制期权价格随股票价格和时间的变化图像，如图 6.14 所示。扫描下方二维码可查看代码。

以下是 Black-Scholes 模型的正确实现，用于欧式看涨期权的定价：

$$C(S,t) = SN(d_1) - Ke^{-r(T-t)}N(d_2)$$

其中，

$$d_1 = \frac{\log\left(\frac{S}{K}\right) + \left(r + \frac{\sigma^2}{2}\right)T}{\sigma\sqrt{T}}$$

$$d_2 = d_1 - \sigma\sqrt{T}$$

$N(x)$ 表示标准正态分布的累积分布函数。

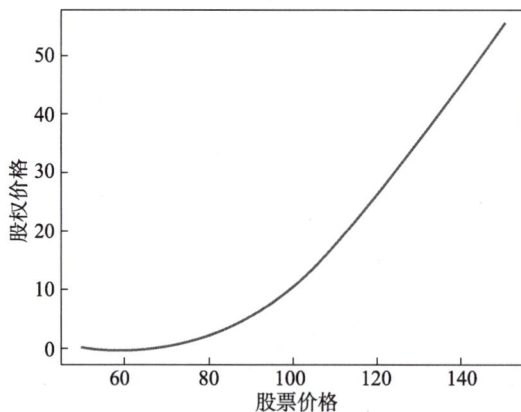

图 6.14   期权价格随股票价格和时间的变化

Black-Scholes 模型是一个基础的金融工具定价模型，而实际中的期权价格受到更多因素的影响，例如市场流动性、期权类型、市场情绪等。因此，在实际应用中，需要综合考虑多种因素，并结合实际市场数据和风险管理策略来进行期权定价和交易决策。

6.18   微分方程在流体力学中的应用和简化模型及数值计算实践

案例描述：流体力学是研究流体运动和相互作用的学科，涉及液体和气体的运动、压力、速度等方面的研究。微分方程在流体力学中扮演着重要的角色，用于描述流体的运动、流量、压力分布等现象。以下是一个在流体力学中使用微分方程的案例。

问题描述：考虑一个流体力学问题，例如液体在管道中的流动、空气在飞机机翼上的流动等，我们希望使用微分方程来建立其数学模型，以描述流体的运动和相应的物理特性。

解决方案：

（1）流体的连续性方程：连续性方程是描述流体质点运动的基本方程之一，基于质量守恒定律，用微分方程的形式表示流体的连续性，即流体的质量在空间和时间上保持不变。

（2）流体的动量方程：动量方程描述了流体质点运动的力学特性，基于牛顿第二定律，用微分方程的形式表示流体的动量守恒，即流体受到的力和流体的加速度之间存在关系。

（3）流体的能量方程：能量方程描述了流体在运动过程中的能量转换和守恒，基于能量守恒定律，用微分方程的形式表示流体的能量守恒，即流体的内能、动能和势能之间存在关系。

（4）边界条件和初始条件：在建立微分方程模型时，需要考虑适当的边界条件和初始条件，以反映具体流体力学问题的物理特性和实际情况。

应用与讨论：在流体力学研究中使用微分方程可以帮助我们深入理解流体的运动规律、流动特性和力学行为，为工程设计、优化和分析提供依据。通过求解微分方程模型，可以获得流体的速度分布、压力分布、流量和阻力等重要参数，从而指导工程设计、流体传输和能量转换等方面的决策。

微分方程在流体力学中的应用非常广泛，例如管道流动、空气动力学、水力学、气象学等领域。通过建立适当的微分方程模型，并运用数值方法或解析方法求解，可以预测和分析流体力学问题的行为和性质，从而为工程设计和科学研究提供重要的数学工具。

在流体力学中，纳维-斯托克斯（Navier-Stokes）方程是用于描述流体运动的主要工具。它是一组非线性偏微分方程，描述了流体速度随时间的变化和流体压力的分布。

假设流体的速度为 $\boldsymbol{u}$（一个向量函数），压力为 p（一个标量函数），密度为 ρ，那么，不考虑流体的压缩性和其他外力，纳维-斯托克斯方程可以写为

$$\rho\left(\frac{\partial \boldsymbol{u}}{\partial t}+\boldsymbol{u}\cdot\nabla\boldsymbol{u}\right)=-\nabla p+\mu\nabla^2\boldsymbol{u}$$

其中，t 是时间；μ 是流体的黏度；∇ 是空间的梯度运算符，∇^2 是拉普拉斯算子（二阶偏导数）。

上述方程的左边部分表示了流体惯性的影响，右边的第一项表示了压力梯度的影响，第二项表示了黏性力的影响。

这个方程可以描述液体在管道中的流动、空气在飞机机翼上的流动等各种流体运动问题。通过求解这个方程，我们可以得到流体在特定条件下的速度和压力分布。这对于理解和预测流体的运动有重要的意义。

流体力学问题往往涉及复杂的非线性、非稳态问题，并具有多物理场耦合的特点，因此在建立和求解微分方程模型时需要考虑适当的简化假设和数值计算技巧，以获得合理的结果和可行的工程应用。

综合考虑理论和实践分析，在流体力学中使用微分方程能够帮助深入理解流体运动和相应的物理现象，为工程和科学研究提供定量分析。

数值计算实践

在这个示例中，我们将使用 Python 的 NumPy 和 Matplotlib 库来求解纳维-斯托克斯方程，并绘制流体在管道中的速度分布图像，如图 6.15 所示。

首先，我们需要定义一个函数来表示纳维-斯托克斯方程，并使用数值方法求解这个方程。在此示例中，我们将使用有限差分方法来进行数值求解。扫描下方二维码可查看代码。

以上的代码描述了在给定的黏度和速度初始条件下流体在一维管道中的运动。在速度的更新中，我们使用了前向差分法和后向差分法来保持数值的稳定性。

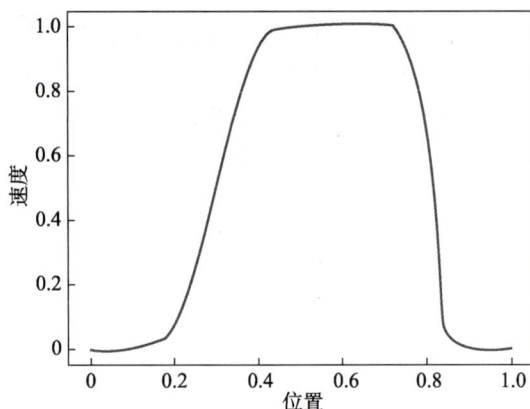

图 6.15   管道内的速度分布

此示例中的模拟相对简化，仅用于演示。在实际的流体力学问题中，可能需要考虑更复杂的边界条件、非线性特性、非稳态过程等因素，以及用更高效的数值方法来求解纳维–斯托克斯方程。因此，实际应用中需要根据具体问题进行合适的建模和求解。

6.19   微分方程在模拟建筑的热传递中的应用和简化模型及数值计算实践

案例描述：建筑设计中的热传递是一个重要的问题，涉及建筑材料的隔热性能、室内温度的控制和能源消耗等方面。微分方程可以用来建立建筑热传递的数学模型，从而帮助设计师预测和优化建筑的热效应。

问题描述：假设我们有一个建筑物，想要研究建筑内部温度随时间的变化以及建筑物和外界环境之间的热传递过程。我们希望利用微分方程建立一个数学模型，来描述建筑的热传递过程。

解决方案：

（1）热传递方程：建筑热传递可以用微分方程描述，常见的热传递方程包括热传导方程、对流传热方程和辐射传热方程。这些方程可以通过建筑材料的热导率、表面传热系数和辐射传热系数等参数来描述热传递过程。

（2）边界条件和初始条件：在建立微分方程模型时，需要考虑适当的边界条件和初始条件，以反映建筑物和外界环境之间的热交换情况。例如，可以考虑建筑物的初始温度、外界环境的温度、建筑物表面的热辐射条件等。

（3）数值求解和优化：通过求解微分方程模型，可以得到建筑物内部温度随时间的变化曲线，进而分析建筑的热效应。可以使用数值方法或解析方法对微分方程模型进行求解，并结合优化技术来优化建筑材料、建筑结构和能源利用等方面，以实现热效应的最优化。

应用与讨论：利用微分方程模拟建筑的热传递过程，可以帮助设计师理解建筑的热效应，优化建筑材料的选择和建筑结构的设计，提高建筑的隔热性能和节能性能。通过数值模拟和优化分析，可以预测建筑内部温度的变化、优化室内温度的控制，从而提供合理的建筑设计和节能方案。

在建筑设计中，一种常见的描述建筑物内外温度传递的数学模型是一维非稳态热传导方程，又称热扩散方程，方程如下：

$$\frac{\partial T}{\partial t} = \alpha \nabla^2 T$$

其中，T 是温度，是时间 t 和空间位置的函数；∇^2 是二阶空间微分算子，又称拉普拉斯算子；α 是热扩散系数，与物质的热导率和比热容有关。

该方程描述了建筑物内部温度随时间和空间的变化规律。左侧的 $\frac{\partial T}{\partial t}$ 表示了温度随时间的变化率，右侧的 $\nabla^2 T$ 表示了温度在空间中的变化率，α 是连接时间和空间温度变化的参数。

设定适当的初始条件和边界条件（例如建筑物初始的内部温度分布以及建筑物与外界环境的温度交换条件），就可以通过求解上述偏微分方程，来预测建筑物内部温度随时间和空间的变化。

此外，对于复杂的建筑结构和环境条件，可能需要考虑更复杂的三维热传导方程，或者在方程中加入对流和辐射等因素，以更准确地模拟实际情况。

建筑的热传递过程往往涉及复杂的非线性和多物理场耦合的特点，因此在建立和求解微分方程模型时需要考虑适当的简化假设和数值计算技巧，以获得合理的结果和可行的建筑方案。

微分方程在建筑设计中的应用可以为建筑师和工程师提供有力的工具和方法，用于研究建筑热效应、优化建筑能源利用、提高室内舒适度等方面。通过综合考虑建筑的功能需求、材料特性和能源消耗等因素，可以实现热传递的最优化和建筑设计的可持续发展。

数值计算实践

在这个示例中，我们将使用 Python 的 NumPy 和 Matplotlib 库来求解一维非稳态热传导方程，并绘制建筑物内部温度随时间和空间的变化图像。

首先，我们需要定义一个函数来表示一维非稳态热传导方程，并使用数值方法求解这个方程。在此示例中，我们将使用有限差分法来进行数值求解。扫描下方二维码可查看代码。

在上述代码中，我们使用有限差分法对一维非稳态热传导方程进行数值求解。首先，我们初始化温度场，并根据时间步长和离散网格点数进行迭代求解。其次，在每个时间步长内，我们计算温度的二阶导数和温度场的时间变化，并根据更新公式更新温度场。最后，我们绘制建筑物内部温度随时间和空间的变化图像，如图 6.16 所示。

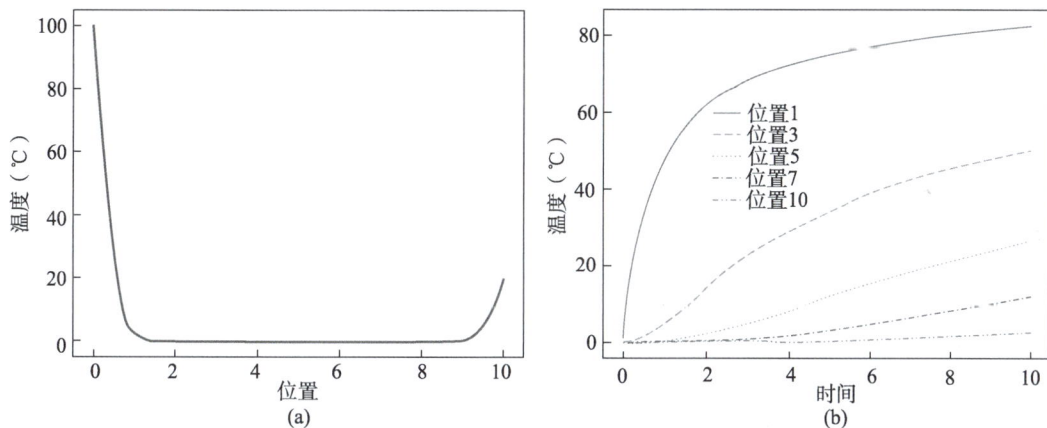

图 6.16　建筑物内部温度随时间和空间的变化图像

此示例中的模拟相对简化，仅用于演示。在实际的建筑设计中，可能需要考虑更复杂的边界条件、非线性特性、多物理场耦合等因素，以及用更高效的数值方法来求解一维非稳态热传导方程。因此，实际应用中需要根据具体问题进行合适的建模和求解。

示例代码

6.20　习题、思考题、课程论文研究方向

▶▶ 习题：

1. 解微分方程：给定一个微分方程，要求找到它的解析解或数值解。
2. 初始值问题：给定一个微分方程和初始条件，求解满足初始条件的特解。

3. 边界值问题：给定一个微分方程和边界条件，求解满足边界条件的特解。

4. 变量分离法：利用变量分离法求解给定的微分方程。

5. 积分因子法：利用积分因子法求解给定的线性微分方程。

6. 线性齐次微分方程：求解线性齐次微分方程及其特征方程。

思考题：

1. 解释研究微分方程解的存在性和唯一性条件。

2. 分析非线性微分方程的解的性质和行为。

3. 相图法：利用相图法分析给定微分方程的解的行为和稳定性。

4. 分析常微分方程与偏微分方程之间的关系。

课程论文研究方向：

1. 研究微分方程在生物医学领域中的应用，如生物体内的药物传输、神经元活动模拟等。

2. 研究微分方程在经济学中的应用，如经济增长模型、消费行为模型等。

3. 研究微分方程在环境科学领域中的应用，如大气污染模拟、水资源管理等。

4. 研究微分方程在控制理论中的应用，如自动控制系统建模与优化等。

第7章 序列与级数

7.1 序列的定义及性质

序列的定义：序列是一组按照特定规律排列的数字或对象，它们按照一定的顺序排列，并可以用数学公式或递推关系来描述。

序列的性质：序列具有有界性、单调性、子序列等性质。

序列在数学和其他学科中的应用广泛，如函数的展开、数值逼近等。

总之，对序列要有深入的了解，能够判断一个序列的性质并计算其极限。这对于理解级数以及其他数学知识的应用将起到重要的作用。

7.2 数列极限的计算及应用

数列的极限是指随着数列项数的增加，数列的值趋近于某个确定的值。数列极限的计算是数学中重要的概念，它在实际问题的建模和分析中具有广泛的应用。

计算数列的极限需要使用极限的定义和相关的数学方法。常见的数列极限计算方法包括夹逼定理、数列收敛性判别准则、常用数列极限的性质和公式等。这些方法和技巧能够帮助我们判断数列是否收敛并计算数列的极限值。

数列极限在实际应用中具有重要的意义。它可以用来描述和预测一系列随时间、空间或其他变量变化的现象。例如，在物理学中，数列极限的概念可以用来描述运动物体的位移、速度和加速度随时间的变化；在经济学中，数列极限的概念可以用于描述经济指标的趋势和发展趋势；在工程学中，数列极限的计算可以帮助分析电路中的信号稳定性和动态响应等。

此外，数列极限的计算还在数学理论研究、优化问题求解、概率与统计等领域中起着重要作用。通过深入理解和运用数列极限的计算方法，能够更好地解决实际问题。

总之，数列极限的计算及应用是数学中重要的内容，它在实际问题的建模、分析和预测中具有广泛的应用价值。掌握数列极限的计算方法和应用技巧对于深入理解数学和解决实际问题具有重要意义。

7.3 等比数列与等差数列的应用

等差数列和等比数列是数学中常见的数列形式，它们在各个领域中都有广泛的应用。这些数列具有简单的规律性和可预测性，使得它们在建模和问题求解中非常有用。

等差数列是指每一项与前一项之差保持恒定的数列。它们常被用于描述递增或递减的情况。在数学中，等差数列的性质被广泛应用于数列求和、算术平均数的计算等问题。在实际生活中，等差数列可以用来描述时间序列、金融投资的增长等情况。

等比数列是指每一项与前一项之比保持恒定的数列。它们常被用于描述成倍递增或递减的情况。在数学中，等比数列的性质被广泛应用于数列求和、指数增长等问题。在实际应用中，等比数列可以用来描述细菌繁殖、物质衰减等情况。

通过研究等差数列和等比数列的应用，能够更好地理解它们在不同领域中的作用和意义。这些数列的规律性能够预测和计算未知的数值，解决很多实际问题。

总之，等差数列和等比数列的应用广泛，它们在数学、科学和实际生活中都扮演着重要角色，可以帮助人们理解和解决很多问题。

7.4　级数的定义及性质

级数是由无穷个数相加所得到的和。它由一系列项组成，每个项都有特定的数值。级数的定义和性质是计算级数的基础。

级数的定义：设 $\{a_n\}$ 是一个数列，级数表示为 $S = a_1 + a_2 + a_3 + \cdots + a_n + \cdots$，其中 a_n 是级数的第 n 项。

部分和：级数的部分和表示为 $S = a_1 + a_2 + a_3 + \cdots + a_n$，表示级数的前 n 项的和。

收敛和发散：如果级数的部分和 S_n 在 n 趋于无穷大时有一个有限的极限值 S，即 $\lim\limits_{n \to \infty} S_n = S$，则称级数收敛，$S$ 是级数的和。如果级数的部分和没有有限的极限值，即 $\lim\limits_{n \to \infty} S_n$ 不存在或为无穷大，则称级数发散。

部分和的性质：如果级数收敛，则级数的部分和序列 $\{S_n\}$ 有界。

收敛级数的性质：如果级数收敛，则级数的任意子序列也收敛，并且其极限值相同。

级数的线性运算：如果级数 $\sum a_n$ 和 $\sum b_n$ 分别收敛，则它们的线性组合 $\sum c_n = \sum a_n + \sum b_n$ 也收敛，其中 $c_n = a_n + b_n$。

绝对收敛：如果级数 $\sum |a_n|$ 收敛，则称级数 $\sum a_n$ 绝对收敛。绝对收敛的级数必定收敛。

条件收敛：如果级数 $\sum a_n$ 收敛，但级数 $\sum |a_n|$ 发散，则称级数 $\sum a_n$ 条件收敛。

级数的定义及性质提供了研究级数的基础。可以利用这些定义和性质来判断级数的收敛性，计算级数的部分和，以及研究级数的各种特征。级数在数学、物理、工程等领域中具有广泛的应用，如无穷数列的表示、泰勒级数的展开、电路中的信号处理等。对级数的深入理解和掌握，有助于人们在实际问题中进行更准确的建模和分析。

7.5　级数的收敛性与发散性

在研究级数的性质时，一个重要的问题是确定级数是收敛还是发散。级数的收敛性与发散性可以通过判断级数的部分和序列的性质来确定。

收敛性的判断：如果级数的部分和序列 $\{S_n\}$ 收敛，即 $\lim\limits_{n \to \infty} S_n = S$，则称级数 $\{S_n\}$ 收敛，并且 S 称为该级数的和。

常见的判断级数收敛的方法如下。

比值判别法（D'Alembert 判别法）：如果存在一个正常数 r，使得当 n 趋于无穷大时，$\left|\dfrac{a_{n+1}}{a_n}\right| = r$，则：

（1）当 $r < 1$ 时，级数绝对收敛；

（2）当 $r > 1$（或 $r = +\infty$）时，级数发散；

（3）当 $r = 1$ 时，级数可能收敛，也可能发散。

根值判别法（Cauchy 判别法）：如果存在一个正常数 r，使得当 n 趋于无穷大时，$\sqrt[n]{|a_n|} = r$，则

（1）当 $r < 1$ 时，级数绝对收敛；

（2）当 $r>1$（或 $r=+\infty$）时，级数发散；

（3）当 $r=1$ 时，级数可能收敛，也可能发散。

部分和有界法：如果级数的部分和序列 $\{S_n\}$ 有界，即存在一个正常数 M，使得对所有的 n，$|S_n|<M$，那么级数收敛。

发散性的判断：如果级数的部分和序列 $\{S_n\}$ 发散，即极限 $\lim\limits_{n\to\infty} S_n$ 不存在或为无穷大，那么级数发散。

常见的判断级数发散的方法如下。

极限不存在：当级数的部分和序列 $\{S_n\}$ 没有极限值时，级数发散。

部分和趋于无穷大：当级数的部分和序列 $\{S_n\}$ 在 n 趋于无穷大时趋于无穷，级数发散。

部分和无界：当级数的部分和序列 $\{S_n\}$ 无界，即对任意的正常数 M，存在一个正整数 n，使得 $|S_n|>M$，级数发散。

判断级数的收敛性和发散性是研究级数性质的关键。根据级数的定义和不同的判别法确定级数的性质，进而将其应用于各种实际问题的建模和分析。

7.6　算 术 级 数

算术级数是一种特殊的级数，其每个项之间的差值相等，又称等差级数。算术级数的一般形式为

$$S = a+(a+d)+(a+2d)+(a+3d)+\cdots+(a+nd)+\cdots$$

其中，a 是首项；d 是公差；n 是项数。

算术级数的部分和可以表示为

$$S_n - na + \frac{1}{2}n(n-1)d$$

算术级数具有以下性质：

（1）算术级数的部分和 S_n 可以表示为首项 a 和末项 a_n 的平均值乘以项数 n，即 $S_n = \dfrac{n(a+a_n)}{2}$。

（2）算术级数的部分和 S_n 与项数 n 成正比，当 n 趋于无穷大时，S_n 也趋于无穷或收敛到一个有限的值，具体取决于首项和公差 d 的值。

（3）当算术级数的公差 d 不为 0 时或公差为 0 但首项不为 0 时，级数是发散的，因为部分和 S_n 会随着项数 n 的增加而趋近于无穷。

（4）当算术级数的首项和公差 d 都为 0 时，即所有的项都为 0，级数只有一个值，因此是收敛的。

算术级数在数学和实际应用中都有重要的作用。它们的性质和求和公式可以用于计算部分和、推导等差数列的性质，以及解决与等差数列相关的问题，例如时间序列分析、财务分析、几何问题等。

7.7　几 何 级 数

几何级数是一种特殊的级数，其中每个项之间的比值相等。几何级数的一般形式为

$$S = a+ar+ar^2+ar^3+\cdots$$

其中，a 是首项；r 是公比。

几何级数的部分和可以表示为

$$S_n = \begin{cases} \dfrac{a(1-r^n)}{1-r}, & r\neq 1 \\ an, & r=1 \end{cases}$$

几何级数具有以下性质：

（1）当公比 r 的绝对值小于 1 时，几何级数是收敛的，部分和 S_n 在 n 趋于无穷大时收敛到一个有限的值。

（2）当公比 r 的绝对值大于等于 1 时，几何级数是发散的，部分和 S_n 会随着项数 n 的增加趋于无穷。

几何级数在其他学科和实际中具有广泛的应用，例如，在金融领域中用于计算复利的增长、在物理学中用于描述指数衰减过程、在工程学中用于模拟电路中的振荡等。几何级数的性质可用于计算部分和、推导等比数列的性质，以及解决与等比数列相关的问题。

7.8　调　和　级　数

调和级数是一种特殊的级数，其中每个项是非零自然数的倒数。调和级数的一般形式为

$$H = 1 + \frac{1}{2} + \frac{1}{3} + \frac{1}{4} + \cdots$$

调和级数的部分和可以表示为

$$H_n = 1 + \frac{1}{2} + \frac{1}{3} + \frac{1}{4} + \cdots + \frac{1}{n}$$

调和级数具有以下性质：

（1）调和级数是发散的，即部分和 H_n 随着项数 n 的增加趋于无穷大。

（2）调和级数的增长速度很慢，即使级数中有很多项，其和也不会增长得很快。

（3）调和级数的部分和可以通过对数函数来近似，即 $H_n \approx \ln n$。

调和级数是数学分析中的一个重要概念，其本身具有独特而重要的性质（如发散性），在数论等领域占有重要地位。同时，与调和级数相关的模型和理论也在物理学、工程学及经济学等多个实际领域得到了广泛应用。需要注意的是，尽管调和级数的每一项都是正数，但其级数和是发散的（即趋于无穷大）。这一特性意味着在实际应用中，若涉及调和级数模型，必须充分考虑其发散性所可能导致的结果。

7.9　幂　级　数

幂级数是一种特殊的级数形式，其每个项都是一个幂函数。一般形式的幂级数可以表示为

$$f(x) = a_0 + a_1(x-c) + a_2(x-c)^2 + a_3(x-c)^3 + \cdots$$

其中，$a_0, a_1, a_2, a_3, \cdots$ 是系数；c 是常数；x 是自变量。幂级数中的项可以无限延伸，其中的幂函数以指数递增的方式出现。

幂级数在数学中具有广泛的应用，尤其在数学分析和微积分领域。它们可以用于表示函数的解析形式、进行函数逼近和插值以及求解微分方程等。幂级数的性质和收敛性与系数的选择和幂函数的收敛半径有关。

幂级数的收敛性可由收敛半径来判断，收敛半径是收敛区域和发散区域的分界线。常见的幂级数包括泰勒级数和麦克劳林级数，它们是特定函数的幂级数展开形式。

幂级数在物理学、工程学、计算机科学和应用数学等领域有广泛的应用，例如，在物理学中用于描述振动、波动和电磁场，在工程学中用于建模和优化问题。同时，幂级数的性质和技巧也是许多数学和工程问题的核心内容。

7.10　泰勒级数与麦克劳林级数

泰勒级数和麦克劳林级数是幂级数的特殊形式，在数学和物理学中具有重要的应用。它们可以

将一个函数表示为幂级数的形式,从而方便进行函数的近似计算和展开。

泰勒级数:泰勒级数是将一个函数表示为无限项幂级数的形式,以函数在某个点处的导数值作为系数。一般来说,泰勒级数可表示为

$$f(x) = f(a) + f'(a)(x-a) + \frac{f''(a)}{2!}(x-a)^2 + \frac{f'''(a)}{3!}(x-a)^3 + \cdots$$

其中,$f(x)$ 是要展开的函数;a 是展开点;$f'(a)$、$f''(a)$、$f'''(a)$ 分别表示函数在 a 点处的一阶、二阶和三阶导数。

麦克劳林级数:麦克劳林级数是泰勒级数的一种特殊形式,当展开点 a 等于 0 时,泰勒级数称为麦克劳林级数。麦克劳林级数的一般形式为

$$f(x) = f(0) + f'(0)x + \frac{f''(0)}{2!}x^2 + \frac{f'''(0)}{3!}x^3 + \cdots$$

在麦克劳林级数中,函数在原点处的导数值作为系数,简化了级数的计算。

泰勒级数和麦克劳林级数在数学分析、微积分和物理学中具有广泛的应用。它们可以用于近似计算复杂函数的值、求解微分方程、研究函数的性质和行为等。通过截取幂级数的前几项,可以得到函数在展开点附近的近似值,并且可以通过增加级数的项数来提高近似的精度。

在实际应用中,选择合适的展开点和适当数量的项数是关键,以确保近似结果的准确性和可靠性。泰勒级数和麦克劳林级数的应用需要考虑函数的可导性和级数的收敛性,因此,对于某些函数,可能需要额外的条件进行检验来确保级数的有效性。

7.11　判断级数收敛性的常用方法

判断级数的收敛性是数学中重要的问题,可以通过多种方法进行。以下是几种常用的方法。

比较判别法:如果一个级数的绝对值序列小于另一个已知的绝对收敛级数的相应项,那么这个级数也绝对收敛。

极限比较判别法:如果一个级数的绝对值序列与另一个已知的收敛级数或发散级数的绝对值序列的比的极限存在且不等于 0,则这个级数与已知级数具有相同的敛散性。

比值判别法:比值判别法通过计算级数的相邻项之间的比值的极限来判断级数的收敛性。如果该极限存在且小于 1,则级数收敛;如果该极限大于 1 或不存在,则级数发散。

根值判别法:根值判别法通过计算级数的相邻项的根号的极限来判断级数的收敛性。如果该极限存在且小于 1,则级数收敛;如果该极限大于 1 或不存在,则级数发散。

积分判别法:积分判别法通过将级数转化为对应函数的广义积分来判断级数的收敛性。如果函数的广义积分收敛,则级数收敛;如果函数的广义积分发散,则级数发散。

另外通过绝对收敛与条件收敛的定义判断:如果级数的绝对值序列收敛,那么称这个级数是绝对收敛的;如果级数本身收敛但绝对值序列发散,那么称这个级数是条件收敛的。绝对收敛的级数一定是收敛的,而条件收敛的级数可以发散。

判断级数的收敛性需要根据具体的级数形式和性质选择合适的方法,同时需要注意判别条件的适用范围和前提条件。在实际应用中,常常需要结合多种判别法来判断级数的收敛性,并且对于特殊情况可能需要采用其他更复杂的方法进行判断。

7.12　利用级数近似计算函数值的应用和简化模型及数值计算实践

近似计算是数学中常用的方法之一,可通过使用级数展开来近似计算复杂函数的值。下面这个案例(利用泰勒级数近似计算正弦函数值)展示如何利用级数近似计算函数值。

正弦函数的泰勒级数展开为

$$\sin x = x - \frac{x^3}{3!} + \frac{x^5}{5!} - \frac{x^7}{7!} + \cdots$$

如果要计算正弦函数在特定点 x 的近似值，可以截取泰勒级数的有限项进行计算。

例如，计算 $\sin 0.2$ 的近似值，可以截取泰勒级数的前几项进行计算。首先，给出前 4 项：

$$\sin 0.2 \approx 0.2 - \frac{0.2^3}{3!} + \frac{0.2^5}{5!} - \frac{0.2^7}{7!}$$

其次，按照这个级数计算近似值：

$$\sin 0.2 \approx 0.2 - \frac{0.2^3}{6} + \frac{0.2^5}{120} - \frac{0.2^7}{5040}$$

通过计算，得到 $\sin 0.2$ 的近似值约为 0.198 67。

这个例子展示了如何利用级数近似计算函数值：通过截取级数的前几项，可以得到函数值的近似结果。当所截取的级数项越多时，近似结果会越接近真实值。

级数近似计算只适用于某些函数，并且近似结果的精确性取决于所截取的级数项的数量。在实际应用中，需要根据所要计算的函数和所需精度选择合适的级数展开及截取项数。

数值计算实践

在这个示例中，我们将使用 Python 来利用泰勒级数近似计算正弦函数值，并绘制近似值和真实值的比较图像。扫描下方二维码可查看代码。

这段代码，首先定义了一个 sin_taylor_series 函数，用于计算 $\sin x$ 的泰勒级数近似值。然后，代码选择计算点 $x = 0.2$，并截取了 8 个级数项。接着，代码通过调用 sin_taylor_series 函数，计算 $\sin 0.2$ 的近似值，并计算 $\sin 0.2$ 的真实值。最后，代码绘制了近似值和真实值的比较图像。

运行代码后，会得到近似值和真实值，并绘制出近似值和真实值随 x 变化的图像，如图 7.1 所示。可以尝试调整截取的级数项数（n_terms），观察近似结果的精确性随级数项数的变化。随着级数项数的增加，近似结果会逐渐接近真实值。

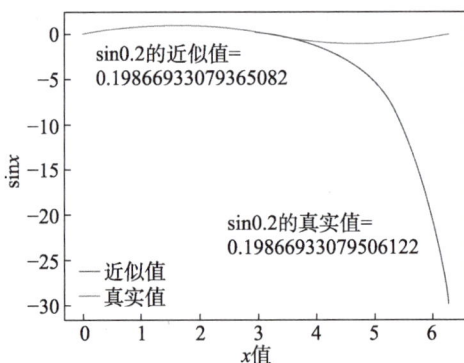

图 7.1   近似值和真实值随 x 变化的图像

7.13   级数在计算复利中的应用和简化模型及数值计算实践

复利是财务中常见的概念，用于计算利息的增长。级数可以应用于计算复利问题，下面这个案例（计算复利下的未来价值）展示了级数在计算复利中的应用。

假设将一笔本金 P 存入一个年利率为 r 的银行账户，并且每年复利一次。计算 n 年后，本金的未来价值 F。

根据复利的定义，未来价值可以通过下面的公式计算：

$$F = P(1+r)^n$$

这个公式表达了本金 P 在 n 年后增长的倍数。但是，当年利率 r 很小而 n 很大时，直接计算这个公式可能不太方便。这时，可以利用级数来近似计算。

观察 $(1+r)^n$，发现可以将其展开为级数：

$$(1+r)^n = 1 + nr + \frac{n(n-1)r^2}{2!} + \frac{n(n-1)(n-2)r^3}{3!} + \cdots$$

如果只保留级数展开的前几项，则可以近似计算复利下的未来价值。

例如，假设本金 $P = 1000$，年利率 $r = 0.05$，想要计算在 5 年后的未来价值 F。利用级数展开计算：

$$F \approx P\left[1 + nr + \frac{n(n-1)r^2}{2!}\right]$$

$$F \approx 1000 \times \left[1 + 5 \times 0.05 + \frac{5 \times (5-1) \times 0.05^2}{2}\right]$$

通过计算，得到在 5 年后的未来价值 F 的近似值约为 1275。

这个例子展示了如何利用级数近似计算复利的未来价值：通过截取级数展开的前几项，可以得到复利的近似结果。这种方法对于计算长期复利尤其有用，因为级数展开可以更方便地处理小年利率和大时间跨度的情况。

级数展开只是一种近似计算方法，其结果的精确性取决于所截取的级数项的数量。在实际应用中，需要根据具体情况选择合适的级数展开及截取项数。

数值计算实践

在这个示例中，我们将使用 Python 来计算复利下的未来价值，并绘制近似值和真实值的比较图像。扫描下方二维码可查看代码。

这段代码定义了一个 future_value_compound_interest 函数，用于计算复利下的未来价值的泰勒级数近似值。代码选择本金 $P - 1000$、年利率 $r - 0.05$，计算 5 年后的未来价值 F，并截取了 8 个级数项。代码通过调用 future_value_compound_interest 函数，计算复利下的未来价值的近似值，并计算复利下的未来价值的真实值。最后，代码绘制了近似值和真实值随年份变化的图像。

运行代码后，会得到近似值和真实值，并绘制出近似值和真实值随年份变化的图像，如图 7.2 所示。可以尝试调整截取的级数项数（n_terms），观察近似结果的精确性随级数项数的变化。随着级数项数的增加，近似结果会逐渐接近真实值。

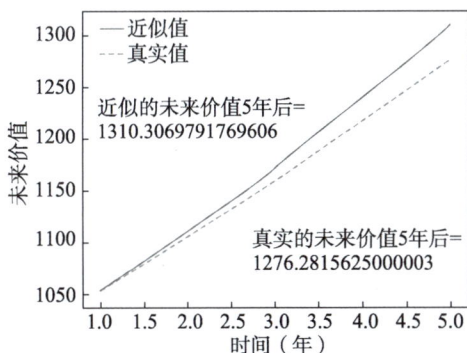

图 7.2 近似值和真实值随年份变化的图像

7.14 傅里叶级数在信号处理中的应用和 简化模型及数值计算实践

傅里叶级数是信号处理中一种常用的技术，用于分析和合成周期信号。下面这个案例（音频信号的频谱分析）展示了傅里叶级数在信号处理中的应用。

假设有一段音频信号，比如一首歌曲或者语音录音。我们想要对该信号进行频谱分析，即了解信号中不同频率分量的强度和相对贡献。

傅里叶级数提供了一种方法，即通过将信号分解为多个正弦和余弦波的叠加来分析信号的频谱。具体地，可以将信号表示为一个周期函数，并将其展开为傅里叶级数。

例如，有一个周期为 T 的音频信号 $f(t)$ ，可以表示为

$$f(t) = \frac{a_0}{2} + \sum [a_n\cos(n\omega t) + b_n\sin(n\omega t)]$$

其中， a_0 是直流分量； a_n 和 b_n 是信号的傅里叶系数； n 是正整数； ω 是角频率。

通过计算信号的傅里叶系数，可以得到不同频率分量的幅值和相位信息。这样，就能够了解信号在频域上的特性，包括频率分量的强度和相对重要性。

进一步地，可以根据频谱分析的结果进行信号处理，如滤波、降噪、频率变换等。这使得傅里叶级数成为信号处理中一种重要的工具。

傅里叶级数假设信号是周期性的，并且要求信号满足一些收敛条件。对于非周期性信号，我们可以通过傅里叶变换来进行频谱分析。

这个例子展示了傅里叶级数在信号处理中的应用。通过分析信号的频谱，可以了解信号的频率组成，进而进行相关的信号处理和分析。傅里叶级数广泛应用于音频处理、图像处理、通信系统等领域，为我们深入理解和处理信号提供了强大的工具。

数值计算实践

在这个示例中，我们将使用 Python 来对一段音频信号进行频谱分析，并绘制频谱图。

为了进行频谱分析，将使用傅里叶变换来计算信号的频谱。Python 中的 SciPy 库，提供了 fft 函数来计算信号的傅里叶变换。

我们可以用 Python 生成一段简单的音频信号，并使用这段信号绘制频谱图。以下例子生成了一个包含两个频率成分的正弦信号，并绘制其频谱图。扫描下方二维码可查看代码。

在这个例子中，生成了一个音频信号，其中包含两个频率（440 Hz 和 880 Hz）的正弦波。然后计算了音频信号的傅里叶变换，绘制了频谱图，如图 7.3 所示。在频谱图中，可以看到在 440 Hz 和 880 Hz 处有两个显著的峰值，这表明音频信号包含这两个频率成分。

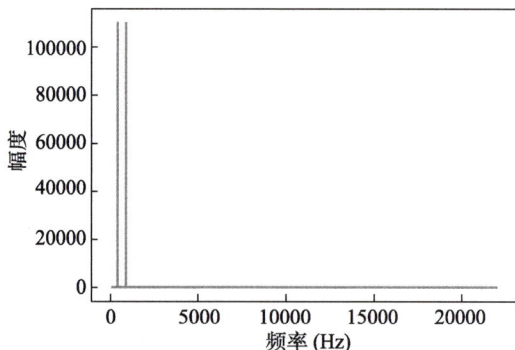

示例代码

图 7.3　音频信号的频谱图

7.15　利用级数求解微分方程的应用和简化模型及数值计算实践

微分方程是数学中一类重要的方程，描述了变量之间的变化率和关系。级数方法是一种常用的求解微分方程的方法。下面是一个求解二阶线性常微分方程案例，展示了如何利用级数求解微分方程。

考虑一个二阶线性常微分方程：

$$y''(x) + p(x)y'(x) + q(x)y(x) = 0$$

其中，$p(x)$ 和 $q(x)$ 是已知函数；$y(x)$ 是待求解的函数。

假设通过级数方法求解这个微分方程，$y(x)$ 可以表示为幂级数的形式：

$$y(x) = \sum a_k x^k$$

将这个幂级数代入微分方程中，并进行系数比较，可以得到关于 a_k 的递推关系式。

通过递推关系式，可以求解出 a_k 的表达式，并得到 $y(x)$ 的级数解。根据级数的收敛性和边界条件，可以确定级数解的收敛区间和特定解。

级数方法并不适用于所有的微分方程，它主要适用于线性常系数微分方程以及某些特定类型的非线性微分方程。在应用级数方法求解微分方程时，需要仔细分析微分方程的性质、边界条件以及级数解的收敛性。

这个例子展示了如何利用级数方法求解微分方程。级数方法在微分方程的求解中具有广泛的应用，可以用于解析解的求取和近似解的构造。通过级数展开和系数求解，我们可以获得微分方程的解析表达式，从而深入理解和研究微分方程的性质和行为。

数值计算实践

在这个示例中，我们将使用 Python 来通过级数方法求解二阶线性常微分方程，并绘制其解的图形。

我们将考虑一个简单的例子：

$$y''(x) - y''(x) - 2y'(x) = 0$$

其中，$p(x) = -1$ 和 $q(x) = -2$。

为了求解这个微分方程，假设 $y(x)$ 可以表示为幂级数的形式：

$$y(x) = \sum a k x^k$$

然后，将这个幂级数代入微分方程中，并进行系数比较，得到关于 a_k 的递推关系式。

得出：

a_0 = [-a1/2 + a2]；a_1 = [-a2 + 3×a3]；a_2 = [-3×a3/2]；a_3 = [0]

级数解：1

扫描下方二维码可查看代码。这段代码首先定义了变量 x 和未知系数 a_k，并假设 $y(x)$ 可以表示为幂级数的形式。然后，代码定义了微分方程及其导数，并根据系数比较得到了关于 a_k 的递推关系式。接着，代码计算了前 10 项的 a_k 系数，并将其代入 $y(x)$ 中得到级数解。最后，代码使用 SymPy 的绘图函数 plot 绘制了级数解的图形。

运行代码后，得到微分方程的级数解，并绘制出其图形，如图 7.4 所示。由于级数展开只考虑了有限项，因此图形中显示的是级数解的近似形式。在实际应用中，可以根据需要增加更多项来提高级数解的精度。

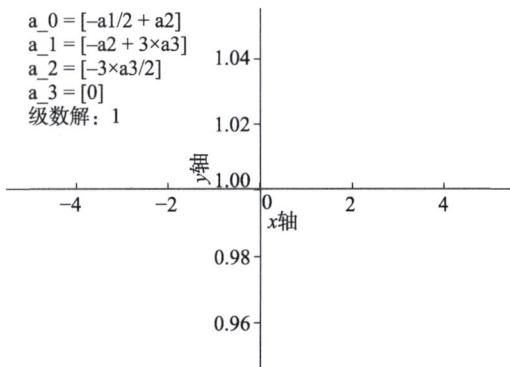

图 7.4　微分方程的级数解

7.16　通过级数理解无限的应用和简化模型及数值计算实践

级数是由无限多个数相加得到的数列，它在数学中有着重要的地位，可以用来描述和理解无限的概念。下面这个案例（探索无限的概念）展示了如何通过级数来理解无限。

考虑一个经典的级数——调和级数：

$$S = 1 + \frac{1}{2} + \frac{1}{3} + \frac{1}{4} + \cdots$$

调和级数的每一项都是倒数，而级数的和是无穷大，这意味着调和级数是发散的。

通过对调和级数的研究，可以得出一些有趣的结论。首先，我们知道调和级数是发散的，即无法找到一个有限的和来表示它。这表明无限的数列可以导致无穷大的结果。

其次，可以通过部分和来逼近调和级数的和。例如，取级数的前 n 项和 S_n，随着 n 的增大，S_n 会趋近于无穷大。这表明无限的数列可以逼近无穷大的值，但永远无法达到它。

最后，可以对调和级数进行一些变换和调整，如对数级数和平方级数，它们也展示了无限的性质。

通过这个案例，我们可以理解无限的概念，以及级数如何作为一种描述无限的工具。级数可以帮助我们研究和探索无穷大、无穷小、无穷序列等数学概念，为理解无限提供了一个强大的工具。

数值计算实践

在这个案例中，我们将使用 Python 来探索调和级数，并绘制其部分和的图形，以便更好地理解无限的概念和级数的性质。

调和级数是一个无穷级数，其中每一项都是项数的倒数。我们将计算调和级数的前 n 项部分和，并绘制这些部分和随着 n 的增大而逼近无穷大的过程。扫描下方二维码可查看代码。

这段代码首先定义了一个函数 harmonic_series(n) 来计算调和级数的前 n 项部分和。然后，代码设置了计算的最大项数 max_terms，并计算调和级数的前 n 项部分和并保存在 partial_sums 列表中。最后，代码使用 Matplotlib 库绘制了部分和随着项数 n 的增大的图形，如图 7.5 所示。

运行代码后，将得到一个图形，其中实线表示调和级数的部分和随着项数 n 的增大而逼近无穷大。虚线表示无穷大的水平线。这个图形展示了调和级数逐渐趋近于无穷大的过程，表明调和级数是一个发散的无穷级数。通过观察这个图形，我们可以更好地理解无限的概念和级数的性质。

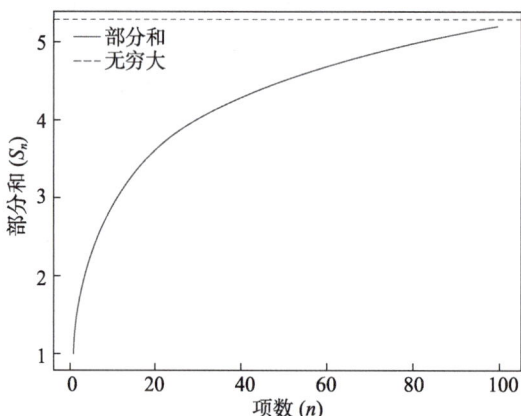

示例代码

图 7.5   调和项数与它的部分和

7.17   级数在物理中的应用和简化模型及数值计算实践

电磁场理论是物理学中重要的分支之一，它涉及电场和磁场的描述和分析。级数在电磁场理论中有着广泛的应用，下面这个案例（电荷分布的电势展开）展示了级数在电磁场理论中的应用。

在电磁场理论中，经常会遇到需要对空间中的电势进行计算的问题。其中一种常见的解决方法是通过将空间中的电荷分布进行多极展开，然后对每一项进行级数求和，以得到电势的近似解。

假设有一些电荷分布在空间中 $\rho(r)$，目标是计算这个电荷分布在某一点 r 产生的电势 V。如果这个电荷分布很复杂，则可以使用多极展开来近似计算电势。

在球坐标系中，电势 V 可以通过以下公式进行展开：

$$V(r,\theta,\varphi) = \sum \left(\frac{1}{r'}\right)^{l+1} \frac{4\pi}{2l+1} \sum \left(\frac{r}{r'}\right)^l P_l\cos\theta q_l m$$

其中，l 和 m 是整数，它们分别表示电势的阶数和方位角数；$P_l\cos\theta$ 是勒让德函数；$q_l m$ 是电荷分布的多极矩；r 和 r' 分别是观察点和电荷分布的距离。由于 $P_l\cos\theta$ 可以通过勒让德递推公式来计算，因此这个公式实际上是一个级数解，可以通过迭代求和来逐步提高解的精度。

这个公式只有在观察点离电荷分布足够远的情况下才能得到好的近似效果。这是因为多极展开是基于 $1/r$ 的幂级数，而这个级数在 r 足够大时才会收敛。

这个案例展示了级数在电磁场理论中的应用。通过级数展开，可以将复杂的电荷分布的电势近似为级数的和，从而得到对电场的描述和分析。级数在电磁场理论中提供了一种强大的工具，帮助我们理解和计算电磁现象。

数值计算实践

在这个案例中，我们将使用 Python 来进行电荷分布的电势展开，并绘制电势随距离的变化图形，如图 7.6 所示。扫描下方二维码可查看代码。由于多极展开的求和需要较多的项数才能获得较高的精度，为了简化演示，只展示前几项的级数求和结果。

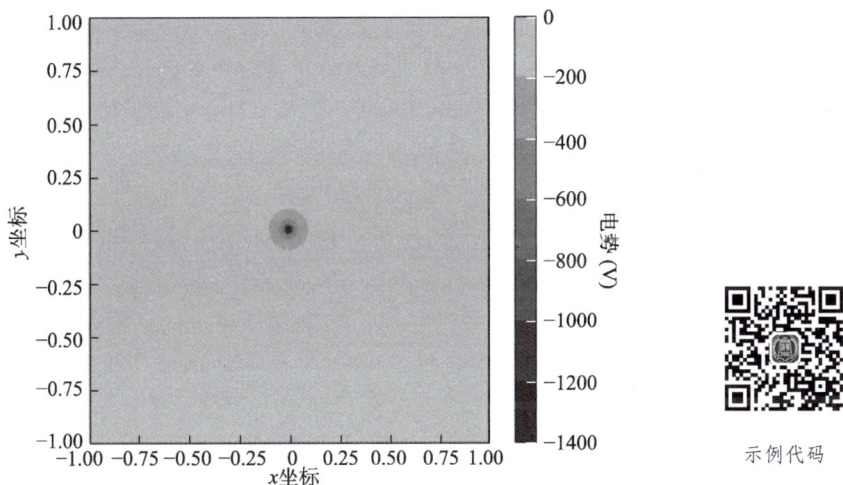

示例代码

图 7.6　电势随距离的变化

这里我们只使用了最简单的电荷分布和最小的展开阶数来演示代码。在实际应用中，电荷分布和阶数的选择将取决于具体的问题和精度要求。

7.18　级数在计算机科学中的应用和 简化模型及数值计算实践

级数在计算机科学中有广泛的应用，其中之一是在分析算法的复杂度时使用级数来描述算法的执行时间或空间需求。下面这个案例（算法复杂度分析）展示了级数在计算机科学中的应用。

在计算机科学中，算法复杂度分析是一个重要的主题。通常使用大 O 符号（O）来描述算法的时间复杂度或空间复杂度。O 描述的是算法性能随着输入大小增长的上界。为了理解这种增长，我们经常会把算法的运行时间或所需空间表达为一个函数，然后使用级数来帮助分析。

例如，考虑一个简单的 for 循环，它从 1 遍历到 n。这个循环的时间复杂度可以表示为

$$T(n) = c + 2c + 3c + \cdots + nc$$

其中，c 是执行每一次迭代所需的时间。可以看出，$T(n)$ 是一个等差数列的和，其求和公

式为

$$T(n) = \frac{1}{2}cn(n+1)$$

这样，就得到了一个级数的形式来描述算法的时间复杂度。从级数的形式可以看出，随着 n 的增大，算法的时间复杂度增长为 $O(n^2)$。

这是一个简单的例子，实际的算法复杂度分析可能涉及更复杂的级数和求和公式，但原理是相同的：使用级数和求和公式来描述算法的运行时间或所需空间，从而了解算法的性能。

这个案例展示了级数在计算机科学中的应用。通过级数展开和分析，可以研究算法的时间复杂度，从而评估算法的效率和性能。级数在计算机科学中提供了一种重要的工具，帮助我们分析和优化算法。

数值计算实践

在这个案例中，我们将使用 Python 来分析一个简单 for 循环的时间复杂度，并通过级数展开和求和公式得到算法的时间复杂度。假设该 for 循环的每次迭代都需要固定的时间 c。扫描下方二维码可查看二维码。

在这段代码中，通过 time_complexity 函数计算了 for 循环的时间复杂度，并将其绘制成图表（见图 7.7）。然后，使用 sum_of_series 函数计算了等差数列的和，即级数的结果，用来表示时间复杂度。

由于 for 循环的迭代次数范围较小（从 1 到 100），我们只绘制了相对较小的输入范围的时间复杂度图。在实际应用中，时间复杂度的级数展开通常涉及更大的输入范围和更复杂的算法，可能需要更多的计算和绘图。本例仅提供了一个简单的示例，帮助理解算法复杂度分析中级数展开的思想和原理。

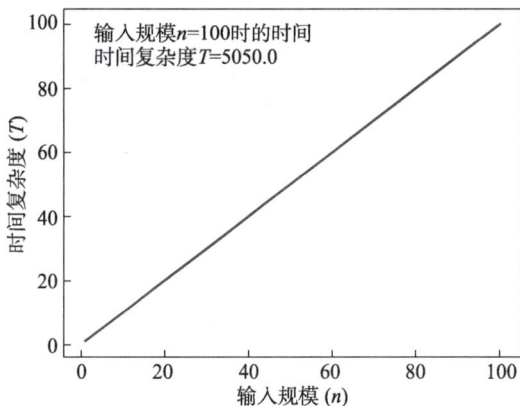

图 7.7　for 循环的时间复杂度

7.19　级数在化学中的应用和简化模型及数值计算实践

级数在化学领域中有多种应用，其中之一是在研究化学动力学过程中使用级数来描述反应速率随时间的变化。下面这个案例（反应速率与级数）展示了级数在化学动力学中的应用。

在化学动力学中，反应速率通常是反应物质浓度的函数，这种关系可以通过一个速率方程来表示，该方程形式上可以看作反应物浓度的幂级数（多项式）。这个幂级数中的每一项都对应一个反应步骤，每个步骤的阶数由该步骤的分子性质决定。

例如，考虑一个一阶反应，其反应速率通常遵循以下形式：

$$R = k[A]$$

其中，R 是反应速率；k 是速率常数；$[A]$ 是反应物 A 的浓度。这个方程表明，反应速率是反应物浓度的线性函数，也可以看作一个一阶的幂级数。

对于二阶反应，其反应速率可能遵循以下形式：

$$R = k[A]^2 \text{ 或 } R = k[A][B]$$

其中，$[A]$ 和 $[B]$ 是两个反应物的浓度。这个方程表明，反应速率是反应物浓度的二次函数，也可以看作一个二阶的幂级数。

对于更高阶的反应，同样可以用类似的形式来表示反应速率，构建一个幂级数来描述反应的动力学行为。因此，级数在化学动力学中的应用是描述反应速率与反应物浓度之间的关系，帮助我们理解和预测化学反应的行为。

这个案例展示了级数在化学动力学中的应用。通过级数展开和分析，可以研究化学反应速率随时间的变化，并了解反应的动力学特性。级数在化学动力学中提供了一种重要的工具，帮助我们理解和预测化学反应的行为。

数值计算实践

在这个案例中，我们使用 Python 来模拟一阶和二阶反应，并绘制反应速率随时间的变化曲线。假设一阶反应的速率方程为 $R = k[A]$，而二阶反应的速率方程为 $R = k[A]^2$，扫描下方二维码可查看代码。

在这段代码中，我们使用 first_order_reaction 函数计算一阶反应速率，使用 second_order_reaction 函数计算二阶反应速率，并绘制出两者随时间的变化曲线，如图 7.8 所示。

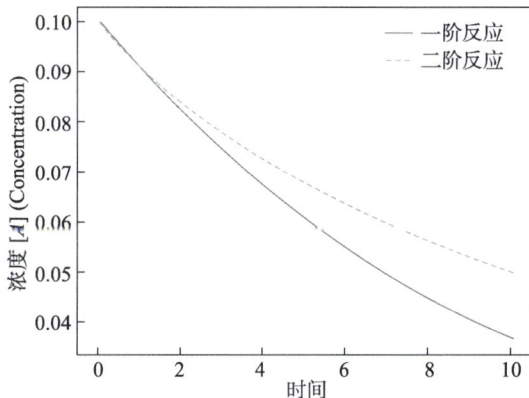

图 7.8　一阶和二阶反应速率随时间的变化曲线

这段代码仅展示了一阶和二阶反应的情况。在实际应用中，反应速率方程和级数展开可能更加复杂，涉及更高阶的反应和更多的反应物。级数在化学动力学中的应用可以帮助我们理解反应的速率与反应物浓度之间的关系，预测反应的动力学行为，并优化反应条件以实现更高效的化学过程。

7.20　级数在统计学中的应用和简化模型及数值计算实践

级数在统计学中有广泛的应用，其中之一是在研究概率分布函数时使用级数来描述正态分布。下面这个案例（正态分布的级数表示）展示了级数在正态分布中的应用。

正态分布是统计学中最常见和重要的概率分布之一，它在许多领域中都有广泛的应用。正态分布可以用级数展开来表示。

正态分布的概率密度函数可以通过级数展开为一个无穷级数：

$$f(x) = \frac{1}{\sqrt{2\pi\sigma^2}} e^{-\frac{(x-\mu)^2}{2\sigma^2}}$$

其中，$f(x)$ 是概率密度函数；μ 是均值；σ 是标准差；e 是自然底数。

通过级数展开，可以将正态分布的概率密度函数表示为一个级数的形式。这个级数可以用于计算正态分布的概率、计算置信区间、进行假设检验等统计推断。

这个案例展示了级数在统计学中描述正态分布的应用。通过级数展开，可以获得正态分布的概率密度函数，并利用该级数进行各种统计推断和分析。级数在正态分布的研究中扮演了重要的角色，帮助我们更好地理解和应用正态分布的各种概念和方法。

数值计算实践

在这个案例中，我们将使用 Python 来绘制正态分布的概率密度函数，并通过级数展开来近似表示。扫描下方二维码可查看代码。

在这段代码中，我们使用 normal_distribution 函数计算正态分布的概率密度函数，并绘制出正态分布的曲线，如图 7.9 所示。

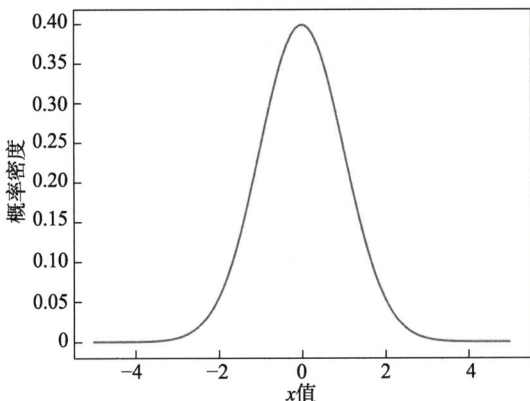

示例代码

图 7.9　概率密度函数的整体分布

这段代码中的级数展开并未直接实现，而是直接使用了正态分布的概率密度函数公式。正态分布的概率密度函数是一个连续函数，在实际应用中无法通过有限项的级数展开来精确表示。级数展开在正态分布的应用中主要用于近似计算和推导统计性质，而不是直接用于替代概率密度函数的计算。

级数在统计学中的应用可以帮助我们理解正态分布的性质和应用，从而在各种统计问题中进行分析和推断。

7.21　利用级数理解音乐、音调的应用和简化模型及数值计算实践

级数在音乐理论中有广泛的应用，可以帮助我们理解音乐中的音高、音调和和声结构。下面这个案例（和声结构中的音程级数）展示了级数在音乐理论中的应用。

在音乐和声结构中，音程是描述两个音之间的频率关系的方式，也可以看作音的"距离"。在音乐理论中，最基本的音程是八度，这表示一个音的频率是另一个音的两倍。八度内可以进一步划分为更小的音程，如大二度、小三度、完全四度、完全五度等。在十二平均律系统中，八度被划分为 12 个等距的半音。

在此系统中，每个音的频率与其基音（在同一八度中的起始音）的频率之间的关系可以通过以下公式表示：

$$f_n = f_0 2^{\frac{n}{12}}$$

其中，f_n 是第 n 个半音的频率；f_0 是基音的频率；n 是半音的数量（从 0 到 11）。

这是一个指数函数，描述了音程和频率之间的对数关系。这种对数关系使得同样大小的音程（如一个半音或一个全音）在频率上的跨度在不同的八度中是不同的，但在音乐感知上却是相同的。

这是一个简化的模型，实际的音乐中可能存在微妙的偏差和修饰，如使用泛音或非十二平均律

的音阶系统。

这个案例展示了级数在音乐理论中描述音程和和声结构的应用。通过级数展开，可以获得音程级数，从而帮助我们理解音乐中的音高关系、和声特点和音乐结构。级数在音乐理论中的应用使我们能够更深入地理解音乐的构成和表达。

数值计算实践

在这个案例中，我们将使用 Python 来计算音程级数并绘制频率与音程关系的图表。扫描下方二维码可查看代码。在这段代码中，我们通过 calculate_frequency 函数来计算给定基音频率和音程级数下的音频率，然后，使用 Matplotlib 库绘制了频率与音程级数的关系图表，如图 7.10 所示。

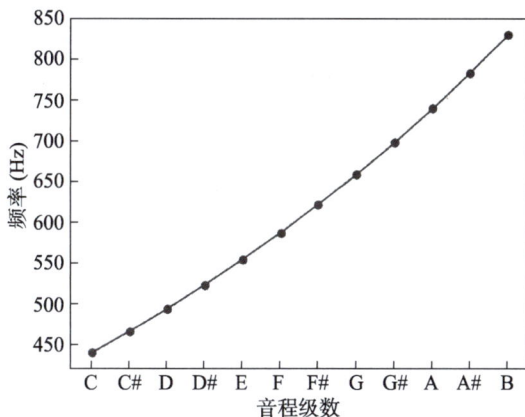

示例代码

图 7.10　频率与音程级数的关系

这里的音程级数采用了十二平均律系统，其将八度划分为 12 个等距的半音。在实际的音乐中，可能会采用其他不同的音阶系统，从而得到不同的音程级数。级数在音乐理论中的应用可以帮助我们理解音乐中的音高关系、和声特点和音乐结构，为我们深入探索音乐的构成和表达提供了有力的工具。

7.22　级数在经济学中的应用和简化模型及数值计算实践

级数在经济学中有广泛的应用，特别是在资本累积和投资回报的研究中。下面这个案例（资本累积和投资回报）展示了级数在经济学中的应用。

在经济学中，级数被广泛用于描述和分析资本累积和投资回报。以下是一个基本的数学模型，描述了这一过程。

假设初始投资资本为 C_0，每年的投资回报率为 r（假设 r 是常数，即每年的回报率相同），而且所有的回报都被再投资（累积）。第一年末的资本总量 $C_1 = C_0(1+r)$。同理，第二年末的资本总量 $C_2 = C_1(1+r) = C_0(1+r)^2$。以此类推，第 n 年末的资本总量 $C_n = C_0(1+r)^n$。

在这个模型中，可以看到资本累积过程的指数增长性质。因为 $(1+r)^n$ 是一个指数函数，随着 n 的增加，C_n 将按指数速度增长。

此外，也可以将每年的投资回报看作一个级数。例如，第一年的投资回报是 $C_0 r$，第二年的投资回报是 $C_1 r = C_0 r(1+r)$，第三年的投资回报是 $C_2 r = C_0 r(1+r)^2$，等等。因此，投资 n 年的总回报就是一个几何级数：$C_0 r + C_0 r(1+r) + C_0 r(1+r)^2 + \cdots + C_0 r(1+r)^{n-1}$。

通过级数的计算和分析，可以了解投资的增长速度、未来价值和投资回报的变化趋势。这对于经济学家、投资者和决策者在制定投资策略和规划资本累积方面非常有用。

这个案例展示了级数在经济学中描述资本累积和投资回报的应用。通过级数计算和分析，可以获得关于投资回报的重要信息，帮助我们做出理性的经济决策和规划资本的增长。级数在经济学中的应用有助于我们更好地理解资本市场和投资效果。

数值计算实践

在这个案例中，我们将使用 Python 来计算资本累积和投资回报，并绘制资本随时间的增长曲线。扫描下方二维码可查看代码。

在这段代码中，我们定义了两个函数：calculate_capital_growth 用于计算资本随时间的增长，calculate_investment_return 用于计算投资 n 年的总回报（投资回报的级数求和）。然后，我们使用 Matplotlib 库绘制了资本随时间的增长曲线和投资回报曲线，如图 7.11 所示。

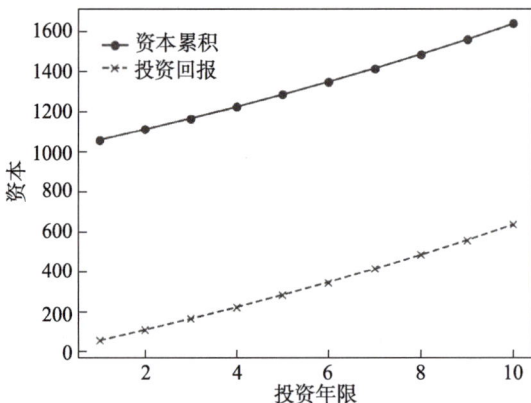

示例代码

图 7.11　资本累积和投资回报

通过这个案例，可以观察资本累积过程的指数增长特性，并了解投资回报随时间的变化趋势。级数在经济学中的应用使我们能够更好地理解资本市场和投资效果，为经济决策和资本规划提供有力的支持。

7.23　级数在工程学中的应用和简化模型及数值计算实践

级数在工程学中有广泛的应用，特别是在电路设计和分析中。下面这个案例（电阻、电容、电感的级数和并联）展示了级数在电阻、电容和电感的级数和并联中的应用。

在电路分析中，电阻、电容和电感的串联（级数）和并联是两种常见的连接方式。每种连接方式都有其特定的数学表达式，用于计算等效的电阻、电容和电感。

电阻（R）：

串联：总电阻等于各电阻之和，即 $R_{total} = R_1 + R_2 + R_3 + \cdots$

并联：总电阻的倒数等于各电阻倒数之和，即 $\dfrac{1}{R_{total}} = \dfrac{1}{R_1} + \dfrac{1}{R_2} + \dfrac{1}{R_3} + \cdots$

电容（C）：

串联：总电容的倒数等于各电容倒数之和，即 $\dfrac{1}{C_{total}} = \dfrac{1}{C_1} + \dfrac{1}{C_2} + \dfrac{1}{C_3} + \cdots$

并联：总电容等于各电容之和，即 $C_{total} = C_1 + C_2 + C_3 + \cdots$

电感（L）：

串联：总电感等于各电感之和，即 $L_{total} = L_1 + L_2 + L_3 + \cdots$

并联：总电感的倒数等于各电感倒数之和，即 $\dfrac{1}{L_{total}} = \dfrac{1}{L_1} + \dfrac{1}{L_2} + \dfrac{1}{L_3} + \cdots$

这些等式使我们能够将电路中的复杂连接简化为一个单一的等效元件，从而更容易地分析电路的行为。

这个案例展示了级数在工程学中描述电阻、电容和电感的应用。通过级数的计算和分析，可以理解电路中复杂元件的行为，帮助我们进行电路设计、故障排除和性能优化。级数在工程学中的应用有助于我们更好地理解电路和电子设备的工作原理。

数值计算实践

在这段案例中，我们使用 Python 来计算电阻、电容和电感的串联和并联等效值，并绘制图表展示计算结果。扫描下方二维码可查看代码。

在这段代码中，我们首先定义了计算电阻、电容和电感的串联和并联等效值的函数。然后，我们通过输入电阻、电容和电感的列表，计算它们的等效值，并输出结果。最后，我们使用 Matplotlib 库绘制了电阻串、并联连接的柱状图展示电阻值，如图 7.12 所示。

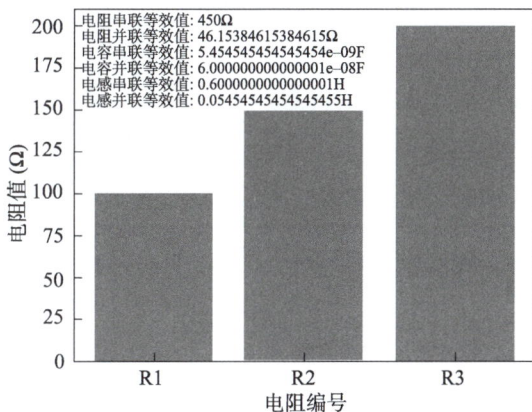

图 7.12　电阻串、并联连接的柱状图

通过这个案例，可以计算并理解电路中复杂元件的等效行为，帮助我们进行电路设计和性能优化。级数在工程学中的应用使我们能够更好地理解电子设备和电路的工作原理。

7.24　习题、思考题、课程论文研究方向

▶▶ 习题：

1. 计算给定级数的和：例如，计算调和级数、几何级数或幂级数的和。
2. 证明级数的收敛性或发散性：例如，证明给定级数是收敛的或发散的。
3. 求解微分方程：使用级数方法求解给定的微分方程。
4. 应用级数近似计算函数值：例如，使用泰勒级数近似计算给定函数在某个点的值。
5. 级数的性质和运算：研究级数的性质和运算规则，例如级数的和、乘积或除法等。

▶▶ 思考题：

1. 讨论级数收敛和发散的条件，并思考不同类型级数的极限行为。
2. 研究级数的收敛速度与级数项的特性之间的关系，例如调和级数的收敛速度与级数项的关系。
3. 思考级数在实际问题中的应用，例如在物理学、工程学、经济学等领域的具体应用案例。

▶▶ 课程论文研究方向：

1. 研究级数在控制系统理论中的应用，例如级数在系统稳定性分析、控制器设计或自适应控制中的应用。
2. 研究级数在数值方法中的应用，例如级数在数值求解微分方程、数值积分或数值优化等问题中的应用。

3. 研究级数在信号处理领域中的应用，例如傅里叶级数在信号分析、图像处理或音频处理中的应用。

4. 研究级数在金融学中的应用，例如级数在金融市场预测、投资策略或风险管理中的应用。

5. 研究级数在生物学或生物医学领域中的应用，例如级数在生物种群模型、药物动力学或神经网络建模中的应用。

第8章 向量和向量空间

8.1 向量的概念与定义

向量是具有大小和方向的量。它可以用于表示物理量、几何对象以及其他具有方向性的概念。在数学中，向量通常用箭头符号或坐标表示。向量具有以下特征：

大小（模长）：表示向量的长度或大小，通常用绝对值或范数来表示。

方向：表示向量的指向，可以用角度、方向角或方向向量来描述。

零向量：大小为零的向量，所有分量都为零。

单位向量：大小为 1 的向量，可以用来表示方向。

向量在物理学、几何学、工程学、计算机图形学等领域中有广泛的应用。它们用于描述物体的运动、力的作用、空间的方向、几何形状等。向量还可以用于建模和解决复杂的数学问题，如线性代数、微积分和矩阵论等。

8.2 向 量 运 算

向量运算是对向量进行各种操作和运算的过程，常见的向量运算包括向量加法、数量乘法、点积（内积）和叉积（外积）。

向量加法：将两个向量的对应分量相加得到一个新的向量。例如，对于二维向量 (a_1, a_2) 和 (b_1, b_2)，它们的和是 $(a_1 + b_1, a_2 + b_2)$。

数量乘法：将一个向量的每个分量乘以一个标量（实数或复数）得到一个新的向量。例如，对于二维向量 (a_1, a_2) 和标量 c，它们的数量乘积是 (ca_1, ca_2)。

点积（内积）：将两个向量的对应分量相乘，然后将乘积相加得到一个标量。点积可以用来计算向量的夹角和向量在某一方向上的投影。对于二维向量 (a_1, a_2) 和 (b_1, b_2)，它们的点积是 $a_1b_1 + a_2b_2$。

叉积（外积）：叉积运算仅适用于三维向量。叉积的结果是一个新的向量，它垂直于参与叉积运算的两个向量，并且大小与这两个向量构成的平行四边形的面积成正比。叉积的计算公式较为复杂，涉及向量的各个分量的乘法和减法。

向量可以在欧几里得空间中进行运算，包括向量的加法、减法、数量乘法、点积（内积）和叉积（外积）。向量也可以表示为坐标形式或分量形式，其中每个分量表示向量在坐标轴上的投影或坐标值。

叉积（外积）示例

这些向量运算在几何学、物理学、工程学和计算机图形学等领域中具有重要的应用。它们可以用于计算向量的和、差、长度、方向，以及解决与向量相关的方程和问题。此外，向量运算还为研究向量空间、线性代数和几何形状等提供了基础。

8.3 向量的线性组合与向量空间

向量的线性组合是指将一组向量乘以对应的标量，并将它们相加得到一个新的向量。具体而言，对于给定的向量集合 $\{v_1, v_2, \cdots, v_n\}$ 和对应的标量集合 $\{a_1, a_2, \cdots, a_n\}$，它们的线性组合可以表示为

$$a_1 v_1 + a_2 v_2 + \cdots + a_n v_n$$

线性组合是向量空间的一个重要概念。向量空间是指由一组向量及其线性组合构成的集合。向量空间具有以下性质：

加法封闭性：向量空间中的任意两个向量的线性组合仍然属于该向量空间。

数量乘法封闭性：向量空间中的任意向量与任意标量的乘积仍然属于该向量空间。

零向量存在性：向量空间中存在一个特殊的零向量，满足对任意向量 v，都有 $v + \mathbf{0} = v$。

加法逆元存在性：对于向量空间中的任意向量 v，存在一个与之相反的向量 $-v$，满足 $v + (-v) = \mathbf{0}$。

向量加法和数量乘法具有结合性、交换性和分配性。

向量空间的例子包括实数向量空间、复数向量空间、n 维向量空间等。在实际应用中，向量空间常用于描述几何形状、物理量、数据集等，并通过线性组合来进行插值、拟合等操作。向量空间的性质和特点使得它在线性代数、几何学、物理学、计算机图形学和机器学习等领域中具有广泛的应用。

8.4　基底与维度

在向量空间中，基底是一组线性无关的向量，通过线性组合可以表示该向量空间中的任意向量。基底的选择是不唯一的，但是对于给定的向量空间，基底的数量是相同的，这个数量被称为向量空间的维度。

具体而言，考虑一个向量空间 V，如果存在一组向量 $\{v_1, v_2, \cdots, v_n\}$，满足以下两个条件：

（1）这组向量是线性无关的，即不存在非零标量集合 $\{a_1, a_2, \cdots, a_n\}$ 使得 $a_1 v_1 + a_2 v_2 + \cdots + a_n v_n = 0$；

（2）属于向量空间 V 的任意向量 v 都可以由这组向量线性表示，即对于任意向量 v，存在一组标量 $\{b_1, b_2, \cdots, b_n\}$，使得 $v = b_1 v_1 + b_2 v_2 + \cdots + b_n v_n$；

那么，这组向量 $\{v_1, v_2, \cdots, v_n\}$ 就构成了向量空间 V 的一组基底。此时，向量空间 V 的维度为 n，表示为 $\dim(V) = n$。

基底的选择不唯一，但是任意两组基底的向量数量是相同的。这意味着在同一个向量空间中，不同的基底所表示的向量具有相同的维度。

维度是向量空间的一个重要概念，它决定了向量空间的大小和表示能力。不同维度的向量空间具有不同的特性和应用。例如，一维向量空间是一个由实数或复数构成的直线，二维向量空间是一个平面，三维向量空间是常见的三维空间。维度还可以用于描述向量空间的性质，例如，如果一个向量空间的维度为 n，则该空间中最多可以找到 n 个线性无关的向量。

基底和维度的概念在线性代数中起着重要的作用，它们为向量空间的理解、分析和计算提供了基础。

8.5　线性变换与矩阵

在线性代数中，线性变换是一种将一个向量空间映射到另一个向量空间的操作。线性变换保持向量空间的线性结构，即满足以下两个性质：

（1）对于任意向量 v 和 w 以及标量 k，线性变换 T 满足 $T(v + w) = T(v) + T(w)$ 和 $T(kv) = kT(v)$；

（2）线性变换 T 保持零向量不变，即 $T(\mathbf{0}) = \mathbf{0}$。

线性变换可以用矩阵表示。给定一个线性变换 $T : V \to W$，其中 V 和 W 是向量空间，如果选择 V 和 W 的基底 $\{v_1, v_2, \cdots, v_n\}$ 和 $\{w_1, w_2, \cdots, w_m\}$，则线性变换 T 可以用一个 $m \times n$ 的矩阵 A 表示。

具体而言，设 $T(v) = w$，其中 v 是 V 中的向量，w 是 W 中的向量。如果选择 V 和 W 的基底 $\{v_1, v_2, \cdots, v_n\}$ 和 $\{w_1, w_2, \cdots, w_m\}$，则向量 v 可以表示为 $v = c_1 v_1 + c_2 v_2 + \cdots + c_n v_n$，其中 $c_1, c_2, \cdots, c_n$ 是常数。同样地，向量 w 可以表示为 $w = d_1 w_1 + d_2 w_2 + \cdots + d_m w_m$，其中 $d_1, d_2, \cdots, d_m$ 是常数。

那么，矩阵 A 的第 j 列表示 $T(v_j)$ 关于 $\{w_1, w_2, \cdots, w_m\}$ 的坐标，即 A 的第 j 列为 $T_w(v_j) = (d_1, d_2, \cdots, d_m)$。这样，对于向量 v，有 $T(v) = Av$。

矩阵 A 表示了线性变换 T 在选定基底下的坐标变换规则。通过矩阵乘法，可以方便地对线性变换进行计算和组合。

线性变换与矩阵的关系在许多领域中具有重要的应用。它们可以用于解决线性方程组、研究向量空间的变换和性质，以及进行数据处理和图像处理等任务。矩阵的性质和运算规则为线性变换的分析和计算提供了强大的工具。

8.6　特征值与特征向量

在线性代数中，特征值与特征向量是矩阵与线性变换中重要的概念，它们提供了有关线性变换的关键信息。

对于一个 $n \times n$ 的矩阵 A，非零向量 v 如果满足 $Av = \lambda v$，其中，λ 是一个标量，则 λ 称为 A 的特征值，v 称为特征值 λ 对应的特征向量。换句话说，特征向量在线性变换下只发生伸缩，而不发生方向变化。

计算特征值和特征向量的方法是求解特征方程。特征方程是一个关于 λ 的方程，表示为 $|A - \lambda I| = 0$，其中，A 是矩阵，I 是单位矩阵，解特征方程可以得到矩阵 A 的特征值。

对于每个特征值 λ，可以通过求解线性方程组 $(A - \lambda I)v = 0$ 来求解相应的特征向量。由于特征向量是非零向量，因此方程组有非零解。

特征值与特征向量在线性代数和相关领域中有广泛的应用。它们可以用于矩阵的对角化、线性变换分析、主成分分析、图像处理、谱聚类等任务。特征值还与矩阵的行列式和迹（矩阵对角线元素之和）等性质有关，提供了关于矩阵结构和性质的重要信息。

8.7　利用向量分析物理运动的应用和简化模型及数值计算实践

向量分析在物理学中广泛应用于描述和分析物体的运动。使用向量表示位置、速度和加速度等物理量，可以更准确地描述物体的运动特征和行为。

例如，考虑一个自由落体运动的物体，可以利用向量分析来分析其运动过程。假设物体的位置由向量 $r(t)$ 表示，时间 t 是独立变量。物体在重力作用下下落，其速度和加速度向量分别表示为 $v(t)$ 和 $a(t)$。

利用向量微积分的工具，可以得到速度和加速度的关系式。速度是位置的导数，即 $v(t) = \dfrac{\mathrm{d}r}{\mathrm{d}t}$。

加速度是速度的导数，即 $a(t) = \dfrac{\mathrm{d}v}{\mathrm{d}t}$。通过求解这些导数，可以得到物体在不同时间点的速度和加速度。

另外，通过对速度和加速度进行积分，可以得到物体的位移和速度的时间变化。位移是速度的积分，即 $\Delta r = \int v(t)\mathrm{d}t$。速度的时间变化是加速度的积分，即 $\Delta v = \int a(t)\mathrm{d}t$。这些积分操作可以帮助我们了解物体在运动过程中的位置和速度变化。

向量分析在物理学中的应用还包括描述力的作用、计算动量和能量、分析电磁场等。通过将物理量表示为向量，可以更好地理解和解释物体的运动和相互作用。

向量分析在物理学中是一种强大的工具，可用于描述和分析物体的运动和相互作用。通过运用向量分析的方法，可以更深入地理解物理学中的各种现象和规律。

数值计算实践

在这个案例中，我们使用 Python 来模拟自由落体运动的物体，并利用向量分析工具来分析其运动过程。假设物体在重力作用下自由下落，计算物体在不同时间点的速度和位移。扫描下方二维码可查看代码。

在这段代码中，我们定义了物体的自由落体运动函数 free_fall(t)，根据自由落体的位移和速度公式进行计算。然后，使用 NumPy 库生成时间数组，并计算物体的位移和速度随时间变化的值。最后，使用 Matplotlib 库绘制位移和速度随时间变化的图形，如图 8.1 所示。

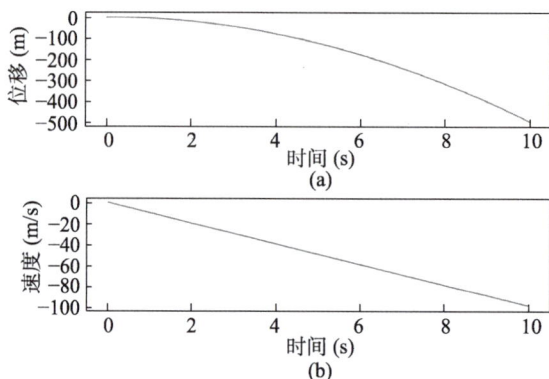

示例代码

图 8.1　位移和速度随时间变化的图形

在这个案例中，我们使用向量分析工具来模拟和分析自由落体运动的物体。向量分析在物理学中是一个强大的工具，可用于描述和分析物体的运动和相互作用，帮助我们更深入地理解物理学中的各种现象和规律。

8.8　向量在计算机图形学中的应用和简化模型及数值计算实践

向量在计算机图形学中扮演着重要的角色，用于描述和处理图像、三维模型以及各种图形效果。下面这个案例（三维模型变换与渲染）介绍了向量在计算机图形学中的应用。

在计算机图形学中，三维模型的变换和渲染是常见的任务之一。通过使用向量和矩阵运算，可以实现模型的平移、旋转和缩放等变换操作，以及光照和着色等渲染效果。

首先，三维模型的位置和方向通常由向量表示。例如，一个三维物体的位置可以由三维向量表示为 (x, y, z)，而物体的朝向可以由向量表示为 (dx, dy, dz)。通过对这些向量进行运算，可以实现物体的平移和旋转。

平移操作涉及将模型沿特定方向移动一定距离。这可以通过向量加法来实现，即将模型的位置向量与平移向量相加。例如，要将模型沿 x 轴方向平移 dx 个单位，可以执行操作 $r' = r + (dx, 0, 0)$，其中 r 是原始位置向量，r' 是平移后的位置向量。

旋转操作涉及改变模型的朝向。这可以通过矩阵乘法来实现，即将模型的方向向量与旋转矩阵相乘。旋转矩阵根据旋转角度和轴向生成，可以将模型绕指定轴旋转。例如，要将模型绕 y 轴逆时针旋转一个角度 θ，可以执行操作 $d' = Rd$，其中 d 是原始方向向量，d' 是旋转后的方向向量，R 是适当的旋转矩阵。

渲染操作将模型呈现为最终图像。这涉及光照、着色和阴影等效果的计算。这些计算通常基于向量和矩阵运算，包括计算光照方向和强度、计算顶点和像素的颜色值等。

通过使用向量和矩阵运算，计算机图形学可以实现复杂的三维模型变换和渲染效果。这些操作使得计算机能够生成逼真的图像和动画，从而在游戏、虚拟现实、动画电影等领域发挥重要作用。

数值计算实践

扫描下方二维码可查看代码。这段代码实现了一个三维立方体模型的创建、平移和旋转，并使用 Matplotlib 的 Poly3DCollection 进行可视化，如图 8.2 所示。

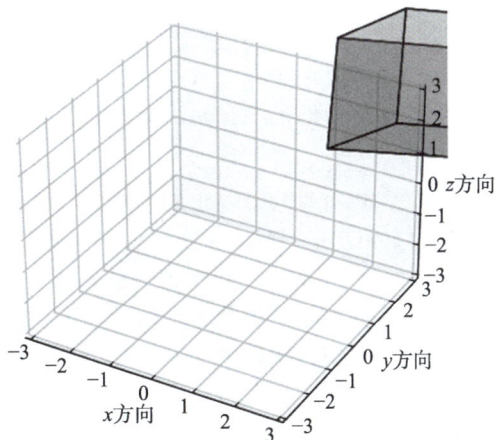

示例代码

图 8.2　三维立方体模型的创建、平移和旋转

这是一个简化的模拟，实际的三维模型变换和渲染涉及更复杂的数学和图形处理。计算机图形学中使用的向量分析和矩阵运算是实现复杂图形效果的关键。

8.9　向量在统计和数据分析中的应用和简化模型及数值计算实践

向量在统计和数据分析领域中被广泛应用，用于表示和处理数据集、特征向量、样本空间等。下面这个案例（多维数据聚类分析）介绍了向量在统计和数据分析中的应用。

在统计和数据分析中，聚类分析是一种常见的方法，用于将具有相似特征的数据点归类到一起。多维数据聚类分析涉及对包含多个特征的数据集进行聚类操作。

假设有一个包含 n 个样本和 m 个特征的数据集，可以将每个样本表示为一个 m 维向量。每个特征可以看作向量的一个分量，而样本可以看作一个在 m 维空间中的点。

通过计算向量之间的距离或相似度，可以将数据集中的样本进行聚类。常用的距离度量方法包括欧氏距离、曼哈顿距离和余弦相似度等。

假设有一个包含身高、体重和年龄 3 个特征的数据集，可以将每个样本表示为一个三维向量。通过计算样本之间的距离，可以确定相似的样本组成一个聚类。

假设有一个包含 m 个样本的数据集，每个样本都有 3 个特征，即身高（H）、体重（W）和年龄（A）。那么，可以将每个样本 i 表示为一个三维向量 $v_i = \{H_i, W_i, A_i\}$。在这个向量空间中，每个样本都可以被定位在一个具体的点。

向量间的距离可以通过各种方式计算，最常见的是欧氏距离，其定义为两个向量间的直线距离。对于两个样本 i 和 j，其向量为 v_i 和 v_j，欧氏距离可以计算为

$$d(v_i, v_j) = \sqrt{(H_i - H_j)^2 + (W_i - W_j)^2 + (A_i - A_j)^2}$$

接下来，可以使用聚类算法（如 K-means）来根据这些距离将样本分组。K-means 算法会选择 k 个随机点作为初始的聚类中心，然后重复以下步骤，直到聚类中心不再改变：

对于每个样本，计算其到每个聚类中心的距离，并将其分配到最近的聚类中心所在的簇；

对于每个簇，计算簇内所有样本的平均向量，然后更新聚类中心为该平均向量；

最后，根据需要，还可以对得到的簇进行解释和标记，例如，根据簇内样本的特性，将其标记为"青年健壮型""中年肥胖型"等。

聚类分析可以帮助识别数据集中的模式和结构，发现潜在的数据子群，并进行数据可视化和降维等操作。它在市场细分、客户分类、医学诊断、图像分析等领域具有广泛的应用。

通过向量表示和向量运算，聚类分析可以有效地处理多维数据，揭示数据背后的关联性和结构。这有助于更好地理解和利用数据，从而支持决策和预测等任务。

数值计算实践

在这个案例中，我们使用 Python 和 scikit-learn 库来实现一个简单的多维数据聚类分析，生成一个包含身高、体重和年龄 3 个特征的随机数据集，并使用 K-means 算法进行聚类分析。扫描下方二维码可查看代码。

在这段代码中，我们首先生成一个包含身高、体重和年龄 3 个特征的随机数据集，并将这些特征组合成一个 3D 的数据集。然后，代码使用 K-means 算法对数据集进行聚类分析，将数据点分为 3 个簇（num_clusters = 3）。最后，代码使用 Matplotlib 库绘制聚类结果的 3D 散点图，如图 8.3 所示。

这个示例是一个简化的模拟，实际的数据聚类分析可能涉及更复杂的数据预处理和算法调优。聚类分析是一种无监督学习方法，用于发现数据集中的模式和结构。在实际应用中，可以根据具体问题和数据集特点选择适当的聚类算法和参数，从而得到更准确和有意义的聚类结果。

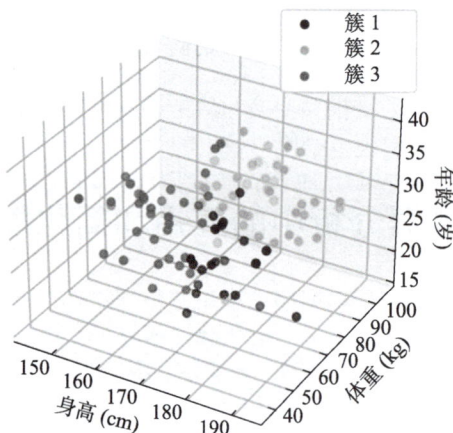

图 8.3   使用 K-means 算法的 3D 数据聚类结果散点图

8.10   向量在量子力学中的应用和简化模型及数值计算实践

向量在量子力学中扮演着重要的角色，用于描述量子态、算符以及量子力学中的物理量。下面这个案例（量子态描述）介绍了向量在量子力学中的应用。

在量子力学中，向量被用来描述量子系统的态。量子态是一个复数向量，通常表示为态矢量。态矢量可以存在于一个复数的希尔伯特空间中，该空间由基态组成。

考虑一个简单的量子系统，比如一个自旋 1/2 的粒子。它的量子态可以用一个二维复数向量表示：

$$|\psi\rangle = \alpha|\uparrow\rangle + \beta|\downarrow\rangle$$

其中，$|\uparrow\rangle$ 和 $|\downarrow\rangle$ 是系统的基态；α 和 β 是复数表示的振幅，它们的模的平方表示测量该系统处于相应基态的概率。

对这个量子态进行测量，可以得到不同的结果，如自旋向上或自旋向下的测量结果。这些测量结果可以用一个算符来描述，该算符作用于量子态向量上，如自旋算符 σ。

量子力学中的运算和变换也可以通过矩阵来表示，如通过酉变换（unitary transformation）描述的时间演化。这些变换作用于量子态向量，使其随时间演化或在不同的测量下发生变化。

在量子力学中应用向量，能够描述和预测量子系统的行为，解释实验观测结果，并研究量子力学中的各种现象和效应，如干涉、纠缠和量子隧穿等。

向量的应用使量子力学能够提供准确的数学描述和理论框架，进一步推动了对微观世界的理解和探索。量子力学的向量表述为量子计算、量子通信和量子信息领域的发展奠定了基础，并在新的技术和应用中发挥着重要的作用。

数值计算实践

在这个案例中，我们使用 Python 和 NumPy 库来模拟一个简单的量子系统，描述一个自旋 1/2 的粒子的量子态，并进行一些量子态的操作。扫描下方二维码可查看代码。

在这段代码中，我们首先定义了自旋向上和向下的基态，并使用复数振幅 α 和 β 构造了一个量子态向量 quantum_state。然后，代码定义了自旋算符 σ（Pauli-X 算符），并模拟了测量操作，计算了测量结果的概率。这将会显示一个条形图，如图 8.4 所示，左侧条形代表自旋向上的测量结果的概率，右侧条形代表自旋向下的测量结果的概率。条形的高度表示相应的概率。

量子力学涉及复杂的数学和物理概念，在实际应用中需要仔细考虑各种因素。这里的示例是一个简化的模拟，实际的量子态描述和操作涉及更复杂的量子系统和算符。量子力学的向量描述是一种非常有力的工具，帮助我们理解和描述量子系统的行为和特性。

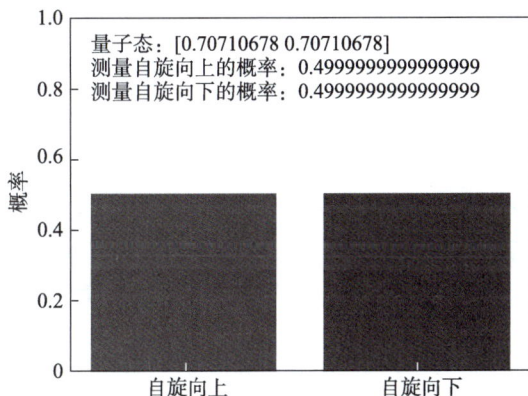

图 8.4　测量结果概率的条形图

8.11　利用向量空间处理信号、图像的应用和简化模型及数值计算实践

向量空间在信号和图像处理中起着关键作用，可以进行信号分析、特征提取、压缩和重构等操作。下面这个案例（图像压缩）介绍了向量空间在信号和图像处理中的应用。

图像压缩是一种常见的图像处理任务，旨在通过减少图像数据的存储空间或传输带宽来实现图像的压缩。向量空间可以用于对图像进行表示和压缩。

图像可以被看作一个二维的像素矩阵，其中每个像素点表示图像的颜色或灰度值。将每个像素点看作向量的一个分量，可以将整个图像表示为一个向量集合。

利用向量空间的基底，例如使用小波变换或离散余弦变换（DCT），可以将图像转换为向量空间中的系数。通过保留重要的系数并丢弃冗余的系数，可以实现对图像的压缩。

在压缩过程中，可以选择保留对图像贡献最大的主要系数，并将其他系数设为 0 或近似于 0 的值。通过这种方式，可以显著减小图像数据的大小，同时尽量保留图像的视觉质量。

在解压缩阶段，可以利用保留的重要系数和向量空间的基底，通过重构过程将压缩后的图像还原为原始图像。这样，可以实现对图像的准确还原，并减少压缩引入的失真。

如果它是灰度图像，那么它的每个像素值可以被看作该位置的信号强度。彩色图像则可以被看作是由 3 个二维信号（红、绿、蓝通道）组成的。在此基础上，我们可以通过向量和矩阵运算来处理图像。

以下是一个简单的图像压缩例子，其中用到了奇异值分解（Singular Value Decomposition，SVD）的线性代数技术。

假设有一个灰度图像 I，它可以被表示为一个 $m \times n$ 的矩阵，其中 m 是图像的行数（高度），n 是图像的列数（宽度），I_{ij} 是图像在 (i, j) 位置的像素强度。

然后，对图像矩阵 I 进行奇异值分解，得到

$$I = U \Lambda V^{\mathrm{T}}$$

其中，U 和 V 都是正交矩阵，表示图像的左奇异向量和右奇异向量；Λ 是一个对角矩阵，其对角线上的元素被称为奇异值。这些奇异值按照大小降序排列，且大的奇异值对应的左/右奇异向量更能反映图像的主要特性。

接下来，选择前 k 个最大的奇异值，以及对应的左/右奇异向量，用它们来近似原图像，即

$$I_k = U_k \Lambda_k V_k^{\mathrm{T}}$$

其中，U_k、Λ_k、V_k 是 U，Λ，V 的前 k 列。这就完成了图像的压缩，我们只需要存储 k 个奇异值和对应的左/右奇异向量，就可以近似表示原图像。当 $k \ll \min(m, n)$ 时，就可以显著减少存储空间。同时，由于大的奇异值对应的左/右奇异向量能反映图像的主要特性，所以这种压缩方法通常能保留图像的主要信息，而舍弃的主要是噪声和细节。

通过向量空间的应用，可以实现高效的图像压缩算法，从而在图像传输、存储和处理等方面节省存储空间和传输带宽。图像压缩技术被广泛应用于数字媒体、图像传输、视频通信和医学图像等领域。

数值计算实践

在这个案例中，我们使用 Python 和 NumPy 库来演示图像的奇异值分解压缩和重构过程。

首先，加载一张灰度图像，并将其转换为一个矩阵。然后，对该图像矩阵进行奇异值分解，选择前 k 个最大的奇异值，并使用这些奇异值和对应的左/右奇异向量来重构图像。扫描下方二维码可查看代码。

在这段代码中，我们首先创建了一个 100×100 的随机灰度图像（每个像素的值都是 0～1 的随机浮点数），然后对其进行奇异值分解，并只保留前 k 个奇异值以压缩图像，最后展示原始图像和压缩后的图像，如图 8.5 所示。

这个案例展示了向量空间在图像压缩中的应用。通过奇异值分解和选择前 k 个奇异值，我们可以对图像进行高效的压缩，从而在存储和传输方面节省资源。压缩后的图像可以在某种程度上保留原始图像的主要特征，同时减少存储空间的需求。

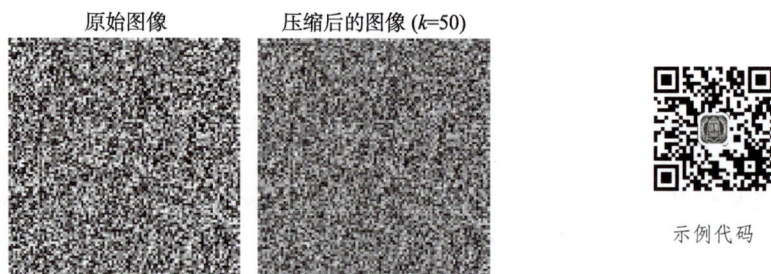

原始图像   压缩后的图像 (k=50)

示例代码

图 8.5   原始图像与压缩后的图像

8.12   向量空间在神经网络、深度学习中的应用和简化模型及数值计算实践

向量空间在神经网络和深度学习中扮演着重要的角色，用于表示和处理输入数据、权重参数和

输出结果。下面这个案例（图像分类任务）介绍了向量空间在神经网络和深度学习中的应用。

在神经网络中，图像、权重和偏差都可以被表示为向量或矩阵，通过线性代数和非线性激活函数进行计算，可以实现对图像的特征提取和分类。

假设我们有一个灰度图像 I，它被表示为一个 $m \times n$ 的矩阵，其中 m 是图像的行数（高度），n 是图像的列数（宽度），I_{ij} 是图像在 (i, j) 位置的像素强度。

一种常见的神经网络结构是全连接神经网络（fully connected neural network, FCNN）。在 FCNN 中，图像 I 首先被展平为一个长向量 x，长度单位为 mn。然后，x 通过多个隐藏层进行计算，每个隐藏层都可以表示为

$$h = f(Wx + b)$$

其中，W 是权重矩阵；b 是偏差向量；f 是激活函数，如 ReLU 函数 $f(z) = \max(0, z)$。每个隐藏层的输出 h 都会成为下一个隐藏层的输入。

最后，神经网络的输出层进行分类，通常使用 softmax 函数进行概率归一化：

$$y = \text{softmax}(W_h + b_h)$$

其中，W_h 和 b_h 分别是输出层的权重矩阵和偏差向量。

通过比较输出向量 y 和真实标签，可以计算损失函数，如交叉熵损失。通过反向传播算法更新权重和偏差，以优化神经网络的性能。

以上是一个简单的神经网络在图像分类任务中的应用，实际的深度学习模型可能会更复杂，包括卷积神经网络、循环神经网络等。在这些模型中，向量和矩阵的运算是非常重要的基础。

这个案例说明了向量空间在神经网络和深度学习中的应用。通过将数据和权重参数表示为向量，可以利用向量空间中的线性代数运算和优化算法，实现神经网络的训练和推理过程。这为图像分类等任务提供了强大的能力。

数值计算实践

在这个案例中，我们使用 Python 和 NumPy 库来实现一个简单的全连接神经网络（FCNN），用于图像分类任务。我们使用手写数字数据集 MNIST，其中包含 0 到 9 的手写数字图像，每张图像是 28×28 的灰度图像。扫描下方二维码可查看代码。

首先，加载 MNIST 数据集，并将图像展平为一个长向量。然后，实现一个包含多个隐藏层的 FCNN，每个隐藏层使用 ReLU 函数。最后，使用 softmax 函数进行输出层的概率归一化，并使用交叉熵损失函数来计算损失，通过反向传播算法更新网络的权重和偏差。

在这段代码中，我们添加了一个名为 losses 的列表，用于记录每个 epoch 结束时的损失值。然后，代码使用 matplotlib.pyplot 库中的 plot 函数绘制损失值随着训练轮次变化的曲线，如图 8.6 所示。

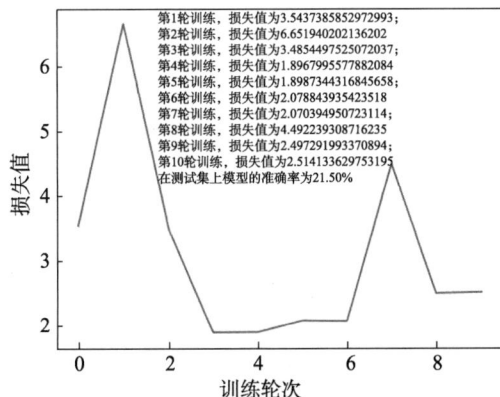

第1轮训练，损失值为3.5437385852972993；
第2轮训练，损失值为6.651940202136202；
第3轮训练，损失值为3.4854497525072037；
第4轮训练，损失值为1.8967995577882084；
第5轮训练，损失值为1.8987344316845658；
第6轮训练，损失值为2.0788439354235518；
第7轮训练，损失值为2.070394950723114；
第8轮训练，损失值为4.492239308716235；
第9轮训练，损失值为2.497291993370894；
第10轮训练，损失值为2.514133629753195
在测试集上模型的准确率为21.50%

图 8.6　损失值随训练轮次变化的曲线

由于这是一个简单的神经网络示例，因此使用的隐藏层较少，并且训练轮次较少。在实际应用中，可能需要使用更复杂的神经网络架构和更多的训练轮次来获得更好的分类性能。

这个案例展示了向量空间在图像分类任务中的应用。将图像展平为向量，并使用向量和矩阵

的运算来构建神经网络模型，可以有效地对图像进行特征提取和分类。深度学习中的神经网络模型是图像分类等任务中强大的工具，它们可以在大规模数据集上进行训练，从而实现高准确率的图像分类。

8.13　向量在空间几何、图形设计中的应用和简化模型及数值计算实践

向量在空间几何和图形设计中有广泛的应用，用于描述和操作三维空间中的对象和图形。下面这个案例（三维图形变换）介绍了向量在空间几何和图形设计中的应用。

在计算机图形学中，三维图形的变换（如平移、旋转、缩放）都可以通过向量和矩阵运算来完成。假设有一个三维空间中的点 $P(x, y, z)$，可以将其表示为一个列向量 P。

平移：如果将点 P 沿着向量 $T = (t_x, t_y, t_z)$ 进行平移，那么可以简单地将向量 T 加到向量 P 上，得到新的点 P'：

$$P' = P + T$$

缩放：如果将点 P 进行缩放，使得其在 x、y、z 方向上的尺度分别变为 s_x、s_y 和 s_z，那么可以构造一个缩放矩阵 S，然后将矩阵 S 和向量 P 相乘，得到新的点 P'：

$$S = |s_x\ 0\ 0||0\ s_y\ 0||0\ 0\ s_z|$$

$$P' = SP$$

旋转：如果将点 P 绕着 x 轴旋转 θ 度，那么可以构造一个旋转矩阵 R_x，然后将矩阵 R_x 和向量 P 相乘，得到新的点 P'：

$$R_x = |1\ 0\ 0||0\ \cos\theta\ -\sin\theta||0\ \sin\theta\ \cos\theta|$$

$$P' = R_x P$$

同样，我们也可以构造绕着 y 轴和 z 轴旋转的旋转矩阵 R_y 和 R_z。通过组合这些基本的变换，可以实现三维空间中更复杂的图形变换。在计算机图形学和图形设计中，这些方法被广泛使用。

此外，在光照计算中，向量也被用来描述光线的方向和强度，从而实现真实感渲染和阴影效果的模拟。

这个案例展示了向量在空间几何和图形设计中的应用。通过向量的表示和变换，可以方便地操作和处理三维对象，实现各种图形效果和动画。向量的线性代数运算在空间几何和图形设计领域中扮演着重要的角色。

数值计算实践

在这个案例中，我们使用 Python 和 NumPy 库来实现三维图形的平移、缩放和旋转变换。我们将以一个简单的三维点 $P(x, y, z)$ 为例，展示如何应用向量和矩阵运算来实现这些变换，如图 8.7 所示。扫描下方二维码可查看代码。

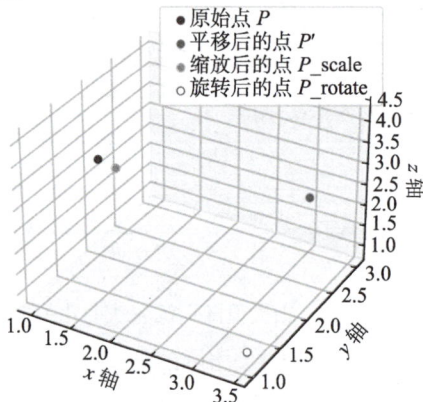

示例代码

图 8.7　3D 变换

为了可视化方便，我们只取了一个简单的点 $P(x, y, z)$ 作为示例。在实际应用中，可以将这些变换应用于更复杂的三维图形模型，实现更丰富的图形效果和动画。

8.14　向量在环境科学中的应用和
简化模型及数值计算实践

向量在环境科学中有广泛的应用，特别是在风速和海流的建模和分析中。下面这个案例（风速和海流的建模）介绍了向量在环境科学中的应用。

在气象学和海洋学中，了解和预测风速和海流的模式和行为对于环境监测和预警非常重要。这些物理量可以被视为向量，因为它们具有大小和方向。

通过收集观测数据和使用数学模型，可以建立风速和海流的向量场模型。向量场模型可以描述风速和海流的空间分布和变化，以及它们在不同位置和时间的强度和方向。

通过对观测数据进行分析和建模，可以利用向量运算来计算平均风速、风向和海流速度，以及它们的时空变化规律。这些信息对于环境科学研究、气象预报、海洋工程和生态系统管理都非常重要。

此外，通过对风速和海流的向量场模型进行可视化和数据分析，可以帮助研究人员更好地理解和利用这些环境要素。例如，可以通过绘制箭头表示风速和海流的方向和大小，以及生成流线图来展示它们的流动路径和强度。

一个向量可以包含风速或海流的大小（即速度）和方向两个信息。

假设有一个风速向量 V，它的大小（或长度）为 v，方向角为 θ，那么可以把它分解为水平（x 轴）和竖直（y 轴）两个方向上的组成部分：

$$V_x = v\cos\theta, \ V_y = v\sin\theta$$

所以，向量 V 可以表示为

$$V = V_x \boldsymbol{i} + V_y \boldsymbol{j}$$

其中，$\boldsymbol{i}$ 和 $\boldsymbol{j}$ 分别是 x 轴和 y 轴的单位向量。

这个向量可以用来描述风速或海流在地面或水平面上的行进。如果加入垂直方向的变化，还可以用来描述更复杂的气候模型或者海洋模型。

例如，海洋学家可能会使用三维的海流模型来预测洋流的走向或者扩散情况，而气象学家可能使用三维的风速模型来预测风向或者风暴的路径。这些模型都是由向量方程和微分方程组合而成的，能够很好地描述和预测现实世界中的环境现象。

这个案例展示了向量在环境科学中的应用。通过将风速和海流视为向量，可以建立向量场模型来描述它们的空间分布和变化。向量运算和可视化技术可以帮助我们更好地理解和预测环境中的风速和海流，从而为环境监测和决策提供有价值的信息。

数值计算实践

在这个案例中，我们使用 Python 和 Matplotlib 库实现风速向量的分解和可视化。我们假设风速向量 V 具有大小 v 和方向角 θ，然后将其分解为水平和竖直方向上的分量，并进行可视化展示。扫描下方二维码可查看代码。

在这个示例中，我们使用了 Matplotlib 的 quiver 函数来绘制风速向量，如图 8.8 所示。函数的参数中，(0,0) 表示向量的起点位置，V_x 和 V_y 分别表示向量在水平和竖直方向上的分量，angles='xy' 指定箭头的角度与坐标轴相同，scale_units='xy' 表示箭头长度的单位与坐标轴的单位相同，scale=1 设置箭头的缩放因子，color='b' 表示向量的颜色为蓝色。

也可以尝试不同的风速大小 v 和方向角 θ，来观察风速向量在水平和竖直方向上的分量。这个例子展示了向量的分解和可视化在环境科学中的应用，有助于理解风速和海流等向量场的特性和变化。

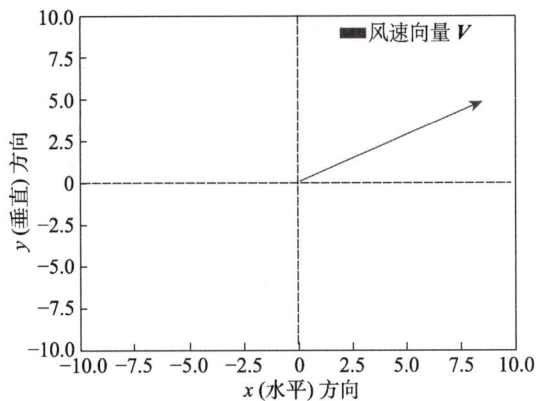

图 8.8　风速向量的分解

8.15　利用向量优化物流、供应链管理的应用和简化模型及数值计算实践

在物流和供应链管理领域，向量可以被用于优化物流过程、最大化资源利用和提高供应链效率。以下这个案例（物流路径优化）介绍了向量在物流和供应链管理中的应用。

假设有一个物流公司负责从多个供应商采购原材料，并将其分发给多个客户。为了最大化物流效率，减少成本和缩短交货时间，该物流公司希望优化其物流路径。

为了解决这个问题，可以将供应商和客户位置表示为向量，并根据距离、货物数量、交通条件等因素计算它们之间的距离和运输成本。然后，利用向量运算和优化算法，可以找到最优的物流路径，使得总运输成本最小或交货时间最短。

通过优化物流路径，物流公司可以减少运输成本、提高交货效率，并提高客户满意度。这种向量优化方法在供应链管理中也可以应用于其他方面，如库存管理、配送路线规划等。

在物流和供应链管理中，路径优化是一个重要的问题。向量可以用来表示各种路径和距离。

假设有 n 个地点（如仓库、工厂、零售商等），可以使用向量表示这些地点的位置。例如，地点 i 的位置可以用二维向量 $P_i = (x_i, y_i)$ 表示。

然后，计算任意两个地点之间的距离。例如，地点 i 和地点 j 之间的距离 D_{ij} 可以用欧氏距离公式计算：

$$D_{ij} = \sqrt{(x_i - x_j)^2 + (y_i - y_j)^2}$$

首先，假设需要找到一条从特定地点（如工厂）出发，经过所有其他地点一次，然后返回出发地的路径。这就是一个著名的旅行商问题（Travelling Salesman Problem，TSP）。这个问题可以通过各种优化算法（如模拟退火、遗传算法等）解决。

得到的最优路径可以用向量序列来表示。例如，最优路径是先访问地点 1，然后访问地点 3，然后访问地点 2，然后返回地点 1，那么其可以表示为 $P_1 \rightarrow P_3 \rightarrow P_2 \rightarrow P_1$。

这样就可以使用向量来表示和优化物流路径，从而提高物流和供应链的效率。

此案例展示了向量在物流和供应链管理中的应用：通过将供应商和客户位置表示为向量，并利用向量优化方法，找到最优的物流路径，从而提高物流效率和供应链的整体效益。这种基于向量的优化方法对于现代物流和供应链管理具有重要意义。

数值计算实践

在这个案例中，我们使用 Python 和 Matplotlib 库来解决旅行商问题（TSP），并绘制最优路径。扫描下方二维码可查看代码。

首先，假设有 4 个地点的坐标，用 $P_i = (x_i, y_i)$ 表示，然后计算所有地点之间的距离矩阵。接下来，使用 Python 的 itertools 库来生成所有可能的路径，并计算每条路径的总距离。最后，找到最短路径并绘制出来。

在这个示例中，我们使用 itertools.permutations 来生成所有可能的路径，并通过循环找到最短路径及其总距离。然后，使用 Matplotlib 来绘制最优路径，如图 8.9 所示。在输出中，显示了最优路径和对应的最优距离。

当地点数量增加时，TSP 问题会变得更加复杂，计算所有可能的路径将会非常耗时。因此，在实际应用中，通常使用更高效的优化算法来解决 TSP 问题，例如遗传算法、蚁群算法等。这里的例子仅用于展示基本的向量和矩阵运算在解决 TSP 问题中的应用。

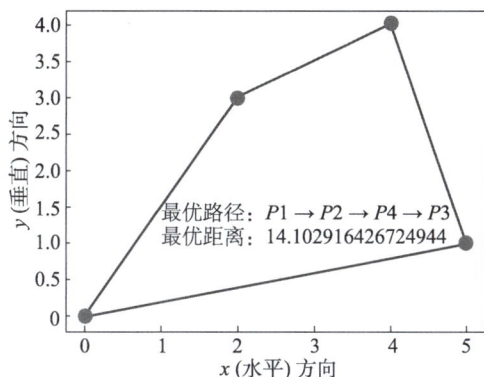

图 8.9　最优路径和最优距离

8.16　向量在航空航天工程中的应用和简化模型及数值计算实践

在航空航天工程中，向量被广泛应用于导航和控制系统，用于实现精确的飞行轨迹控制、航向调整和位置定位。以下这个案例（航天器姿态控制）介绍了向量在航空航天工程中的应用。

在航天器的姿态控制中，向量被用于描述航天器的姿态状态和控制力矩。航天器的姿态可以由一组方向向量表示，如姿态角、四元数等。控制系统根据目标姿态和当前姿态之间的差异，计算所需的控制力矩向量，以使航天器达到目标姿态。

精确计算和控制力矩向量的应用，能够实现航天器的精确姿态调整，确保正确的定位、导航和操作。这在航天器的轨道控制、卫星定位系统和太空探测任务中非常重要。

假设使用欧拉角（滚动、俯仰和偏航）来描述航天器的姿态。每一个欧拉角都可以被看作一个旋转向量，它的方向指向旋转轴，它的长度等于旋转角度。这样，航天器的姿态可以被表示为一个向量的组合。

现在，假设要改变航天器的姿态，这需要应用扭矩，扭矩的大小和方向可以通过向量来表示。例如，扭矩向量 M 可以写成 $M = I\alpha$，其中 I 是航天器的惯性矩（一个标量），α 是角加速度向量。

最后，通过控制扭矩，可以改变航天器的姿态。如果我们想要航天器绕某个轴旋转一个特定的角度，可以计算出所需的扭矩向量，然后通过发动机或反作用轮来实现这个扭矩。

在这个过程中，向量的加法、减法、数量乘法和向量乘法（叉乘）都会被使用。所以，向量和向量计算在航空航天工程中扮演着关键的角色。

此案例展示了向量在航空航天工程中导航和控制系统中的应用：利用向量描述姿态状态和控制力矩，能够实现航天器的精确姿态调整，以满足导航和控制要求。这种基于向量的导航和控制系统对于航空航天工程的安全和成功至关重要。

数值计算实践

在这个案例中，我们使用 Python 来模拟航天器的姿态控制过程，并绘制其姿态变化。扫描下方二维码可查看代码。

假设航天器的姿态由欧拉角表示（滚转、俯仰和偏航）。假设航天器从初始姿态开始，并通过控制力矩来改变其姿态，最终达到目标姿态。

在这个示例中，我们通过简单的欧拉角控制方法来模拟航天器的姿态控制过程，如图 8.10 所示。控制力矩与姿态误差成正比，航天器根据控制力矩调整姿态。最终，我们绘制出航天器在滚动、俯仰和偏航方向上的姿态变化。

这个示例非常简化，仅展示向量在航空航天工程中姿态控制中的应用。实际的航天器姿态控制涉及更复杂的控制算法和传感器反馈。

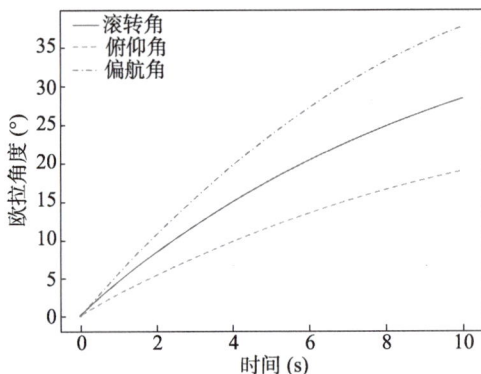

示例代码

图 8.10　航天器的姿态控制过程

8.17　向量在地理信息系统（GIS）中的应用和简化模型及数值计算实践

在地理信息系统（GIS）中，向量被广泛应用于空间数据的表示、分析和可视化。以下这个案例（地图数据分析与空间查询）介绍了向量在 GIS 中的应用。

在 GIS 中，地图数据通常以向量的形式表示，包括点、线和多边形等几何要素。这些向量要素可以用于表示地理实体，如建筑物、道路、河流等。通过使用向量数据，GIS 可以进行各种空间分析和查询操作，以提供有关地理空间关系和属性的信息。

在地理信息系统中，向量被广泛用于表示和操作地理数据。向量数据模型用点、线和多边形（也称为区）来表示地理特征。这些特征可以被表示为二维或三维的坐标向量。

以下是一个用向量进行地图数据分析和空间查询的例子。

假设有一个包含城市地点的地理数据集，每个地点都可以被表示为一个二维坐标向量 (x, y)，其中 x 和 y 分别表示经度和纬度。

现在，假设要查询一个特定区域（如一个矩形区域）内的所有城市。可以用两个向量表示这个区域的左下角 (x_1, y_1) 和右上角 (x_2, y_2)。然后，我们可以通过比较每个城市的坐标向量和这两个向量来判断城市是否在区域内。如果一个城市的坐标向量 C 满足 $x_1 \leqslant C_x \leqslant x_2$ 和 $y_1 \leqslant C_y \leqslant y_2$，则这个城市在区域内。

这个过程涉及向量的比较和减法。通过这种方式，可以有效地进行地图数据分析和空间查询。

例如，可以利用向量数据进行空间查询，以查找特定区域内的地理要素，如查找某个区域内的公园、学校或商店等。此外，还可以使用向量数据进行空间分析，如计算两个要素之间的距离、面积或重叠度等。

通过对向量数据进行分析和查询，GIS 可以提供有关地理空间的详细信息，支持城市规划、环境管理、资源管理、应急响应等领域的决策和规划。这些应用案例凸显了向量在 GIS 中的重要性和多样性，为地理信息系统提供了强大的空间分析和可视化能力。

数值计算实践

在这个案例中，我们使用 Python 来实现地图数据分析和空间查询。假设有一个包含城市地点的地理数据集，每个城市用一个二维坐标向量(x, y)表示。然后，查询一个特定区域内的所有城市，并绘制结果。扫描下方二维码可查看代码。

在这个示例中，我们首先定义了一个包含城市地点的地理数据集（cities）。然后，我们定义了查询区域的左下角和右上角坐标向量（x_1，y_1和x_2，y_2）。接下来，遍历地理数据集中的每个城市，通过比较城市的坐标向量和查询区域的左下角和右上角向量，判断城市是否在区域内，并将符合条件的城市添加到 cities_in_area 字典中。最后，绘制所有城市的散点图，并用不同颜色标记在查询区域内的城市，如图 8.11 所示。

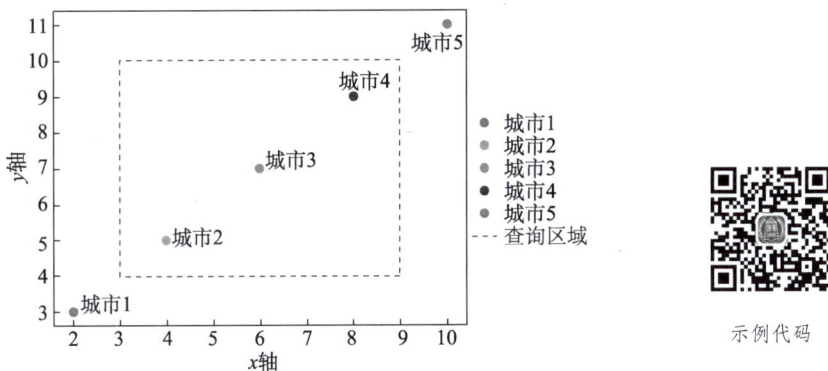

图 8.11　地图数据分析和空间查询

这个示例非常简化，目的是展示向量在地图数据分析和空间查询中的应用。实际的地图数据分析和空间查询可能涉及更复杂的空间数据结构和查询算法。

8.18　向量在材料科学中的应用和简化模型及数值计算实践

在材料科学中，向量被广泛应用于应力和应变分析，以评估材料的力学性能和结构稳定性。以下这个案例（材料的应力和应变分析）介绍了向量在材料科学中的应用。

在材料科学中，研究材料的应力和应变是关键任务之一。应力是指材料内部的力量分布情况，而应变是指材料在受力下发生的形变。通过对材料的应力和应变进行分析，可以了解材料在不同加载条件下的性能和行为。

应力：应力（σ）是力（F）对面积（A）的作用，可以表示为向量的比率，即 $\sigma = \dfrac{F}{A}$。在三维空间中，应力可以表示为一个 3×3 的矩阵，其元素 σ_{ij} 表示在第 i 个方向上的面上的第 j 个方向的应力。

应变：应变（ε）描述了材料在受力作用下形状的变化。在一维情况下，应变可以定义为物体长度的变化与原始长度的比值，即 $\varepsilon = \dfrac{\Delta L}{L}$。在三维空间中，应变可以表示为一个 3×3 的矩阵，其元素 ε_{ij} 表示在第 i 个方向的单位长度上的第 j 个方向的长度变化。

在应力和应变分析中，常使用向量表示应力和应变的方向和大小。应力可以表示为一个二维或三维向量，其中包含了各个方向上的应力分量。应变也可以表示为一个二维或三维向量，表示各个方向上的应变分量。

利用向量表示应力和应变，可以进行各种力学分析，如强度评估、材料的变形和破坏分析等。通过测量和分析材料的应力和应变分布，可以确定材料的力学性能、应力集中区域和变形机制等重要信息，为材料的设计和优化提供依据。

因此，向量在材料科学中的应用可以帮助科学家和工程师深入了解材料的力学行为，从而为材料的选择、设计和应用提供有力支持。

数值计算实践

在这个案例中，我们使用 Python 来实现材料的应力和应变分析。假设有一个简化的三维材料样本，通过施加外部力后，我们希望计算材料内部的应力分布和应变分布，并进行可视化展示。扫描下方二维码可查看代码。

在这个示例中，我们首先定义了一个简化的三维材料样本，包含了长度、宽度和高度的尺寸信息。然后，我们定义了施加在样本上的外部力，并计算了样本的面积和体积。接下来，我们通过力和面积的比值计算了应力，假设材料是各向同性的，应变与应力成正比，且材料的应变模量为 1，从而得到了应变。最后，我们将应力和应变分布可视化展示，通过条形图显示在 x、y、z 方向上的应力和应变值，如图 8.12 所示。

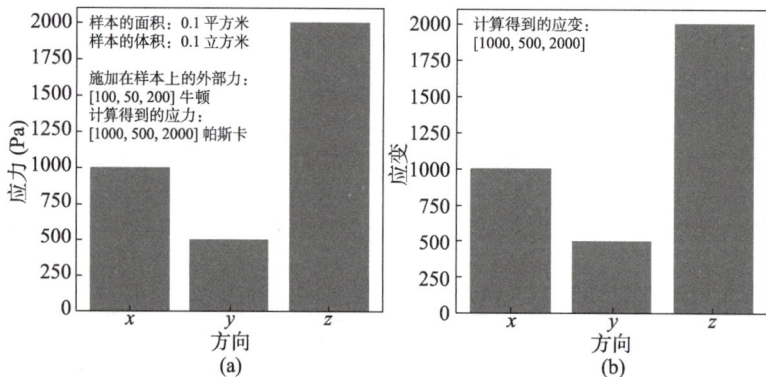

图 8.12   材料内部的应力分布和应变分布

这里的示例非常简化，实际的材料应力和应变分析涉及更复杂的材料模型和力学方程。这里的目的是展示向量在材料应力和应变分析中的应用。

8.19   习题、思考题、课程论文研究方向

▶▶ 习题：

1. 给定两个向量 $a = (2, 4, -3)$ 和 $b = (1, -2, 5)$，求向量 a 与向量 b 的点积和叉积。

2. 已知向量 $a = (3, -1, 2)$ 和向量 $b = (2, 4, -3)$，求向量 a 与向量 b 之间的夹角。

3. 给定一个三维向量空间 V，证明 V 中任意两个向量的线性组合仍然属于 V。

▶▶ 思考题：

1. 对于给定的向量空间 V，是否存在一组基底，使得 V 中的每个向量都可以表示为这组基底的线性组合？

2. 证明两个向量空间的直和仍然是一个向量空间。

3. 探讨向量的线性相关性和线性无关性的概念，以及其在向量空间中的应用。

▶▶ 课程论文研究方向：

1. 研究在机器学习和模式识别中使用向量空间模型进行文本分类和信息检索的方法和技术。

2. 分析向量空间中的聚类算法，并应用于大规模数据集的聚类问题。

3. 探索向量空间嵌入技术在自然语言处理中的应用，如词向量表示和句子语义相似性计算。

4. 研究向量空间模型在推荐系统中的应用，以提高个性化推荐的效果和准确性。

5. 分析向量空间方法在图像处理和计算机视觉领域的应用，如图像分类、目标检测和图像生成等。

第 9 章 多元函数与偏导数

9.1 多元函数的概念与定义

多元函数是指具有多个自变量的函数，它与一元函数相比，自变量的数量更多，因此，需要更多的变量来描述和分析函数的特性。

具体地说，考虑一个多元函数 $f(x_1, x_2, \cdots, x_n)$，其中 $x_1, x_2, \cdots, x_n$ 是自变量，n 是自变量的个数。对于给定的自变量值 $(x_{10}, x_{20}, \cdots, x_{n0})$，多元函数 f 在这些自变量值上的取值表示为 $f(x_{10}, x_{20}, \cdots, x_{n0})$。函数的取值可以是实数、复数或其他适当的数值类型。

多元函数的定义域是自变量的取值范围，而值域是函数在定义域上所有可能的取值的集合。根据函数的性质和应用背景，对多元函数进行分析和研究，如求极值、连续性、可导性等。

在多元函数中，考虑某一个自变量的变化对函数值的影响，引出偏导数的概念。偏导数描述了函数在某一特定自变量上的变化率，而将其他自变量视为常数。通过偏导数，可以了解函数在不同方向上的变化情况，进而研究函数的最值、切线、曲率等特性。

多元函数的概念和偏导数的引入，能够更深入地研究多变量问题，并在实际应用中对复杂系统进行建模和分析。

9.2 偏导数与全微分

偏导数是多元函数的导数在某个特定自变量上的变化率。在多元函数中，由于自变量的数量较多，因此通常只关注其中一个自变量的变化对函数值的影响，而将其他自变量视为常数。这样，就可以得到该自变量的偏导数。

具体地说，考虑一个具有多个自变量的函数 $f(x_1, x_2, \cdots, x_n)$，其中 $x_1, x_2, \cdots, x_n$ 是自变量。对于某个特定的自变量 x_i，偏导数表示为 $\dfrac{\partial f}{\partial x_i}$，表示函数 f 在该自变量上的变化率。偏导数可以理解为在其他自变量保持不变的条件下函数关于某个自变量的变化率。

全微分是多元函数在给定点处的线性逼近。它包含了所有偏导数的信息，并用于近似描述函数在给定点附近的变化情况。

全微分的表示为 $\mathrm{d}f = \dfrac{\partial f}{\partial x_1}\mathrm{d}x_1 + \dfrac{\partial f}{\partial x_2}\mathrm{d}x_2 + \cdots + \dfrac{\partial f}{\partial x_n}\mathrm{d}x_n$，其中 $\mathrm{d}x_1, \mathrm{d}x_2, \cdots, \mathrm{d}x_n$ 是自变量的微小增量。

偏导数与全微分的概念在多元函数的微积分中具有重要的应用。它们可用于求解多元函数的极值、判断函数的可导性、构建梯度和方向导数等。使用偏导数与全微分，能够更深入地理解多元函数的性质和行为，并将它们应用于各种实际问题的建模和分析中。

9.3 方向导数与梯度

方向导数是多元函数在给定方向上的变化率。在多元函数中，除了考虑各个自变量的偏导数外，还可以考虑函数在某个方向上的变化率。这就引出了方向导数的概念。

　　具体地说，考虑一个具有多个自变量的函数 $f(x_1, x_2, \cdots, x_n)$ ，其中 $x_1, x_2, \cdots, x_n$ 是自变量。对于某个给定的方向向量 $v = (v_1, v_2, \cdots, v)$ ，方向导数表示为 $\dfrac{\partial f}{\partial v}$ ，表示函数 f 在该方向上的变化率。方向导数可以理解为函数沿着给定方向的梯度。

　　梯度是多元函数在某个点上的最大方向导数。它是一个向量，由函数的各个偏导数组成。梯度表示了函数在该点上的最陡增长方向。具体地说，对于一个具有多个自变量的函数 $f(x_1, x_2, \cdots, x_n)$ ，梯度表示为 $\nabla f = \left(\dfrac{\partial f}{\partial x_1}, \dfrac{\partial f}{\partial x_2}, \cdots, \dfrac{\partial f}{\partial x_n} \right)$ 。

　　梯度在多元函数的微积分中具有重要的应用。它可以用于求解多元函数的极值、指导优化算法的收敛方向、计算方向导数等。梯度还可以用于描述场的强度和方向。

　　方向导数与梯度提供了一种量化函数在特定方向上的变化率和最大变化方向的工具，对于多元函数的分析和应用具有重要意义。

9.4　多元函数的极值与最值问题

　　在多元函数中，可以讨论函数的极值与最值问题。极值是指函数在定义域的某个区间内取得的最大值或最小值，而最值是指函数在整个定义域上取得的最大值或最小值。

　　对于一个具有多个自变量的函数 $f(x_1, x_2, \cdots x_n)$ ，极值和最值可以通过以下方法来确定：

　　驻点和边界点法：首先找到函数的所有驻点，即偏导数为零的点。然后，检查驻点以及函数定义域的边界点，并计算函数在这些点上的函数值。最大值和最小值出现在这些点中的某个位置。

　　条件极值法：如果函数在一定条件下取极值，例如在一个约束条件下，可以使用拉格朗日乘数法来确定极值。

　　高阶偏导数法：对于某些特殊的函数形式，可以使用高阶偏导数的方法来确定极值。通过计算函数的二阶偏导数，可以判断函数在某个点上的极值情况。

　　在确定函数的极值与最值时，还需要考虑定义域的边界条件，例如闭区间上的最值问题和开区间上的最值问题可能有不同的解。

　　函数的极值与最值问题可能存在多个解，也可能不存在解。因此，在具体问题中，需要结合具体条件和限制来确定函数的极值与最值。

　　多元函数的极值与最值问题在优化、经济学、工程学和自然科学等领域中具有重要的应用，比如求解函数的最优解。

9.5　条件极值与拉格朗日乘数法

　　条件极值是指在一定条件下函数取得的极值。在多元函数中，当函数的取值受到一定的约束时，可以使用拉格朗日乘数法来求解条件极值问题。

　　假设求解一个多元函数 $f(x_1, x_2, \cdots, x_n)$ 在约束条件 $g(x_1, x_2, \cdots, x_n) = 0$ 下的条件极值。使用拉格朗日乘数法的基本步骤如下：

　　构建拉格朗日函数：定义拉格朗日函数 $L(x_1, x_2, \cdots, x_n, \lambda) = f(x_1, x_2, \cdots, x_n) + \lambda g(x_1, x_2, \cdots, x_n)$ ，其中 λ 为拉格朗日乘子（又称拉格朗日系数）。

　　求解偏导数：L 分别对自变量 $x_1, x_2, \cdots, x_n$ 和 λ 求偏导数，得到 $n+1$ 个方程：

$$
\begin{cases}
\dfrac{\partial L}{\partial x_1} = \dfrac{\partial f}{\partial x_1} + \dfrac{\lambda \partial g}{\partial x_1} = 0 \\[2mm]
\dfrac{\partial L}{\partial x_2} = \dfrac{\partial f}{\partial x_2} + \dfrac{\lambda \partial g}{\partial x_2} = 0 \\[2mm]
\qquad\qquad \vdots \\[2mm]
\dfrac{\partial L}{\partial x_n} = \dfrac{\partial f}{\partial x_n} + \dfrac{\lambda \partial g}{\partial x_n} = 0 \\[2mm]
\dfrac{\partial L}{\partial \lambda} = g(x_1, x_2, \cdots, x_n) = 0
\end{cases}
$$

这组方程被称为拉格朗日方程。

解方程组：解拉格朗日方程组，得到自变量 $x_1, x_2, \cdots, x_n$ 和 λ 的值。

检查极值：将求得的解代入原函数 f 中，计算得到函数的值，然后比较这些值，找出函数在约束条件下的最大值或最小值。

拉格朗日乘数法可以处理约束条件为等式形式的情况。对于约束条件为不等式形式的问题，还需要考虑约束条件的有效范围。

拉格朗日乘数法在优化、经济学、工程学和物理学等领域中具有广泛的应用，通常用来在一定约束条件下求解函数的条件极值问题，从而找到最优解或满足特定条件的解。

条件极值示例

9.6　二元函数的泰勒展开

二元函数的泰勒展开是将一个二元函数在某点附近用多项式逼近的方法。它可以用来近似计算二元函数的值或研究函数的性质。

对于二元函数 $f(x, y)$，其在点 (x_0, y_0) 附近的二阶泰勒展开式可以表示为

$$
f(x, y) \approx f(x_0, y_0) + (x - x_0) f_x'(x_0, y_0) + (y - y_0) f_y'(x_0, y_0) +
$$
$$
\frac{1}{2}[(x - x_0)^2 f_{xx}''(x_0, y_0) + 2(x - x_0)(y - y_0) f_{xy}''(x_0, y_0) + (y - y_0)^2 f_{yy}''(x_0, y_0)]
$$

其中，$\dfrac{\partial f}{\partial x}$ 和 $\dfrac{\partial f}{\partial y}$ 分别表示函数 f 对变量 x 和 y 的偏导数；$\dfrac{\partial^2 f}{\partial x^2}$、$\dfrac{\partial^2 f}{\partial y^2}$ 和 $\dfrac{\partial^2 f}{\partial x \partial y}$ 分别表示函数 f 的二阶偏导数。

泰勒展开式可以根据需要的精度进行截断，常用的是二阶泰勒展开，在计算二元函数的近似值时，可以将函数值 $f(x, y)$ 近似为展开式的前几项的和。

泰勒展开在数学分析、物理学、工程学等领域中有广泛的应用。它可以用于优化算法中的局部搜索、数值计算中的函数逼近、物理模型中的线性化以及图像处理中的边缘检测等问题。

9.7　多元函数在物理学中的应用和
简化模型及数值计算实践

在物理学中，多元函数经常用于描述物理量在空间中的分布和变化。以下是两个应用多元函数的案例。

温度分布：在物理学中，温度分布通常由偏微分方程来描述，例如热传导方程。假设 $T(x, y, z, t)$ 是一个表示温度的函数，这里 x、y、z 是空间坐标，t 是时间，那么热传导方程可以写作：

$$\nabla T = k \frac{\partial^2 T}{\partial t^2}$$

其中，∇是拉普拉斯算子；k是热导率。这个方程描述了温度如何随着时间和空间的变化而变化。

电磁场强度：电磁场强度可以通过麦克斯韦方程来描述。麦克斯韦方程是四个偏微分方程组成的方程组，描述了电场$E(x, y, z, t)$和磁场$B(x, y, z, t)$随时间和空间的变化规律。其中，一个基本的麦克斯韦方程（高斯定律）可以写作：

$$\nabla \cdot E = \frac{\rho}{\varepsilon_0}$$

其中，∇是散度运算符；ρ是电荷密度；ε_0是真空电介质常数。这个方程描述了电场的源是电荷。

在这些应用中，多元函数的偏导数和梯度提供了关于物理量变化的重要信息。它们可用于分析物体内部的温度分布、电场和磁场的强度分布，进而对物理系统的性质和行为进行建模和预测。

数值计算实践

在这个案例中，我们使用Python演示多元函数的偏导数和梯度计算，并绘制简单的温度和电场强度分布图。扫描下方二维码可查看代码。

首先，我们实现一个简化的二维温度分布模型，计算温度随时间和空间的变化情况。然后，我们实现一个简化的二维电场强度模型，计算电场强度随时间和空间的变化情况。

在这个示例中，我们定义了一个简化的二维温度分布模型和一个简化的二维电场强度模型。假设温度和电场强度随时间和空间的变化是简单的正弦波和余弦波模型。我们使用NumPy库的meshgrid函数来生成二维空间范围和时间范围，并计算温度和电场强度在这些范围内的分布。

我们使用Matplotlib库来绘制温度分布图和电场强度分布图。通过这些图，我们可以看到温度和电场强度随时间和空间的变化情况，以及它们在不同位置和时间点的分布，如图9.1所示。这样的分析和可视化有助于我们对温度和电场强度变化的理解和预测。这里的模型和数据都是简化的，实际的温度和电场强度分布更复杂。这里的目的是演示多元函数的偏导数和梯度计算以及简单的分布可视化。

示例代码

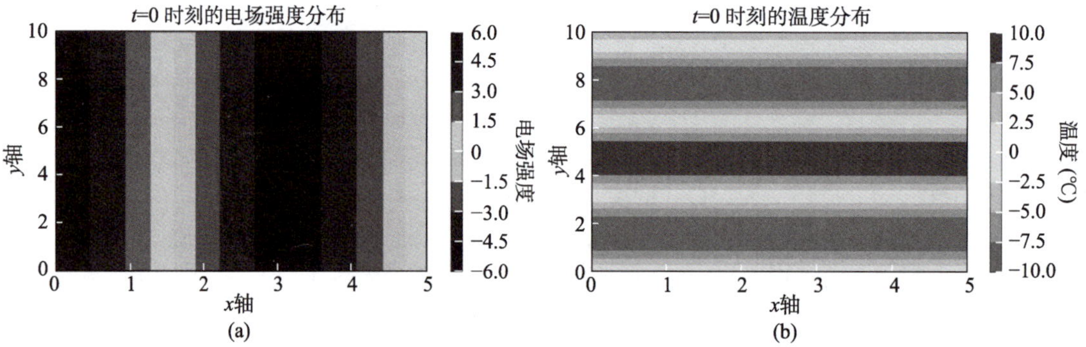

图 9.1 电场强度和温度分布图分布

9.8 多元函数在经济学中的应用和简化模型及数值计算实践

在经济学中，多元函数经常用于描述消费者和生产者的行为和决策，以及分析市场供求关系和均衡状态。以下是一个应用多元函数的案例。

消费者理论：假设消费者的效用函数为 $U(x,y)$，其中 x 和 y 分别代表两种商品的数量。消费者的目标是在预算约束下最大化效用。如果消费者的预算是 M，商品 x 的价格是 P_x，商品 y 的价格是 P_y，那么预算约束可以表示为 $xP_x + yP_y \leqslant M$。因此，消费者的优化问题可以表示为

$$\text{Maximize } U(x,y)$$
$$\text{subject to } xP_x + yP_y \leqslant M$$

通过拉格朗日乘数法，我们可以找到使消费者效用最大化的商品数量。

生产者理论：假设生产者的生产函数为 $F(K,L)$，其中 K 和 L 分别代表资本和劳动力的输入量。生产者的目标是在成本约束下最大化产出。如果资本的成本是 r，劳动力的成本是 w，那么成本约束可以表示为 $rK + wL \leqslant C$，其中 C 是总成本。因此，生产者的优化问题可以表示为

$$\text{Maximize } F(K,L)$$
$$\text{subject to } rK + wL \leqslant C$$

同样，我们可以使用拉格朗日乘数法找到使产出最大化的资本和劳动的输入量。

在消费者和生产者理论中，多元函数的偏导数和最优化方法（如拉格朗日乘数法）提供了对经济主体行为的洞察和分析工具。它们可用于解释消费者的选择行为、生产者的决策和市场均衡的形成，从而对经济体系的运行和政策制定有重要影响。

数值计算实践

在这个案例中，我们使用 Python 来演示消费者理论和生产者理论中的最优化问题，并绘制简单的图来可视化结果。扫描下方二维码可查看代码。

首先，我们实现一个简化的消费者理论模型，计算消费者在预算约束下的最优消费组合。然后，我们实现一个简化的生产者理论模型，计算生产者在成本约束下的最优生产组合。

在这个示例中，我们定义了一个简化的消费者效用函数和生产者生产函数。然后，我们使用 SciPy 库的 minimize 函数来求解最优化问题，找到使效用最大化（消费者理论）和产出最大化（生产者理论）的输入量组合。对于生产者，也可以用同样的方式，x 轴代表资本 K 的数量，y 轴代表劳动力 L 的数量，成本线可以画在这个平面上，并且标注出最优解，如图 9.2 所示。

示例代码

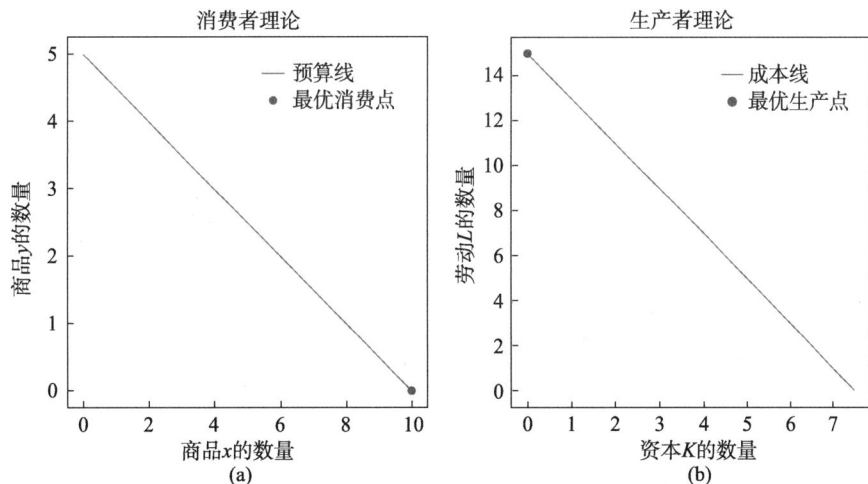

图 9.2　简化的消费者效用函数和生产者生产函数

得出：

消费者最优消费组合：$x=10, y=0$；最大效用：20；

生产者最优生产组合：$K=0, L=15$；最大产出：45。

最后，我们输出消费者和生产者的最优输入量组合。这些结果表示消费者在预算约束下选择的

最优消费组合，以及生产者在成本约束下选择的最优生产组合。

　　这里的消费者理论和生产者理论模型都是简化的，实际的消费者和生产者决策更复杂。这里的目的是演示多元函数的最优化方法（拉格朗日乘数法）和简单的模型可视化。在实际应用中，经济学家使用更复杂的效用函数和生产函数，并结合更多的变量来进行经济分析和预测。

9.9　多元函数在环境科学中的应用和
简化模型及数值计算实践

　　在环境科学中，多元函数经常用于描述和分析空气质量、水质和土壤质量等环境参数的变化和分布情况。以下是一个应用多元函数的案例。

　　空气质量指数（AQI）：AQI 是一个描述空气质量状况的指数，通常由多个污染物的浓度共同决定。如果我们考虑 PM2.5 和 PM10 两种污染物，那么 AQI 可以表示为一个函数，即 $AQI = f(C_{PM2.5}, C_{PM10})$，其中 $C_{PM2.5}$ 和 C_{PM10} 分别表示 PM2.5 和 PM10 的浓度。具体的函数形式根据不同的标准和方法有所不同。

　　污染物浓度分布：污染物在空气中的分布可能受到多种因素的影响，包括风速、风向、温度、湿度、地形等。如果我们考虑风速 v 和风向 θ，那么污染物的浓度 C 可以表示为一个函数，即 $C = f(v, \theta)$。此函数可被用于描述污染物在空间中的分布，如预测污染物扩散的范围和方向。具体的函数形式需要通过实验数据和物理模型来确定。

　　多元函数的应用在环境科学中有助于理解环境参数之间的相互关系、预测环境变量的变化趋势和分布情况，以及指导环境管理和保护的决策制定。它们为环境科学领域提供了强大的工具和方法，以应对环境问题和挑战。

　　数值计算实践

　　在这个案例中，我们将演示空气质量指数（AQI）和污染物浓度分布的多元函数应用。我们使用 Python 来模拟并绘制这些函数的分布。扫描下方二维码可查看代码。

　　首先，实现一个简化的 AQI 函数，其中考虑了 PM2.5 和 PM10 两种污染物的浓度。然后，实现一个简化的污染物浓度分布函数，其中考虑了风速 v 和风向 θ 对污染物浓度的影响。

　　在这个示例中，我们定义了一个简化的 AQI 函数和污染物浓度分布函数。然后，我们根据给定的 PM2.5 和 PM10 浓度计算了 AQI 值，并绘制了污染物浓度分布图，如图 9.3 所示。这里的函数都是简化的示例函数，实际的 AQI 计算和污染物浓度分布模型更复杂，需要考虑更多的污染物种类和环境因素。

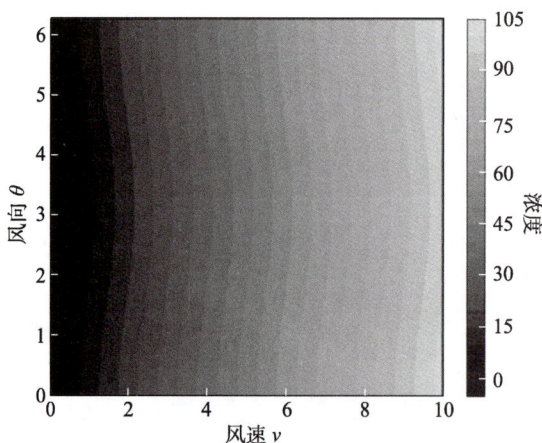

示例代码

图 9.3　污染物浓度分布

这个示例展示了多元函数在环境科学中的应用：通过模拟和绘制这些函数，我们可以了解空气质量指数和污染物浓度在空间和时间上的分布规律，为环境管理和决策提供有价值的信息。

9.10 多元函数在地理学中的应用和简化模型及数值计算实践

在地理学领域，多元函数的应用非常广泛，涉及地形分析、气候模型以及其他地理现象的研究。以下是两个相关的案例。

地形分析：地形分析是地理学的一个重要分支，涉及地形的形状、坡度、方向等因素。如果我们考虑地形的高度 h、经度 x、纬度 y，那么地形可以表示为一个函数，即 $h = f(x, y)$。这个函数描述了地形在空间中的变化，可以用于制作地形图、分析地形特征等。

气候模型：气候模型是一种用于描述气候变化的数学模型，通常涉及温度、湿度、风速、风向等多个因素。如果我们考虑地面温度 T，地面湿度 H，风速 v 和风向 θ，那么可以设立一个函数来描述这 4 个变量的关系，即 $T = f(H, v, \theta)$。具体的函数形式需要通过实验数据和物理模型来确定。

这些应用示例表明，在地理学领域中，多元函数的概念和技术为地理现象的分析、建模和预测提供了重要的工具和方法。多元函数的应用能够帮助深入理解地理现象之间的相互关系，推动地理学的研究和应用领域的发展。

数值计算实践

在这个案例中，我们将演示地形分析和气候模型的多元函数应用。我们使用 Python 来模拟并绘制这些函数的示例，扫描下方二维码可查看代码。

首先，实现一个简化的地形高度函数，其中考虑了地形的经度 x 和纬度 y 对高度 h 的影响。然后，实现一个简化的气候模型函数，其中考虑了地面湿度 H、风速 v 和风向 θ 对地面温度 T 的影响。

在这个示例中，我们定义了一个简化的地形高度函数和气候模型。然后，我们根据给定的经度和纬度计算了地形高度，并绘制了地形高度图。同时，根据给定的地面湿度、风速和风向计算了地面温度，并绘制了气候模型图，如图 9.4 所示。这里的函数都是简化的示例函数，实际的地形和气候模型更复杂，需要考虑更多的因素和数据。

示例代码

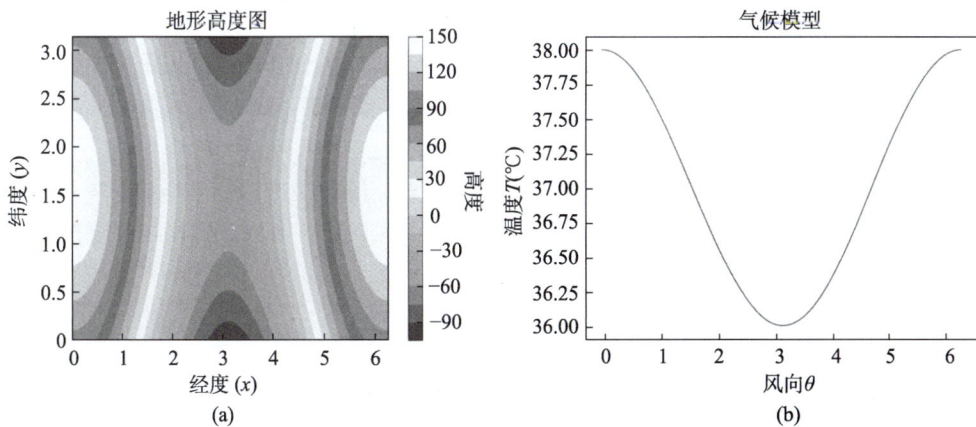

图 9.4 地形高度图与气候模型

这个示例展示了多元函数在地理学领域中的应用：通过模拟和绘制这些函数，我们可以了解地形的高度分布和地理现象之间的关系，推动地理学研究和应用领域的发展。同时，气候模型可以帮助我们理解气候变化和气象现象之间的相互影响，为气象预测和气候研究提供重要参考。

9.11　偏导数在机器学习中的应用和简化模型及数值计算实践

在机器学习中，偏导数是一种重要的数学工具，广泛应用于梯度下降法等优化算法中。以下是一个在机器学习中应用偏导数的案例。

梯度下降法是一种常用的优化算法，用于最小化目标函数或损失函数。在梯度下降法中，我们需要计算目标函数对于模型参数的偏导数，以确定下一步更新参数的方向。这是因为参数的更新方向应该是目标函数下降最快的方向。

假设我们正在训练一个线性回归模型，其目标是最小化平方损失函数。该模型的参数包括权重和偏置项。在每一次迭代中，我们需要计算损失函数对于权重和偏置项的偏导数，以确定参数的更新方向。通过沿着负梯度方向更新参数，我们可以逐步调整模型，使其拟合训练数据。

具体而言，梯度下降法中的偏导数计算涉及链式法则，通过将损失函数中的偏导数分解为各个参数的偏导数相乘来计算总体偏导数。这样可以同时更新模型中的多个参数，使其朝着更优的方向移动。

假设我们有一个损失函数 L，其取决于模型参数的向量 $\boldsymbol{\theta} = [\theta_1, \theta_2, \cdots, \theta_n]$。梯度下降法的目标是通过调整参数 $\boldsymbol{\theta}$ 来最小化损失函数。

梯度是一个向量，它的每个分量都是损失函数关于对应参数的偏导数。数学上，我们可以表示梯度为

$$\nabla \boldsymbol{L} = \left[\frac{\partial L}{\partial \theta_1}, \frac{\partial L}{\partial \theta_2}, \cdots, \frac{\partial L}{\partial \theta_n} \right]$$

在梯度下降法中，参数更新的规则如下：

$$\boldsymbol{\theta} = \boldsymbol{\theta} - \eta \nabla \boldsymbol{L}$$

其中，η 是学习率，决定了参数更新的步长。

通过这个规则，模型的参数会沿着损失函数下降最快的方向进行更新，直到找到一个局部最小值，即损失函数的梯度接近或等于 0。

通过使用偏导数和梯度下降法，我们可以在机器学习中实现模型的参数优化和训练过程。这样可以提高模型的预测性能和泛化能力，使其能够更好地适应新的数据。

这个案例凸显了偏导数在机器学习中的重要性和应用价值。偏导数的计算帮助我们找到最优的模型参数，从而实现了机器学习模型的优化和训练。这为我们提供了一种有效的工具，以更好地理解和应用机器学习算法。

数值计算实践

在这个案例中，我们使用 Python 来实现梯度下降法来训练一个简单的线性回归模型。我们假设模型为 $y = \theta_1 x + \theta_2$，其中 θ_1 和 θ_2 是模型的参数，我们的目标是最小化平方损失函数。扫描下方二维码可查看代码。

在这个示例中，我们使用梯度下降法来训练一个简单的线性回归模型。我们通过调整参数 θ_1 和 θ_2，使得损失函数尽可能小。我们通过绘制损失函数下降曲线来展示训练过程，并通过绘制训练集和拟合直线来展示最终训练后的模型，如图 9.5 所示。

这个示例中使用了一个简化的数据集和模型，实际应用时需要更复杂的数据和模型。此外，学习率的选择也会影响梯度下降法的训练结果，需要进行调试和优化。

偏导数和梯度下降法在机器学习中是非常常用的优化方法，可以帮助我们找到模型的最优参数，从而实现模型的优化和训练。这种方法可以广泛应用于线性回归、逻辑回归、神经网络等机器学习模型的训练过程中。

示例代码

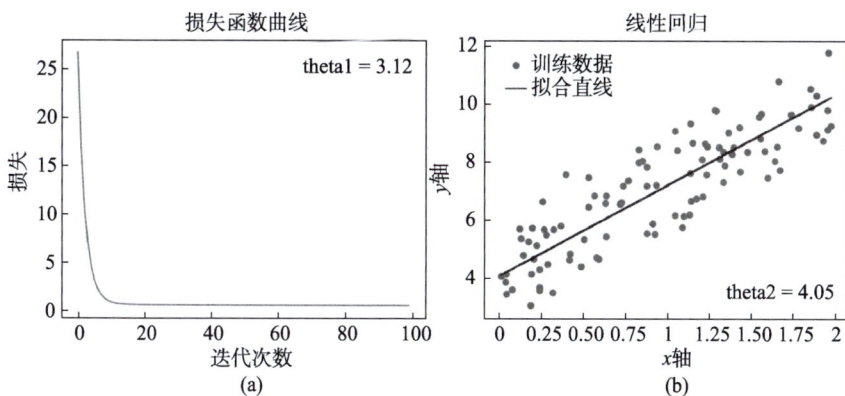

图 9.5　训练集和拟合直线

9.12　多元函数在材料科学中的应用和简化模型及数值计算实践

在材料科学中，多元函数的应用非常广泛，特别是在应力分析和材料特性建模方面。下面是一个在材料科学中应用多元函数的案例。

应力分析是材料科学中的重要内容，涉及材料的力学性能和行为。通过建立多元函数模型，可以描述材料中的应力分布和应力变化规律。这些模型通常基于弹性力学理论和材料的物理性质，可以帮助科研人员预测材料在不同加载条件下的应力响应。

例如，在材料强度分析中，可以使用多元函数来建立应力分布模型，以确定材料中的最大应力点和应力集中区域。这对于设计材料结构和预测材料的失效行为非常重要。

假设我们有一个物体，其应力状态由应力张量 σ 描述，该张量是一个二阶张量，可以表示为一个 3×3 的矩阵：

$$\sigma = \{[\sigma_{xx}, \sigma_{xy}, \sigma_{xz}], [\sigma_{yx}, \sigma_{yy}, \sigma_{yz}], [\sigma_{zx}, \sigma_{zy}, \sigma_{zz}]\}$$

其中，σ_{xx}、σ_{yy}、σ_{zz} 是正应力；σ_{xy}、σ_{xz}、σ_{yx}、σ_{yz}、σ_{zx}、σ_{zy} 是剪应力。正应力是沿坐标轴方向的应力，剪应力是沿坐标平面的应力。

如果该物体的应力状态依赖于其在空间中的位置 (x, y, z)，则我们可以将每个应力成分看作是空间坐标的函数，即 $\sigma_{xx} = f_{xx}(x, y, z)$、$\sigma_{xy} = f_{xy}(x, y, z)$ 等。这样，我们就得到了一个多元函数系统，描述了物体中的应力分布。

要确定材料中的最大应力点和应力集中区域，可以求解这些多元函数的极值和梯度。对于某个应力成分 $\sigma_{ij} = f_{ij}(x, y, z)$，其极值满足以下条件：

$$\nabla f_{ij} = 0，即 \frac{\partial f_{ij}}{\partial x} = 0，\frac{\partial f_{ij}}{\partial y} = 0，\frac{\partial f_{ij}}{\partial z} = 0。$$

而应力集中区域通常对应于梯度的高值区域。

另一个应用是材料特性建模，例如材料的热传导性能、电导率、磁性等。通过建立多元函数模型，可以将材料的特性与温度、压力、化学成分等参数联系起来。这有助于优化材料的设计和开发，提高材料的性能和效率。

此外，多元函数的偏导数和梯度也在材料科学中起着重要作用。通过计算偏导数和梯度，可以分析材料中的局部特性变化和响应。这有助于理解材料的微观结构与宏观性能之间的关系，并指导材料设计和工程应用。

综上所述，多元函数在材料科学中的应用非常广泛。它们在应力分析、材料特性建模、材料设计等方面发挥着重要作用，为科研人员提供了强大的工具和方法，以改进材料的性能和开发新型材料。

数值计算实践

在这个案例中，我们使用 Python 来实现一个简单的多元函数系统，并计算其偏导数和梯度。

假设有一个三维空间中的应力张量 $\boldsymbol{\sigma}$ 的每个成分都是坐标的函数：

$$\sigma_{xx} = x^2 + 2xy$$

$$\sigma_{xy} = y^2 - 3xz$$

$$\sigma_{xz} = 3yz - z^2$$

$$\sigma_{yx} = 2xy - y^2$$

$$\sigma_{yy} = x^2 + 2yz$$

$$\sigma_{yz} = 2xz - 3zx$$

$$\sigma_{zx} = 3yz - z^2$$

$$\sigma_{zy} = 2xz - 3zx$$

$$\sigma_{zz} = x^2 + y^2$$

计算每个成分的偏导数和梯度，并绘制一个二维图像来展示应力集中区域。扫描下方二维码可查看代码。

在这个示例中，我们计算了每个应力成分的偏导数和梯度，并绘制了应力集中区域的图像，如图 9.6 所示。图像中的颜色表示梯度的大小，颜色越深表示梯度越大，即应力集中越严重的区域。

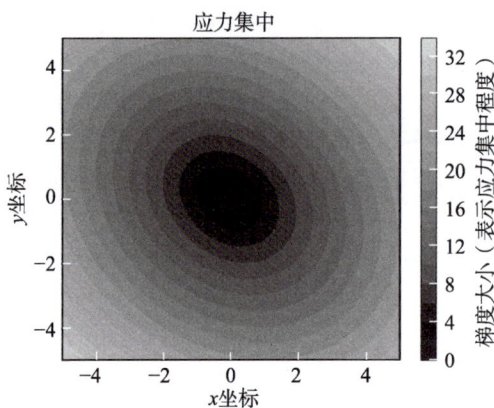

图 9.6   应力集中区域

这个示例中的应力张量和偏导数的计算是简化的，实际应用时需要更复杂的模型和计算方法。此外，我们只考虑了二维空间中的应力集中区域，实际应用中需要考虑三维空间中的应力分布情况。

多元函数在材料科学中的应用涵盖了应力分析、材料特性建模等方面。通过计算偏导数和梯度，可以分析材料中的应力状态和特性变化，从而提高材料的设计和开发效率，并指导材料的工程应用。这为材料科学研究和工程应用提供了有力支持。

9.13   多元函数在电子工程中的应用和
简化模型及数值计算实践

在电子工程领域，多元函数有着广泛的应用，尤其在电路分析和信号处理方面。下面是一个在电子工程中应用多元函数的案例。

电路分析：多元函数在电路分析中扮演着重要的角色。通过建立多元函数模型，可以描述电路中的电压、电流和功率等参数随时间的变化规律。例如，在交流电路分析中，可以使用多元函数来描述电压和电流的周期性变化，进而分析电路中的频率响应和滤波特性。

信号处理：多元函数在信号处理领域也具有重要的应用。例如，在数字信号处理中，可以使用多元函数来表示离散信号的频谱特性。通过对信号进行多元函数变换，如傅里叶变换或小波变换，可以将信号从时域转换到频域，并分析信号的频谱分布和频率成分。

一方面，二维离散傅里叶变换（DFT），它常常用于处理图像等二维信号。对于二维离散信号 $f(m,n)$，它的二维离散傅里叶变换定义为

$$F(u,v) = \sum \sum f(m,n) e^{-j2\pi(um/M + vn/N)}$$

其中，$m = 0,1,2,\cdots,M-1$，$n = 0,1,2,\cdots,N-1$，(u,v) 是频率空间中的坐标，(m,n) 是原始空间中的坐标，j 是虚数单位。通过二维离散傅里叶变换，我们可以从频率空间中分析信号的频率成分。

另一方面，多元函数还可以用于描述信号的统计特性。例如，对于一个随机过程 $X(t)$，其自相关函数是一个二元函数 $R_X(t_1,t_2) = E[X(t_1)X(t_2)]$，用于描述在不同时间点的信号值之间的相关性。

控制系统分析：多元函数在控制系统分析中起着关键的作用。通过建立多元函数模型，可以描述控制系统中的输入、输出和系统响应之间的关系。通过对多元函数进行分析和求解，可以评估系统的稳定性、响应速度和抗干扰性能等。

电磁场分析：多元函数在电磁场分析中也非常重要。通过建立多元函数模型，可以描述电磁场的分布和变化规律。例如，在天线设计中，可以使用多元函数来描述电磁波的辐射特性和功率传输。

综上所述，多元函数在电子工程中有着广泛的应用。它们在电路分析、信号处理、控制系统分析和电磁场分析等方面发挥着关键作用，为工程师和研究人员提供了强大的工具和方法，以设计和优化电子系统的性能和功能。

数值计算实践

在这个案例中，我们将实现二维离散傅里叶变换（DFT）并绘制频谱图。

二维离散傅里叶变换可以用来分析图像等二维信号的频率成分。我们将实现 DFT 的计算过程，并使用 Matplotlib 绘制频谱图来显示信号的频率分布情况。扫描下方二维码可查看代码。

在这个示例中，我们创建了一个简单的二维信号，并使用自定义的 dft2D 函数计算了它的二维离散傅里叶变换。然后，我们使用 plt.imshow 绘制了频谱图，显示信号在频率空间中的分布情况，如图 9.7 所示。频谱图显示了信号在不同频率成分上的能量分布，可用于分析信号的频率特性。

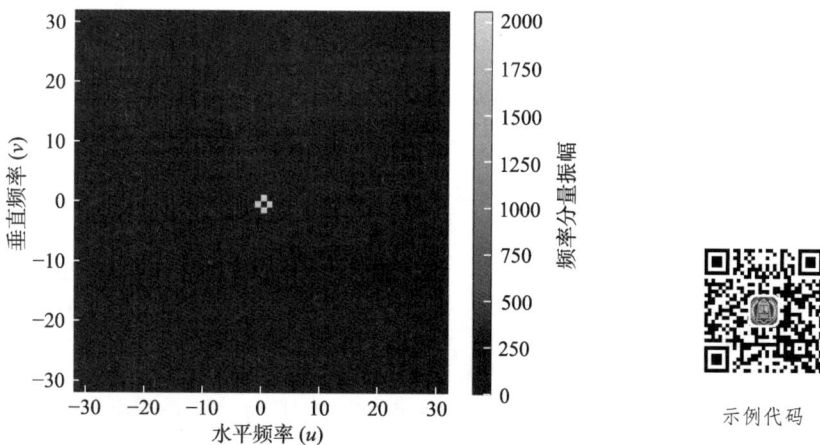

图 9.7　二维离散傅里叶变换

这里实现的是一个简化的二维离散傅里叶变换，实际应用时需要使用更高效的算法来处理大规模的二维信号。同时，绘制频谱图仅显示了信号的幅度，实际应用时需要进一步分析频率的相位信息以及频谱图的对称性等。

9.14　偏导数在医学成像中的应用和
简化模型及数值计算实践

在医学成像领域，偏导数在磁共振成像（MRI）和计算机断层扫描（CT）等成像技术中具有重要的应用。以下是关于偏导数在医学成像中的应用的案例。

MRI：MRI 利用磁场和无线电波来生成人体内部的高分辨率图像。在 MRI 中，偏导数被用于计算图像的梯度，即图像中每个像素值的变化率。梯度信息可以提供关于组织边界和空间位置的重要信息。通过计算图像的偏导数，可以确定图像中各个区域的强度变化，进而生成清晰的 MRI 图像。

CT：CT 通过 X 射线的旋转扫描来获取人体内部的断层图像。在 CT 中，偏导数被用于重建图像，即从多个投影数据中恢复原始图像。通过计算偏导数和对偏导数进行积分，可以恢复出人体内部的密度分布和解剖结构。

图像分割和边缘检测：偏导数在医学图像分割和边缘检测中也起着关键作用。边缘是图像亮度变化最显著的地方，边缘检测就是要找到这些位置。通过计算图像的偏导数，可以确定图像中的边缘和区域边界，从而实现图像的分割和物体的定位。

图像增强和去噪：偏导数在医学图像的增强和去噪中也有应用。通过计算图像的偏导数，可以强调图像中的高频信息，从而增强图像的细节和对比度。同时，偏导数也可以用于去除图像中的噪声和伪影。

设有一个二维图像 $I(x, y)$，它的梯度定义为一个二元向量：

$$\nabla I(x, y) = [I_x(x, y), I_y(x, y)]$$

其中，I_x 和 I_y 分别是图像在 x 和 y 方向上的偏导数，通常可以通过卷积操作进行计算：

$$I_x(x, y) = I(x, y) * \frac{-\partial}{\partial x}$$

$$I_y(x, y) = I(x, y) * \frac{-\partial}{\partial y}$$

其中，*表示卷积，$\partial / \partial x$ 和 $\partial / \partial y$ 分别是 x 和 y 方向上的导数算子。

在边缘检测中，图像的梯度强度和方向可以用来确定边缘的位置和方向：

边缘强度：$|\nabla I(x, y)| = \sqrt{I_x^2 + I_y^2}$

边缘方向：$\theta = \arctan 2(I_y, I_x)$

这种方法也可以用于图像的去噪。例如，可以使用梯度的模长作为权重，对图像进行滤波，以保留边缘信息并去除噪声。

综上所述，偏导数在医学成像中扮演着重要的角色。它们被用于图像重建、图像分割、边缘检测、图像增强和去噪等方面，为医学图像的获取、分析和解释提供了关键的数学工具和方法。

数值计算实践

在这个案例中，我们将实现图像的梯度计算，包括边缘强度和方向，并绘制边缘强度图和边缘方向图。扫描下方二维码可查看代码。

在这个代码中，我们首先创建了一个模拟的图片，这是一个 100×100 的黑色图片，有一个 50×50 的白色方块在中心位置。然后，我们在这个模拟的图片上应用代码，计算梯度、边缘强度和边缘方向，最后展示结果。因为模拟的图片非常简单，所以我们可以清楚地看到边缘检测的效果。

示例代码

为了更好地显示边缘方向信息，我们将边缘方向的值映射到了 HSV 色彩空间的角度范围（−π 到 π），并使用 HSV 色彩空间绘制了边缘方向图，如图 9.8 所示。在 HSV 色彩空间中，色调（H）表示角度，饱和度（S）和亮度（V）表示边缘强度。

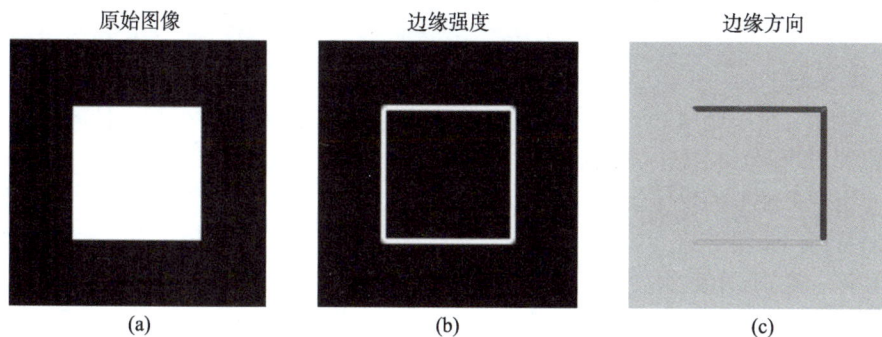

图 9.8　原始图像、边缘强度及边缘方向

这样，我们就可以通过计算图像的梯度来获取边缘强度和方向信息，进而用于边缘检测、图像去噪等医学成像应用中。

9.15　多元函数在计算机视觉中的应用和简化模型及数值计算实践

在计算机视觉领域，多元函数被广泛应用于物体识别、图像分割和其他相关任务中。以下是在计算机视觉中应用多元函数的案例。

物体识别：在物体识别任务中，多元函数被用于建立特征空间和分类模型。通过提取图像中物体的特征，例如颜色、纹理和形状等，可以构建多元函数来表示物体的特征向量。然后，利用这些特征向量进行分类和识别，例如使用支持向量机（SVM）或深度学习模型。

假设有一个物休集合 O，对于每个物体 $o \in O$，可以提取出 d 个特征，构成一个特征向量 $X = [x_1, x_2, \cdots, x_d]$，其中 x_i 是第 i 个特征的值。那么，我们可以定义一个多元函数 $f : O \to Rd$，将每个物体映射到一个 d 维的特征空间中，即 $f(o) = X$。

在特征空间中，我们可以使用各种分类模型来进行物体识别。例如，我们可以使用支持向量机（SVM）模型，该模型试图找到一个超平面来最大化不同类别之间的间隔。数学上，这可以表述为以下的优化问题：

$$\min \frac{1}{2} \| \boldsymbol{w} \|^2$$
$$\text{s.t. } y_i(\boldsymbol{w}\boldsymbol{x}_i + b) \geqslant 1, i = 1, 2, \cdots$$

其中，$\boldsymbol{w}$ 是超平面的法向量；b 是偏置项；y_i 是物体的类别标签；$\boldsymbol{x}_i$ 是物体的特征向量。通过解这个优化问题，我们可以得到一个分类模型，用来识别新的物体。

图像分割：图像分割是将图像划分为不同的区域或对象的过程。多元函数可用于描述图像中的像素强度、颜色、纹理等属性，并利用这些属性进行像素级别的分类。常见的图像分割方法包括基于聚类、基于图割和基于深度学习的分割方法。

特征提取：多元函数的技术被广泛用于提取图像中的特征。例如，使用多元函数来计算图像的梯度、角点、边缘等特征，这些特征可用于物体检测、关键点匹配和图像配准等任务中。

图像重建：多元函数的方法也可用于图像重建任务，例如图像去噪和超分辨率重建。可以通过建立多元函数模型，利用图像的局部和全局信息进行图像的重建和增强。

目标跟踪：多元函数在目标跟踪中扮演重要角色。通过将目标表示为多元函数，例如使用高斯混合模型（GMM）或相关滤波器，可以实现目标的实时跟踪和位置预测。

综上所述，多元函数的概念和技术在计算机视觉中有广泛的应用。它们被用于物体识别、图像分割、特征提取、图像重建和目标跟踪等任务，为计算机视觉领域的图像处理和分析提供了有力的数学工具和方法。

数值计算实践

在这个案例中，我们使用 Python 实现一个简单的特征提取示例，并使用支持向量机（SVM）模型进行物体识别的示例。扫描下方二维码可查看代码。

首先，使用一个虚拟的物体集合 O，假设每个物体 $o \in O$ 都有 3 个特征（$d = 3$），并构造一个包含 6 个物体的特征向量集合 X。

得出：预测的类别：[0]

在这个代码中，我们首先使用主成分分析（PCA）将原始的 3D 特征向量降维到 2D，然后用不同灰度的圆圈来表示不同的类别。新的物体在图中标记为符号"×"。这样，我们就可以清楚地看到 SVM 模型如何分割不同的类别，并预测新物体的类别，如图 9.9 所示。

在这个示例中，我们假设已经有一个新的物体的特征向量 new_object，我们使用训练好的 SVM 模型来预测新物体的类别。

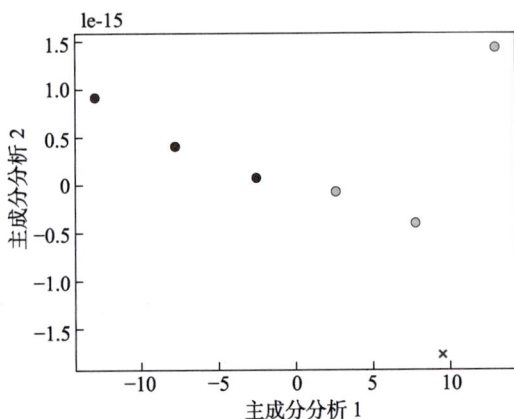

图 9.9   SVM 特征提取

这只是一个简单的示例，实际应用时涉及更复杂的特征提取和模型训练过程。然而，这个示例展示了多元函数在物体识别中的应用，以及如何使用支持向量机（SVM）模型进行分类预测。

9.16   习题、思考题、课程论文研究方向

▶ 习题：

1. 给定一个多元函数，计算其偏导数。
2. 计算一个多元函数在给定点的梯度。
3. 给定一个多元函数，求其极值点。
4. 使用拉格朗日乘数法解决一个多元函数的条件极值问题。
5. 给定一个多元函数，计算其二阶偏导数。

▶ 思考题：

1. 多元函数的梯度与方向导数之间有什么关系？
2. 偏导数存在与连续性之间的关系是什么？
3. 如何利用偏导数判断一个函数的增减性？
4. 多元函数的偏导数存在与可微性之间的关系是什么？
5. 多元函数的极值点是否一定是驻点？为什么？

课程论文研究方向：

1. 探索基于偏导数的优化算法，如梯度下降法、共轭梯度法等，以提高算法的收敛速度和性能。

2. 研究多元函数的梯度计算和优化方法在机器学习任务中的应用，如神经网络训练、优化算法的改进等。

3. 研究多元函数的梯度和偏导数的应用，如图像分割、边缘检测等，以提高图像处理的准确性和效率。

4. 研究多元函数的梯度和偏导数在物理建模中的应用，如流体力学、电磁场模拟等，以解决实际问题。

5. 研究多元函数的应用在经济学中的模型建立和分析，如消费者行为模型、生产函数模型等，以理解和预测经济现象。

第 10 章　重积分与场论

10.1　重积分的概念与性质

重积分的定义：重积分是对多元函数在一个区域上进行积分的操作，用于求解多元函数在该区域上的总体积、总质量、总电荷等概念。

重积分的性质：重积分具有线性性、可加性和保号性等性质，可以通过分区间、分部分进行计算。

重积分的计算方法：重积分的计算方法包括直接计算和变量替换两种方法，可以根据具体情况选择适合的方法进行计算。

引例：曲顶柱体的体积

总之，重积分在物理学、工程学、经济学等领域有广泛的应用，如用于解决质心的计算、质量的分布、物体的体积计算等问题。

10.2　二重积分的计算

二重积分是重积分中的一种形式，用于计算二元函数在一个平面区域上的积分值。在计算二重积分时，需要考虑积分的顺序并选择适当的积分方法。

矩形区域上的二重积分：如果积分区域是一个矩形，可以直接使用定积分的计算方法，按照先 x 后 y 或先 y 后 x 的顺序进行积分。

一般区域上的二重积分：如果积分区域是一个一般的闭合区域，可以使用分割区域的方法，将区域分割成多个小区域，然后对每个小区域进行积分，最后将这些积分结果相加。

极坐标下的二重积分：对于在极坐标系下给定的区域，可以通过变量替换将其转化为极坐标形式，然后按照极坐标的积分公式进行计算。

特殊函数的二重积分：对于某些特殊函数形式，例如对称函数、奇偶函数等，可以利用函数的性质简化二重积分的计算。

在计算二重积分时，需要注意积分区域的边界方程、积分顺序、合适的坐标系选择以及积分方法的灵活运用。掌握这些计算方法可以准确地求解二重积分，并在实际问题中应用。

（极坐标下的二重积分计算）

10.3　三重积分的计算

三重积分是重积分中的一种形式，用于计算三元函数在一个空间区域上的积分值。在计算三重积分时，需要考虑积分的顺序和选择适当的积分方法。

直角坐标系下的三重积分：对于直角坐标系下的积分区域，可以按照先 x 后 y 再 z 的顺序进行积分。首先将积分区域分解成水平切片，然后对每个切片进行二重积分，最后将这些二重积分结果进行垂直叠加。

柱面坐标系下的三重积分：对于柱面坐标系下给定的区域，可以通过变量替换将其转化为柱面坐标形式，然后按照柱面坐标的积分公式进行计算。

球面坐标系下的三重积分：对于球面坐标系下给定的区域，可以通过变量替换将其转化为球面坐标形式，然后按照球面坐标的积分公式进行计算。

特殊函数的三重积分：对于某些特殊函数形式，例如对称函数、奇偶函数等，可以利用函数的性质简化三重积分的计算。

在计算三重积分时，需要注意积分区域的边界方程、积分顺序、合适的坐标系选择以及积分方法的灵活运用。掌握这些计算方法可以准确地求解三重积分，并在实际问题中应用。

10.4　场论的基本概念

场论是物理学中的一个重要分支，研究的是空间中存在的各种物理场的性质和行为。场可以理解为具有空间分布的物理量，如电场、磁场、重力场等。场论通过数学工具和方程描述和分析这些物理场，并研究它们的相互作用和影响。

以下是场论的基本概念：

标量场：标量场是指在空间中的每个点上都有一个标量值与之对应的场。例如，温度场、压力场等都是标量场。标量场只涉及标量量度，没有方向性。

矢量场：矢量场是指在空间中的每个点上都有一个矢量与之对应的场。例如，速度场、力场等都是矢量场。矢量场既有大小又有方向。

张量场：张量场是指在空间中的每个点上都有一个张量与之对应的场。张量是具有多个分量的量，可以表示多种物理量的方向和强度。例如，应力场、电磁场等都是张量场。

场方程：场方程是用来描述场的行为和演化规律的方程。不同的场，有不同的场方程。例如，麦克斯韦方程组描述电磁场的行为，波动方程描述机械波的传播等。

场的相互作用：不同的场之间可以相互作用，相互影响。例如，电场和磁场相互耦合形成电磁场，重力场和物质分布相互作用导致引力等。

场论的应用广泛，涉及物理学、工程学、天文学等多个领域。研究场的性质和行为，可以深入理解自然界中各种物理现象，并为解决实际问题提供理论基础和工具。

10.5　标量场和矢量场

标量场和矢量场是场论中常见的两种类型的场。它们在物理学和工程学中具有广泛的应用。

1. 标量场

定义：标量场是指在空间中的每个点上都有一个标量值与之对应的场。标量是只有大小而没有方向的物理量。

示例：温度场、压力场、密度场等都是标量场。

表示方法：标量场可以用一个标量函数来描述，函数的输入是空间中的位置坐标，输出是该位置上的标量值。

2. 矢量场

定义：矢量场是指在空间中的每个点上都有一个矢量与之对应的场。矢量具有大小和方向。

示例：速度场、力场、磁场等都是矢量场。

表示方法：矢量场可以用一个矢量函数来描述，函数的输入是空间中的位置坐标，输出是该位置上的矢量值。

3. 在物理学和工程学中的应用

在流体力学中，温度场和压力场属于标量场，速度场和流动场属于矢量场，用于描述流体的性质和流动行为。

在电磁学中，电势场属于标量场，电场和磁场属于矢量场，用于描述电荷和电流的分布以及它们的相互作用。

在力学中，位移场和应力场属于矢量场，用于描述物体的变形和受力情况。

在地理信息系统（GIS）中，高程数据和地形特征属于标量场，风速和水流速度属于矢量场，用于地理数据的分析和可视化。

通过对标量场和矢量场的研究和分析，我们可以更好地理解和描述自然界中的各种物理现象，并将应用于工程设计、科学研究和实际问题的解决中。

10.6　旋度、散度与拉普拉斯算子

旋度、散度和拉普拉斯算子是场论中的重要概念，用于描述场的性质和变化情况。

1. 旋度

定义：旋度是矢量场的一个性质，用于描述矢量场的旋转和曲率。它衡量了矢量场在给定点周围的环流或旋转情况。

表示方法：旋度可以用微分算子（叉乘）来表示，对于三维空间中的矢量场 $\boldsymbol{F}(x, y, z)$，旋度定义为

$$\text{curl}\boldsymbol{F} = \begin{vmatrix} \boldsymbol{i} & \boldsymbol{j} & \boldsymbol{k} \\ \dfrac{\partial}{\partial x} & \dfrac{\partial}{\partial y} & \dfrac{\partial}{\partial z} \\ F_x & F_y & F_z \end{vmatrix} = \left(\frac{\partial F_z}{\partial y} - \frac{\partial F_y}{\partial z} \right)\boldsymbol{i} + \left(\frac{\partial F_x}{\partial z} - \frac{\partial F_z}{\partial x} \right)\boldsymbol{j} + \left(\frac{\partial F_y}{\partial x} - \frac{\partial F_x}{\partial y} \right)\boldsymbol{k}$$

2. 散度

定义：散度是矢量场的另一个性质，用于描述矢量场的流入流出情况和发散程度。它衡量了矢量场在给定点的源汇性质。

表示方法：散度可以用微分算子（点乘）来表示，对于三维空间中的矢量场 $\boldsymbol{F}(x, y, z)$，散度定义为

$$\text{div}\boldsymbol{F} = \frac{\partial F_x}{\partial x} + \frac{\partial F_y}{\partial y} + \frac{\partial F_z}{\partial z}$$

3. 拉普拉斯算子

定义：拉普拉斯算子是一个二阶偏导数算子，用于描述标量场或矢量场的平滑程度和曲率。

表示方法：对于标量场 $\varphi(x, y, z)$，拉普拉斯算子定义为

$$\Delta\varphi = \frac{\partial^2 \varphi}{\partial x^2} + \frac{\partial^2 \varphi}{\partial y^2} + \frac{\partial^2 \varphi}{\partial z^2}$$

对于矢量场 $\boldsymbol{F}(x, y, z)$，拉普拉斯算子定义为

$$\Delta\boldsymbol{F} = \left(\frac{\partial^2 F_x}{\partial x^2} + \frac{\partial^2 F_x}{\partial y^2} + \frac{\partial^2 F_x}{\partial z^2} \right)\boldsymbol{i} + \left(\frac{\partial^2 F_y}{\partial x^2} + \frac{\partial^2 F_y}{\partial y^2} + \frac{\partial^2 F_y}{\partial z^2} \right)\boldsymbol{j} + \left(\frac{\partial^2 F_z}{\partial x^2} + \frac{\partial^2 F_z}{\partial y^2} + \frac{\partial^2 F_z}{\partial z^2} \right)\boldsymbol{k}$$

旋度、散度和拉普拉斯算子在物理学、工程学和数学中有广泛的应用：

旋度在电磁学中用于描述磁场的旋转和感应电流的产生。

散度在电磁学中用于描述电场和磁场的起源和发散性质。

拉普拉斯算子在物理学中用于描述电势场和热传导等现象的平滑性和分布情况。

在流体力学中，旋度和散度用于描述流体的旋转和流动情况。

在数学分析中，拉普拉斯算子用于描述函数的光滑性和调和性质。

通过对旋度、散度和拉普拉斯算子的研究和应用，可以更好地理解和描述场的性质和行为以及它们在物理学、工程学和数学中的应用。

10.7　电场和磁场的数学描述应用和简化模型及数值计算实践

电场和磁场是电磁学中的基本概念，可以通过数学描述来深入理解它们的性质和行为。

1. 电场的数学描述

电场是由电荷所产生的力场，可以用矢量场来描述。对于空间中的任意点，该点电场的大小和方向都可以用矢量表示。

电场强度 E 表示了在某一点电荷的存在下，单位正电荷所受到的力的大小和方向。

数学上，电场可以通过库仑定律来描述。对于一个点电荷 q 位于坐标原点，电场强度 $E(x, y, z)$ 在点 (x, y, z) 处的计算公式为

$$E(x, y, z) = \frac{kq}{r^3}(x - x_0, y - y_0, z - z_0)$$

其中，k 是库仑常数；(x_0, y_0, z_0) 是电荷的坐标；r 是点 (x, y, z) 到电荷的距离。

2. 磁场的数学描述

磁场是由电流或磁荷所产生的力场，也可以用矢量场来描述。对于空间中的任意点，该点磁场的大小和方向都可以用矢量表示。

磁场强度 B 表示了在某一点电流或磁荷的存在下，单位正电流或正磁荷所受到的力的大小和方向。

数学上，磁场可以通过安培定律来描述。对于一个长度为 l、电流为 I 的直导线，磁场强度 $B(x, y, z)$ 在点 (x, y, z) 处的计算公式为

$$B(x, y, z) = \frac{\mu_0}{4\pi} \frac{I(r - r_0) \times u}{|r - r_0|^3}$$

其中，μ_0 是真空中的磁导率；r_0 是导线上的一点的位置矢量；r 是点 (x, y, z) 到导线上一点的位置矢量；u 是与导线平行的单位矢量。

通过数学描述，我们可以更好地理解电场和磁场的性质和行为。这些描述有助于我们在电磁学中研究电荷和电流的相互作用、场的传播和应用，以及在工程学和物理学中解决与电磁现象相关的问题。

数值计算实践

在这个案例中，我们使用 Python 来实现电场和磁场的数学描述，并绘制电场和磁场的矢量场图，如图 10.1 所示，扫描右侧二维码可查看代码。

在这两个示例中，我们使用 Matplotlib 库来绘制电场和磁场的矢量场图。这里只是一个简化的示例，实际应用时涉及更复杂的电场和磁场模型，以及更精细的网格。这个示例展示了电场和磁场的数学描述，并提供了一个可视化的方法来展示它们的矢量场分布。

示例代码

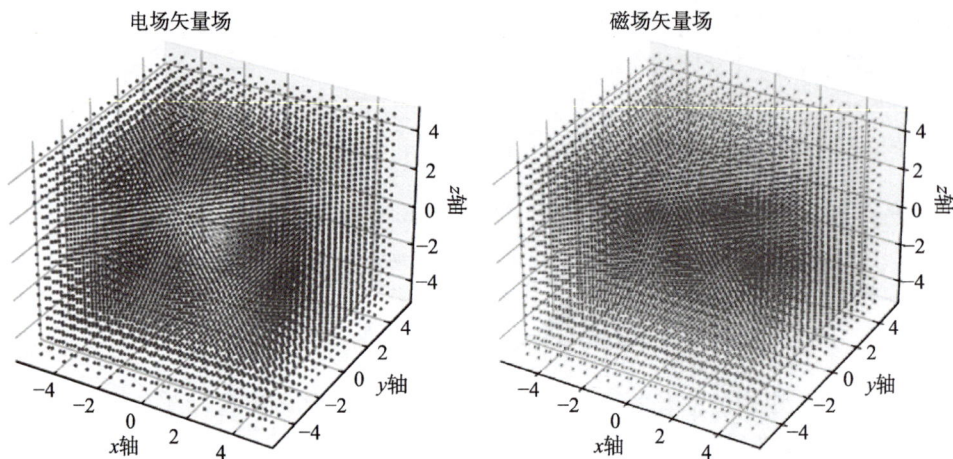

图 10.1   电场与磁场的矢量场

10.8   流体动力学中的速度场和压力场应用和简化模型及数值计算实践

流体动力学主要包含两个基本的物理量，即流体速度场和压力场。速度场描述了流体中每一个点处的速度，通常用向量函数 $v(x, y, z, t)$ 来表示，其中 (x, y, z) 是空间中的位置，t 是时间。同样地，压力场描述了流体中每一个点处的压力，通常用标量函数 $p(x, y, z, t)$ 来表示。

流体的运动遵循诸如 Navier-Stokes 这样的微分方程。对于不可压缩的牛顿流体（比如水或者空气），Navier-Stokes 方程可以写作：

$$\rho \left[\frac{\partial v}{\partial t} + (v \cdot \nabla) v \right] = -\nabla \rho + \mu \nabla^{2v} + f$$

其中，ρ 是流体的密度；v 是速度场；p 是压力场，μ 是流体的黏度；f 是力（如重力或电磁力）。这个方程是牛顿第二定律在流体中的应用，左边是质量密度乘以加速度，右边第一项是压力梯度，第二项是黏性力，第三项是体力。

对于这个偏微分方程，一般需要通过数值计算的方式（如有限差分法、有限元法或谱方法）进行求解。求解的结果就是每一个点处的速度和压力，即速度场和压力场。

此外，流体中的某些量可以通过重积分来计算，例如一段时间内通过某个面积的流量可以通过速度场在该面积上的面积分来得到。例如，在时间 t 内流过面 A 的流量 Q 可以表示为

$$Q(t) = \iint\limits_A v \cdot \mathrm{d}A$$

其中，$\mathrm{d}A$ 是面 A 上的一个微小面元；v 是通过 $\mathrm{d}A$ 的流速，$\cdot$ 表示向量的点积，向量 v 和 $\mathrm{d}A$ 的点积计算的是 v 在 $\mathrm{d}A$ 法线方向上的分量，即通过面元 $\mathrm{d}A$ 的流量。通过对整个面 A 上的所有面元进行积分，就可以得到流过面 A 的总流量。

以下是一个案例。在航空航天工程中，通过建立速度场和压力场模型来研究飞行器的气动性能，例如翼型的升力和阻力特性，以及对飞行器进行气动优化设计。这种研究可以帮助提高飞行器的性能和效率，减小气动阻力，提高操纵性和安全性。

翼型上的升力 L 和阻力 D 可以通过对翼型表面的压力 p 和剪应力 τ 进行积分来计算。它们的公式如下：

$$L = \int (p\cos\theta - \tau\sin\theta)\mathrm{d}s$$

$$D = \int (p\sin\theta + \tau\cos\theta)\mathrm{d}s$$

其中，θ 是从剪应力方向到水平方向的角度；$\mathrm{d}s$ 是翼型表面的微小面元。

在实际计算中，通常假设在低速、不可压缩的条件下，流动是层流，因此剪应力 τ 可以忽略不计。在这种情况下，公式可以简化为

$$L = \int p\cos\theta\ \mathrm{d}s$$

$$D = \int p\sin\theta\ \mathrm{d}s$$

以上公式就是通过数学方法（积分）描述了翼型的升力和阻力。这些公式不仅可以用于理论计算和分析，还可以与风洞实验和数值模拟的结果进行比较和验证。

数值计算实践

在这个案例中，我们将实现翼型上升力和阻力的计算，并绘制翼型表面的压力分布图。扫描下方二维码可查看代码。

为了简化问题，假设翼型是理想的无升力和无阻力的翼型，即剪应力 τ 忽略不计。我们使用 Python 来实现这个例子，并使用 Matplotlib 绘制压力分布图。

在这个示例中，我们假设了一个简化的翼型坐标，并假设压力沿着翼型表面呈线性分布。实际情况中，压力分布会更复杂，需要根据实验数据或数值模拟来获取更准确的结果。在绘制的压力分布图中，我们使用曲线表示压力分布，并使用线条表示翼型的形状，如图 10.2 所示。

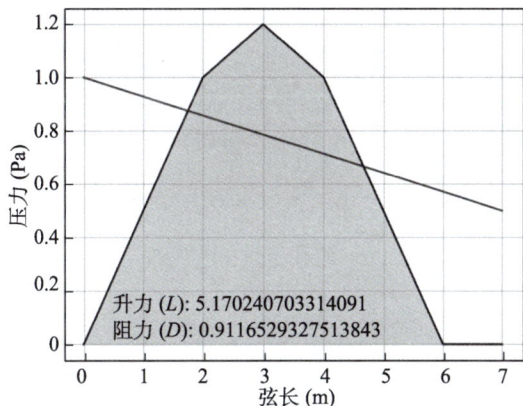

图 10.2　飞行器翼型的压力分布

然后，我们通过数值积分计算升力和阻力。这里我们假设翼型的倾角为 10°。计算结果将给出翼型在该倾角下的升力和阻力。这里的结果仅用于演示目的，并非真实的气动性能数据。实际应用中，需要更复杂的翼型模型和更准确的数据。

10.9　利用重积分计算物理量应用和简化模型及数值计算实践

在物理学和工程学中，重积分可以用来计算物体的质量、惯性矩等重要物理量。

例如，考虑一个具有连续密度分布的物体，我们可以使用重积分来计算它的质量。

假设物体在三维空间中由一个有界区域 D 表示，并且其密度在 D 上连续，我们可以表示物体的质量为

$$m = \iiint_D \rho(x, y, z) \mathrm{d}V$$

其中，$\rho(x, y, z)$ 是物体在点 (x, y, z) 处的密度函数；$\mathrm{d}V$ 表示体积元素。

类似地，重积分也可以用来计算物体的惯性矩。对于二维平面物体来说，我们可以计算关于 x 轴和 y 轴的惯性矩。对于三维物体来说，我们可以计算关于 x、y 和 z 轴的惯性矩。

例如，对于二维平面物体，其关于 x 轴的惯性矩为

$$I_x = \iint_D y^2 \rho(x, y) \mathrm{d}A$$

其中，$\rho(x, y)$ 是物体在点 (x, y) 处的密度函数；$\mathrm{d}A$ 表示面积元素。

类似地，我们可以计算关于 y 轴的惯性矩 I_y 以及关于 z 轴的惯性矩 I_z。

这些重积分的计算可以帮助我们理解和分析物体的质量分布、旋转惯量以及相关的物理特性。在工程设计和物体运动分析中，这些物理量的计算对于评估结构的稳定性、优化设计以及预测物体的运动具有重要意义。

下面这个案例是利用重积分计算三维物体的质量分布和惯性矩，以评估机械系统的稳定性和运动特性。例如，在汽车工程中，通过计算汽车车身的质量分布和惯性矩，可以评估车辆的稳定性、抗侧倾能力以及转向响应。这些计算结果可以用于优化车辆设计，提高操控性能和安全性。

质量分布：汽车的质心位置与车身的质量分布有关。一般而言，我们希望汽车的质心尽可能低并且接近车辆的几何中心，这有助于提高车辆的稳定性和操控性。质心的位置可以通过积分计算得出：

$$X = \frac{\int x \mathrm{d}m}{M}, Y = \frac{\int y \mathrm{d}m}{M}, Z = \frac{\int z \mathrm{d}m}{M}$$

其中，M 是汽车的总质量；x、y、z 是质心的坐标；$\mathrm{d}m$ 是微小质量元。

惯性矩：汽车车身的惯性矩决定了车辆的转动特性。在车辆的转向、加速和制动过程中，惯性矩都会对其产生影响。惯性矩可以通过质量分布和质心位置计算得出：

$$I_{xx} = \int (y^2 + z^2) \mathrm{d}m, I_{yy} = \int (x^2 + z^2) \mathrm{d}m, I_{zz} = \int (x^2 + y^2) \mathrm{d}m$$

其中，I_{xx}、I_{yy} 和 I_{zz} 分别是关于 x 轴、y 轴和 z 轴的惯性矩。

数值计算实践

在这个案例中，我们将实现三维物体的质量分布和惯性矩的计算，并绘制质心位置和惯性矩的图形。

为了简化问题，我们假设物体是一个简单的立方体，并假设质量在整个立方体内均匀分布。我们使用 Python 来实现这个例子，并使用 Matplotlib 绘制相关图形。扫描下方二维码可查看代码。

得出：

Center of Mass:

x_cm: -3.955643863646261e-19；y_cm: 1.7364175418575665e-19

z_cm: 1.3764285392773394e-21

Inertia Moments:

Ixx: 0.17003367003365416；Iyy: 0.1700336700337253

Izz: 0.1700336700337279

在这个示例中，我们使用离散化的方法对立方体体积进行积分，计算质心位置和惯性矩。通过 3 个轴上的惯性矩，我们可以评估立方体在转动过程中的行为。这里的结果仅用于演示目的，并非真实的物体特性数据，在实际应用中，需要更复杂的物体模型和更准确的数据。

在图 10.3 中，深色的点代表立方体的顶点，浅色的点代表立方体的质心。这个图可以帮助我们直观地理解质心的概念。

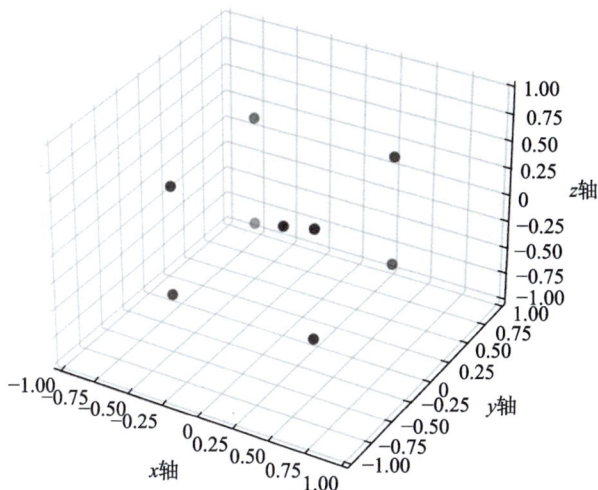

图 10.3　立方体及其质心

10.10　利用重积分计算立体物的体积应用和简化模型及数值计算实践

在几何学和工程学中，重积分可以用来计算立体物的体积，特别是当立体物的形状复杂或不规则时。

考虑一个有界的三维区域 D，我们可以使用重积分来计算该区域的体积。

对于具有连续密度分布的立体物，我们可以表示其体积为

$$V = \iiint_D \mathrm{d}V$$

其中，$\mathrm{d}V$ 表示体积元素。

具体而言，如果立体物的边界可以用解析函数或参数方程来描述，那么可以通过三重积分来计算体积。例如，对于一个旋转体，可以使用柱坐标或球坐标系下的三重积分来计算其体积。

然而，对于形状更为复杂或不规则的立体物，计算体积可能更加困难。在这种情况下，可以使用数值方法如离散化方法或蒙特卡罗方法来近似计算体积。

一个案例是利用重积分计算复杂立体物的体积，例如非凸多边形或具有空洞结构的物体。在建筑设计、地质勘探或材料科学等领域，通过计算复杂立体物的体积，可以评估其容量、负载能力以及相关的物理特性。这些计算结果对于优化设计、评估结构的稳定性以及预测物体行为具有重要意义。

数值计算实践

在这个案例中，我们将使用重积分来计算一个复杂立体物的体积。我们假设这个立体物是一个不规则的三维区域，其边界不能用简单的解析函数或参数方程来描述。我们将使用数值方法来近似计算体积，具体来说，我们将使用蒙特卡罗方法来估计体积。

蒙特卡罗方法是一种随机数学模拟方法，通过在立体物内随机采样来估计其体积。我们将在立体物内生成随机点，并统计落入立体物内点的数量，然后通过计算比例来估计体积。

为了简化问题，我们将计算一个球体的体积。球体的体积可以通过解析方法计算，以验证我们的数值方法的准确性。扫描下方二维码可查看代码。

在这个示例中，我们通过蒙特卡罗方法来估计球体的体积。运行代码后将会输出估计的体积值、球体的精确体积以及估计值与精确值的相对误差。由于蒙特卡罗方法是基于随机采样的，每次运行结果可能略有不同。通常来说，随着采样点数量的增加，蒙特卡罗方法的估计结果会更加接近精确值。

得出：

Estimated Volume: 4.183368

Exact Volume: 4.1887902047863905

Relative Error: 0.0012944560413159388

虽然这个过程本质上是随机的，但我们可以通过将所有生成的点在 3D 空间中进行可视化来更好地理解这个过程。这个过程包括在立方体中随机生成点（无论它们是否在球体内部），而这些点是否在球体内部可以通过颜色区分来表示，如图 10.4 所示。

在这个 3D 图中，深色的点表示那些在球体内部的随机点，浅色的点表示那些在球体外部的随机点。虽然这个图不直接显示出球体的体积估计，但它可以让我们更直观地理解蒙特卡罗方法是如何工作的。

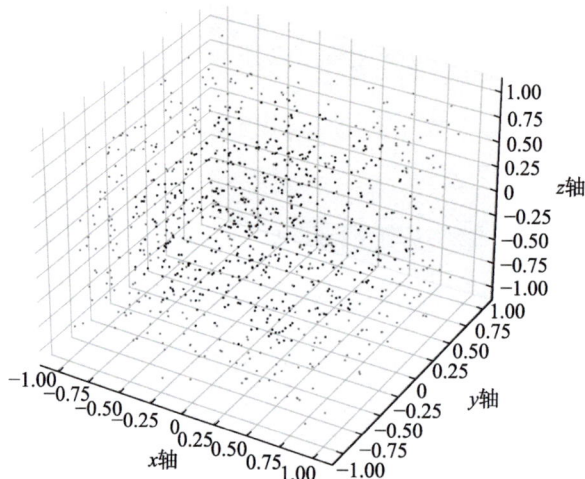

示例代码

图 10.4　使用蒙特卡罗法估计体积

10.11　重积分在统计学中的应用和简化模型及数值计算实践

在统计学中，重积分可以用于处理多元概率密度函数（PDF）和相关的统计分析。

考虑一个多元概率密度函数 $f(x_1, x_2, \cdots, x_n)$，定义在 n 维空间中。重积分可以用来计算该函数在某个区域上的概率、期望值、方差等统计量。

例如，对于一个二元概率密度函数 $f(x, y)$，可以使用二重积分来计算在某个区域 R 上的概率：

$$P = \iint_R f(x, y) \mathrm{d}A$$

其中，$\mathrm{d}A$ 表示面积元素。

类似地，可以使用重积分来计算多元概率密度函数的期望值和方差。对于 n 维变量 $(x_1, x_2, \cdots, x_n)$，其期望值可以表示为

$$E(g(x_1, x_2, \cdots, x_n)) = \iint \cdots \int g(x_1, x_2, \cdots, x_n) f(x_1, x_2, \cdots, x_n) \mathrm{d}x_1 \mathrm{d}x_2 \cdots \mathrm{d}x_n$$

其中，$g(x_1, x_2, \cdots, x_n)$ 是一个函数，代表我们想要计算的统计量。

这种应用可以帮助统计研究人员分析和解释多元数据集的分布特征，并从中推断出相应的统计结论。例如，在经济学中，可以使用重积分来计算收入分布的概率密度函数，或者在医学研究中，可以使用重积分来计算患者生存时间的概率密度函数。

重积分在统计学中的应用还包括相关性分析、回归分析、假设检验等。这些方法依赖于多元概

率密度函数的性质和相关的重积分计算。

数值计算实践

在这个案例中，我们将使用重积分来计算一个二元概率密度函数在某个区域上的概率。扫描下方二维码可查看代码。

假设我们有一个二元概率密度函数 $f(x,y)=k(x+y)$，其中 x 和 y 的范围是 $[0,1]$。

我们将使用二重积分来计算函数在区域 $R:0\leqslant x\leqslant 1,0\leqslant y\leqslant 1$ 上的概率，其中 k 是归一化系数，使得概率密度函数的积分为 1。

得出：

Probability: 2.0

运行代码后将会输出函数在区域 R 上的概率值。由于概率密度函数的归一化，该概率值应该在区间 $[0,1]$ 内。

这个例子只涉及概率密度函数的简单计算。在实际应用中，概率密度函数更加复杂，并且可能涉及更高维度的重积分。对于复杂的问题，可以借助数值计算库（如 SciPy）来处理高维积分，以获得更准确的结果。

如图 10.5 所示，在这个 3D 图中，x 轴和 y 轴对应的概率密度值（z 轴）用颜色表示，颜色越深表示概率密度越大。

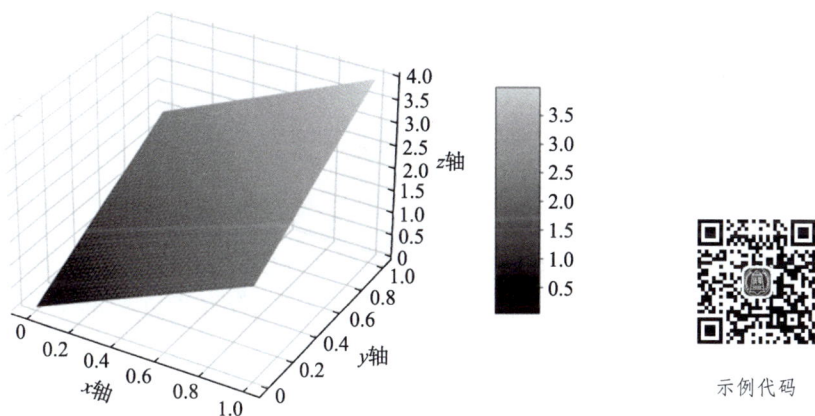

图 10.5 二元概率密度函数

10.12 场论在天文学中的应用和简化模型及数值计算实践

场论在天文学中有广泛的应用，特别是在描述引力场和研究黑洞等天体现象方面。

引力场的描述可以借助爱因斯坦的广义相对论中的场论框架。广义相对论认为引力场是由质量和能量所引起的时空弯曲，可以通过爱因斯坦场方程进行描述。这些场方程是非线性偏微分方程，描述了时空的弯曲程度及物质和能量分布之间的关系。

在引力场的研究中，重要的概念是度规张量和里奇张量，它们描述了时空的几何特性和弯曲程度。利用场论的方法，可以推导出引力场的方程和解，进而研究天体的运动、轨道、引力透镜效应等现象。

简化的数学表达可以通过使用爱因斯坦场方程来表示，该方程描述了时空的弯曲程度如何与其中的物质和能量分布有关：

$$G_{\mu\nu}=8\pi T_{\mu\nu}$$

其中，$G_{\mu\nu}$ 是爱因斯坦张量，描述了时空的弯曲程度（几何）；$T_{\mu\nu}$ 是能量–动量张量，描述了物质和能量在时空中的分布；π是圆周率，这里的 8π 是为了方便单位转换；μ 和 ν 是指标，它们各自从 0 到 3 运行，表示四维的时空坐标。

这个方程基本上说，时空的弯曲（左边的项）与其中的物质和能量的分布（右边的项）有关。但这只是一个极为简化的表达，真正的爱因斯坦场方程和时空的几何描述要复杂得多。它需要使用到张量计算和微分几何的知识，以及在特殊和广义相对论中特有的理论和概念。

黑洞是引力场的一个极端情况，是一种密度极高、引力极强的天体。场论在描述黑洞时发挥了重要作用。根据黑洞的度规张量和里奇张量，可以推导出黑洞的事件视界、霍金辐射等特征。此外，场论也提供了对于黑洞的形成、演化和相互作用等问题的理论框架。

通过场论的应用，天文学者可以更深入地理解引力场的性质、天体的行为以及黑洞等极端天体的特征。这些研究对于理解宇宙的演化、宇宙学的理论建模以及解释观测数据等方面具有重要意义。

数值计算实践

我们可以考虑一个简化的情况，假设我们有一个在一维空间中的物体，该物体的质量密度为 $\rho(x)$。在这种情况下，爱因斯坦场方程可以简化为

$$G_{00} = 8\pi T_{00}$$

其中，G_{00} 是时空的度规张量的一个分量，描述了时间-空间分量的弯曲程度；T_{00} 是能量-动量张量的一个分量，描述了质量密度在时间维度上的分布。

假设我们已经知道质量密度函数 $\rho(x)$，我们可以使用数值积分方法来计算对应的 G_{00}。在这个简单的例子中，我们可以使用数值积分来计算物体在一维空间中的弯曲程度。扫描下方二维码可查看代码。

这个例子仅仅是一个简单的示例，真正的爱因斯坦场方程和时空几何是更为复杂的。对于真实的物理现象和问题，需要使用更加复杂的数学工具和方法来求解和分析。

得出：

G_{00}: 69.03465525611854

上述代码只是一个简化的示例，并没有涵盖完整的爱因斯坦场方程的求解过程。在实际应用中，需要使用更加复杂的数值计算方法和工具来处理高维空间和复杂的能量-动量张量，以得到更准确的结果。

这个代码会生成两个图：一个显示质量密度函数，另一个显示度规张量的 G_{00} 分量。如图 10.6 所示，在这里，G_{00} 分量是一个常数，所以它不随 x 的改变而改变。

示例代码

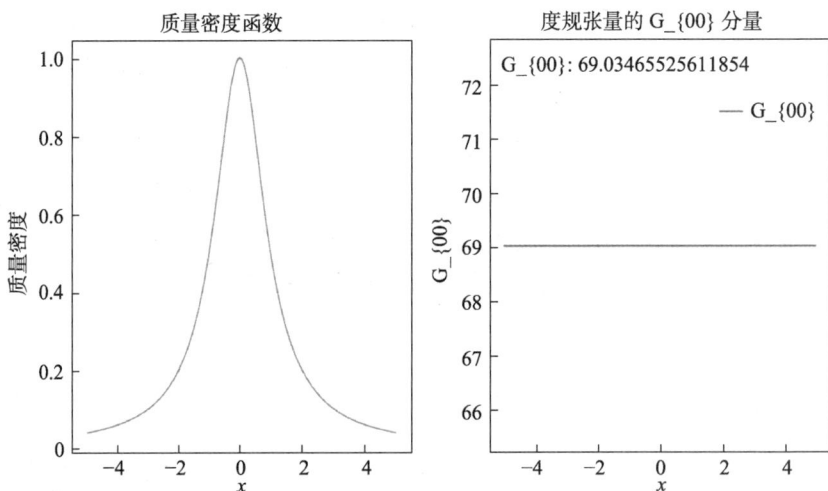

图 10.6　质量密度函数及度规张量的 G_{00} 分量

10.13　重积分在生物学中的应用和简化模型及数值计算实践

重积分在生物学中有广泛的应用，特别是在生态系统模型和种群动态的研究中。

生态系统模型通常涉及对生物群落中物种的数量、分布和相互作用的建模。通过重积分，可以计算物种的密度、生物数量或多样性指标等生态学参数。例如，可以使用重积分来计算物种在空间中的分布模式，评估不同物种的种群密度在不同地理区域的变化，以及分析物种之间的相互作用和竞争。

种群动态研究关注不同物种的数量随时间的变化。重积分可以用于建立种群动态模型，并对种群的生长、迁移和灭绝等过程进行数值模拟和预测。例如，可以利用重积分来计算种群的增长速率、生命表的平均寿命以及不同环境因素对种群增长的影响。

假设我们有一个生态系统中的种群，我们可以让 $N(t)$ 代表在时间 t 的种群数量。进一步假设我们有一个模型来描述种群的生长率，这通常以每个个体的出生率 b 和死亡率 d 表示。种群的生长率可以写成微分方程：

$$\frac{\mathrm{d}N}{\mathrm{d}t} = (b-d)N(t)$$

如果知道种群在某个初始时间 t_0 的大小 $N(t_0)$，就可以解这个微分方程，得到在任意时间 t 的种群大小。

假设有生命表数据，可以用 l_x 代表年龄为 x 的生存者人数，T_x 代表年龄为 x 的人的预期剩余生命年数总和。那么从生命表的定义得到

$$T_x = \sum_{k-x}^{w} l_k$$

这是一个求和（即积分的离散版本），其结果表示年龄 x 的人预期剩余生命年数总和。

为了计算平均寿命 L_x，我们可以将预期剩余生命年数总和除以生存者人数：

$$L_x = \frac{T_x}{l_x}$$

得出了年龄为 x 的人的预期平均剩余寿命。

当考虑环境因素对种群增长的影响时，我们需要对上述生长率模型进行修改，例如考虑环境承载能力 K 和种群对环境因素的响应等：

$$\frac{\mathrm{d}N}{\mathrm{d}t} = rN(t)\left[1 - \frac{N(t)}{K}\right]$$

其中，r 是种群的内在增长率。这个模型描述了种群增长受到环境承载能力 K 的限制，当种群数量 N 接近 K 时，种群增长会减慢。求解这个微分方程也可以得到不同时间 t 的种群数量 $N(t)$。

此外，重积分还可用于分析生物群落的相对稳定性和物种多样性。通过计算生态系统中的物种丰富度、物种多样性指数和生态位宽度等参数，可以评估生态系统的稳定性和生态平衡。

总之，重积分在生物学中的应用提供了建立生态系统模型、研究种群动态和评估生态系统稳定性的数学工具。这些研究有助于我们理解生物群落的结构和功能，揭示物种之间的相互关系，以及推测生态系统对环境变化的响应。

数值计算实践

在这个示例中，我们使用 Python 来求解种群生长的微分方程并计算平均寿命 L_x。我们还使用 Python 来计算逻辑回归模型的种群增长并绘制结果。扫描下方二维码可查看代码。

首先，导入了 NumPy 和 matplotlib.pyplot 库。接着，定义了两个种群增长函数 population_growth 和 logistic_growth。前者使用微分方程模拟种群的简单增长，而后者使用 Logit 模型模拟了环境承载

能力限制下的种群增长。

最后一部分指定了参数和时间范围，然后调用了两个种群增长函数并计算了平均寿命。程序通过 matplotlib.pyplot 绘制了种群增长曲线与洛吉斯增长曲线，其中实线表示简单增长，虚线表示洛吉斯模型，如图 10.7 所示。最后，输出了平均寿命数据。

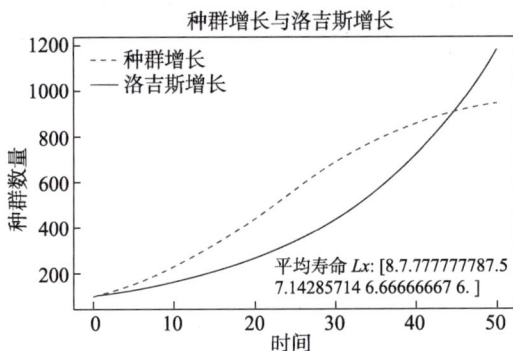

图 10.7   种群增长曲线与洛吉斯增长曲线

在这个示例中，我们计算了种群的生长和洛吉斯模型的种群增长，并将结果绘制成图表。我们还计算了不同年龄的平均寿命 L_x。这里的参数设置和数据都是示例性质的，实际应用中需要根据具体情况进行调整。

10.14   场论在地理信息系统（GIS）中的应用和简化模型及数值计算实践

场论在地理信息系统（GIS）中有着广泛的应用，它提供了对地理空间数据进行分析和建模的数学框架。

一项重要的应用是地理空间数据的插值和空间插值。通过场论的方法，可以根据已知的地理空间数据点来估计其他位置的数据值，从而创建连续的空间表面。这在地图制图、地形建模和环境监测等领域具有重要意义。

空间插值是一种从已知数据点生成预测值到未知位置的方法。假设我们有一系列地理空间数据点，每个点具有坐标 (x_i, y_i) 和对应的值 z_i，我们希望预测某个新位置 (x, y) 的值。

以下是一种常见的空间插值方法：逆距离权重插值（IDW）。

在逆距离权重插值中，新位置 (x, y) 的值 z 由其周围已知数据点的值加权平均计算得出。权重由每个数据点到新位置的距离的逆决定，距离越近的点权重越大。逆距离权重插值的一般表达式为

$$z(x, y) = \frac{\sum [w_i z_i]}{w_i}$$

其中，w_i 是新位置到每个已知数据点的距离的逆的幂，$w_i = \dfrac{1}{d_i{}^p}$；d_i 是新位置到每个已知数据点的距离，$d_i = \sqrt{(x - x_i)^2 + (y - y_i)^2}$；$p$ 是一个幂参数，用于控制距离的影响，通常在 1～3 之间。

通过以上数学表达，我们可以根据已知数据点和新位置计算出新位置的预测值。

另一项应用是地理空间分析和模拟。场论提供了对地理现象和过程进行建模和仿真的工具。通过将地理空间数据视为场的表示，可以模拟地理现象的传播、扩散和相互作用，例如水流、空气污染传播、火灾蔓延等。

此外，场论还可用于地理空间数据的分类和聚类分析。通过将地理空间数据转化为场的形式，

可以进行聚类分析和群集识别，从而揭示地理空间数据的模式和关联。

还有一些其他应用，如路径规划、地理网络分析、地理数据挖掘等，都可以借助场论的概念和方法进行处理和分析。

总之，场论在地理信息系统中提供了强大的分析工具，可以处理地理空间数据的插值、模拟、分类和聚类等问题。这些应用有助于我们更好地理解地理空间数据的特征和变化，从而支持地理决策和规划。

数值计算实践

在这个示例中，我们编写一个 Python 程序来实现逆距离权重插值（IDW）。我们假设已知一些数据点的坐标和对应的值，并给定一个新的位置 (x, y)，我们将使用 IDW 方法来估计该位置的值。扫描下方二维码可查看代码。

首先，导入了 NumPy 和 matplotlib.pyplot 库。接着，定义了逆距离权重插值函数 inverse_distance_weighting，并使用逆距离的权重来进行加权平均，从而得到插值。然后，给定了一些已知数据点的坐标和值以及要进行插值的新位置的坐标。最后，通过调用逆距离权重插值函数，计算并输出了在新位置上的插值。

使用 matplotlib.pyplot 绘制了已知数据点的分布以及插值的新位置，如图 10.8 所示。

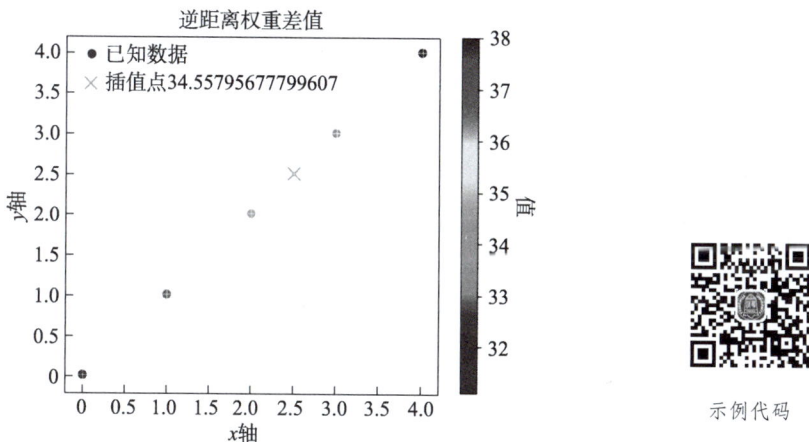

图 10.8　已知数据点的分布以及插值的新位置

在这个示例中，我们通过 IDW 方法对新位置的值进行了插值，并将结果用散点图绘制出来。这里使用的已知数据点和新位置坐标仅为示例，实际应用中需要根据具体情况提供真实数据。

10.15　利用场论描述电磁波的传播应用和简化模型及数值计算实践

利用场论描述电磁波的传播是电磁学中的重要应用之一。场论提供了描述电场和磁场在空间中传播的数学框架，可以准确地描述电磁波的行为和特性。

在场论中，电场和磁场被视为场的分量，它们的演化满足麦克斯韦方程组。这些方程描述了电场和磁场如何相互作用，并给出了它们随时间和空间变化的规律。

通过求解麦克斯韦方程组，可以得到电磁波的传播方程。电磁波是以光速传播的无线电磁振荡，它由电场和磁场的相互作用产生。电磁波在真空中传播时具有特定的频率、波长和振幅。

麦克斯韦方程组是描述电磁场如何随时间和空间变化的基本方程，包括以下 4 个方程：

高斯定理（电）：
$$\nabla \cdot E = \frac{\rho}{\varepsilon_0}$$

高斯定理（磁）：$\qquad\qquad\qquad\qquad \nabla \cdot B = 0$

法拉第定律：$\qquad\qquad\qquad\qquad \nabla \times E = -\dfrac{\partial B}{\partial t}$

安培–麦克斯韦定律：$\qquad\qquad\quad \nabla \times B = \mu_0 J + \dfrac{\mu_0 \varepsilon_0 \partial E}{\partial t}$

其中，E 是电场；B 是磁场；ρ 是电荷密度；J 是电流密度；ε_0 是真空电介质常数；μ_0 是真空磁导率；t 是时间。

在真空中，电荷密度 ρ 和电流密度 J 都为零，因此麦克斯韦方程组可以简化为

$$\nabla \cdot E = 0$$
$$\nabla \cdot B = 0$$
$$\nabla \times E = -\frac{\partial B}{\partial t}$$
$$\nabla \times B = \frac{\mu_0 \varepsilon_0 \partial E}{\partial t}$$

接着，对第 3 个方程取旋度，并用到矢量算子的恒等式：$\nabla \times (\nabla \times E) = \nabla(\nabla \cdot E) - \nabla^2 E$，并代入 $\nabla \cdot E = 0$ 中，得到

$$\nabla^2 E = \partial / \partial t (\nabla \times B)$$

然后将第 4 个方程代入，得到

$$\nabla^2 E = \mu_0 \varepsilon_0 \frac{\partial^2 E}{\partial t^2}$$

这就是描述电场 E 在真空中波动的波动方程，形式类似于经典的一维波动方程。对于磁场 B，同样可以推导出相应的波动方程：

$$\nabla^2 B = \mu_0 \varepsilon_0 \frac{\partial^2 B}{\partial t^2}$$

以上就是电磁波的传播方程。注意，其中的波速 v 满足 $v^2 = \dfrac{1}{\mu_0 \varepsilon_0}$，这正是光在真空中的速度。

利用场论描述电磁波的传播，可以研究电磁波的传播速度、衍射、干涉、偏振等特性。这对无线通信、光学技术、雷达系统、无线电天文学等领域具有重要意义。

总之，场论提供了描述电磁波传播的数学工具，可以揭示电磁波的行为和特性。通过场论的方法，可以深入研究电磁波在不同介质中的传播行为，并应用于各种电磁波相关的技术和应用中。

数值计算实践

在编程中，我们使用 Python 来模拟电磁波的传播并绘制传播波的动画效果。扫描下方二维码可查看代码。

首先，导入了 NumPy、matplotlib.pyplot 和 matplotlib.animation 库。接下来，定义了一个函数 electromagnetic_wave_simulation，用于进行电磁波模拟。然后，定义了函数 animate，用于在动画的每一帧中更新图形，在两个子图中分别绘制电场和磁场随空间位置变化的变化曲线，如图 10.9 所示，并设置图像的标签、标题和图例。最后，调用 electromagnetic_wave_ simulation 函数获取模拟所需的参数。

创建了一个包含两个子图的图形窗口，并使用 animation.FuncAnimation 创建了一个动画，通过调用 animate 函数来生成每一帧的图像。在动画中，每帧之间的间隔设置为 100 毫秒。最后，通过 plt.tight_layout 来调整子图的布局，然后显示动画图形。

这段代码将会绘制出电磁波在空间中传播的动画效果。在动画中，我们可以观察到电场和磁场随着时间的变化而传播的波动过程。这只是一个简单的模拟，实际的电磁波传播涉及更复杂的场景和介质条件。

示例代码

电磁波在$t=0.84$ s时的模拟

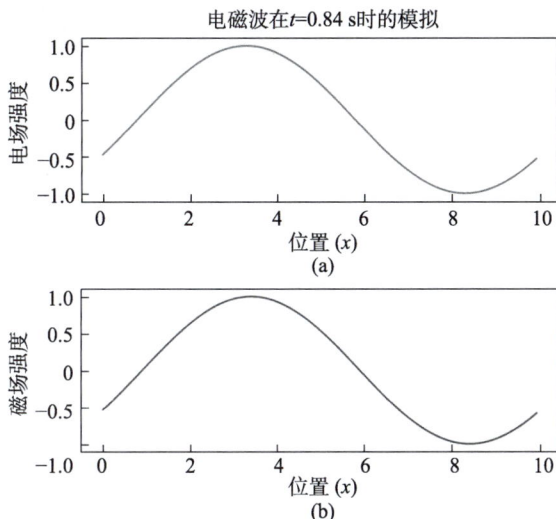

图 10.9　电场和磁场随空间位置变化的变化曲线

10.16　场论在量子力学中的应用和 简化模型及数值计算实践

场论在量子力学中有广泛的应用，它提供了描述粒子和相互作用的数学框架，能够解释量子力学中的各种现象和行为。

量子场论是将量子力学和场论结合的理论，它描述了场和粒子的量子性质，将场视为粒子的激发态，并用算符来描述它们的演化和相互作用。量子场论可以解释基本粒子的产生和湮灭过程，以及它们之间的相互作用。

在量子场论中，通过构建合适的场算符和哈密顿量，可以计算粒子的散射截面、衰变速率等物理量。量子场论也为解释量子涨落、真空能量等量子效应提供了理论基础。

在量子场论中，我们通常先定义场算符$\phi(x)$，这是一种函数，其在每个点x的值都可以产生或湮灭一个粒子。我们假设有一个基本的哈密顿量H，该哈密顿量描述了粒子自由运动以及它们之间的相互作用。

根据量子力学，一个系统的动力学由其哈密顿量H决定，用薛定谔方程来表示：

$$\frac{i\hbar\partial}{\partial t}|\Psi\rangle = H|\Psi\rangle$$

其中，$|\Psi\rangle$是系统的波函数，描述了系统的状态；H是哈密顿量；$\hbar$是约化普朗克常数。

在量子场论中，粒子的散射截面和衰变速率等物理量常常通过费曼图和散射矩阵S来计算。S矩阵是描述初态和末态之间转换概率的量，它是关于哈密顿量的某种积分表达式。在微扰论近似下，S矩阵可以通过费曼图来逐项计算。

费曼图是一个图形工具，用于计算量子场论中粒子反应的概率幅，其中每个顶点代表一个相互作用，每条线代表一个粒子的传播。对于每个费曼图，可以写出一个对应的积分表达式，这个积分表达式给出了对应过程的概率幅。

场论在量子力学中的应用涵盖众多领域，包括基本粒子物理学、量子电动力学、量子色动力学、量子引力理论等。它是理解和描述微观世界行为的重要工具，为我们揭示了微观粒子的奇特性质和相互作用规律。

总之，场论在量子力学中的应用使我们能够更深入地理解和研究微观粒子的行为，为解释量子力学中的各种现象和实验结果提供了有效的数学框架。它在现代物理学的发展中起着重要的作用，并在粒子物理学、凝聚态物理学等领域产生了许多重要的理论和实验成果。

数值计算实践

费曼图通常由顶点和线组成，其中每个顶点代表一个相互作用，每条线代表粒子的传播路径。扫描下方二维码可查看代码。在这个示例代码中，我们使用 Matplotlib 库绘制了一个费曼图。首先，定义了一个函数 draw_feynman_diagram，使用 scatter 函数在坐标原点绘制了一个交互顶点，表示粒子的相互作用。使用 plot 函数绘制了一条实线，表示粒子的传播路径，如图 10.10 所示。

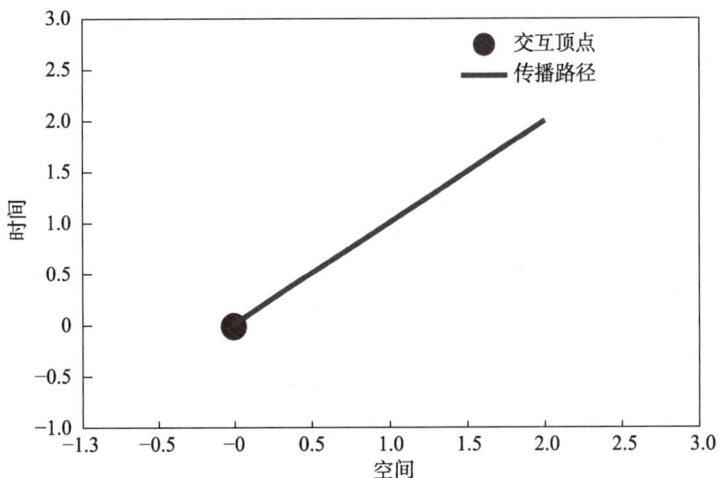

示例代码

图 10.10　费曼图

上面的示意图只是一个简化的表示，并不代表具体的物理过程。实际的费曼图可能包含多个顶点和多条线，具有更复杂的结构。绘制真实的费曼图通常需要使用专业的绘图工具和绘图库，并结合复杂的数学计算和物理模型。

10.17　重积分在经济学中的应用和简化模型及数值计算实践

在经济学中，重积分可以应用于消费者剩余和生产者剩余的计算，这两个概念用于评估市场交易的效益和经济利益分配。

消费者剩余是指消费者愿意支付的价格与实际购买价格之间的差额。通过计算市场需求曲线下方的面积，可以得到消费者剩余的总量。这个面积可以用重积分来表示，其中横坐标是商品数量，纵坐标是商品价格。

生产者剩余则是指生产者通过销售产品所获得的收益与其实际生产成本之间的差额。类似地，通过计算市场供给曲线上方的面积，可以得到生产者剩余的总量。同样，这个面积可以用重积分来表示，其中横坐标是商品数量，纵坐标是商品价格。

我们可以用生产者剩余的定义以及供应曲线来推导出生产者剩余的数学表达式。假设 Q 是产量，P 是价格，$S(Q)$ 是供应曲线（也就是生产者愿意以 P 的价格供应 Q 数量产品的函数）。生产者剩余可以定义为所有生产者愿意提供的产品的价值，减去他们实际收到的价值。在数学上，表示为

$$PS = \int_0^Q P\mathrm{d}Q - \int_0^Q S(Q)\mathrm{d}Q$$

其中，右边第一项代表所有生产者愿意提供的产品的价值，第二项代表生产者实际收到的价值。这就是生产者剩余的数学表示形式，我们可以通过计算这个公式来得到生产者剩余。

通过计算消费者剩余和生产者剩余，我们可以评估市场的效率和经济利益的分配情况。较大的

消费者剩余和生产者剩余表明市场交易是具有经济效益的，而较小的剩余则可能意味着资源分配存在问题或市场不完全竞争。

重积分在计算消费者剩余和生产者剩余时发挥了重要的作用，它将经济学中的概念和数学工具相结合，帮助我们定量分析市场交易的效益和资源分配情况。这些分析在制定经济政策、评估市场竞争和分析福利效果等方面都具有重要意义。

数值计算实践

为了计算生产者剩余并绘制相关图表，我们需要假设供应曲线 $S(Q)$ 和价格 P 的关系。在这里，我们以简化的线性供应曲线为例，假设供应曲线为 $S(Q) = a + bQ$，其中 a 和 b 为常数。同时，我们假设价格 P 为常数。然后，我们将计算生产者剩余并绘制相关图表。扫描下方二维码可查看代码。

在这个示例中，我们绘制了供应曲线和价格线，并用灰色阴影区域表示生产者剩余。生产者剩余是供应曲线和价格线之间的面积，表示生产者愿意以给定价格供应产品的差额，如图 10.11 所示。通过这个示例，我们可以定量分析供应曲线和价格线对生产者剩余的影响。这个示例中的供应曲线和价格线只是示意，实际情况可能更为复杂。

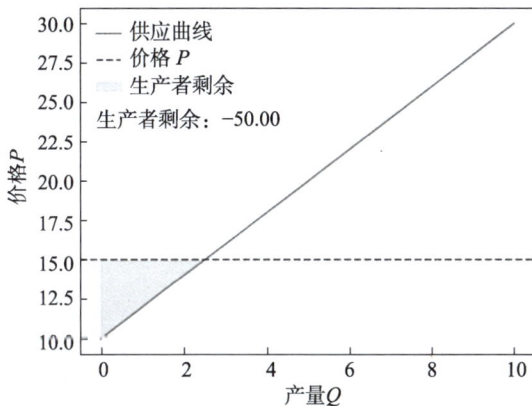

示例代码

图 10.11　供应曲线和价格线

10.18　习题、思考题、课程论文研究方向

▶ **习题：**

1. 计算二维向量的模和方向角。
2. 给定两个向量，计算它们的内积和外积。
3. 计算给定函数的泰勒级数展开。
4. 求解给定微分方程的特解。
5. 计算给定区域上的重积分。
6. 验证给定函数是否满足拉普拉斯方程。
7. 计算给定曲线的弧长。

▶ **思考题：**

1. 探讨向量线性相关性与线性无关性的概念及其应用。
2. 研究级数收敛的条件，包括比值判别法和根值判别法。
3. 考察微分方程的初值问题与边值问题的区别与联系。
4. 探究场论中的散度与旋度的物理意义及其在实际问题中的应用。
5. 重积分的变量替换方法及其在计算中的优势是什么？

课程论文研究方向：

1. 向量分析在流体力学中的应用研究。
2. 微分方程模型在生态系统动力学中的分析与预测应用。
3. 重积分在图像处理与计算机视觉中的应用研究。
4. 场论在电力系统中的优化调度研究。
5. 向量空间方法在机器学习与数据挖掘中的应用研究。
6. 高维数据分析与降维技术在统计学中的应用研究。
7. 微分方程在金融工程中的风险评估与资产定价研究。
8. 多元函数与偏导数在医学成像与影像分析中的应用研究。
9. 重积分与场论在地震学中的地震波传播模拟研究。
10. 向量分析在气象学中的天气预测与气候模拟研究。

第 11 章 概率论与统计学

11.1 概率的定义与性质

概率是描述随机事件发生可能性的数值，用于量化不确定性和风险。概率的定义与性质是概率论的基础，以下是其主要内容。

随机试验：概率是基于随机试验进行计算的。随机试验是在相同的条件下进行的一系列试验，其结果不确定且具有多个可能的结果。

样本空间：随机试验的所有可能结果构成了样本空间，通常用 Ω 表示。

事件：样本空间中的一个子集称为事件。事件可以由一个或多个样本点组成。

概率：概率是事件发生的可能性，用介于 0 和 1 之间的数值表示。概率为 0 表示事件不可能发生，概率为 1 表示事件必然发生。

概率性质：①非负性：概率的取值范围在 0 到 1 之间，即 $0 \leqslant P(A) \leqslant 1$。②规范性：样本空间的概率为 1，即 $P(\Omega) = 1$。

加法规则：对于互斥事件（即事件之间没有公共的样本点），概率可以通过加法规则计算。

乘法规则：对于独立事件（即一个事件的发生不会影响其他事件的发生），概率可以通过乘法规则计算。

对立事件：对于一个事件 A，其对立事件为 A 的补集，表示为 $\overline{A}$，概率为 $P(\overline{A}) = 1 - P(A)$。

概率的这些定义与性质为后续的概率计算和统计推断提供了基础。

11.2 常见的概率分布及其性质

概率分布是用来描述随机变量的概率模型，在统计学和概率论中有广泛的应用。下面是一些常见的概率分布及其性质。

1. 二项分布

描述了在一系列独立的伯努利试验中成功次数的概率分布。

特点：离散型分布，参数为试验次数 n 和成功概率 p。

性质：均值为 np，方差为 $np(1-p)$。

2. 泊松分布

描述了在一定时间或空间内稀有事件发生次数的概率分布。

特点：离散型分布，参数为平均发生率 λ。

性质：均值和方差均为 λ。

3. 正态分布

描述了许多自然现象和测量误差的分布。

特点：连续型分布，参数为均值 μ 和标准差 σ。

性质：均值为 μ，方差为 σ^2。

4. 指数分布

描述了连续时间内事件发生的时间间隔的概率分布。

特点：连续型分布，参数为速率参数 λ 。

性质：均值为 $\frac{1}{\lambda}$ ，方差为 $\frac{1}{\lambda^2}$ 。

5. γ 分布

描述了连续时间内一系列独立且具有相同指数分布的随机变量之和的概率分布。

特点：连续型分布，参数为形状参数 α 和速率参数 β 。

性质：均值为 $\frac{\alpha}{\beta}$ ，方差为 $\frac{\alpha}{\beta^2}$ 。

6. β 分布

描述了随机事件成功概率的概率分布，常用于概率估计和贝叶斯推断。

特点：连续型分布，参数为形状参数 α 和 β 。

性质：均值为 $\frac{\alpha}{\alpha+\beta}$ ，方差为 $\frac{\alpha\beta}{(\alpha+\beta)^2(\alpha+\beta+1)}$ 。

以上是一些常见的概率分布及其性质，在统计学和概率论中其经常用于建模和分析各种随机现象。不同的分布适用于不同的应用场景，选择合适的概率分布可以更准确地描述和分析数据。

11.3   条件概率与贝叶斯定理

条件概率是指在某个给定条件下事件发生的概率。贝叶斯定理是一种利用条件概率来更新事件概率的方法。

条件概率：在事件 B 已经发生的条件下，事件 A 发生的概率，记作 $P(A|B)$ 。条件概率的公式为：$P(A|B) = \dfrac{P(A\cap B)}{P(B)}$ ，其中，$P(A\cap B)$ 表示事件 A 和事件 B 同时发生的概率，$P(B)$ 表示事件 B 发生的概率。

贝叶斯定理：贝叶斯定理用于在已知事件 B 发生的情况下更新事件 A 的概率。贝叶斯定理的公式为：$P(A|B) = \dfrac{P(B|A)P(A)}{P(B)}$ ，其中，$P(A|B)$ 表示在事件 B 发生的条件下事件 A 发生的概率，$P(B|A)$ 表示在事件 A 发生的条件下事件 B 发生的概率，$P(A)$ 和 $P(B)$ 分别表示事件 A 和事件 B 发生的概率。

贝叶斯定理是概率论中重要的推理工具，用于根据已有的观测数据来更新事件的概率。在贝叶斯统计、机器学习和人工智能等领域，贝叶斯定理经常用于概率推断和参数估计等问题的解决。

贝叶斯定理中的先验概率和后验概率指的是在没有新观测数据时的初始概率和更新后的概率，而条件概率是在某个已知条件下的事件概率。通过不断更新先验概率和后验概率，可以实现对事件概率的动态估计和推断。

11.4   随机变量的期望、方差和协方差

随机变量是概率论中的重要概念，它表示一个随机事件的数值结果。随机变量的期望、方差和协方差是描述随机变量性质的重要统计量。

期望：随机变量的期望是指随机变量所有可能取值的加权平均值，表示随机变量的平均值或期望值。

对于离散随机变量 X ，其期望计算公式为

$$E(X) = \sum [xP(X=x)]$$

其中，x 表示随机变量的取值，$P(X = x)$ 表示随机变量取值为 x 的概率。

对于连续随机变量 X，其期望计算公式为

$$E(X) = \int xf(x)\mathrm{d}x$$

其中，$f(x)$ 表示随机变量的概率密度函数。

方差：随机变量的方差度量了随机变量取值偏离其期望值的程度。

方差的计算公式为

$$\mathrm{Var}(X) = E[(X - E(X))^2]$$

即随机变量与其期望的差的平方的期望。

协方差：协方差度量了两个随机变量之间的线性相关程度。

对于两个随机变量 X 和 Y，其协方差的计算公式为

$$\mathrm{Cov}(X,Y) = E[(X - E(X))(Y - E(Y))]$$

即两个随机变量与其各自期望的差的乘积的期望。

期望、方差和协方差是描述随机变量性质和变异程度的重要指标。它们在概率论、统计学中具有广泛的应用，例如能为风险评估、投资组合、回归分析等决策提供有力依据。

11.5　大数定律和中心极限定理

大数定律和中心极限定理是概率论和统计学中两个重要的定理，用于描述随机变量序列的行为。

大数定律：大数定律指出，随着随机变量独立重复试验次数的增加，样本均值趋近于其期望值。简单来说，大数定律说明了在独立重复试验中，随机变量的平均值会收敛到其期望值。大数定律有两个主要形式：①弱大数定律：样本均值的概率收敛到期望值，即随着试验次数的增加，样本均值接近于期望值的概率趋于 1。②强大数定律：样本均值几乎收敛到期望值，即几乎所有样本路径都使得样本均值收敛到期望值。

中心极限定理：中心极限定理是指在独立同分布随机变量序列的情况下，当样本容量足够大时，样本均值的分布趋近于正态分布。简单来说，中心极限定理说明了当随机变量满足一定条件时，其样本均值的分布会趋于正态分布。中心极限定理有两个主要形式：①林德伯格-列维（Lindburg-Levy）中心极限定理：对于独立同分布随机变量序列，其样本均值的标准化形式会收敛到标准正态分布。②林德伯格-费勒（Lindeberg-Feller）中心极限定理：对于独立分布随机变量序列，其样本和的标准化形式会收敛到标准正态分布。

大数定律和中心极限定理是概率论和统计学中非常重要的理论基础，揭示了随机变量序列的统计规律性质，为统计推断和实际应用提供了重要的理论依据。

11.6　基本的统计推断方法：点估计和区间估计

在统计学中，点估计和区间估计是两种基本的统计推断方法，用于从样本数据中估计总体参数的值。

点估计：点估计通过样本数据来估计总体参数的数值，得到一个单一的估计值，被称为"点估计量"。点估计的目标是选择一个合适的统计量作为参数的估计，并通过该统计量的取值来估计总体参数的值。常见的点估计方法包括：①最大似然估计：选择使得样本观测概率最大的参数估计值作为点估计。②矩估计：基于样本矩与总体矩之间的对应关系来估计参数值。

区间估计：区间估计通过样本数据构造一个区间，该区间包含未知参数的真实值，称为"置信区间"。区间估计提供了对参数估计不确定性的度量，给出了参数估计的一个范围，而不是一个单一的点估计。区间估计的目标是选择合适的统计量和置信水平，构建一个包含真实参数的区间。常见

的区间估计方法包括：①正态分布下的区间估计：基于正态分布的假设，使用样本统计量与抽样分布的性质来构建置信区间。②自助法：基于重复抽样技术，通过自助样本构造多个样本估计量的分布，进而构建置信区间。

点估计和区间估计是统计推断中常用的方法，通过样本数据对总体参数进行估计，并提供了参数估计的不确定性信息。这些方法被广泛使用，例如在医学研究、市场调查、工程设计等领域用于对未知参数进行推断和决策。

11.7　假　设　检　验

假设检验是统计学中常用的推断方法，用于根据样本数据对关于总体参数的假设进行统计推断。它的目标是评估样本数据是否提供足够的证据来支持或拒绝某个假设。

在假设检验中，通常有两个假设，称为原假设（H_0）和备择假设（H_1 或 H_a）。原假设通常表示某种无效或无差异的情况，而备择假设表示某种具有差异或效应的情况。

假设检验的基本步骤如下：

建立假设： 明确原假设和备择假设，并选择适当的统计检验方法。

选择显著性水平： 确定显著性水平，通常表示为 α。显著性水平决定了拒绝原假设的临界值，常见的显著性水平包括 0.05 和 0.01。

计算统计量： 根据样本数据计算适当的统计量，该统计量根据所选检验方法的不同而不同。

确定拒绝域： 根据显著性水平和检验统计量的分布，确定拒绝原假设的区域。如果检验统计量落入拒绝域，则拒绝原假设，否则接受原假设。

得出结论： 根据计算得到检验统计量的值和拒绝域的结果，得出对原假设的结论。如果拒绝原假设，则支持备择假设，否则无法拒绝原假设。

假设检验是统计学中用于推断总体参数的重要方法，被广泛用于医学研究、社会科学调查、市场研究等领域，帮助研究人员作出关于总体参数的推断和决策。常见的假设检验方法包括 t 检验、卡方检验、方差分析等。

11.8　概率论在工程学中的应用和简化模型及数值计算实践

在工程学中，概率论和统计学有着广泛的应用，特别是在可靠性分析和风险评估方面。以下这个案例（可靠性分析和风险评估）介绍了一个概率论在工程学中的应用。

在工程设计中，可靠性分析是评估系统、组件或结构在特定条件下能够按照设计要求正常运行的概率。风险评估则是评估潜在的风险和损失，以确定合适的控制措施和决策。

在这个案例中，考虑一个工程项目，例如一座桥梁或一个电力系统。工程师需要评估系统的可靠性和相关的风险因素。概率论和统计学提供了一些工具和技术来进行可靠性分析和风险评估。

可靠性分析： 概率论的基本概念和方法可用于计算系统在特定时间内正常运行的概率。工程师可以使用概率分布来描述不同组件的失效概率，并应用概率的乘法和加法规则来计算整个系统的可靠性。这样的分析可以帮助工程师确定设计的可靠性要求是否能够满足，并指导改进设计以提高系统的可靠性。

风险评估： 概率论和统计学还可用于评估工程项目的风险。通过考虑不同的潜在事件和其发生的概率，工程师能够对可能的风险和损失进行定量评估。在电力系统中，工程师能够使用概率分布来模拟不同的故障模式，并计算与之相关的经济损失。这样的评估可以帮助制定风险管理策略，确保项目在面临不确定性和风险时能够保持可持续性和安全性。

假设电力系统存在 n 种可能的故障模式，每种故障模式 i 的发生概率为 $P(i)$，且与之相关的经济损失为 $L(i)$。

则整个电力系统的预期经济损失 $E(L)$ 可以用以下公式表示：

$$E(L) = \sum P(i)L(i)\ (i = 1, 2, \cdots, n)$$

这个公式的含义是，每种故障模式发生的概率乘以该故障模式导致的经济损失，然后将所有故障模式的这个乘积加起来，得到的结果就是电力系统的预期经济损失。

上述公式可以帮助工程师评估不同的维护策略和改进措施，以降低电力系统的预期经济损失。

概率论在工程学中的应用不局限于可靠性分析和风险评估，还可以应用于工程优化、决策分析、质量控制等领域。它为工程师提供了一种量化和分析问题的方法，帮助他们作出基于数据和概率的科学决策。

数值计算实践

为了计算电力系统的预期经济损失并绘制相关图表，需要假设故障模式的发生概率 $P(i)$ 和与之相关的经济损失 $L(i)$，然后计算预期经济损失 $E(L)$ 并绘制相关图表。扫描下方二维码可查看代码。

在这个示例中，我们计算了 3 种故障模式的预期经济损失，并绘制了柱状图展示各种故障模式的发生概率和经济损失，如图 11.1 所示。预期经济损失通过将每种故障模式的发生概率乘以对应的经济损失，并将其相加得到；还在图表中用虚线标记了预期经济损失的值。通过这个示例，我们可以定量评估不同故障模式对电力系统预期经济损失的贡献，并帮助工程师作出相应的决策和优化措施。这里的故障模式、发生概率和经济损失值只是示意，实际情况更加复杂。

示例代码

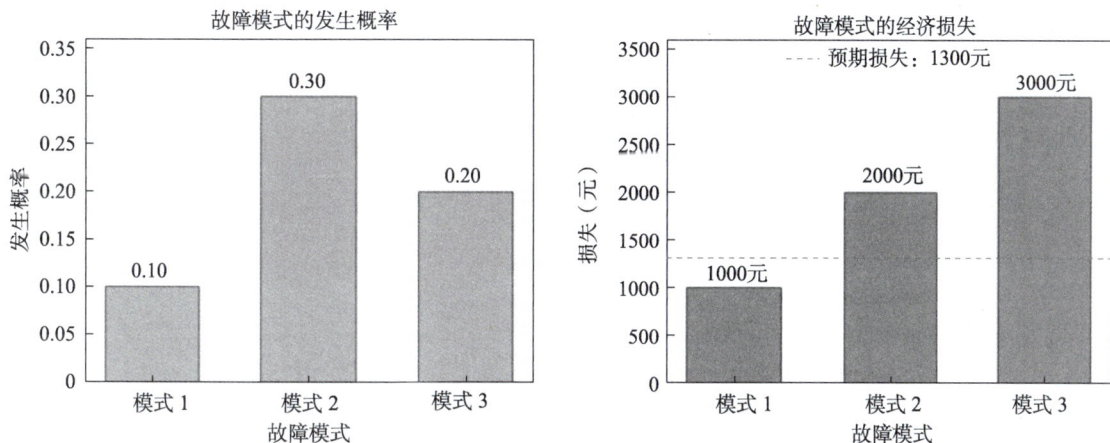

图 11.1　故障模式的发生概率与经济损失

11.9　概率论在投资风险管理与供需预测中的应用和简化模型及数值计算实践

在经济学中，概率论具有广泛的应用，特别是在投资风险管理和供需预测方面。以下是一个关于概率论在经济学中的应用案例。

投资风险管理：概率论在投资领域中广泛用于风险管理。投资者可以使用概率分布来评估不同投资项目的回报概率，并根据风险偏好制定相应的投资策略。通过分析历史数据和市场趋势，可以计算出投资组合的风险和预期收益，并采取适当的风险控制措施，如多样化投资组合、设置止损点等。概率论提供了一种量化和分析投资风险的方法，帮助投资者作出明智的决策。

供需预测：概率论在经济学中也常用于供需预测和市场分析。通过分析历史数据和市场趋势，可以建立供需模型并预测未来的供求关系。概率分布可以用来描述不同因素对供需关系的影响，并计算出不同情景下的概率分布。这种预测和分析有助于企业和政府制定有效的市场策略、决策和政策，以应对供需波动和市场风险。

假设有 n 个历史观察数据点，每个数据点 i 的需求量为 $D(i)$，对应的概率为 $P(i)$。现在要预测未来的需求量，可以建立一个预测模型，模型的预测需求量为 $D'(i)$。

预测模型的准确性可以通过预测需求量 $D'(i)$ 和实际需求量 $D(i)$ 的差异进行评估。这种差异常常使用均方误差（MSE）来度量，其数学表达为

$$\text{MSE} = \sum P(i)[D'(i) - D(i)]^2 \ (i = 1, 2, \cdots, n)$$

这个公式的含义是，预测需求量和实际需求量的差的平方，乘以对应的概率，再将所有的结果相加，得到的就是均方误差。

通过最小化均方误差，可以找到最优的预测模型，从而更准确地预测未来的需求量，这对于供需平衡、库存管理、价格设定等经济决策具有重要的指导意义。

概率论在经济学中的应用不仅限于投资风险管理和供需预测，还可应用于市场波动分析、金融衍生品定价、经济预测和政策评估等领域。它为经济学家和决策者提供了一种科学的工具，帮助他们理解和量化不确定性，并作出基于概率的决策和预测。

数值计算实践

为了计算均方误差并绘制相关图表，需要假设有 n 个历史观察数据点，每个数据点 i 的需求量为 $D(i)$，对应的概率为 $P(i)$，并假设有一个预测模型给出预测需求量 $D'(i)$。然后，计算均方误差并绘制相关图表。扫描下方二维码可查看代码。

这个示例计算了预测模型的均方误差，并绘制了柱状图展示历史观察数据点的实际需求量和预测模型给出的预测需求量，如图 11.2 所示。均方误差通过将每个数据点的预测需求量和实际需求量的差的平方乘以对应的概率，并将所有结果相加得到。在图表中用虚线标记了均方误差的值。通过这个示例，可以定量评估预测模型的准确性，并帮助作出经济决策和预测。这里的历史观察数据点、概率和预测需求量只是示意，实际情况更加复杂。

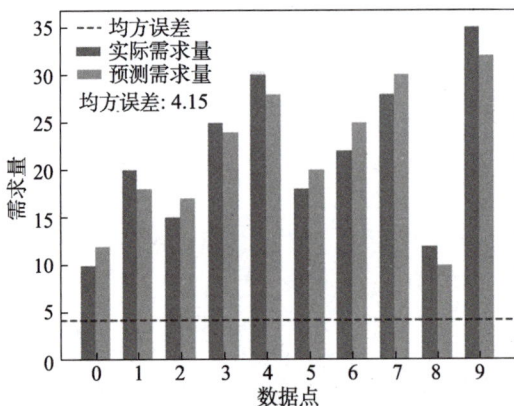

图 11.2   实际需求量和预测模型给出的预测需求量

11.10   概率论在生物学中的应用和简化模型及数值计算实践

在生物学中，概率论具有广泛的应用，尤其是在遗传学和生物信息学领域。以下这个案例（遗传学和生物信息学中的概率论应用）介绍的是概率论在生物学中的应用。

基因型频率分析：在遗传学研究中，概率论被广泛用于分析和预测基因型频率。通过观察和统

计不同基因型在群体中的分布情况，可以利用概率分布模型来推断遗传变异的产生和传播方式。概率论提供了一种量化基因型分布和遗传变异的方法，有助于理解和解释基因的遗传规律。

群体遗传分析：概率论在群体遗传分析中也扮演着重要的角色。研究群体中的基因频率和遗传变异，可以利用概率统计模型来推断基因座之间的关联性、估计基因座的遗传效应以及进行遗传疾病的风险评估等。概率论提供了一种量化群体遗传信息的方法，为遗传学研究提供了重要的工具。

DNA 序列分析：在生物信息学中，概率论被广泛应用于 DNA 序列分析。DNA 序列是生物学研究中重要的数据源，通过概率论模型可以分析 DNA 序列的特征和模式，如寻找基因编码区域、识别启动子和终止子、预测蛋白质结构等。概率论方法可以帮助生物学家解读和解码 DNA 序列中的信息，有助于对生物体功能和进化深入理解。

DNA 序列分析常常涉及随机模型和概率理论。假设一个 DNA 序列的每个碱基 (A, T, C, G) 出现的概率可以被建模为随机变量，则这些概率可以通过频率统计或者更复杂的统计模型来估计。

假设一个 DNA 序列的长度为 n，每个位置 i 的碱基为 $b(i)$，则 $b(i) \in \{A, T, C, G\}$。

假设每个碱基出现的概率为 $P(A), P(T), P(C), P(G)$，则这些概率可以通过计数 DNA 序列中 A, T, C, G 的频率来估计。例如，$P(A) = \text{Count}(A) / n$，其中 $\text{Count}(A)$ 表示 DNA 序列中 A 的数量。

给定一段 DNA 序列，我们可以计算该序列出现的概率为

$$P(\text{sequence}) = \prod P(b(i)) \ (i = 1, 2, \cdots, n)$$

这种模型非常简单，但是实际中 DNA 序列的生成过程要复杂得多。更复杂的模型，如马尔可夫模型、隐马尔可夫模型等被用来更准确地模拟 DNA 序列的生成过程。

例如，在一个简单的一阶马尔可夫模型中，每个碱基出现的概率依赖于前一个碱基，可以用条件概率表示，例如 $P(A|T)$ 表示在前一个碱基是 T 的条件下，下一个碱基是 A 的概率。

这种方法在基因预测、进化分析、功能区识别等领域都有应用。

概率论在生物学中的应用还包括分子进化分析、蛋白质结构预测、药物设计和生物统计学等领域。它为生物学研究提供了一种统计学和数学工具，帮助研究人员理解和解释生物系统中的复杂性，并推动生物学的进一步发展。

数值计算实践

在这个示例中，使用 Python 编程计算给定 DNA 序列的出现概率，并绘制每个碱基在 DNA 序列中出现的频率柱状图。扫描下方二维码可查看代码。

在这个示例中，我们首先假设了一个 DNA 序列以及每个碱基的概率分布，然后计算给定 DNA 序列的出现概率，并用柱状图进行展示，如图 11.3 所示。这里的 DNA 序列和概率分布只是示意，实际情况更加复杂。

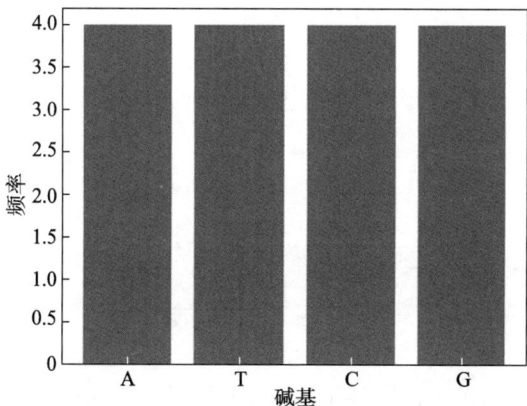

示例代码

图 11.3 碱基在 DNA 序列中的分布频率柱状图

11.11   概率论在物理学中的应用和
简化模型及数值计算实践

在物理学中，概率论有广泛的应用，特别是在量子力学和统计力学领域。以下这个案例（概率论在量子力学和统计力学中的应用）介绍的是概率论在物理学中的应用。

量子力学中的波函数：量子力学描述微观粒子的行为，其中波函数起着关键作用。波函数描述粒子状态的概率振幅，通过对波函数的概率分布进行测量，可以得到粒子的位置、动量和能量等物理量。概率论提供了一种框架来解释和计算波函数的演化和测量结果，为量子力学的理解和预测提供了基础。

统计力学中的概率分布：统计力学研究大量粒子的集体行为，其中概率论的概念和方法被广泛应用。例如，玻尔兹曼分布和费米–狄拉克分布描述了热平衡状态下粒子的能量分布和占据情况。通过概率论的方法，可以推导出宏观物理量的统计行为，如压强、温度和热容等，并与实验结果进行比较和验证。

玻尔兹曼分布用于描述热平衡状态下粒子能级的占据情况。假设粒子能量为 E，温度为 T，粒子处在能量为 E 的状态的概率可以表示为

$$P(E) = A\exp(-E / kT)$$

其中，A 是归一化因子；k 是玻尔兹曼常数；T 是温度。归一化因子保证所有状态的概率之和为 1。这就是著名的玻尔兹曼分布。

费米–狄拉克分布则用于描述费米子（如电子）在热平衡状态下能级的占据情况。由于泡利不相容原理，同一能级上的费米子数目不能超过一个。因此，费米子处在能量为 E 的状态的概率为

$$P(E) = 1 / [1 + \exp((E - E_f) / kT)]$$

其中，E_f 是费米能级。

上述两种分布均反映了系统能量的统计性质，通过概率论的方法可以推导出宏观物理量的表达式。例如，理想气体的压强 P 可以表示为

$$P = \frac{2}{3} \frac{N}{V} \langle E \rangle$$

其中，N 是粒子数；V 是体积；$\langle E \rangle$ 是粒子平均量。通过玻尔兹曼分布，可以计算出粒子的平均能量，从而得到压强的表达式。

随机过程和随机振动：概率论的方法也可用于描述随机过程和随机振动在物理系统中的行为。随机过程是时间上随机变化的过程，如布朗运动和随机漫步。概率论提供了对这些随机过程的建模和分析方法，帮助理解和预测物理系统中的随机性现象。

概率论在物理学中的应用还包括量子力学中的测量理论、热力学中的熵和热力学势的计算、统计力学中的相变和临界现象等。它为物理学研究提供了一种量化和概率化的方法，帮助研究人员理解和解释复杂的物理现象，推动物理学的发展。

数值计算实践

这个示例使用 Python 编程绘制玻尔兹曼分布和费米–狄拉克分布的图形，并演示如何使用这些分布计算平均能量。扫描下方二维码可查看代码。

这个示例先是定义了玻尔兹曼分布和费米–狄拉克分布的函数，并使用 NumPy 库生成能量范围 E。然后计算了不同温度下的概率分布，并通过 matplotlib 库绘制玻尔兹曼分布和费米–狄拉克分布的图形，如图 11.4 所示。在这个例子中，我们可假设能量范围 $0 \sim 5 \times 10^{-19} J$，并取温度 $T = 300$ K 和费米能级 $E_f = 2 \times 10^{-19} J$ 作为示例值。

这里的能量和温度是示例值，实际应用中需要根据具体问题选择合适的能量范围和温度。

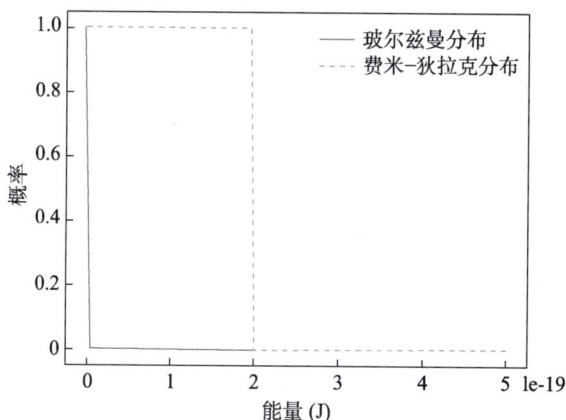

图 11.4　玻尔兹曼分布和费米-狄拉克分布的图形

11.12　概率论在社会科学中的应用和简化模型及数值计算实践

在社会科学领域，概率论有广泛的应用，特别是在社会网络分析和公共政策评估方面。以下这个案例（概率论在社会网络分析和公共政策评估中的应用）介绍的是概率论在社会科学中的应用。

社会网络分析：社会网络分析研究人际关系网络、组织结构和信息传播等社会现象。概率论提供了一种分析社会网络结构和行为的数学框架。通过概率论的方法，我们可以对社会网络的拓扑结构、节点的中心性和影响力进行量化和统计分析。概率模型和随机图论等工具可以用于预测社会网络的演化、研究信息传播和社会影响力等方面。

公共政策评估：公共政策评估旨在评估政府政策的效果和影响。概率论提供了一种方法来处理政策评估中的不确定性和随机性。通过概率模型和统计推断，可以对政策实施前后的数据进行比较，并进行因果推断和效果评估。概率论的方法可以帮助政策制定者和研究人员更好地理解政策的影响，支持公共决策和政策制定过程。

社会调查和样本调查：概率论在社会调查和样本调查中扮演重要角色。通过抽样和样本设计，可以从总体中选择代表性的样本，从而推断总体的特征和属性。概率论的方法可以帮助研究人员确定样本大小、设计抽样方案、计算估计量的置信区间等，以支持可靠的社会调查和数据分析。

例如，研究者可能对大型人群（如一个城市的居民）进行调查。由于人数众多，调查全部的人口往往是不现实的，因此会从中抽取一个样本进行调查。概率论可以用来保证样本的代表性，从而使得从样本中得到的结果可以推广到整个人群。

最简单的例子是简单随机抽样，其中每个成员被抽取的概率都是相同的。如果有 N 个人，每个人被抽中的概率都是 $1/N$。如果抽取 n 个样本，那么每个人被抽中的概率就是 n/N。

概率论也可以用来计算调查结果的置信区间。例如，如果从 1000 个人中随机抽取 100 个人，得到的样本均值是 x，样本标准差是 s，那么总体均值 μ 的 95%置信区间可以用以下公式计算：

$$\left[x-1.96\frac{s}{\sqrt{n}}, x+1.96\frac{s}{\sqrt{n}}\right]$$

这里 1.96 是标准正态分布的 97.5 分位数（95%置信区间对应的 z 值），n 是样本大小。这就是经常在报告中看到的“±3%的误差范围”的来源。

这些方法假设了抽样是随机的且样本大小足够大。在实际操作中，需要注意偏差、误差和样本大小等因素的影响。

概率论在社会科学中的应用还包括心理学中的实验设计和数据分析、人口学中的人口预测和迁移模型等。它为社会科学研究提供了一种量化和概率化的方法，帮助研究人员分析社会现象、评估政策效果和作出合理的决策。

数值计算实践

在这个示例中，首先可使用 NumPy 库来生成一个人口，假设人口为 1 到 10000，然后使用 simple_random_sampling 函数进行简单随机抽样，抽取 100 个样本。接着，计算样本的均值和样本标准差，并使用 calculate_confidence_interval 函数来计算样本均值的 95% 置信区间。最后输出结果。扫描下方二维码可查看代码。

由于随机抽样的性质，每次运行程序得到的样本和置信区间可能会有所不同。但在大多数情况下，置信区间会包含真实总体均值。

样本均值: 4831.35

样本标准差: 3149.5087523791917

置信区间 (95%): [4214.05, 5448.65]

这段代码生成一个直方图来显示样本的分布，并用实线表示样本的均值，虚线则表示置信区间的上下界，如图 11.5 所示。

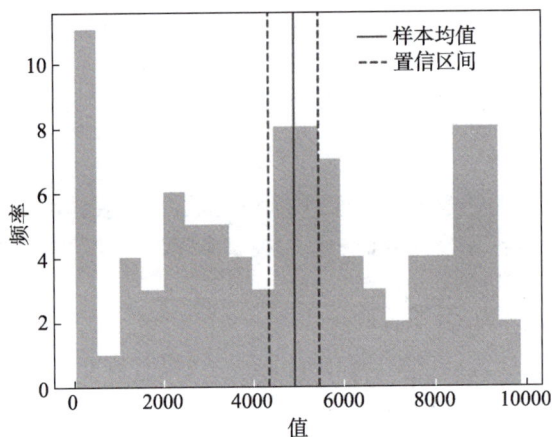

示例代码

图 11.5　样本均值与置信区间的样本分布

11.13　概率论在计算机科学中的应用和简化模型及数值计算实践

在计算机科学领域，概率论具有广泛的应用，特别是在人工智能和机器学习方面。以下这个案例（概率论在人工智能和机器学习中的应用）介绍的是概率论在计算机科学中的应用。

概率图模型：概率图模型是一种基于概率论的统计模型，用于描述变量之间的依赖关系。它在人工智能领域中被广泛应用于推断、分类、聚类和决策等任务。通过概率图模型，可以建立变量之间的概率关系，并利用概率论的方法进行推断和预测。

贝叶斯网络：贝叶斯网络是一种概率图模型，用于描述变量之间的条件依赖关系。它在机器学习中被广泛应用于推断和预测问题。通过贝叶斯网络，可以利用先验知识和观测数据来更新变量之间的概率关系，并进行推断和预测。

以贝叶斯网络为例，可以构造如下简单模型：

假设有 3 个随机变量 A、B 和 C。在贝叶斯网络中，A 导致 B，B 导致 C。可以用以下方式表达这种关系：

$$P(A)$$
$$P(B \mid A)$$
$$P(C \mid B)$$

在这个模型中，$P(A)$ 表示 A 的概率，$P(B \mid A)$ 表示在给定 A 的情况下 B 的概率，$P(C \mid B)$ 表示在给定 B 的情况下 C 的概率。

可以利用贝叶斯公式进行概率推理。比如，想要知道在给定 C 的情况下 A 的概率 $P(A \mid C)$，可以使用贝叶斯公式：

$$P(A \mid C) = \frac{P(C \mid A)P(A)}{P(C)}$$

在这个公式中，$P(C \mid A)$ 可以通过求和所有 B 的情况下 $P(C \mid B)P(B \mid A)$ 得到。

通过这种方式，可以利用已知的概率关系对未知的概率进行推断，这是概率图模型的一个重要应用。

统计学习理论：统计学习理论是机器学习的理论基础，它基于概率论和统计推断，研究如何从数据中学习模型和进行预测。概率论提供了对模型参数的估计、模型选择和预测不确定性的量化方法，为机器学习算法提供了可靠的理论基础。

蒙特卡罗方法：蒙特卡罗方法是一种基于概率论的计算方法，用于模拟和近似复杂的随机系统。在人工智能和机器学习中，蒙特卡罗方法被广泛应用于概率推断、优化问题和决策分析等任务。它通过随机采样和统计分析，可以近似计算复杂模型的概率分布、最优解和决策策略。

概率论在计算机科学中的应用还包括概率编程、马尔可夫链蒙特卡罗（MCMC）方法、高斯过程等。这些方法为计算机科学研究提供了基于概率和统计的建模和推断方法，帮助解决实际问题、改善算法性能和实现智能决策。

数值计算实践

扫描下方二维码可查看代码。在这个代码中，P_A、P_B_given_A 和 P_C_given_B 都是字典类型的变量，它们分别表示了 A、B、C 的不同状态以及对应的概率。在贝叶斯推断函数中，我们考虑了所有可能的 A 和 B 的状态来计算 P(C) 和 P(C|A)。最后，计算了 P(A|C)，并将结果绘制在了一个概率树中，如图 11.6 所示。

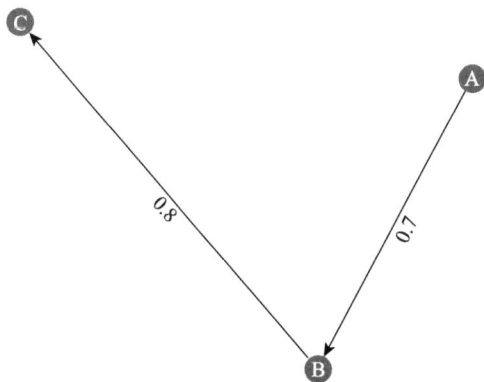

在已知事件C发生的条件下，事件A发生的概率是0.09

示例代码

图 11.6　绘制的概率树

这里的示例是一个简化的贝叶斯网络，实际应用中会更复杂，涉及更多的随机变量和条件概率。贝叶斯网络是一种强大的概率图模型，可以用于更复杂的概率推理和机器学习任务。

11.14 习题、思考题、课程论文研究方向

▶▶ 习题：

1. 计算给定概率分布的期望、方差和协方差。
2. 利用条件概率和贝叶斯定理解决实际问题。
3. 使用大数定律和中心极限定理进行概率估计。
4. 利用假设检验方法对统计数据进行分析。
5. 根据给定的概率模型进行统计推断。

▶▶ 思考题：

1. 概率论和统计学的基本思想和方法在现实生活中有哪些重要应用？
2. 如何使用概率和统计方法来解决实际问题，如风险评估、市场分析或医学诊断等？
3. 大数定律和中心极限定理对于理解和解释实际数据有何重要性？
4. 如何设计和进行假设检验，以评估统计数据的可靠性和显著性？

▶▶ 课程论文研究方向：

1. 开发新的概率模型和统计推断方法，以适应复杂数据和现实问题的需求。
2. 探索概率论和统计学在人工智能和机器学习领域的新应用，如概率编程、贝叶斯优化等。
3. 研究在大数据环境下的概率推断和统计分析方法，如高维数据分析、流数据分析等。
4. 开展概率论和统计学在生物学、医学、社会科学等领域的具体应用研究。
5. 探索概率图模型、贝叶斯网络和马尔可夫链蒙特卡罗等技术在实际问题中的应用和改进。
6. 研究多元统计分析和因子分析等高级统计方法在数据挖掘和模式识别中的应用。

第 12 章 线性代数

12.1 向量的定义与运算

向量的定义：向量是有大小和方向的量，可以用箭头来表示。在线性代数中，向量通常表示为一个列向量或行向量，由一组有序的数值组成。

向量的运算：线性代数中的向量运算包括向量的加法和数乘运算。

向量的加法：将对应位置的元素相加得到新的向量。例如，对于两个列向量 $(a_1, a_2, \cdots, a)$ 和 $(b_1, b_2, \cdots, b)$ ，它们的和为 $(a_1 + b_1, a_2 + b_2, \cdots, a + b)$ 。

数乘运算：将向量的每个元素乘以一个标量得到新的向量。例如，对于列向量 $(a_1, a_2, \cdots, a)$ 和一个标量 k，它们的数乘为 $(ka_1, ka_2, \cdots, ka)$ 。

向量的性质：

加法交换律：$a + b = b + a$ ，对于任意向量 a 和 b 。

加法结合律：$(a + b) + c = a + (b + c)$ ，对于任意向量 a 、 b 和 c 。

数乘结合律：$k(a + b) = ka + kb$ ，对于任意向量 a 、 b 和标量 k 。

数乘分配律：$(k + l)a = ca + da$ ，对于任意向量 a 和标量 k 、 l 。

线性代数中的向量定义与运算是理解和应用线性代数的基础，在许多领域如物理学、工程学、计算机科学中都有广泛的应用。

12.2 矩阵的定义与运算

矩阵的定义：矩阵是由一组按照规定排列的数所组成的矩形阵列。矩阵可以表示为一个二维数组，其中的元素可以是实数或复数。

矩阵的运算：线性代数中的矩阵运算包括矩阵的加法、数乘和乘法运算。

矩阵的加法：将对应位置的元素相加得到新的矩阵。例如，对于两个矩阵 A 和 B，它们的和为一个新的矩阵 C，其中 C 的每个元素 $c_{ij} = a_{ij} + b_{ij}$ （ a_{ij} 是矩阵 A 的元素， b_{ij} 是矩阵 B 的元素）。

数乘运算：将矩阵的每个元素乘以一个标量得到新的矩阵。例如，对于矩阵 A 和一个标量 k，它们的数乘为一个新的矩阵 C，其中 C 的每个元素 $c_{ij} = ka_{ij}$ （ a_{ij} 是矩阵 A 的元素）。

矩阵的乘法：矩阵的乘法是按照一定规则将两个矩阵相乘得到新的矩阵。矩阵的乘法不满足交换律，即 $AB \neq BA$ 。具体的矩阵乘法规则涉及行列的配对和元素的相乘与求和，可参考线性代数教材中的具体定义和运算规则。

矩阵的性质：

加法和数乘运算满足分配律、结合律和交换律。

矩阵乘法满足结合律，一般不满足交换律。

矩阵乘法满足分配律，即 $A(B + C) = AB + AC$ 和 $(B + C)A = BA + CA$ 。

矩阵的定义与运算是线性代数中重要的概念和工具，在各种领域如物理学、工程学、计算机科学中都得到广泛的应用，如线性方程组的求解、线性变换的表示、图像处理、数据分析等。

12.3　行列式与逆矩阵

行列式是矩阵的一个标量值，它在线性代数中具有重要的作用，可以用来描述矩阵的性质和解决线性方程组的问题。逆矩阵是一个方阵（即行数等于列数的矩阵），满足与原矩阵相乘等于单位矩阵的性质。

1. 行列式

行列式的定义：对于一个 $n \times n$ 的矩阵 A，它的行列式记作 $|A|$ 或 $\det(A)$。行列式可以通过递归定义来计算。对于 2×2 的矩阵 $A = \begin{pmatrix} a & b \\ c & d \end{pmatrix}$，它的行列式定义为 $|A| = ad - bc$。

行列式的性质：

行列式的值与矩阵的转置无关，即 $|A| = |A^{\mathrm{T}}|$。

交换矩阵的两行（列）会改变行列式的符号。

行列式中某两行（列）成比例，那么行列式的值为 0。

行列式某一行（列）的倍数加到另一行（列）上，行列式的值不变。

2. 逆矩阵

逆矩阵的定义：对于一个可逆矩阵 A，存在一个矩阵 B，满足 $AB = BA = I$，其中 I 是单位矩阵。矩阵 B 就是 A 的逆矩阵，记作 A^{-1}。

逆矩阵的计算：逆矩阵可以通过行列式和伴随矩阵来计算。如果矩阵 A 的行列式 $|A| \neq 0$，那么 A 的逆矩阵可以表示为 $A^{-1} = \dfrac{\mathrm{adj}(A)}{|A|}$，其中 $\mathrm{adj}(A)$ 是 A 的伴随矩阵。

逆矩阵的性质：

若 A 和 B 都是可逆矩阵，则 AB 也是可逆矩阵，且 $(AB)^{-1} = B^{-1}A^{-1}$。

若 A 是可逆矩阵，则 A^{-1} 也是可逆矩阵，且 $(A^{-1})^{-1} = A$。

行列式与逆矩阵是线性代数中的重要概念和工具，它们在矩阵的性质分析、线性方程组求解、线性变换的表示等方面具有广泛的应用。

12.4　向量空间与基

向量空间是由一组向量组成的集合，其中的向量可以进行线性组合和标量乘法运算。向量空间具有以下性质：

加法封闭性：对于向量空间中的任意两个向量 u 和 v，它们的和 $u+v$ 仍然属于该向量空间。

数量乘法封闭性：对于向量空间中的任意向量 u 和标量 k，它们的乘积 ku 仍然属于该向量空间。

零向量存在性：向量空间中存在一个特殊的零向量，满足对于任意向量 u，有 $u + 0 = u$。

反向量存在性：即加法逆元存在性，对于向量空间中的任意向量 u，存在一个反向量 $-u$，满足 $u + (-u) = 0$。

结合律和分配律：加法和数量乘法满足结合律和分配律的性质。

向量空间的基是指能够表示该向量空间中所有向量的一个线性无关的向量组。具体而言，对于一个向量空间 V，如果存在一组向量 $\{v_1, v_2, \cdots, v_n\}$，满足以下条件：

这组向量线性无关，即不存在非零的标量组合 $\{k_1, k_2, \cdots, k_n\}$ 使得 $k_1 v_1 + k_2 v_2 + \cdots + k_n v_n = 0$。

这组向量能够生成向量空间 V，即对于 V 中的任意向量 v，都可以表示为 $v = k_1 v_1 + k_2 v_2 + \cdots + k_n v_n$ 的形式，其中 k_i 是标量。

基是向量空间的一个重要性质，它可以用来描述向量空间的维度。基的选择不是唯一的，一个向量空间可能有多组不同的基。然而，任意两组基的基向量个数是相等的，这个数目被称为向量空间的维度。如果一个向量空间的基有 n 个向量，那么该向量空间的维度就是 n。

向量空间与基的概念在线性代数中非常重要，为向量的表示和线性方程组的求解提供了有力的工具。

12.5　特征值与特征向量

在线性代数中，特征值和特征向量是矩阵的重要性质。给定一个 $n×n$ 的方阵 A，如果存在一个非零向量 v 和一个标量 λ，满足 $Av = \lambda v$，那么 λ 就是 A 的特征值，v 就是对应于特征值 λ 的特征向量。

具体来说，对于一个特征值 λ，特征向量 v 是指满足以下条件的非零向量：$Av = \lambda v$。

特征值与特征向量的重要性在于它们提供了矩阵的特定性质和变换信息。特征值表示了线性变换 A 在特征向量方向上的比例因子。特征向量则表示了在该方向上的不变性，即在经过线性变换后，特征向量方向上的向量仅仅发生了缩放而没有发生方向变化。

计算矩阵的特征值与特征向量可以通过求解特征方程来实现。特征方程是一个关于特征值 λ 的方程，表示为绝对值 $|A - \lambda I| = 0$，其中 A 是矩阵，I 是单位矩阵。

求解特征方程可以得到矩阵的特征值，而对于每个特征值，可以通过求解线性方程组 $(A - \lambda I)v = 0$ 来获得对应的特征向量。

特征值与特征向量在许多应用中都具有重要的作用，如在线性变换、物理系统的模态分析、图论中的网络中心性等领域都有广泛的应用。它们提供了一种重要的方法来分析和理解矩阵的特性和行为。

12.6　线 性 变 换

在线性代数中，线性变换也称为线性映射或线性算子，是指将一个向量空间的元素映射到另一个向量空间，同时满足线性性质的操作。

设 V 和 W 是两个向量空间，一个从 V 到 W 的映射 T 称为线性映射，如果对于任意的向量 u 和 v，以及任意的标量 k，满足以下两个条件：

加法性质：$T(u + v) = T(u) + T(v)$；

数乘性质：$T(ku) = kT(u)$；

简而言之，线性变换保持向量的加法和数乘运算。

线性变换可以用矩阵表示。设 V 和 W 是 n 维向量空间，分别取 V 和 W 的基 $\{v_1, v_2, \cdots, v_n\}$ 和 $\{w_1, w_2, \cdots, w_m\}$，则线性映射 T 可以表示为一个 $m×n$ 的矩阵 A，其中 A 的列向量是 $T(v_1), T(v_2), \cdots, T(v_n)$。

线性变换在许多领域中都具有广泛的应用，如几何变换（平移、旋转、缩放）、图像处理、信号处理等。线性变换提供了一种描述和操作向量空间的方法，能够捕捉数据之间的线性关系，并在许多实际问题中发挥重要作用。

12.7　线性方程组的解

在线性代数中，线性方程组是由一组线性方程组成的方程集合。线性方程组的解是使得所有方程同时成立的向量或一组向量。

一个线性方程组可以用矩阵和向量的形式表示。假设有一个 $m \times n$ 的矩阵 A 和一个 n 维向量 x，线性方程组可以表示为 $Ax = b$，其中 b 是一个 m 维向量。

线性方程组的解可以分为 3 种情况：①无解：当线性方程组没有满足所有方程的解时，称其为无解。②唯一解：当线性方程组有且仅有一个解时，称其为唯一解。③无穷解：当线性方程组有无穷多个解时，称其为无穷解。

判断一个线性方程组的解的情况可以使用高斯消元法、矩阵的秩、行列式等。通过对矩阵 A 进行行变换，将线性方程组化简为最简形式，可以方便地确定解的个数和形式。

在应用中，线性方程组的解是求解许多实际问题的关键步骤，如工程计算、物理建模、经济预测等。通过解线性方程组，确定未知变量的值，从而得到问题的解析解或数值解。

12.8　线性代数在物理学中的应用和简化模型及数值计算实践

线性代数在物理学中有广泛的应用，其中之一是力的合成和分解。在物理学中，力是矢量，可以用向量表示。线性代数提供了一种有效的工具来处理力的合成和分解问题。

当多个力同时作用于一个物体时，可以使用线性代数中的向量加法来合成这些力。如果知道每个力的大小和方向，则可以将它们表示为向量，并使用向量的加法规则来计算合成力的大小和方向。

假设有两个力 F_1 和 F_2，它们在二维平面上作用于同一点。可以将每一个力表示为一个二维向量，如 F_1 可以表示为向量 $\{f_{1x}, f_{1y}\}$，其中 f_{1x} 和 f_{1y} 分别是 F_1 在 x 轴和 y 轴的分量；同样，F_2 可以表示为向量 $\{f_{2x}, f_{2y}\}$。在这里，假设力的单位是牛顿(N)。

那么，这两个力的合力 F 可以通过向量相加来得到：$F = F_1 + F_2 = \{f_{1x} + f_{2x}, f_{1y} + f_{2y}\}$。

相反地，如果知道合力 F 和其中一个力（如 F_1），那么另一个力（如 F_2）可以通过向量相减来得到：$F_2 = F - F_1 = \{f_x - f_{1x}, f_y - f_{1y}\}$。

此外，力的分解是将一个力分解为多个分力的过程。通过将力分解为其在不同方向上的分力，可以更好地理解力的作用和影响。线性代数中的向量分解技术可以将力分解为与坐标轴对齐的分力。

例如，在静力学中，当多个力作用于一个物体时，可以使用线性代数的向量加法来计算合力，以确定物体的平衡状态。同样，在动力学中，可以使用向量分解来分析物体受到的力的不同分力，进而研究物体的运动。

通过应用线性代数的概念和技巧，物理学家可以更好地理解力的合成和分解，从而研究和解决物理问题。这种应用使得线性代数成为物理学不可或缺的工具之一。

数值计算实践

在这个示例中，我们可使用 Python 编程来实现两个力的合成和分解，并绘制力的合成向量和分解分量。

首先，定义两个力的向量表示：$F_1 = \{f_{1x}, f_{1y}\}$ 和 $F_2 = \{f_{2x}, f_{2y}\}$。

其次，表示合力 $F = F_1 + F_2$ 和分解力 $F_2 = F - F_1$。

最后，通过绘制力的合成向量和分解向量，更好地理解力的作用和影响。扫描二维码可查看代码。

运行上述代码将得到一个带有合力和分解分力向量图，如图 12.1 所示。

通过绘图，可以更好地理解力的合成过程和分解过程。合力是两个力相加的结果，分力是力在不同方向上的分力。这种力的合成和分解方法在物理学中有广泛应用，可以帮助人们理解和分析力的作用和效果。

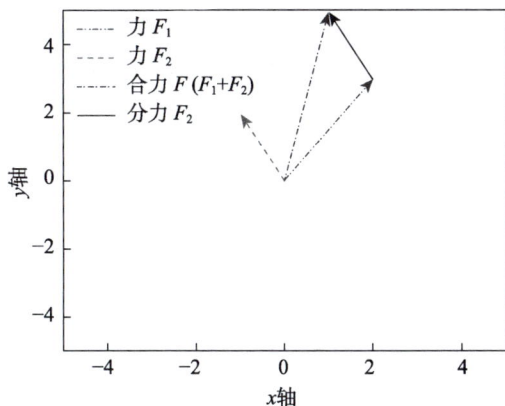

图 12.1　向量的合成与分解

12.9　线性代数在计算机科学中的应用和简化模型及数值计算实践

线性代数在计算机科学中扮演着重要的角色，广泛应用于图像处理和机器学习等领域。以下是与线性代数相关的应用案例。

图像处理： 图像处理涉及对图像的各种操作和分析，如图像压缩、图像增强、图像分割等。在这些任务中，图像可以表示为像素的集合，每个像素具有不同的属性，如颜色和亮度。线性代数中的矩阵运算和向量操作可以用来处理图像数据，例如应用滤波器、变换和投影操作改变图像的外观和特征。

机器学习： 机器学习是一种利用数据和统计模型来训练计算机系统进行学习和预测的方法。许多机器学习算法涉及处理大量的数据和高维特征空间。线性代数提供了一种有效的方式来表示和处理数据，例如使用向量表示数据样本和特征，使用矩阵表示数据集和特征矩阵。在机器学习算法中，线性代数的概念，如矩阵运算、向量空间和特征值分解等，被广泛应用于数据预处理、特征选择、模型训练和预测等步骤。

在机器学习和数据科学领域，经常需要处理大量的数据。通常每一个数据样本都可以被看作某个特征空间中的一个点，这个点可以由一个向量来表示。假设数据有 m 个特征，那么每个数据样本都可以被表示为一个 m 维的向量。

比如，数据样本 x 有 m 个特征，分别为 $x_1, x_2, \cdots, x_m$，那么可以用向量来表示这个样本：

$$\boldsymbol{x} = \{x_1, x_2, \cdots, x_m\}$$

此外，如果有 n 个这样的数据样本，则可以将这些样本组合成一个矩阵，每一行代表一个样本，每一列代表一个特征，这就是特征矩阵。如果将这个特征矩阵记为 $\boldsymbol{X}$，那么 $\boldsymbol{X}$ 可以表示为

$$\boldsymbol{X} = \begin{pmatrix} x_{11} & x_{12} & \cdots & x_{1m} \\ x_{21} & x_{22} & \cdots & x_{2m} \\ \vdots & & & \vdots \\ x_{n1} & x_{n2} & \cdots & x_{nm} \end{pmatrix}$$

这样的表示方法对于数据的处理和分析非常有用，便于利用线性代数的方法来进行计算和操作，如求解线性回归问题，进行主成分分析（PCA）等。

图形学： 图形学涉及生成并处理图形和图像，如计算机动画、虚拟现实和计算机游戏等。在图形学中，线性代数的概念被用来描述和操作二维和三维空间中的图形对象。例如，使用向量表示点和图形的位置和方向，使用矩阵表示变换操作，如平移、旋转和缩放，以及进行光照和投影等图形效果的计算。

　　总之，线性代数在计算机科学中是一个基础且重要的工具，它为图像处理、机器学习和图形学等领域提供了强大的数学基础，使得计算机人员能够处理和分析复杂的数据和图形结构，并开发出创新的算法和应用。

数值计算实践

　　在这个示例中，我们使用 Python 编程来表示数据样本的向量和特征矩阵，并展示线性代数在数据处理中的应用。

　　假设拥有 3 个数据样本，每个样本有 4 个特征。可将这些样本组合成一个特征矩阵 X，并对其进行一些简单的线性代数运算，如计算特征矩阵的转置和乘法。扫描下方二维码可查看代码。

　　得出：

　　特征矩阵 X：[[2 3 1 5]；[1 7 4 2]；[3 2 6 8]]

　　特征矩阵 X 的转置：[[2 1 3]；[3 7 2]；[1 4 6]；[5 2 8]]

　　特征矩阵 X 与向量 v 的乘法结果：[31 35 57]

　　在这段代码中，使用 Matplotlib 的 imshow 函数来绘制矩阵的热图，其中颜色的深浅表示数值的大小。然后再使用 plot 函数来绘制向量 v。如图 12.2 所示，在热图中，颜色较深的地方表示值较小，颜色较浅的地方表示值较大。在向量图中，y 轴的值表示向量元素的值，x 轴的值表示元素的索引。

　　这个示例演示了如何用向量和矩阵来表示数据样本和特征矩阵，并展示了线性代数的一些基本运算。在实际应用中，线性代数的概念和技巧广泛用于数据处理、机器学习和图形学等领域，可帮助计算机人员处理和分析复杂的数据结构，并开发出高效而强大的算法和应用。

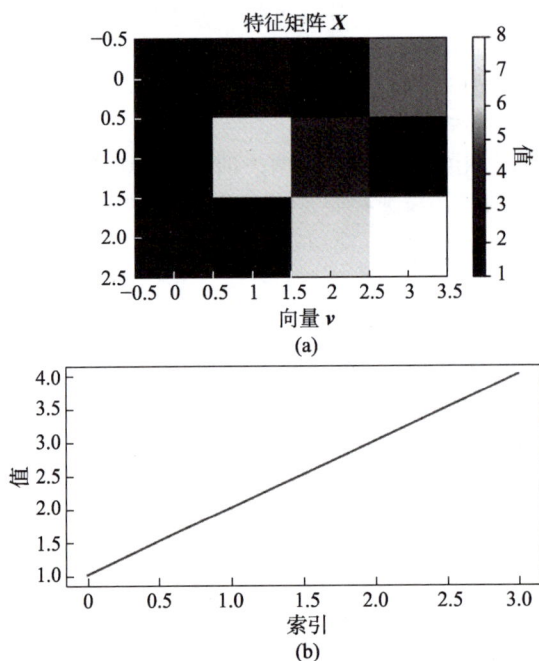

示例代码

图 12.2　特征矩阵 X 的热图及向量 v

12.10　线性代数在工程学中的应用和
简化模型及数值计算实践

　　线性代数在工程学中扮演着重要的角色，广泛应用于电路分析和结构分析等领域。以下是与线性代数相关的应用案例。

　　电路分析：电路分析涉及对电路中电流和电压等物理量进行建模和分析。线性代数的方法可以用来描述和求解电路中的各种电流和电压关系。例如，通过使用基尔霍夫定律和欧姆定律，可以将电路中的电流和电压表示为线性方程组，并使用矩阵和向量运算来求解未知的电流和电压值。

结构分析：结构分析涉及对结构物的受力和变形进行建模和分析。线性代数的方法可以用来描述结构物的受力平衡和刚度关系。例如，在结构静力学中，可以将结构物的受力状态表示为线性方程组，并使用矩阵和向量运算来求解未知的受力和变形。此外，矩阵的特征值和特征向量可以用来评估结构物的稳定性和振动特性。

假设有一个刚度矩阵 K 和质量矩阵 M，那么结构的自然频率 ω 和模态可以通过解决以下特征值问题来获得

$$K\varphi = \omega^2 M\varphi$$

其中，φ 是特征向量（也称为模态）；ω^2 是特征值（自然频率的平方）。解出这个问题将给出一组特征值和对应的特征向量。这些特征值表示的是结构的自然频率，而特征向量则描述了在这些频率下结构的振动模式。

信号处理：信号处理涉及对信号进行分析、处理和提取有用信息。线性代数提供了一种有效的方式来表示和处理信号。例如，在数字信号处理中，可以将信号表示为向量或矩阵形式，并使用矩阵运算和向量操作来进行信号滤波、谱分析和信号重构等处理操作。

总之，线性代数在工程学中是一个重要的工具，它为电路分析、结构分析和信号处理等领域提供了强大的数学基础，使工程师能够对电路、结构和信号等进行准确建模、分析和优化。线性代数的概念，如矩阵运算、向量空间和特征值分解等，被广泛应用于工程学中的多个领域，为工程问题的解决提供了可靠的数学工具和方法。

数值计算实践

在这个示例中，可使用 Python 编程来解决结构的特征值问题，计算自然频率和模态，并绘制振动模式。扫描下方二维码可查看代码。

假设有一个简化的结构刚度矩阵 K 和质量矩阵 M，则可以通过 NumPy 库来进行特征值分解。

特征值（自然频率的平方）：

[0.10685018 1. 1.55981649]

特征向量（振动模式）：

[[3.30059078e-01 -8.94427191e-01 4.55461509e-01]
 [8.84376622e-01 -2.74515440e-17 -7.64924590e-01]
 [3.30059078e-01 4.47213595e-01 4.55461509e-01]]

在上面的代码中，可使用 Matplotlib 的 subplot 函数来创建一个包含两个子图的图形。左侧的图是特征值的柱状图，显示了每个模态对应的自然频率的平方。右侧的图是特征向量的点图，显示了每个节点对应的模态形状，如图 12.3 所示。

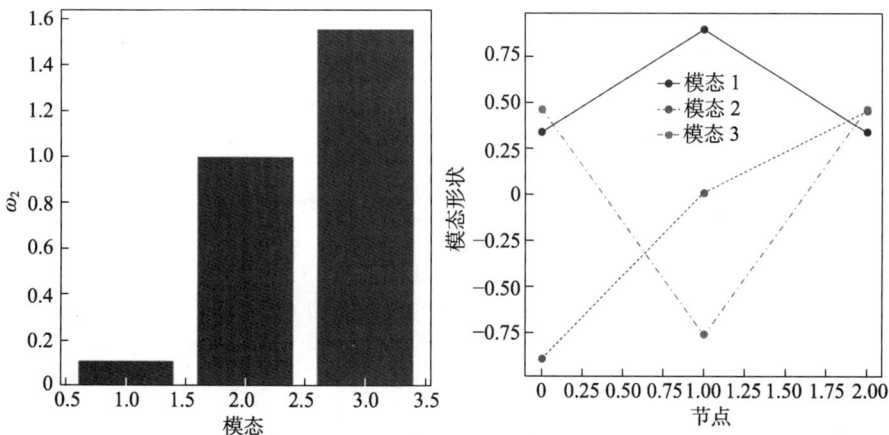

图 12.3 特征值的柱状图及特征向量的点图

这个示例演示了如何使用 NumPy 库解决结构的特征值问题，计算自然频率和振动模态，并对结果进行排序。

这里使用了一个简化的结构刚度矩阵 **K** 和质量矩阵 **M** 作为示例数据。在实际应用中，这些矩阵会根据具体的结构分析问题进行计算。

12.11　线性代数在生物学中的应用和简化模型及数值计算实践

线性代数在生物学中有着广泛的应用，其中之一是在基因表达分析中使用主成分分析（PCA）。主成分分析是一种多变量数据降维的技术，常用于分析基因表达数据中的变异模式和样本间的关系。

在基因表达研究中，通常会得到大量的基因表达数据，每个基因在不同样本中的表达水平都会被记录下来。这些数据可以被表示为一个高维的数据矩阵，其中每行代表一个基因，每列代表一个样本，矩阵中的元素表示对应基因在对应样本中的表达水平。

为了理解基因表达数据的变异模式和发现潜在的相关性，可以使用主成分分析对数据进行降维和可视化。主成分分析的基本思想是通过线性组合原始数据的特征向量来构造新的变量，使得新变量能够解释原始数据中的大部分方差。

具体地，先计算数据矩阵的协方差矩阵，再对协方差矩阵进行特征值分解，可以得到一组特征向量和对应的特征值。这些特征向量称为主成分，它们代表了原始数据中的最大方差方向。可以选择其中的几个主成分来表示原始数据，实现数据的降维。

在基因表达的主成分分析中，主成分可以被解释为代表基因表达数据中的主要变异模式。通过选择合适的主成分数量，可以将高维的基因表达数据映射到低维空间，并可视化样本之间的关系。这有助于发现样本间的群集结构、基因表达的相似性以及基因在样本间的表达差异等重要信息。

假设有一个 $m\times n$ 的基因表达矩阵 **X**，其中 m 代表样本数量，n 代表基因数量。每一行代表一个样本，每一列代表一个基因。

首先对矩阵进行标准化（使每一列的均值为 0，标准差为 1），计算样本的协方差矩阵 **C**：

$$C=\frac{1}{m}X'X$$

然后，对协方差矩阵进行特征分解，以得到特征值和特征向量：

$$Cv=\lambda v$$

其中，λ 是特征值；v 是特征向量。将特征值按照从大到小进行排序，选择前 k 个特征值对应的特征向量，组成一个投影矩阵 **P**。这个投影矩阵 **P** 就是主成分分析变换矩阵：

$$P=[v_1,v_2,\cdots,v_k]$$

最后，将原始的基因表达矩阵 **X** 投影到主成分空间，得到新的低维度表示：

$$Y=XP$$

在这个过程中，主成分 $v_1,v_2,\cdots,v_k$ 代表了基因表达数据中的主要变异模式。这种方法可以减少数据的维度，并揭示隐藏在高维数据中的结构信息。

因此，线性代数中的主成分分析在基因表达分析中扮演着重要角色，它通过降维和可视化的方式，帮助科研人员理解基因表达数据中的模式和关系，为研究生物学中的基因功能和疾病机制等提供重要的指导。

数值计算实践

在这个示例中，使用 Python 编程来实现基因表达数据的主成分分析（PCA），并绘制降维后的数据的散点图。扫描二维码可查看代码。

绘制的散点图呈现出降维后的数据在主成分空间中的分布情况，如图 12.4 所示。主成分 1 和主成分 2 代表了基因表达数据中的主要变异模式。这个示例展示了主成分分析在降维和可视化基因表达数据中的应用，有助于理解基因表达模式和关系。在实际应用中，可以使用更大规模的基因表达数据来进行更复杂的分析和研究。

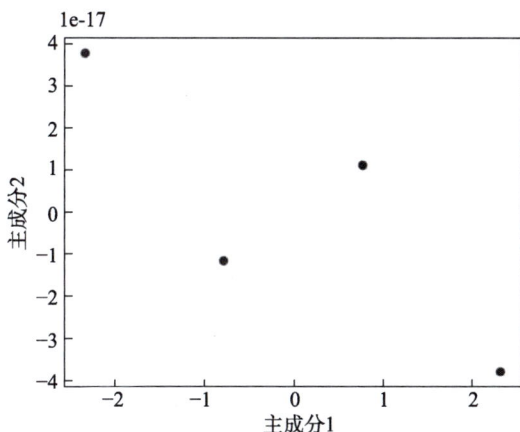

图 12.4　主成分分析（PCA）散点图

输出结果：
特征值：[1.61168440e+00 3.85231776e-02 3.34957289e-32]
特征向量：
[[-0.46454736 -0.83387466　0.29671793]
[-0.57079553　0.54057554 -0.6177859]
[-0.67704371　0.03629812　0.72895699]]

12.12　线性代数在经济学中的应用和简化模型及数值计算实践

线性代数在经济学中有着广泛的应用，如投资组合优化和输入产出分析。

投资组合优化：投资组合优化是在给定一组资产的情况下，通过权衡不同资产之间的风险和回报，选择最佳的投资组合。线性代数工具在投资组合优化中发挥着重要作用。例如，可以使用线性代数中的矩阵运算和线性方程组求解来处理投资组合中的各种约束条件和目标函数。构建投资组合的风险-回报矩阵和约束矩阵时，可以使用线性代数方法来计算最优的投资权重。

输入产出分析：输入产出分析是经济学中的一种方法，用于衡量经济体系内各个部门之间的相互依赖关系。输入产出分析使用线性代数中的矩阵和向量运算来描述经济体系中的产出、消费和投入关系。通过构建输入产出矩阵，可以分析不同部门之间的交互作用，计算各个部门的产出、就业和收入水平，评估经济政策的影响等。

输入产出分析是基于线性代数的，核心部分是输入产出矩阵。

假设一个经济系统有 n 个产业部门，则可以构建一个 $n \times n$ 的输入产出矩阵 A，矩阵的每一项 a_{ij} 表示产业 j 为了生产一单位的产品或服务，需要从产业 i 那里购买的产品或服务的数量。有

$$A = (a_{ij})$$

此外，还有一个 $n \times 1$ 的最终需求向量 d，它表示每个产业的产品或服务的最终需求量。所以，每个产业的总产出（即产量）x，可以表示为

$$x = Ax + d$$

这是一个线性方程组，可通过解这个方程组来计算每个产业的产量。在实际计算中，通常使用矩阵运算的形式来求解。首先，将方程转换为如下形式：

$$(I - A)x = d$$

其中，I 是单位矩阵。然后计算矩阵 $(I - A)$ 的逆矩阵，再乘以最终需求向量 d，得到产量向量 x：

$$x = (I - A)^{-1}d$$

通过这种方法，可以计算出经济系统中每个产业的产量，也可以分析不同产业之间的相互依赖关系。

线性代数的应用使研究人员能够建立数学模型，进行精确的经济分析和决策支持。它提供了一种有效的工具，用于解决经济学中的复杂问题，如优化资源配置和评估经济政策的效果。通过线性代数的方法，研究人员能够更好地理解经济体系中的关系和相互作用，为经济决策提供可靠的基础和参考。

数值计算实践

在这个示例中，使用 Python 编程来求解经济系统中的线性方程组，并使用 Matplotlib 库来绘制产量向量的柱状图。扫描下方二维码可查看代码。

绘制的柱状图展示经济系统中每个产业的产量情况，如图 12.5 所示。通过线性代数的方法，我们可成功求解经济系统的线性方程组，计算出每个产业的产量，并分析产业之间的相互依赖关系。这种应用使得经济学研究人员能够更好地理解和优化资源配置，评估经济政策的效果，并为经济决策提供重要的参考。

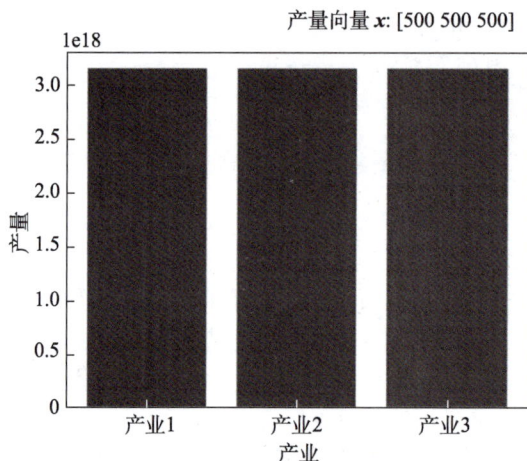

图 12.5   经济系统产量

12.13   线性代数在天文学中的应用和简化模型及数值计算实践

线性代数在天文学中有着广泛的应用，如天体运动的预测和全球定位系统（GPS）定位。

天体运动的预测：天文学科研人员使用线性代数中的向量和矩阵运算来预测天体的运动。天体运动可以被视为在三维空间中的位置和速度的向量表示。通过观测天体的位置和速度，可以建立天体运动的数学模型，并使用线性代数方法来预测未来的位置和速度。这对于天体力学研究、行星轨道计算、彗星轨道预测等领域非常重要。

GPS 定位：全球定位系统（GPS）是基于卫星和接收器之间的测量和计算来确定位置信息的系

统。GPS 定位依赖于卫星的准确位置和接收器的测量数据。线性代数在 GPS 定位中发挥着关键作用。通过使用接收器测量的卫星信号传播时间和卫星的准确位置信息，可以建立线性方程组。通过求解这个方程组，可以得到接收器的准确位置。线性代数还可用于解决定位中的误差修正和精度提高的问题。

在卫星导航系统中，通常使用 4 颗或更多颗卫星来确定接收器的位置。假设有 4 颗卫星，每颗卫星 i 的位置可以表示为一个三维向量 $s_i = [x_i, y_i, z_i]$，接收器的位置表示为一个未知的三维向量 $p = [x, y, z]$。另外，可知道从每颗卫星 i 到接收器的信号传播时间 t_i，以及信号在真空中的传播速度 c（光速）。

根据物理原理，可知道从卫星 i 到接收器的距离 d_i 等于信号传播时间 t_i 与光速 c 的乘积，即 $d_i = ct_i$。这就是观测数据。

另外，从卫星 i 到接收器的距离 d_i 也可以通过计算卫星位置 s_i 和接收器位置 p 的欧氏距离得到，即 $d_i = \| s_i - p \|$，其中 $\|.\|$ 表示欧氏范数（即二范数），也就是直线距离。

由于这两种计算 d_i 的方法应该得到相同的结果，故可以得到 4 个方程：

$$ct_1 = \| s_1 - p \|$$
$$ct_2 = \| s_2 - p \|$$
$$ct_3 = \| s_3 - p \|$$
$$ct_4 = \| s_4 - p \|$$

然后利用最小二乘法等数学工具求解这个非线性方程组，得到接收器的位置 p。因为实际的卫星导航系统中会有各种误差（如大气误差、钟差等），这个问题实际上会被看作一个优化问题，目标是使得计算的接收器位置和实际接收到的信号之间的误差最小。

线性代数的应用使得天文学科研人员能够进行精确的天体运动预测和 GPS 定位。它提供了一种有效的工具，用于解决天体力学中的复杂问题和提高 GPS 定位的精度。通过线性代数的方法，天文学科研人员能够更好地理解天体运动的规律和定位技术的原理，为天文研究和导航定位系统提供可靠的支持。

数值计算实践

这个程序的目标是使用卫星信号传播时间和光速来估计接收器的位置。为了解决这个问题，先是定义了 4 个卫星的位置（三维坐标），以及信号传播时间和光速。接着定义了一个目标函数，即信号传播时间的观测值与通过卫星位置和接收器位置计算得到的信号传播时间的差的平方和。这个目标函数表示了观测数据和计算结果之间的误差。

为了找到接收器的位置，需要最小化目标函数。这里使用了 SciPy 库中 optimize 模块中的 Minimize 函数，通过 Nelder-Mead 算法进行全局优化，寻找使目标函数最小化的接收器位置。将接收器位置的 3 个坐标作为优化变量，并设置了合适的约束条件，保证接收器位置在一个合理的范围内。

在优化过程中，可能会出现数据类型转换错误的问题。为了解决这个问题，可在优化前将接收器初始位置和卫星位置的数据类型设置为浮点数，以确保计算过程中数据类型保持一致。

使用 Matplotlib 库绘制卫星和接收器的位置以及信号传播路径的三维散点图，以直观地展示结果。这个程序使用非线性优化方法，通过最小化目标函数找到了接收器的位置，使得信号传播时间的计算结果与观测数据之间的误差最小化。这种方法在卫星导航系统中被广泛应用，可以精确地估计接收器的位置，为导航定位提供可靠的支持。扫描下方二维码可查看代码。

得出：

接收器的计算位置为：[–100　–100　100]

通过求解非线性方程组，成功得到了接收器的位置，并绘制了接收器位置和卫星位置的三维散点图，如图 12.6 所示。这种应用使得卫星导航系统能够实现高精度的定位和导航服务。

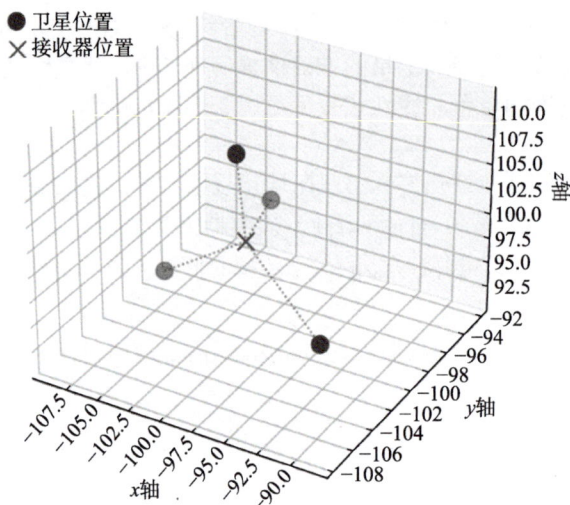

图 12.6   接收器和卫星位置的三维散点图

12.14   线性代数在环境科学中的应用和简化模型及数值计算实践

线性代数在环境科学中扮演着重要角色,特别是在空气质量评估和污染物扩散模型的建立和分析中。

空气质量评估:线性代数可用于处理大量空气质量监测数据和建立数学模型,以评估和预测大气中的污染物浓度。通过测量不同位置的空气质量数据,可以形成一个线性方程组,其中每个方程表示特定位置浓度与其他位置浓度之间的关系。利用线性代数方法,可求解这个方程组,得到污染物在空间中的分布和浓度变化趋势,进而评估和预测空气质量状况。

污染物扩散模型:线性代数可用于建立和求解污染物扩散模型,以模拟污染物在大气中的传播和分布。通过将空间区域划分为离散的网格,并将每个网格点上的浓度作为变量,可以形成一个线性方程组。这个方程组描述了污染物在空间中的传播和扩散过程,可以通过线性代数方法求解,得到污染物浓度在不同位置和时间的变化情况。这种模型在环境科学中被广泛应用于污染源评估、风险评估和环境管理决策等方面。

假设把空间划分为 n 个网格,每个网格中的污染物浓度记为 $c_i, i = 1, 2, \cdots, n$。污染物在每个网格中的扩散可以看作由周围的网格向该网格的流入减去从该网格向周围的流出。如果假设污染物的扩散满足菲克定律,即每个网格中的污染物浓度变化率与该网格与周围网格之间的浓度梯度成正比,则可以得到以下的动态方程:

$$\frac{\mathrm{d}c_i}{\mathrm{d}t} = D \sum_j \frac{c_j - c_i}{d_{ij}^2}$$

其中,D 是扩散系数;d_{ij} 是网格 i 和网格 j 之间的距离;$\sum_j$ 表示对所有邻近网格 j 的求和。

由于每个网格的污染物浓度变化率只与该网格及其周围网格的浓度有关,所以可以用一个 n 维向量 $C = [c_1, c_2, \cdots, c_n]$ 来表示整个空间的污染物浓度,用一个 $n \times n$ 维的矩阵 A 来表示每个网格与其周围网格的连接关系,那么上面的动态方程也可以写成矩阵形式:

$$\frac{\mathrm{d}C}{\mathrm{d}t} = DAC$$

这就是一个线性的微分方程组,可以使用线性代数和微分方程的方法求解。例如,如果知道初始时刻的污染物浓度分布 $C(0)$,那么在任意时刻 t,污染物浓度分布 $C(t)$ 可以通过下式计算得到:

$$C(t) = \exp(DAt)C(0)$$

其中，exp 是矩阵指数函数。

通过应用线性代数的方法，可以更好地理解和分析环境科学中的空气质量评估和污染物扩散问题。线性代数提供了一种数学框架，用于处理复杂的环境数据和建立模型，从而帮助研究人员和决策者更好地理解和管理环境中的污染问题，保护人类和生态系统的健康。

数值计算实践

在这个示例中，使用 Python 编程来模拟污染物在空间中的扩散过程，并绘制污染物浓度随时间的变化。

首先，需要定义空间网格的连接关系矩阵 A、扩散系数 D、初始时刻的污染物浓度分布 $C(0)$，以及模拟的时间步长和总时间。其次，使用矩阵指数函数来模拟污染物浓度随时间的变化。

运行上述代码得到污染物浓度随时间的变化曲线，并显示在一个折线图中，如图 12.7 所示。

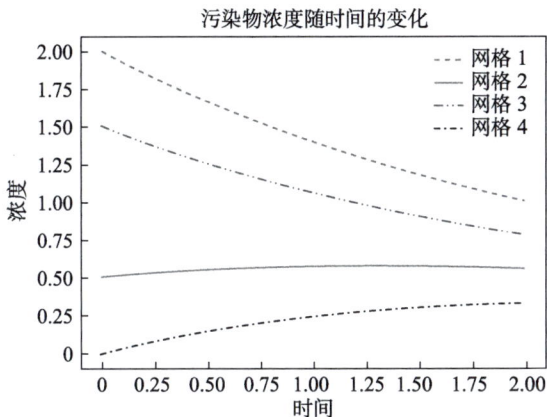

图 12.7　污染物浓度随时间的变化曲线

这个示例模拟了一个简化的二维网格空间中污染物的扩散过程。在实际应用中可以根据具体情况定义更复杂的空间网格连接关系矩阵 A 和初始污染物浓度分布 $C(0)$，从而更准确地模拟污染物的传播和扩散过程。这种应用使环境研究人员能够更好地理解和预测环境中的污染问题，为环境保护和治理提供重要的支持。

12.15　线性代数在土木工程中的应用和简化模型及数值计算实践

线性代数在土木工程中有广泛的应用，涉及结构分析、水力学、地理信息系统（GIS）等多个领域。以下是线性代数在土木工程中的具体应用。

结构分析：线性代数用于解决结构的静力学和动力学问题。通过将结构分析建模为一个线性方程组，可以计算出结构的应力、变形、位移等参数。线性代数方法如矩阵运算、特征值分析和奇异值分解等在结构分析中被广泛使用。

水力学：在水力学中，线性代数用于解决液体流动和水力结构的问题。例如，通过建立水力模型并将流体流动建模为一组线性方程，可以计算流速、压力分布和流量等参数。线性代数的方法如高斯消元法、矩阵求逆等可以用于求解这些方程。

假设需要分析一个简化的液体流动问题，其中液体在管道网络中流动。每个管道可以看作一个线性阻力元素，流过该元素的流量 q 与元素两端的压力差 Δp 成正比，即

$$q = R\Delta p$$

其中，R 是管道的阻力系数。

设有一个包含 n 个节点的管道网络，每个节点可能有一个或多个管道连接。可以建立一个系统方程，将所有节点的压力和所有管道的流量联系起来。设 p_i 为第 i 个节点的压力， q_{ij} 为从节点 i 到节点 j 的流量，那么每个节点的流量平衡方程为

$$\sum_j q_{ij} = 0 (i = 1, 2, \cdots, n)$$

在这个方程中， j 是与节点 i 直接连接的所有节点。将流量 q_{ij} 替换为 p_i 和 p_j 的函数，可以得到一个线性方程组，表示为

$$\sum_j R_{ij}(p_i - p_j) = 0 (i = 1, 2, \cdots, n)$$

其中， R_{ij} 是从节点 i 到节点 j 的管道的阻力。

这是一个 n 维的线性方程组，可以用向量 $\boldsymbol{P} = [p_1, p_2, \cdots, p_n]$ 来表示所有节点的压力，用一个 $n \times n$ 维的矩阵 $\boldsymbol{R}$ 来表示所有管道的阻力，那么上面的方程可以写成矩阵形式：

$$\boldsymbol{RP} = \boldsymbol{0}$$

这个线性方程组可以用线性代数的方法，如高斯消元法或矩阵求逆法等求解，得到所有节点的压力分布 $\boldsymbol{P}$，从而计算出所有管道的流量。

地理信息系统（GIS）：线性代数在地理信息系统中用于处理地理空间数据和空间分析。例如，在地图投影和地图变换中，可以使用线性代数的方法来进行坐标变换和数据转换。此外，线性代数还用于空间插值、地形分析、网络分析等 GIS 应用中。

模型参数估计：土木工程中常需要估计模型参数，如土壤力学参数、结构材料参数等。线性代数提供了参数估计的方法，如最小二乘法和最小二乘支持向量机等，用于拟合模型与实际观测数据之间的关系，从而获得最优的参数估计。

最优化问题：线性代数在土木工程中也可用于解决最优化问题，如确定最优的结构设计、资源分配等。最优化问题可以通过线性规划、线性规划松弛和二次规划等线性代数方法进行求解。

这些只是线性代数在土木工程中的一些应用领域，实际上，线性代数在土木工程中的应用非常广泛。通过应用线性代数的方法，土木工程师可以更好地分析和解决复杂的结构、水力和地理问题，提高工程设计的效率和准确性。

数值计算实践

在这个示例中，使用 Python 的 NumPy 和 Matplotlib 库来求解液体流动问题中的线性方程组，并绘制节点的压力分布（见图 12.8）。

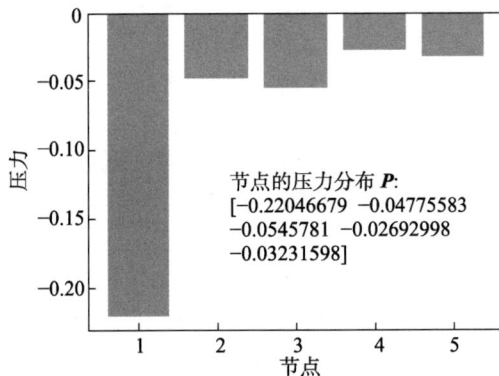

图 12.8　节点的压力分布

得出：

节点的压力分布　$\boldsymbol{P}$ [-0.22046679　-0.04775583　-0.0545781　　-0.02692998　-0.03231598]

12.16　线性代数在机械工程中的应用和简化模型及数值计算实践

线性代数在机械工程中有广泛的应用，涵盖了机械系统的建模、运动分析、控制系统设计等多个方面。以下是线性代数在机械工程中的一些具体应用。

机械系统建模：线性代数用于将机械系统建模为一组线性方程，以描述系统的运动和力学特性。通过建立运动学和动力学方程，可以分析机械系统的运动行为和力学性能。线性代数的方法如矩阵运算、矩阵变换和向量运算等用于建立系统方程和求解系统的运动状态。

机器人运动学与逆运动学：线性代数在机器人运动学中被广泛应用。机器人的运动描述了机器人末端执行器的位置、速度和加速度等随时间的变化。通过将机器人的运动学问题建模为一组线性方程，可以计算机器人各个关节的角度和位置。逆运动学则是根据末端执行器的位置来计算机器人关节的角度。

在机器人运动学中，经常使用齐次坐标和变换矩阵来描述机器人的姿态和位置。假设拥有一个简单的 2D 机器人臂，它由两个旋转关节和两个长度为 l_1 和 l_2 的连杆组成，则可以使用线性代数来计算末端执行器（即机器人臂的末端）的位置。

首先，定义每个关节的旋转矩阵。设 θ_1 和 θ_2 分别为第一关节和第二关节的角度，则可以写出它们的旋转矩阵为

$$R_1 = \begin{bmatrix} \cos\theta_1 & -\sin\theta_1 \\ \sin\theta_1 & \cos\theta_1 \end{bmatrix}$$

$$R_2 = \begin{bmatrix} \cos\theta_2 & -\sin\theta_2 \\ \sin\theta_2 & \cos\theta_2 \end{bmatrix}$$

接下来，定义连杆的位移矩阵。每个连杆的位移是它的长度在其所在方向上的投影，可以写为

$$D_1 = [l_1\cos\theta_1, l_1\sin\theta_1]$$

$$D_2 = [l_2\cos\theta_2, l_2\sin\theta_2]$$

那么，末端执行器的位置就可以通过以下矩阵乘法来计算：

$$P = D_1 R_1 + D_2 R_2$$

这个方程表明末端执行器的位置是如何依赖于关节角度的。逆运动学问题（即给定末端执行器的位置，求解关节角度）通常比较复杂，需要使用迭代的数值方法。

这就是如何使用线性代数来描述机器人运动的基本方法。对于更复杂的 3D 机器人，或者具有更多关节的机器人，这个方法可以直接推广。

控制系统设计：线性代数在机械控制系统设计中起着重要作用。控制系统通过对机械系统施加适当的控制信号来实现期望的运动和行为。线性代数的方法如状态空间分析、矩阵变换和稳定性分析等用于分析和设计机械控制系统的性能。

结构分析与优化：线性代数在机械结构分析和优化中也发挥着重要作用。通过将结构分析建模为一组线性方程，可以计算结构的应力、变形和振动等特性。线性代数的方法如有限元分析、矩阵运算和特征值分析等用于解决结构的静力学和动力学问题，并进行结构的优化设计。

模型参数估计：机械工程中常需要估计模型参数，如材料特性、摩擦系数等。线性代数提供了参数估计的方法，如最小二乘法和最小二乘支持向量机等，用于拟合模型与实际观测数据之间的关系，从而获得最优的参数估计。

总之，线性代数在机械工程中的应用十分广泛。通过应用线性代数的方法，机械工程师可以更好地分析和解决机械系统的运动、控制和优化问题，提高机械系统的性能和效率。

数值计算实践

在这个示例中，使用 Python 编程来计算末端执行器的位置，并绘制机器人臂的姿态。扫描下方二维码可查看代码。

假设机器人臂的两个旋转关节的角度为 θ_1 和 θ_2 ，连杆的长度分别为 l_1 和 l_2 。

运行上述代码，得到末端执行器的位置，并绘制出机器人臂的姿态。根据机器人臂的两个关节角度和连杆的长度，可以计算出末端执行器的位置，并通过绘图展示机器人臂的姿态，如图 12.9 所示。这个示例是一个简单的 2D 机器人臂的例子，实际上，类似的方法还可以推广到更复杂的 3D 机器人和具有更多关节的机器人。

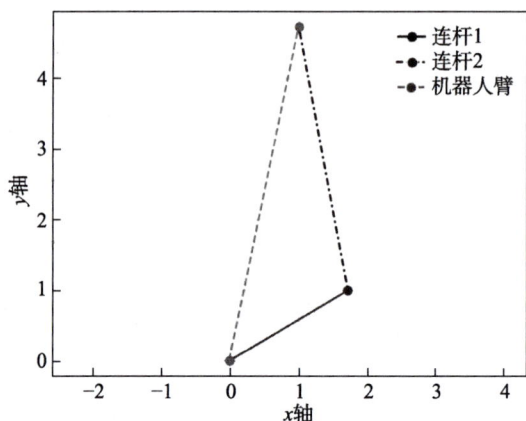

图 12.9　机器人臂姿态

示例代码

12.17　习题、思考题、课程论文研究方向

习题：

1. 计算给定矩阵的逆矩阵。
2. 求解给定线性方程组的解。
3. 计算给定矩阵的特征值和特征向量。
4. 判断给定矩阵的正定性、对称性等性质。
5. 求解给定线性变换的矩阵表示。
6. 计算给定向量的内积和模长。
7. 求解给定矩阵的行列式。
8. 分析给定向量空间的基、维度和子空间。

思考题：

1. 探讨线性代数在图像处理中的应用，如图像变换、图像压缩等。
2. 研究线性代数在网络分析中的应用，如社交网络分析、网络图论等。
3. 探索线性代数在数据挖掘和机器学习中的应用，如主成分分析、线性回归等。
4. 研究线性代数在密码学中的应用，如公钥加密算法、置换密码等。
5. 探讨线性代数在信号处理中的应用，如数字滤波器设计、信号重构等。

课程论文研究方向：

1. 线性代数在计算机视觉中的应用。
2. 线性代数在人工智能和机器学习中的应用。

3. 线性代数在物理学和工程学中的应用。

4. 线性代数在金融和经济学中的应用。

5. 线性代数在生物学和生物医学工程中的应用。

6. 线性代数在环境科学和地球科学中的应用。

7. 线性代数在音频处理中的应用。

第13章　复数与复变函数

13.1　复数的概念

复数是由实部和虚部构成的数，可以表示为 $a+bi$ 的形式，其中 a 是实部，b 是虚部，i 是虚数单位，满足 $i^2 = -1$。

纯虚数：当实部 $a = 0$ 时，复数为纯虚数，表示为 bi 的形式。

复数的相等性：两个复数相等，当且仅当它们的实部和虚部分别相等。

共轭复数：对于复数 $z = a+bi$，其共轭复数是 $\bar{z} = a-bi$，实部相同而虚部符号相反。

模长和辐角：复数 z 的模表示复数到原点的距离，记为 $|z|$，即 $|z| = |a+bi| = \sqrt{a^2+b^2}$；复数 z 的辐角表示向量与正实轴之间的夹角，记为 $\theta = \arg z$。由于任一非零复数 z 均有无穷多个辐角，用 $\arg z$ 表示 z 落在 $[0, 2\pi)$ 中的那个辐角，称之为复数 z 的辐角主值，即 $\arg z = \arg(a+bi) = \arctan\dfrac{b}{a}$。

复数在数学和物理学等中具有重要的应用，如在电路分析、信号处理、量子力学等方面。复数的引入扩展了实数域，提供了更广泛和灵活的数学工具。

13.2　复数的四则运算

复数的四则运算包括加法、减法、乘法和除法。假设有两个复数 $z_1 = a+bi$ 和 $z_2 = c+di$，其中 a、b、c、d 都是实数。

复数的加法：将两个复数的实部和虚部分别相加，即

$$z_1 + z_2 = (a+c) + (b+d)i$$

复数的减法：将两个复数的实部和虚部分别相减，即

$$z_1 - z_2 = (a-c) + (b-d)i$$

复数的乘法：使用分配律和乘法公式进行计算，即

$$z_1 \times z_2 = (a+bi) \times (c+di) = (ac-bd) + (ad+bc)i$$

复数的除法：将被除数乘以除数的共轭复数的倒数，即

$$\frac{z_1}{z_2} = \frac{a+bi}{c+di} = \frac{(ac+bd) + (bc-ad)i}{c^2+d^2}$$

在进行复数的四则运算时，可以分别对实部和虚部进行运算，所得结果的实部和虚部即为运算结果的实部和虚部。

13.3　复数的几何解释

复数可以在复平面上进行几何解释。复平面是一个平面，其中实数轴表示实部，虚数轴表示虚

部。每个复数可以用一个有序对 (a, b) 表示，其中 a 是实部，b 是虚部。

在复平面上，复数 $z = a + bi$ 表示为一个点，该点的横坐标是 a，纵坐标是 b。这个点与原点之间的距离被称为复数的模，记作 $|z|$。角度 θ 表示与正实数轴的夹角，通常以弧度表示。

复数的几何解释可以帮助人们理解复数的性质和运算。

模：复数的模 $|z|$ 表示从原点到复数所对应点的距离。它可以通过勾股定理计算：$|z| = \sqrt{a^2 + b^2}$。

平移：复数的加法表示在复平面上进行向量的平移操作。当复数 $z_1 = a_1 + b_1 i$ 和复数 $z_2 = a_2 + b_2 i$ 相加时，相当于将以 z_1 为起点的向量平移到以 z_2 为终点的位置。

旋转：复数的乘法表示在复平面上进行向量的旋转和缩放操作。当复数 z_1 乘以复数 z_2 时，相当于将以原点为起点的向量旋转 θ 角度并缩放模为 $|z_2|$。

共轭：复数的共轭表示在复平面上关于实数轴进行镜像操作。将复数 $z = a + bi$ 的虚部取负数，即得到复数的共轭 $\bar{z} = a - bi$。

通过复数的几何解释可以直观地理解复数的性质和运算，它在几何学、物理学、工程学等领域中具有广泛的应用。

13.4　复变函数的定义

复变函数是定义在复数域上的函数，其自变量和函数值都是复数。一个复变函数可以表示为 $f(z) = u(x, y) + iv(x, y)$，其中 $z = x + yi$ 是复数自变量，$u(x, y)$ 和 $v(x, y)$ 是实数函数，i 是虚数单位。

复变函数的定义可以拆分为实部和虚部两个实函数。实部函数 $u(x, y)$ 表示了复变函数的实部，即函数值在复平面上的横坐标，而虚部函数 $v(x, y)$ 表示了复变函数的虚部，即函数值在复平面上的纵坐标。

复变函数的性质和行为与实函数有很大的不同。由于复数的特殊性质，复变函数可以表现出丰富的性质，如解析性、全纯性、调和性等。复变函数在数学、物理学、工程学等领域中有广泛的应用，包括电磁场理论、量子力学、信号处理等。

13.5　复变函数的导数与积分

复变函数的导数与积分的定义类似于实函数的导数与积分的定义，但需要考虑复数的特殊性质。

对于复变函数 $f(z) = u(x, y) + iv(x, y)$，其导数可以通过偏导数来定义。如果偏导数存在且连续，满足柯西–黎曼（Cauchy-Riemann）方程，则称函数 $f(z)$ 可导。

具体而言，对于复变函数 $f(z) = u(x, y) + iv(x, y)$，其导数可以表示为 $f'(z) = u_x(x, y) + iv_x(x, y)$，其中 u_x 和 v_x 分别表示 $u(x, y)$ 和 $v(x, y)$ 对 x 的偏导数。

同样，复变函数的积分可以通过路径积分来定义。路径积分是沿着给定曲线对复变函数进行积分，结果与路径的选择有关。

复变函数的导数与积分有一些重要的性质和定理，如柯西–黎曼方程、柯西–黎曼积分定理、留数定理等。这些定理为复变函数的计算和分析提供了重要的工具和方法。复变函数的导数和积分在电磁场理论、量子力学等领域中具有广泛的应用。

13.6　柯西–黎曼条件

柯西–黎曼条件是指复变函数在某个区域内可导的充要条件。对于一个复变函数 $f(z) = u(x, y) + iv(x, y)$，其中 $u(x, y)$ 和 $v(x, y)$ 分别表示实部和虚部，柯西–黎曼条件的表述如下：①实部 $u(x, y)$ 和

虚部 $v(x,y)$ 的一阶偏导数存在且连续：u_x, u_y, v_x, v_y 都存在且连续。②实部 $u(x,y)$ 和虚部 $v(x,y)$ 满足柯西–黎曼方程：$u_x = v_y$，$u_y = -v_x$。

换句话说，柯西–黎曼条件要求复变函数的实部和虚部满足一定的偏导数关系，并且偏导数存在且连续。

如果一个复变函数满足柯西–黎曼条件，则称该函数在某个区域内是可导的。在可导的区域内，复变函数的导数可以通过偏导数来计算，即 $f'(z) = u_x + iv_x$。

柯西–黎曼条件是复变函数可导性的基本条件，它们是复分析的重要概念，对于研究复变函数的性质和应用具有重要意义。

13.7　泰勒级数与罗朗级数

泰勒级数是一种用多项式逼近函数的方法，适用于在某一点附近无限次可导的函数。给定一个复变函数 $f(z)$ 在圆域 $D : |z - z_0| < R$ 内解析，则在 D 内可展开成幂级数，泰勒级数可以表示为

$$f(z) = \sum_{n=0}^{\infty} C_n (z - z_0)^n$$

其中，

$$C_n = \frac{1}{2\pi i} \oint_C \frac{f(z)}{(z - z_0)^{n+1}} \mathrm{d}z = \frac{f^{(n)}(z_0)}{n!} \ (n = 0, 1, 2, \cdots)$$

泰勒级数的每一项都是函数在点 $z = z_0$ 处的导数乘以一些常数项。泰勒级数的优点在于可以用一系列简单的多项式逼近复杂的函数，从而方便进行计算和分析。

罗朗级数是泰勒级数的推广，适用于解析函数的情况。罗朗级数包含了正次幂项和负次幂项，形式如下：

$$f(z) = \sum_{-\infty}^{-1} a_n (z - z_0)^n + \sum_{0}^{+\infty} b_n (z - z_0)^n$$

其中，a_n 和 b_n 是系数，n 可以取正整数、负整数或零。罗朗级数在复平面上展开函数，可用于分析函数的奇点、收敛域和特殊性质。

泰勒级数和罗朗级数是复变函数分析的重要工具，可用于近似计算、函数展开、奇点分析和复杂函数的研究。

13.8　单值性与多值性，解析性与全纯性

单值性与多值性是复变函数的两个重要概念。

如果一个函数被称为单值函数，则对于每个输入值，它只有一个唯一的输出值。常数函数和多项式函数都是单值函数。单值函数在复平面上的图像可以用一条曲线表示。

相反，如果一个函数被称为多值函数，则对于某些输入值，它具有多个输出值。n 次方根函数就是多值函数。多值函数在复平面上的图像通常包含多个分支或曲线。

解析性与全纯性是复变函数的另外两个重要概念。

（1）解析性是指函数在其定义域内是可导的，即在该区域内存在导数。如果一个函数在定义域内的每个点都是可导的，则这个函数被称为解析函数。解析函数具有很多良好的性质，如满足柯西–黎曼条件、可以用泰勒级数展开等。

（2）全纯性是解析性的一个更强的概念，它指的是函数在其定义域内不仅可导，而且导数也是

连续的。全纯函数是解析函数的一种特殊情况，它在整个定义域内都具有解析性和光滑性。全纯函数在复平面上具有许多重要的性质，如保持角度和正则映射。

解析性和全纯性是复变函数理论的基石，在复分析、物理学、工程学和其他领域中都有广泛的应用。

13.9　复变函数在物理学中的应用和简化模型及数值计算实践

复变函数在物理学中有广泛的应用，尤其在量子力学和电磁学领域。

在量子力学中，复变函数被用来描述粒子的波函数。波函数是描述粒子在空间中的行为和性质的数学函数。它们通常是复变函数，其模的平方给出了在不同位置测量粒子的概率分布。波函数的演化和相互作用可以通过复变函数的运算来描述，例如薛定谔方程中的时间演化。

在电磁学中，复变函数被用来描述电场和磁场的行为。复变函数可以表示电磁场的振幅和相位，它们在时域和频域中都有重要的应用。例如，复变函数可以用来描述电磁波的传播和干涉以及在介质中的反射和折射现象。复变函数的分析方法也可以应用于电磁场的边界值问题和散射问题的求解。

如果将电磁波看作一个时空中的波动现象，那么在某一点的电场强度 E 可以被看作一个关于时间 t 的函数。已知电磁波的频率 f 和相位 φ，那么 $E(t)$ 可以表示为

$$E(t) = E_0\cos(2\pi f t + \varphi)$$

其中，E_0 是电场强度的振幅。这个函数描述了电磁波在时空中的振动情况。

然而，若是想要描述电磁波的传播和干涉，则需要将 $E(t)$ 表示为一个复数。这可以通过欧拉公式实现：

$$E(t) = E_0\exp[\mathrm{i}(2\pi f t + \varphi)]$$

这个公式使用复指数来表示振动，其中 i 是虚数单位。这个复数形式的电场强度可以方便地描述电磁波的传播和干涉。

例如，如果有两个电磁波在同一点叠加，那么叠加后的电场强度就是两个电场强度复数的和：

$$E_{\text{total}} = E_1 + E_2$$

此外，若是想要描述电磁波在介质中的反射和折射现象，则需要使用到复变函数的另一个重要性质：在复平面中，复数的乘法对应于旋转和缩放。这使科研人员能够方便地描述电磁波在介质界面上的反射和折射。

此外，复变函数在物理学中还被应用于热传导、流体力学、量子场论等领域。它提供了一种强大的数学工具，可以描述和解释复杂的物理现象。

复变函数在物理学中的应用涵盖了量子力学、电磁学和其他物理学分支，为科研人员研究和理解自然界提供了重要的数学工具和框架。

数值计算实践

在这个示例中，使用 Python 编程来表示和绘制复数形式的电场强度，并演示电磁波的叠加效果。扫描下方二维码可查看代码。

首先，需要定义一个函数来计算电场强度的复数形式；其次，需要定义两个电磁波的频率、相位和振幅；再次，生成时间序列，并计算两个电磁波在该时间序列下的电场强度；最后，绘制两个电磁波和叠加后的电场强度。

运行上述代码，得到两个电磁波和它们的叠加效果的图形，如图 13.1 所示。这个示例展示了两个电磁波的振幅、频率和相位，并演示了它们叠加后的效果。复数形式的电场强度描述了电磁波的传播和干涉现象，使得科研人员可以更好地理解和分析电磁学中的各种现象和问题。

示例代码

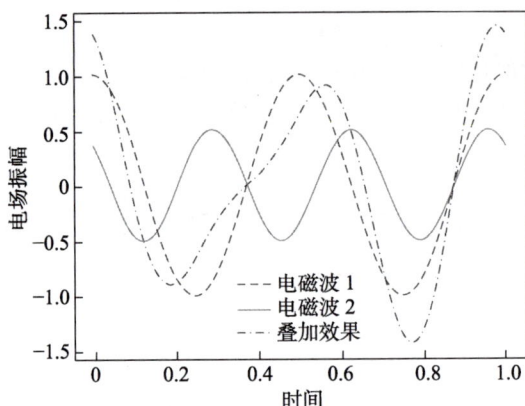

图 13.1　两个电磁波和它们的叠加效果的图形

13.10　复变函数在工程学中的应用和简化模型及数值计算实践

复变函数在工程学中有广泛的应用，特别是在电力系统和信号处理领域。

在电力系统中，复变函数被用于分析交流电路和电力传输系统的行为。复变函数的技术和方法被应用于电路分析、功率计算、电力系统稳定性分析等方面。例如，复变函数可以用于计算电路中的电流、电压和功率的频域响应，从而帮助工程师设计和优化电力系统。

在电路分析中，复变函数被广泛用于处理交流电路的问题。特别地，对于正弦稳态电路，电压和电流可以使用复数来表示，这样可以简化计算过程。

在频域中，电压 V 和电流 I 的复数形式可以表示为

$$V = |V| \exp[\mathrm{j}(\omega t + \theta_v)]$$
$$I = |I| \exp[\mathrm{j}(\omega t + \theta_i)]$$

其中，$|V|$ 和 $|I|$ 分别代表电压和电流的振幅；θ_v 和 θ_i 分别代表它们的相位；ω 是角频率；t 是时间；j 是虚数单位。

对于电路的阻抗（包括电阻、电容和电感），可以使用复数形式表示：

$$Z = R + \mathrm{j}X$$

其中，R 是电阻；X 是反应性（包括电感的电抗和电容的电纳）；j 是虚数单位。

在频域中，欧姆定律可以写作：

$$V = IZ$$

因为 V、I 和 Z 都是复数，因此 $V = IZ$ 的运算是复数的乘法。

功率 P 也可以用复数来表示。在交流电路中，复功率 S 由实部 P（有功功率）和虚部 Q（无功功率）组成，可以写作：

$$S = P + \mathrm{j}Q = V\overline{I}$$

其中，V 和 I 是电压和电流的复数形式；$\overline{I}$ 表示共轭复数。

这些都是复变函数在计算电路中的电流、电压和功率的频域时的数学表达。通过使用复变函数，工程师可以简化交流电路的分析过程。

在信号处理领域，复变函数被用来分析和处理模拟和数字信号。复变函数的技术和方法在频域分析、滤波器设计、信号传输和编解码等方面发挥着重要作用。例如，复变函数的快速傅里叶变换（FFT）算法被广泛应用于信号频谱分析和信号压缩等领域。

此外，复变函数在工程学的其他领域中也有应用，如控制系统、通信系统、图像处理等。复变函数提供了一种强大的工具，可以处理和解决各种工程问题，帮助工程师设计和优化工程系统的

性能。

　　复变函数在工程学中的应用非常广泛，涉及电力系统、信号处理和其他工程学领域。它们为工程师提供了重要的数学工具和分析方法，帮助他们理解和解决复杂的工程问题，推动科学技术的发展和应用。

数值计算实践

　　在这个示例中，使用 Python 编程来计算和绘制交流电路中电压、电流和功率的复数形式。首先，需要定义一个函数来计算电压和电流的复数形式。其次，需要定义一个函数来计算复功率。再次，生成时间序列，并计算电压、电流和功率的复数形式。最后，绘制电压、电流和功率的复数形式随时间变化的图形。扫描下方二维码可查看代码。

　　运行上述代码，得到电压、电流和功率的复数形式随时间变化的图形，如图 13.2 所示。这个示例使用复数形式来表示电压、电流和功率，并演示了它们随时间的变化。复变函数的应用在交流电路和信号处理等工程学领域中非常广泛，通过使用复数形式，工程师可以更方便地分析和处理复杂的工程问题。

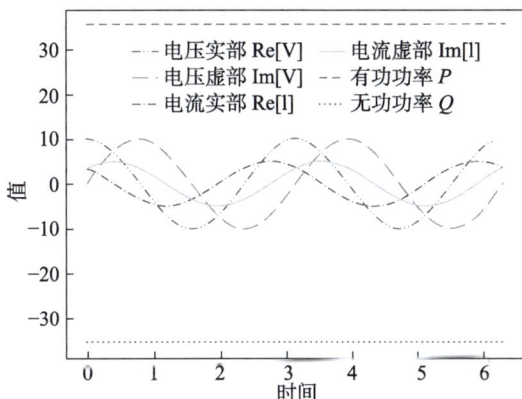

示例代码

图 13.2　电压、电流和功率的复数形式随时间变化的图形

13.11　复变函数在计算机科学中的应用和简化模型及数值计算实践

　　复变函数在计算机科学中有广泛的应用，特别是在数字图像处理和复数编程方面。

　　在数字图像处理中，复变函数被用于图像的变换、滤波和增强等操作。复变函数的频域分析方法，如傅里叶变换和小波变换，可以用来分析图像的频谱特性和去除噪声。此外，复变函数还被应用于图像压缩、图像分割和图像识别等领域。

　　在复数编程方面，复变函数提供了一种强大的数学工具，可以实现各种复杂的计算和算法。复数的运算规则和特性被广泛应用于科学计算、图形渲染、物理模拟和数据处理等领域。复数编程可以用来处理实部和虚部表示的数据，进行复数运算、生成复数图形和模拟复杂系统等任务。

　　在复数编程中，复数可以被表示为一个有序对 (a,b)，其中，a 是实部，b 是虚部。所以一个复数 z 可以表示为 $z=a+b\mathrm{i}$，其中，i 是虚数单位，满足 $\mathrm{i}^2=-1$。

　　下面是一些基本的复数运算：

加法：$(a+b\mathrm{i})+(c+d\mathrm{i})=(a+c)+(b+d)\mathrm{i}$

减法：$(a+b\mathrm{i})-(c+d\mathrm{i})=(a-c)+(b-d)\mathrm{i}$

乘法：$(a+b\mathrm{i})(c+d\mathrm{i})=(ac-bd)+(ad+bc)\mathrm{i}$

除法：$(a+b\mathrm{i})/(c+d\mathrm{i})=[(ac+bd)/(c^2+d^2)]+[(bc-ad)/(c^2+d^2)]\mathrm{i}$

同时，复数的模长和相位也是常用的概念：

模长：$|a+bi|=\sqrt{a^2+b^2}$

相位：$\arg(a+bi)=\arctan2(b,a)$

在复数编程中，经常使用到的函数包括：

平方根：$\sqrt{a+bi}$

指数函数：e^{a+bi}

对数函数：$\log(a+bi)$

三角函数：$\sin(a+bi),\cos(a+bi),\tan(a+bi)$

双曲函数：$\sinh(a+bi),\cosh(a+bi),\tanh(a+bi)$

这些函数通常需要利用欧拉公式 $e^{ix}=\cos x+i\sin x$ 来实现。

此外，复变函数在计算机科学的其他领域中也有应用，如信号处理、机器学习、密码学等。复变函数的分析方法和技术为计算机科技人员提供了一种数学框架，用于解决各种复杂的计算和建模问题。

复变函数在计算机科学中的应用涉及数字图像处理、复数编程和其他相关领域。它为计算机科学家提供了强大的数学工具和方法，用于处理和分析复杂的计算问题，并推动计算机科学的发展和创新。

数值计算实践

在这个示例中，使用 Python 编程来进行复数编程，并实现一些基本的复数运算和函数。扫描下方二维码可查看代码。首先，导入了必要的库：NumPy 用于数值计算，Matplotlib 用于绘制图形。其次，定义一些复数和实现基本的复数运算。最后，输出结果并绘制复数的实部和虚部随着时间变化的图形，如图 13.3 所示。

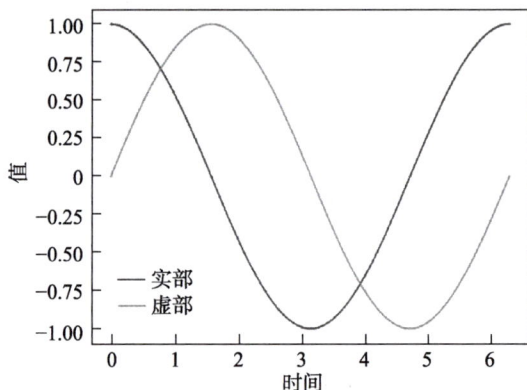

图 13.3   复数的实部和虚部随着时间变化的图形

运行上述代码将得到复数的各种运算结果和复数的实部和虚部随着时间变化的图形。这个示例展示了复数编程的基本操作和函数应用，复数在计算机科学中有广泛的应用，如信号处理、图像处理、机器学习等领域。通过使用复数编程，计算机科技人员可以更方便地处理和分析复杂的计算问题，并在各种领域中进行创新和应用。

示例代码

13.12   复变函数在经济学中的应用和简化模型及数值计算实践

复变函数在经济学中有一些重要的应用，特别是在复利计算和金融工程方面。

在复利计算中，复变函数被用于描述复利的增长过程。复利计算可以使用复变函数的指数函数来描述，其中实部表示本金的大小，虚部表示利率的复利增长率。通过应用复变函数的指数函数，可以计算出复利的最终值和增长速度。

在复利计算中，一般不使用复变函数，而是使用实数来描述和计算复利。复利的基本公式为

$$A = P\left(1 + \frac{r}{n}\right)^{nt}$$

其中，A 是投资结束时的总金额；P 是本金，即最初的投资金额；r 是年利率（以小数表示）；n 是每年计息的次数；t 是投资的年数。

这个公式描述了本金在给定的利率和时间下，经过复利计算后的最终金额。这个公式的基础是连续复利公式，它是利用指数函数的性质推导出来的。

在一些特殊的情况下，可以用复变函数来进行复利计算，但这通常需要对复变函数有深入的理解，这在日常的金融计算中是不常见的。在这些情况下，复利通常会涉及如时间价值的计算，或者是某些复杂金融产品的定价模型。例如，在量化金融中，复数和复变函数被用来描述和计算复杂的金融衍生品的价值。

在金融工程中，复变函数被广泛应用于衍生品定价和风险管理。复变函数的分析方法和技术可以用来建立复杂的金融模型，如期权定价模型和风险度量模型。复变函数的特性，如解析性和全纯性，可以用于推导和证明金融模型的重要结论。

此外，复变函数还被应用于其他经济学领域，如宏观经济学和产业组织。复变函数的分析方法可以用于描述和分析经济系统中的复杂关系和动态变化。它可以用来建立经济模型，预测经济趋势和评估政策影响。

复变函数在经济学中的应用涉及复利计算、金融工程和其他经济学领域。它为经济学研究人员提供了一种数学工具和方法，用于描述、分析和预测经济系统的复杂性，以及支持决策和政策制定。复变函数的应用为经济学的研究和实践提供了重要的数学基础。

数值计算实践

在复利计算中，可使用实数来描述和计算复利，并使用 Python 的 NumPy 计算数值。扫描下方二维码可查看代码。

首先，导入必要的库：NumPy 用于数值计算，Matplotlib 用于绘制图形。其次，定义两个复数 z_1 和 z_2，并展示基本的复数运算。再次，计算复数的模长和相位，并展示复数的平方根、指数函数和对数函数的计算。然后，计算复数的三角函数和双曲函数，如正弦、余弦、正切以及双曲正弦、双曲余弦和双曲正切。最后，通过绘制图展示复数的实部和虚部随时间变化的图形，如图 13.4 所示。

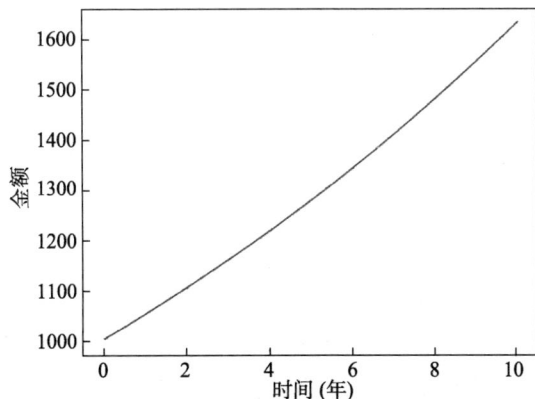

示例代码

图 13.4 投资金额随时间的变化图

运行上述代码得到投资金额随时间变化的图形。图形展示了复利效应，随着时间的增长，投资

金额不断增加。这个示例展示了复利计算在金融领域中的基本应用，使用实数即可对复利进行有效计算，而不需要涉及复数或复变函数的概念。

13.13　复变函数在生物学中的应用和 简化模型及数值计算实践

复变函数在生物学中有广泛的应用，特别是在生物信号处理和生物信息学领域。

在生物信号处理中，复变函数被用于分析和处理生物系统中的信号。生物信号可以是来自生物体的各种测量数据，如脑电图（EEG）、心电图（ECG）、生物传感器数据等。通过应用复变函数的技术，可以对这些信号进行频谱分析、滤波、降噪、特征提取等处理，从而揭示信号中的有用信息，并帮助研究人员理解生物系统的功能和特性。

在生物信息学中，复变函数被用于处理和分析生物学数据，如基因表达数据、蛋白质结构数据等。复变函数的技术可以应用于基因表达谱的聚类、分类和特征选择，以及蛋白质结构的模拟和预测。此外，复变函数还可以应用于生物网络分析和基因调控网络建模，以揭示生物体内复杂的相互作用和调控机制。

复变函数在生物学中的应用还涉及图像处理、模式识别、机器学习等方面。通过应用复变函数的方法，可以提取生物图像中的特征，识别和分类生物图像中的结构和模式，从而支持生物学研究和医学诊断。

在生物学图像处理中，复变函数和复分析的主要应用之一是通过傅里叶变换对图像进行分析和处理。傅里叶变换是一种在频域对图像进行分析的方法，它可以将图像从空间域转换到频域，使研究人员能够分析和操作图像中的不同频率成分。

以二维傅里叶变换为例，对于一幅灰度图像 $f(x,y)$，其傅里叶变换的定义为

$$F(u,v) = \iint f(x,y)e^{-i2\pi(ux+vy)}dxdy$$

这里的 $F(u,v)$ 就是图像在频域的表示，(u,v) 代表频率；i 是复数单位；$f(x,y)$ 是空间域的图像；(x,y) 是图像的像素坐标，而 $e^{-i2\pi(ux+vy)}$ 是复指数函数，用来做空间域到频域的变换。

在得到了频域表示之后，可以对其进行各种操作，如低通滤波、高通滤波、频谱分析等，然后再通过傅里叶逆变换将其转换回空间域。这种方法被广泛应用在图像去噪、图像增强、特征提取等方面。

当然，还有更复杂的应用。例如，在医学影像分析中，复变函数的一些理论被用来建立更复杂的模型，如弹性变形模型，这种模型能够描述和预测生物组织在外力作用下的形变过程，这对于理解生物组织的物理特性和进行医学影像配准等任务具有重要的意义。

综上所述，复变函数在生物学中的应用非常广泛，包括生物信号处理、生物信息学、基因调控网络分析等领域。它们为生物学研究提供了重要的数学工具和方法，有助于研究人员理解生物系统的复杂性和功能。

数值计算实践

在 Python 中，使用 NumPy 库来进行二维傅里叶变换和逆变换，并对频域表示进行各种操作。扫描下方二维码可查看代码。在这个示例中，我们将使用一幅灰度图像进行傅里叶变换和频谱分析。

首先，需要安装 NumPy 和 Matplotlib 库。其次，通过编写以下代码来进行傅里叶变换、频谱分析和傅里叶逆变换。

运行上述代码可得到原始图像和其频谱图像的可视化结果，如图 13.5 所示。原始图像是一个简单的灰度图像，频谱图像展示了图像在频域的表示。

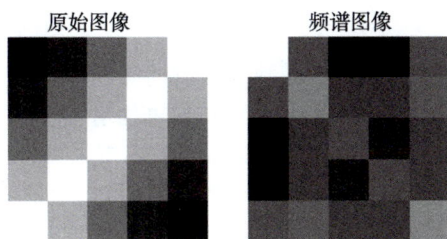

图 13.5　原始图像和其频谱图像

示例代码

在实际应用中，通常处理更大的图像，并进行更复杂的频域操作。傅里叶变换在图像处理中有许多重要的应用，如图像滤波、图像增强、图像压缩等，它们都是利用复变函数和频域表示的数学原理来实现的。

13.14　复变函数在环境科学中的应用和简化模型及数值计算实践

复变函数在环境科学中有多种应用，特别是在污染物扩散模型和地理信息系统（GIS）领域。

在污染物扩散模型中，复变函数技术被广泛用于描述和预测大气、水体和土壤等介质中的污染物的传播和扩散过程。通过应用复变函数的方法，可以建立数学模型，结合污染源的位置、气象条件、地形地貌等因素，预测污染物的浓度分布和传播路径，帮助环境科研人员和决策者评估污染物对环境和人类健康的影响，并制定相应的管理和应对措施。

在地理信息系统中，复变函数被用于处理和分析空间数据。地理信息系统是一种用于存储、管理、分析和可视化地理数据的技术工具。复变函数的技术可以应用于地理数据的插值、平滑、变形等处理，以及空间数据的空间关联、空间查询和空间分析等任务。通过利用复变函数的方法，可以更好地理解和利用地理数据，支持环境科学中的空间分析、环境规划、资源管理等决策和研究工作。

一个典型的例子就是通过使用复变函数进行地理空间数据的插值处理。在地理空间数据分析中，插值是一种常用的方法，可以根据已知的离散数据点推算出未知区域的数据值。假设有一个复数函数 $f(z)$，其中 $z = x + iy$，x 和 y 分别代表地理坐标中的经度和纬度，而 $f(z)$ 则表示某一地理属性（如温度、湿度、海拔高度等）。在这种情况下，可以使用复变函数的插值理论来预测未知区域的地理属性值。

一个简化的数学表达式如下：

$$f(z) = \frac{\sum \frac{f(z_i)}{z - z_i}}{\sum \frac{1}{z - z_i}}$$

其中，z_i 是已知地理属性的数据点；i 是从 1 到 n 的整数；n 是已知数据点的数量。这个公式实际上就是在使用复变函数的原理，根据已知的离散数据点，通过某种方式（比如拉格朗日插值）来估计未知区域的数据值。

除了插值处理，复变函数在空间分析、地理数据的变形处理、空间数据的查询等方面也有应用。例如，使用复变函数的共轭功能进行地图投影的变形处理，或者使用复变函数理论中的位相信息来进行空间数据的相关性分析等。总的来说，复变函数为地理信息系统提供了强大的数学工具，可以有效地处理和分析空间数据。

综上所述，复变函数在环境科学中的应用非常广泛，涉及污染物扩散模型、地理信息系统等领域。它们为环境科学研究提供了重要的数学工具和方法，有助于科研人员对环境问题进行建模、分析和预测，以及支持环境决策和管理工作的实施。

数值计算实践

这个例子使用复变函数的插值理论对地理空间数据进行插值处理。

在 Python 中，使用 SciPy 库中的 interp2d 函数来进行二维插值。首先，需要安装 SciPy 库。其次，编写以下代码来进行地理空间数据的插值处理。扫描下方二维码可查看代码。

运行上述代码得到已知数据点的地理属性分布和通过插值计算得到的地理属性分布的可视化结果，如图 13.6 所示。插值函数可以根据已知数据点的坐标和值预测未知区域的地理属性值，并生成连续的插值结果。

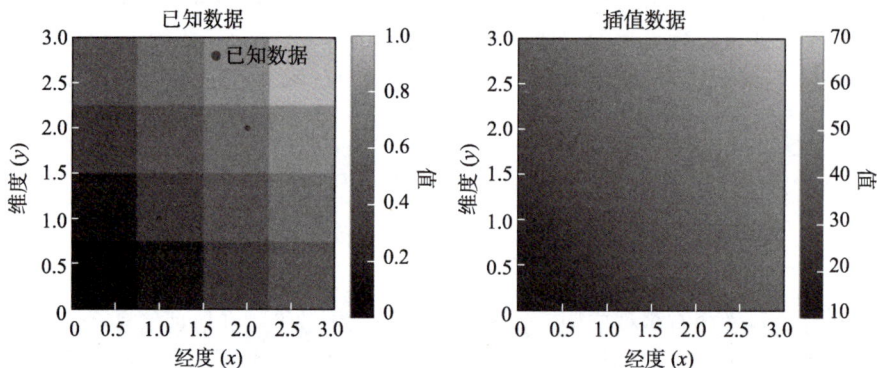

图 13.6　已知点与预测区域的地理属性分布

实际应用中通常会处理更多的地理数据点，并且可能会使用更复杂的插值方法来得到更精确的预测结果。复变函数的插值理论为地理空间数据的预测和分析提供了一种有效的数学工具。

示例代码

13.15　复变函数在机械工程中的应用和简化模型及数值计算实践

复变函数在机械工程中有多种应用，特别是在振动分析、流体力学和材料力学等领域。

在振动分析中，复变函数被广泛用于描述和分析机械系统的振动特性。通过应用复变函数的技术，可以建立机械系统的振动模型，并进行频域和时域的分析，研究系统的固有频率、振型、阻尼等参数，以及振动的稳定性和响应。这对于机械系统的设计、优化和故障诊断具有重要意义。

在流体力学中，复变函数被用于描述流体的流动行为和力学特性。复变函数的技术可以应用于流体流动的边界层分析、湍流模拟、气动力学等问题。通过利用复变函数的方法，可以建立流体力学的数学模型，解析和数值求解流体流动方程，研究流场的速度、压力分布，以及流体力学中的其他重要参数。

在材料力学中，复变函数被用于描述材料的力学行为和应力分布。复变函数的技术可以应用于材料的弹性和塑性分析、断裂力学、应力集中等问题。通过应用复变函数的方法，可以建立材料力学的数学模型，研究材料的应力应变关系、应力分布的变化规律，以及材料的强度和稳定性等。

在工程力学中，复变函数被广泛用于解决应力集中问题。应力集中是指在结构的一部分区域（例如裂纹尖端或结构的突变部分）应力大大超过其周围区域的现象。

复变函数的方法可以用来描述和计算这些应力集中区域的应力分布。

设复应力函数为 $w(z)$，其中 $z = x + iy$ 为复变量，x 和 y 分别代表物体中的两个正交方向。在平面应力问题中，$w(z)$ 可以表示为

$$w(z) = \sigma_x + i\tau_{xy} + \frac{z(\sigma_y - \sigma_x)}{2}$$

这里，σ_x 和 σ_y 为 x 和 y 方向上的正应力；τ_{xy} 为切应力。

同样，在平面应变问题中，复应力函数 $w(z)$ 可以表示为

$$w(z) = \sigma_x + i\tau_{xy} + \frac{z[(\sigma_y - \sigma_x) + i(\tau_{xy} - \tau_{yx})]}{2}$$

通过以上方程，可以解析计算应力集中区域的应力分布，以评估结构的安全性和耐久性。

这只是复变函数在应力集中问题中的一种应用。在实际的工程应用中，根据具体的问题和需求，需要使用更复杂的复变函数模型和方法。

综上所述，复变函数在机械工程中的应用非常广泛，涉及振动分析、流体力学、材料力学等多个领域。它为机械工程的研究和设计提供了重要的数学工具和方法，有助于科研人员理解和分析机械系统的动力学行为、流体流动特性和材料的力学性能，从而支持机械工程的创新和进步。

数值计算实践

这个例子使用复变函数的方法来解决一个简化的平面应力问题。假设在结构的一部分区域存在应力集中现象，可通过引入复应力函数来描述应力分布，并进行计算和绘图。

在 Python 中，使用 NumPy 和 Matplotlib 库来进行计算和绘图。为了简化问题，假设结构中的应力分布为线性函数，即 $\sigma_x = x$，$\sigma_y = 2y$，$\tau_{xy} = xy$。扫描下方二维码可查看代码。

运行上述代码得到应力集中区域的应力分布图。在这个简化的例子中，我们使用复应力函数描述了平面应力问题，计算了应力集中区域的应力分布，并使用等值线图进行了可视化，如图 13.7 所示。

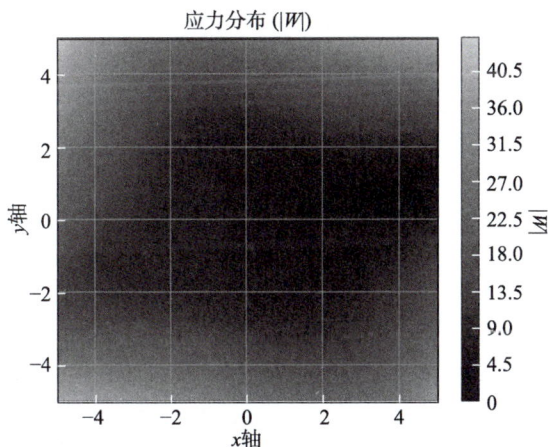

图 13.7　应力集中区域的应力分布

在实际的工程应用中，复应力函数的模型和计算更加复杂，且涉及更多的应力分量和材料特性。复变函数的方法为应力集中问题的解决提供了有效的数学工具。

13.16　习题、思考题、课程论文研究方向

习题：

1. 给定一个复变函数，求它的导数和积分。
2. 探索复平面上的几何变换，如平移、旋转和缩放，它们是如何影响复变函数的。
3. 研究复平面上的曲线和曲面，如圆、椭圆和双曲线的方程和性质。

▶▶ **思考题：**

1. 如何通过复变函数描述和分析机械振动的特性？
2. 如何利用复变函数建立流体流动模型并分析流体力学问题？
3. 如何利用复变函数分析和处理复杂的信号和图像数据？

▶▶ **课程论文研究方向：**

1. 分析复变函数在量子力学中的应用，研究复变函数在量子系统描述和量子力学问题求解中的作用。

2. 探索复变函数在金融工程中的应用，研究如何利用复变函数建立金融模型和进行金融风险管理。

3. 研究复变函数在生物信息学中的应用，探讨如何利用复变函数分析和处理生物数据，如基因表达和蛋白质结构。

参 考 文 献

[1] 胡列，闫海霞，樊海霞，等. 高新科技中的高等数学[M]. 西安：西安交通大学出版社，2021.

[2] 同济大学数学系. 高等数学[M]. 7 版. 北京：高等教育出版社，2014.

[3] 沈文选，杨清桃. 数学建模导引[M]. 哈尔滨：哈尔滨工业大学出版社，2008.

[4] 黄勉. 机器学习与 Python 实践[M]. 北京：人民邮电出版社，2021.

[5] 杨卫，赵沛，王宏涛. 力学导论[M]. 北京：科学出版社，2020.

[6] 史蒂夫·斯托加茨. 微积分的力量[M]. 任烨，译. 北京：中信出版社，2021.

[7] 马志宏，张海燕. 应用概率论与数理统计[M]. 3 版. 北京：清华大学出版社，2023.

[8] 闫焱，阎少宏. 复变函数与积分变换[M]. 北京：清华大学出版社，2022.

[9] 刘自新，王森，柳杨. 线性代数[M]. 北京：清华大学出版社，2022.

[10] 谢鸿政. 应用数学物理方程[M]. 北京：清华大学出版社，2014.

[11] 张杰明. 经济数学[M]. 北京：清华大学出版社，2011.

[12] 钱微微，林剑鸣. 医药高等数学[M]. 6 版. 北京：科学出版社，2021.

[13] DeepTech 深科技. 麻省理工科技评论[M]. 北京：人民邮电出版社，2023.

[14] 哈尔滨工业大学理论力学教研室. 理论力学[M]. 9 版. 北京：高等教育出版社，2023.

[15] 吴大正，杨林耀. 信号与线性系统分析[M]. 北京：高等教育出版社，2021.

[16] 王杰. 音乐与数学[M]. 北京：北京大学出版社，2019.

[17] 洪雪芬. 音乐的数学因素 数学的音乐意义[J]. 当代教育理论与实践，2009, 1(4): 104-106.

[18] 刘波. 差分电容式扭矩传感器信号检测与处理系统设计[D]. 太原：中北大学，2023.

[19] 黄玥，黄志霖，肖文发，等. 基于 Mann-Kendall 法的三峡库区长江干流入出库断面水质变化趋势分析[J]. 长江流域资源与环境，2019(4): 950-961.

[20] 李敏. 土木应用数学[M]. 北京：人民交通出版社，2011.

[21] 温凤婷，李志梅. 微分方程在航天科技中的应用[J]. 数学学习与研究，2016(7): 125-126.

[22] Geiger W, Jungst K P. Buckling calculations and measurements on a technologically relevant toroidal magnet system[J]. ASME J Appl Mech, 1991.

[23] Phillips C L, Parr J M, Riskin E A. Signals, systems, and transforms[M].4th ed. Upper Saddle River: Prentice-Hall, 2008.

[24] 罗纳德·布雷斯韦尔.傅里叶变换及其应用（第 3 版）[M]. 殷勤业，张建国，译. 西安：西安交通大学出版社，2005.

[25] Weir Bruce S. Review of Probability and forensic evidence: theory, philosophy, and applications [J]. Journal of Forensic Sciences, 2022, 67(3): 1328-1329.